# 程序员5天修炼

施　游　邹月平　曾哲军　编著

薛大龙　主审

中国水利水电出版社
www.waterpub.com.cn

·北京·

## 内 容 提 要

程序员考试是计算机技术与软件专业技术资格考试（简称“软考”）系列中的一类重要考试，是计算机专业技术人员获得助理工程师职称的一个重要途径。但程序员考试涉及的知识点较广，考核难度较大。

本书以作者多年从事软考教育培训和试题研究的心得体会为基础，建立了一个 5 天的学习架构。作者通过深度剖析考试大纲并综合历年的考试情况，将程序员考试涉及的知识点进行高效地概括、整理，以知识图谱的形式将整个考试分解为一个个相互联系的知识点逐一讲解。读者可以通过本书快速提高学习效率和答题准确率，做到复习有的放矢、考试得心应手。本书最后还给出了一套经过精心设计的全真模拟试题并作了详细解答。

本书可作为参加程序员考试考生的自学用书，也可作为软考培训班的教材。

图书在版编目（CIP）数据

程序员5天修炼 / 施游，邹月平，曾哲军编著. --
北京 : 中国水利水电出版社，2021.6
ISBN 978-7-5170-9683-2

Ⅰ. ①程… Ⅱ. ①施… ②邹… ③曾… Ⅲ. ①程序设计－资格考试－自学参考资料 Ⅳ. ①TP311.1

中国版本图书馆CIP数据核字(2021)第117322号

责任编辑：周春元　　　加工编辑：王开云　　　封面设计：李　佳

| | |
|---|---|
| 书　名 | 程序员 5 天修炼<br>CHENGXUYUAN 5 TIAN XIULIAN |
| 作　者 | 施　游　邹月平　曾哲军　编著<br>薛大龙　主审 |
| 出版发行 | 中国水利水电出版社<br>（北京市海淀区玉渊潭南路 1 号 D 座　100038）<br>网址：www.waterpub.com.cn<br>E-mail：mchannel@263.net（万水）<br>sales@waterpub.com.cn<br>电话：（010）68367658（营销中心）、82562819（万水） |
| 经　售 | 全国各地新华书店和相关出版物销售网点 |
| 排　版 | 北京万水电子信息有限公司 |
| 印　刷 | 三河市铭浩彩色印装有限公司 |
| 规　格 | 184mm×240mm　16 开本　21 印张　508 千字 |
| 版　次 | 2021 年 6 月第 1 版　2021 年 6 月第 1 次印刷 |
| 印　数 | 0001—3000 册 |
| 定　价 | 68.00 元 |

# 编 委 会

# 前 言

计算机技术与软件专业技术资格考试是国家水平评价类职业资格考试。软考分为初级、中级、高级 3 个层次，计算机软件、计算机网络、信息系统、信息服务、计算机应用技术 5 个专业类别。程序员考试属于计算机软件类的初级考试。

程序员考试已经成为IT技术人员提高薪水和职称提升的必要条件。依据《关于印发〈计算机技术与软件专业技术资格（水平）考试暂行规定〉和〈计算机技术与软件专业技术资格（水平）考试实施办法〉的通知》（国人部发〔2003〕39号）文件规定，通过程序员考试的考生可以聘任助理工程师职务。又因为近些年，国家大力清理一批职业资格考试，所以，越来越多的考生选择报考现存的职业资格考试——软考。

跟我们交流过的“准程序员”都反映出一个心声：“考试面涉及太广，通过考试不容易”。为了帮助“准程序员”们，我们花费了半年多的时间来归纳和提炼历年程序员考试的考点和重点，并整理成书，取名为“程序员 5 天修炼”，希望读者们能在较短的时间里有所飞跃。这里“5 天”的意思，不是指 5 天就能看完这本书，而是老师们的面授课程只有 5 天的时间。当然，读者要真正掌握本书的知识点，还需反复阅读本书，并辅以做大量的历年真题。真诚地希望“准程序员”们能抛弃一切杂念，静下心来，认真备考，相信您一定会有意外的收获。

考虑到书本是静态的，而考试考点是变化、是动态的。所以，我们在后续的过程中，将利用“攻克要塞”微信公众号来动态更新本书中的内容，建立书中知识点与考点的动态联系。当然，我们也会每一年增补一些必要的考点到本书中来。

本书第 1～10 章由曾哲军编写，第 11～19 章由施游编写，第 20 章由邹月平编写。本书编写过程中参考了许多专业书籍和资料，在此对这些参考文献的作者表示感谢。此外，还要感谢中国水利水电出版社万水分社的周春元副总经理，他的辛勤劳动和真诚约稿，也是我们完成此书的动力之一。

我们会随时关注“攻克要塞”公众号的读者要求并及时回复各类问题以及发布各类考试相关信息。

攻克要塞软考研发团队

2021 年 3 月于长沙

# 目　录

# 考前必知

## ◎冲关前的准备

不管基础如何、学历如何，5 天的关键学习并不需要准备太多的东西，不过还是在此罗列出来，以做一些必要的简单准备。

（1）本书。

（2）至少 30 张草稿纸与一支笔，用于理清程序员考试中的逻辑知识点和计算类知识点。

（3）处理好自己的工作和生活，以使这 5 天能静下心来学习。

学习之余，还需要练习 5～6 套历年试题，适度地做题能更高效地掌握所学的知识，也能真正地了解各类知识点的考查形式与难度。

## ◎考试形式解读

程序员考试有两场，分为上午考试和下午考试，两场考试都过关才能算通过该考试。

上午考试的内容是计算机硬件、软件基础知识，考试时间为 150 分钟，笔试，选择题，而且全部是单项选择题，其中含 5 分的英文题。上午考试总共 75 道题，共计 75 分，按 60%计，45 分算过关。

下午考试的内容是程序设计，考试时间为 150 分钟，笔试，问答题。一般为 6 道大题，第 5 题和第 6 题选做一道。每道大题 15 分，每个大题中有若干个小问题，总计 75 分，按 60%计，45 分算过关。

## ◎答题注意事项

上午考试答题时要注意以下事项：

（1）记得带 2B 铅笔和一块比较好用的橡皮。上午考试答题采用填涂答题卡的形式，由机器阅卷，所以需要使用 2B 铅笔；带好用的橡皮是为了修改选项时擦得比较干净。

（2）注意把握考试时间，虽然上午考试时间有 150 分钟，但是题量还是比较大的，一共 75 道题，做一道题还不到 2 分钟，因为还要留出 10 分钟左右来填涂答题卡和检查核对。

（3）做题先易后难。上午考试一般前面的试题会容易一点，大多是知识点性质的题目，但也会有一些计算题，有些题还会有一定的难度，个别试题还会出现新概念题（即在教材中找不到答案，平时工作也可能很少接触）。考试时建议先将容易做的和自己会的做完，其他的先跳过去，在后续的时间中再集中精力做难题。

下午考试答题采用的是专用答题纸，主要是填空题形式。下午考试答题要注意以下事项：

第1题为流程图题，给出算法的描述及描述算法的不完整流程图，要求补齐流程图。

第2~4题为C语言题，给出程序说明及不完整的C程序，要求补充完整C程序。

第5题和第6题为Java和C++程序设计题。**建议选择Java程序设计题，相对而言更简单一些。**

下午题能不能顺利通过，在于平时把本书看了几遍，历年试题做了几套。

## ◎制订复习计划

5天的关键学习对于每个考生来说都是一个挑战，这么多的知识点要在短短的5天时间内全部掌握，是很不容易的，也是非常紧张的，但也是值得的。学习完这5天，相信您会感到非常充实，考试也会胜券在握。先看看这5天的内容是如何安排的吧（5天修炼学习计划表）。

5天修炼学习计划表

| 时间 | | 学习内容 |
|---|---|---|
| 第1天　打好基础 | 第1~2学时 | 计算机科学基础 |
| | 第3~4学时 | 计算机硬件基础知识 |
| | 第5~6学时 | 数据结构知识 |
| | 第7~8学时 | 操作系统知识 |
| | 第9~10学时 | 程序设计语言和语言处理程序基础知识 |
| 第2天　夯实基础 | 第1~2学时 | 数据库知识 |
| | 第3学时 | 计算机网络 |
| | 第4学时 | 多媒体基础 |
| | 第5~6学时 | 软件工程与系统开发基础 |
| | 第7~8学时 | 面向对象 |
| 第3天　深入学习 | 第1学时 | 信息安全、信息化基础 |
| | 第2学时 | 知识产权相关法规、标准化 |
| | 第3学时 | 数学基础 |
| | 第4~5学时 | Excel基础 |
| | 第6~7学时 | Windows基础 |
| 第4天　扩展实践 | 第1~3学时 | C语言基础 |
| | 第4~5学时 | Java语言 |
| | 第6~8学时 | 经典案例分析 |
| 第5天　模拟测试 | 第1~2学时 | 程序员上午试卷 |
| | 第3~4学时 | 程序员下午试卷 |
| | 第5~6学时 | 程序员上午试卷解析与参考答案 |
| | 第7~8学时 | 程序员下午试卷解析与参考答案 |

从笔者这几年的考试培训经验来看，不怕您基础不牢，怕的就是您不进入计划学习的状态。闲话不多说了，开始第1天的学习吧。

# 第1天
# 打好基础

## 第1章　计算机科学基础

计算机科学基础主要讲解程序员考试所涉及的基础数学知识。本章考点知识结构图如图1-0-1所示。

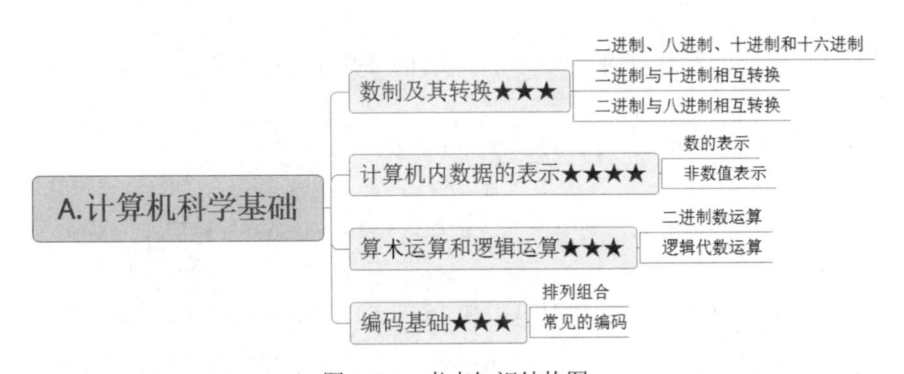


图1-0-1　考点知识结构图

注：★代表知识点的重要性，★越多代表知识点越重要。

### 1.1　数制及其转换

数制部分的考点有二进制、八进制、十进制和十六进制的表达方式及各种进制间的转换。该节知识比较简单，但是是学习其他知识的前提，因此该知识点十分重要。

#### 1.1.1　二进制、八进制、十进制和十六进制

进制（又称进位制）是一种计数方式，即用有限的数字符号代表所有数值。

1. 十进制

十进制在日常生活中最常用到。

十进制表示形式：在数字后加D或者不加字母，例如：128D或128。

十进制的特点：

（1）包含10个基本数字：0、1、2、3、4、5、6、7、8、9。

（2）逢10进1。

（3）每个数字所在的位置不同，代表的值不同。例如，$8157=8000+100+50+7=8\times10^3+1\times10^2+5\times10^1+7\times10^0$。

2. 二进制

二进制由数学家莱布尼茨发明。在20世纪30年代，冯·诺依曼提出采用二进制作为数字计算机的数制基础。理论上最大化系统的表达效率是e进制，但e并非整数，所以三进制为整数最优进制，但由于二进制简化了电子元件的制造，所以现代计算机系统设计采用了二进制。

二进制表示形式：在数字后加B或者加2脚注，例如：1011B或者$(1011)_2$。

二进制的特点：

（1）有2个基本数字：0、1。

（2）逢2进1。

（3）每个数字所在的位不同，则值不同。例如，$110101=1\times2^5+1\times2^4+0\times2^3+1\times2^2+0\times2^1+1\times2^0$。

3. 八进制

八进制表示形式：在数字后面加Q或者加8脚注，例如：163Q或者$(163)_8$。

八进制的特点：

（1）有8个基本数字：0、1、2、3、4、5、6、7。

（2）逢8进1。

（3）每个数字所在的位不同，则值不同。例如，$163=1\times8^2+6\times8^1+3\times8^0$。

4. 十六进制

十六进制表示形式：在数字后面加H或者加16脚注，例如：A804H或者$(A804)_{16}$。

十六进制的特点：

（1）有16个基本数字：0、1、2、3、4、5、6、7、8、9、A、B、C、D、E、F。

（2）逢16进1。

（3）每个数字所在的位不同，则值不同。例如，$A804=10\times16^3+8\times16^2+0\times16^1+4\times16^0$。

### 1.1.2 二进制与十进制相互转换

进制转换需要用到的两个定义：

**数位：**表示数所在的位置。

**权位数（权）：**每个数位代表的数叫作权位数。

1. 二进制转换为十进制

二进制转为十进制，将二进制数按权展开相加。

**转换公式如下：**

$$D=D_{n-1}\times2^{n-1}+D_{n-2}\times2^{n-2}+\cdots+D_1\times2^1+D_0\times2^0+D_{-1}\times2^{-1}+\cdots+D_{-m}\times2^{-m}$$

【例 1】

$(110101.01)_2=1\times2^5+1\times2^4+0\times2^3+1\times2^2+0\times2^1+1\times2^0+0\times2^{-1}+1\times2^{-2}=32+16+4+1+0.25=(53.25)_{10}$

2. 十进制转换为二进制

（1）十进制整数转换为二进制。

第 1 步：将十进制数反复除以 2，直到商为 0。

第 2 步：第 1 次相除后得到的余数为最低位 $K_1$，第 2 次相除后得到的余数为最低位 $K_2$，……，最后相除得到的余数为最高位 $K_n$。

第 3 步：最终转化结果的形式为 $K_nK_{n-1}\cdots K_2K_1$。

【例 2】$(53)_{10}$ 转换为二进制，具体方法和过程表示如下：

| 除数 | 被除数 | 余数 | |
|---|---|---|---|
| 2 | 53 | ……余数为1（$K_0$） | 低 |
| 2 | 26 | ……余数为0（$K_1$） | |
| 2 | 13 | ……余数为1（$K_2$） | |
| 2 | 6 | ……余数为0（$K_3$） | |
| 2 | 3 | ……余数为1（$K_4$） | |
| 2 | 1 | ……余数为1（$K_5$） | 高 |
| | 0 | | |

因此，$(53)_{10}=K_5K_4K_3K_2K_1K_0=(110101)_2$。

（2）十进制小数转换为二进制。

第 1 步：将十进制小数乘以 2，取乘积的整数部分，得到二进制小数的最高位 $K_{-1}$。

第 2 步：取乘积的整数部分乘 2，取乘积的整数部分，得到二进制小数的下一位 $K_{-m}$。

重复第 2 步，直到乘积小数部分为 0 或者二进制小数位达到具体要求的精度。

所得 $0.K_{-1}K_{-2}\cdots K_{-m}$ 即为转换结果。

【例 3】乘积小数部分为 0 的情况。将$(0.125)_{10}$ 转换为二进制，可以用如下方法：

$0.125\times2=0.25$ ……整数部分为0（$K_{-1}$）　高

$0.25\times2=0.5$ ……整数部分为0（$K_{-2}$）

$0.5\times2=1.0$ ……整数部分为1（$K_{-3}$）　低

因此，$(0.125)_{10}=0.K_{-1}K_{-2}K_{-3}=(0.001)_2$。

【例 4】乘积小数部分不为 0，指定精度的情况。将$(0.5773)_{10}$ 转换为二进制，保留小数点后 5 位。

$0.5773\times2=1.1546$ ……整数部分为1（$K_{-1}$）　高

$0.1546\times2=0.3092$ ……整数部分为0（$K_{-2}$）

$0.3092\times2=0.6184$ ……整数部分为0（$K_{-3}$）

$0.6184\times2=1.2368$ ……整数部分为1（$K_{-4}$）

$0.2368\times2=0.4736$ ……整数部分为0（$K_{-5}$）　低

因此，$(0.5773)_{10}=0.K_{-1}K_{-2}K_{-3}K_{-4}K_{-5}=(0.10010)_2$。

### 1.1.3 二进制与八进制相互转换

二进制与八进制相互转换、二进制与十六进制相互转换相对比较简单，而且相似，所以本书只讲二进制与八进制的相互转换。

**（1）二进制转换为八进制："三位并为一位"。**

1）整数部分从右至左为一组，最后一组如不足三位，则左侧补 0。

2）小数部分从左至右为一组，最后一组如不足三位，则右侧补 0。

3）按组转换为八进制。

【例 1】将$(10\ 111\ 011.001\ 01)_2$转换为八进制，方法如下：

$$\frac{010}{2}\frac{111}{7}\frac{011}{3}.\frac{001}{1}\frac{010}{2}$$

因此，$(10\ 111\ 011.001\ 01)_2=(273.12)_8$。

**（2）八进制转换为二进制："一位变三位"将八进制数每一位换算为三位二进制数。**

【例 2】将$(273.12)_8$转换为二进制，方法如下：

$$\frac{2}{010}\frac{7}{111}\frac{3}{011}.\frac{1}{001}\frac{2}{010}$$

因此，$(273.12)_8=(10\ 111\ 011.001\ 01)_2$。

## 1.2 计算机内数据的表示

计算机中的数据信息分为数值数据和非数值数据（也称符号数据）两大类。数值数据包括定点数、浮点数、无符号数等。非数值数据包括文本数据、图形和图像、音频、视频和动画等。

该节知识主要考查各种码制的表示范围，偶尔考查各类非数值表示的特性。



### 1.2.1 数的表示

计算机中数的表示形式可以分为定点数与浮点数两类。机器数的实际值称为该数的**真值**。

1. 定点数

"定点"是指机器数中小数点位置是固定的。定点数可分为定点整数和定点小数。

- 定点整数：机器数的小数点位置固定在机器数的最低位之后。
- 定点小数：机器数的小数点位置固定在符号位之后，有效数值部分在最高位之前。

定点数主要表示方式有：原码、反码、补码、移码。

（1）原码。原码是用真实的二进制值表示数值的编码。原码的最高位是符号位，0 表示正数，1 表示负数。8 位原码的表示范围是（−127～−0, +0～127）共 256 个。

n 位机器字长，各种码制表示的带符号数范围见表 1-2-1。此表考查频度较高。

表 1-2-1　n 位机器字长，各种码制表示的带一位符号位的数值范围

| 码制 | 定点整数 | 定点小数 |
| --- | --- | --- |
| 原码 | $-(2^{n-1}-1)\sim 2^{n-1}-1$ | $-(1-2^{-(n-1)})\sim 1-2^{-(n-1)}$ |
| 反码 | $-(2^{n-1}-1)\sim 2^{n-1}-1$ | $-(1-2^{-(n-1)})\sim 1-2^{-(n-1)}$ |
| 补码 | $-2^{n-1}\sim 2^{n-1}-1$ | $-1\sim 1-2^{-(n-1)}$ |
| 移码 | $-2^{n-1}\sim 2^{n-1}-1$ | $-1\sim 1-2^{-(n-1)}$ |

**【例 1】**定点整数（其中符号位占 1 位）。

$X_1$=+1001，则$[X_1]_{原}$=01001。

$X_2$=−1001，则$[X_2]_{原}$=11001。

**【例 2】**定点小数。

$X_1$=+0.1001，则$[X_1]_{原}$=01001。

$X_2$=−0.1001，则$[X_2]_{原}$=11001。

注意：用带符号位的原码表示的数在加减运算时可能会出现问题，具体问题细节会在［例 3］中进行分析。

**【例 3】**原码表示在加减运算中的问题。

算式$(1)_{10}-(1)_{10}=(1)_{10}+(-1)_{10}=(0)_{10}$，用原码表示的运算过程为$(00000001)_{原}+(10000001)_{原}=(10000010)_{原}=(-2)$，显然，这是不正确的。因此，计算机通常不使用原码来表示数据。

（2）反码。反码最高位是符号位，0 表示正数，1 表示负数。反码表示的数和原码是一一对应的。

**【例 4】**定点整数。

$X_1$=+1001，则$[X_1]_{反}$=01001。

$X_2$=−1001，则$[X_2]_{反}$=10110。

**【例 5】**定点小数。

$X_1$=+0.1001，则$[X_1]_{反}$=01001。

$X_2$=−0.1001，则$[X_2]_{反}$=10110。

注意：带符号位的负数在运算上也会出现问题，具体问题细节会在［例 6］中进行分析。

**【例 6】**反码表示在加减运算中的问题。

$(1)_{10}-(1)_{10}=(1)_{10}+(-1)_{10}=(0)_{10}$ 可以转化为$(00000001)_{反}+(11111110)_{反}=(11111111)_{反}=(-0)$，则结果是−0，也就是 0，这样，反码中还是有两个 0：$+0(00000000)_{反}$与$-0(11111111)_{反}$。

（3）补码。正数的补码与原码一样，负数的补码是对其原码（除符号位外）按各位取反，并在末位补加 1 而得到的。而正数不变，因此正数的原码、反码和补码都是一样的。

**【例 7】**定点整数。

$X_1$=+1001，则$[X_1]_{补}$=01001。

$X_2$=−1001，则$[X_2]_{补}$=10111。

**【例 8】**定点小数。

$X_1$=+0.1001，则$[X_1]_{补}$=01001。

$X_2$=−0.1001，则$[X_2]_{补}$=10111。

上面反码的问题出现在(+0)和(−0)上，在现实计算中 0 是不区分正负的。因此，计算机中引入了补码概念。在 8 位补码中，−128 代替了原来的−0，因而有了实际意义，这样，8 位补码的表示范围就为（−128～0～127）共 256 个。而要注意的是，8 位的原码和反码不能表示−128。

【例 9】补码表示在加减运算中未出现问题。

$(1)_{10}-(1)_{10}=(1)_{10}+(-1)_{10}=(0)_{10}$

$(00000001)_{补}+(11111111)_{补}=(00000000)_{补}=(0)$

$(1)_{10}-(2)_{10}=(1)_{10}+(-2)_{10}=(-1)_{10}$

$(00000001)_{补}+(11111110)_{补}=(11111111)_{补}=(-1)$

可以看到，这两类运算结果都是正确的。

（4）移码。移码（又叫增码），是符号位取反的补码，一般用于浮点数的阶码表示，因此只用于整数。目的是保证浮点数的机器零为全零。

【例 10】移码表示。

X=+1001，则$[X]_{补}$=010011，$[X]_{移}$=11001。

X=−1001，则$[X]_{补}$=10111，$[X]_{移}$=00111。

2. 浮点数

定点数的表示范围有限，而采用浮点数可以表示更大的范围。浮点数就是小数点不固定的数。如十进制 268 可以表示成 $10^3$×0.268、$10^2$×2.68 等形式。二进制 101 可以表示成 1.01×$2^2$、0.101×$2^3$ 等形式。

（1）浮点数的表示。浮点数的数学表示为：$N=2^E\times F$，其中 E 是阶码（指数），F 是尾数。

浮点数的表示格式如下：

| 阶符 | 阶码 | 数符 | 尾数 |
|---|---|---|---|

- 阶符：指数符号。
- 阶码：就是指数，**决定数值表示范围**；形式为定点整数，**常用移码表示**。
- 数符：尾数符号。
- 尾数：纯小数，**决定数值的精度**；形式为定点纯小数，**常用补码、原码表示**。

当阶符占 1 位，阶码（移码表示）占 R-1 位；数符占 1 位，尾数（补码表示）占 M-1 位，则该浮点数表示的范围为：

$$[-1\times 2^{(2^{R-1}-1)}, (1-2^{-(M-1)})\times 2^{(2^{R-1}-1)}]$$

为了让浮点数的表示范围尽可能大并且表示效率尽可能高，需要对**尾数进行规格化**。规格化就是规定 0.5≤尾数绝对值≤1。

补码表示的尾数，正数规格化表示为：0.1***……*。

负数规格化表示为：1.0***……*；其中，*代表二进制的 0 或 1。

（2）浮点数的运算。两个浮点数加（减）法的过程见表 1-2-2。

表 1-2-2 浮点数加（减）法过程

| 具体步骤 | 解释 |
| --- | --- |
| 对阶 | 阶码小数的尾数右移，让两个相加的数阶码相同，即对齐小数点位置。对阶遵循“小阶向大阶看齐”的原则，得到结果精度更高 |
| 尾数计算 | 尾数相加（减） |
| 规格化处理 | 不满足规格化的尾数进行规格化处理。当尾数发生溢出可能（尾数绝对值大于 1）时，应该调整阶码 |
| 舍入处理 | 在对阶、向右规格化处理时，尾数最低位会丢失，因此会导致误差。为了减少误差，就要进行舍入处理 |
| 溢出处理 | （1）尾数相加不是真正溢出，因为可以做向右的规格化处理。<br>（2）阶码溢出，才是真正溢出。<br>• 阶码下溢：运算结果为 0。<br>• 阶码上溢（阶码向右规格化时发生）：溢出标志会置 1 |

3. IEEE754 浮点数表示法

IEEE754 标准在表示浮点数时，每个浮点数均由 3 部分组成，具体如图下：

| 符号位 S | 指数（阶码）P | 尾数 M |
| --- | --- | --- |

其中，

- S 为符号位，当 S=0，浮点数为正数；当 S=1，浮点数为负数。
- P 表示指数，又称为阶码。P 用移码表示。
- M 为尾数，用原码表示。

计算机常见的 3 种 IEEE754 表示见表 1-2-3。

表 1-2-3 常见的 3 种 IEEE754 浮点数

| 参数 | 单精度浮点数（32 位） | 双精度浮点数（64 位） | 扩充精度浮点数（80 位） |
| --- | --- | --- | --- |
| 符号位 S 长度 | 1 | 1 | 1 |
| 阶码 P 长度 | 8 | 11 | 15 |
| 尾数 M 长度 | 23 | 52 | 64 |

在 IEEE754 标准中，约定小数点左边隐含有一位，通常这位数就是 1，这样实际上使尾数的有效位数为 24 位，即尾数为 1.***…*。

4. 二—十进制编码

二—十进制编码（简称 BCD 编码）是用 4 位二进制数表示 1 位十进制数。常见的 BCD 有 8421 码、余 3 码、格雷码（Gray Code），对应关系见表 1-2-4。

表 1-2-4　8421BCD 码、余 3 码、格雷码与十进制数的对应关系

| 十进制数 | 8421BCD 码 | 余 3 码 | 格雷码 |
|---|---|---|---|
| 0 | 0000 | 0011 | 0000 |
| 1 | 0001 | 0100 | 0001 |
| 2 | 0010 | 0101 | 0011 |
| 3 | 0011 | 0110 | 0010 |
| 4 | 0100 | 0111 | 0110 |
| 5 | 0101 | 1000 | 1110 |
| 6 | 0110 | 1001 | 1010 |
| 7 | 0111 | 1010 | 1000 |
| 8 | 1000 | 1011 | 1100 |
| 9 | 1001 | 1100 | 0100 |

8421 码的特点是，4 个二进制位的权从高到低分别为 8、4、2 和 1。余 3 码是在 8421 码的基础上，把每个数的代码加上 0011 后构成的。格雷码的定义和编码规则是一组编码中，任意相邻的两个代码之间只有一位不同。

### 1.2.2　非数值表示

计算机非数值数据包含文本数据、图形和图像、音频、视频和动画等。

1. 字符编码

字符包括字母、数字、通用符号等。计算机常用的编码有美国国家标准信息交换码（American Standard Code for Information Interchange，ASCII）。ASCII 码用来表示英文大小写字母、数字 0～9、标点符号以及特殊控制字符。



ASCII 码分为标准 ASCII 码与扩展 ASCII 码。标准 ASCII 码是 7 位编码，存储时占 8 位，最高位是 0，可以表示 128 个字符。低 4 位组 $d_3d_2d_1d_0$ 用作行编码，高 3 位组 $d_6d_5d_4$ 用作列编码，其代码表见表 1-2-5。

表 1-2-5　ASCII 码表

| $d_3d_2d_1d_0$ \ $d_6d_5d_4$ | 000 | 001 | 010 | 011 | 100 | 101 | 110 | 111 |
|---|---|---|---|---|---|---|---|---|
| 0000 | NUL | DLE | SP | 0 | @ | P | ` | P |
| 0001 | SOH | DC1 | ! | 1 | A | Q | A | Q |
| 0010 | STX | DC2 | ” | 2 | B | R | B | R |
| 0011 | ETX | DC3 | # | 3 | C | S | C | S |
| 0100 | EOT | DC4 | $ | 4 | D | T | D | T |
| 0101 | ENQ | NAK | % | 5 | E | U | E | U |

续表

| $d_6d_5d_4$ / $d_3d_2d_1d_0$ | 000 | 001 | 010 | 011 | 100 | 101 | 110 | 111 |
|---|---|---|---|---|---|---|---|---|
| 0110 | ACK | SYN | & | 6 | F | V | F | V |
| 0111 | BEL | ETB | ' | 7 | G | W | G | W |
| 1000 | BS | CAN | ( | 8 | H | X | H | X |
| 1001 | HT | EM | ) | 9 | I | Y | I | Y |
| 1010 | LF | SUB | * | : | J | Z | J | Z |
| 1011 | VT | ESC | + | ; | K | [ | K | { |
| 1100 | FF | FS | , | < | L | \ | L | \| |
| 1101 | CR | GS | - | = | M | ] | M | } |
| 1110 | SO | RS | . | > | N | ↑ | N | ~ |
| 1111 | SI | US | / | ? | O | ↓ | o | DEL |

扩展 ASCII 码是 8 位编码，刚好 1 个字节，最高位可以为 0 或 1，可以表示 256 个字符。

2. 汉字编码

对汉字进行输入编码，这样可以直接用键盘输入汉字。常见的汉字编码有拼音码、五笔字型码、GB2312-80、Big-5、utf8 等。

3. 多媒体编码

常见的音频编码有：WAV、MIDI、PCM、MP3、RA 等。

常见的视频编码有：MPEG、H.26X 系列等。

常见的图形、图像编码有：BMP、TIFF、GIF、PDF 等。



## 1.3 算术运算和逻辑运算

本部分主要知识点有二进制数运算与逻辑代数运算。

### 1.3.1 二进制数运算

1. 原码加法

- 计算规则：0+0=0，1+0=0+1=1，1+1=10。
- 进位规则：逢 2 进 1。

【例 1】100.01+111.11=?

$$\begin{array}{r} 100.01 \\ +\ 111.11 \\ \hline 1\ 100.00 \end{array}$$

所以 100.01+111.11=1100.00。

2. 原码减法

- 计算规则：0−0=0，1−0=1，1−1=0，10−1=1。
- 借位规则：借 1 当 2。

【例 2】1100.00−111.11=?

$$\begin{array}{r} 1100.00 \\ -\quad 111.11 \\ \hline 100.01 \end{array}$$

所以，1100.00−111.11=100.01。

3. 原码乘法

- 计算规则：0×0=0，1×0=0×1=0，1×1=1。

【例 3】10.101×101=?

$$\begin{array}{r} 10.101 \\ \times\quad 101 \\ \hline 10\,101 \\ 000\,00 \\ +1010\,1 \\ \hline 1101.001 \end{array}$$

所以，10.101×101=1101.001。

4. 补码运算

反码和补码可以解决负数符号位参加运算的问题。

- 加法规则：$[N_1+N_2]_补=[N_1]_补+[N_2]_补$。
- 减法规则：$[N_1-N_2]_补=[N_1]_补-[N_2]_补$。

【例 4】若 $N_1=-0.1100$，$N_2=-0.0010$，求$[N_1+N_2]_补$和$[N_1-N_2]_补$。

$[N_1+N_2]_补=[N_1]_补+[N_2]_补=1.0100+1.1110$

$$\begin{array}{r} 1.0100 \\ +\quad 1.1110 \\ \hline 丢弃\ 1\,1.0010 \end{array}$$

符号位产生的进位丢弃，即$[N_1+N_2]_补=1.0010$，$[N_1+N_2]_原=1.1110$。

所以，$N_1+N_2=-0.1110$。

$[N_1-N_2]_补=[N_1]_补+[-N_2]_补=1.0100+0.0010$

$$\begin{array}{r} 1.0100 \\ +\quad 0.0010 \\ \hline 1.0110 \end{array}$$

所以，$[N_1-N_2]_原=1.1010$，$N_1-N_2=-0.1010$。

5. 反码运算

- 加法规则：$[N_1+N_2]_反=[N_1]_反+[N_2]_反$。
- 减法规则：$[N_1-N_2]_反=[N_1]_反+[-N_2]_反$。

运算时，符号位和数值一样参加运算，如果符号位产生了进位，则进位应加到和数的最低位，称之为“循环进位”。

**【例 5】** 若 $N_1$=0.1100，$N_2$=0.0010，求$[N_1+N_2]_反$和$[N_1-N_2]_反$。

$[N_1+N_2]_反=[N_1]_反+[N_2]_反$=0.1100+0.0010=0.1110

即$[N_1+N_2]_反$=0.1110，$N_1+N_2$=0.1110

$[N_1-N_2]_反=[N_1]_反+[-N_2]_反$=0.1100+1.1101

$$\begin{array}{r} 0.1100 \\ +\ \ 1.1101 \\ \hline \boxed{1}0.1001 \\ +\ \ \ \ \ \to 1 \\ \hline 0.1010 \end{array}$$

符号位产生了进位，需要进行“循环进位”，即结果还需要加上进位。

所以，$[N_1-N_2]_反$=0.1010，$N_1-N_2$=0.1010。

### 1.3.2 逻辑代数运算

逻辑代数是一种分析和设计数字电路的工具。

1. 基本逻辑运算

逻辑代数中常见的基本逻辑运算见表 1-3-1。

**表 1-3-1 常见的基本逻辑运算**

| 运算类别 | 运算符号 | 运算法则 |
|---|---|---|
| 或 | +或∨ | 0+0=0，1+0=1，0+1=1，1+1=1 |
| 与 | ·或∧ | 0·0=0，1·0=0，0·1=0，1·1=1 |
| 非 | $\overline{A}$ | $\overline{0}=1$，$\overline{1}=0$ |
| 异或 | ⊕ 或 xor | 0⊕0=0，1⊕0=1，0⊕1=1，1⊕1=0（同为 0 异为 1） |

常见逻辑公式见表 1-3-2。

**表 1-3-2 常见逻辑公式**

| 交换律 | A+B=B+AA·B=B·A | 重叠律 | A+A=AA·A=A |
|---|---|---|---|
| 结合律 | A+(B+C)=(A+B)+C<br>A·(B·C)=(A·B)·C | 互补律 | $\overline{A}+A=1$  $\overline{A}\cdot A$ |
| | | 吸收律 | $A+\overline{A}B=A+B$ |
| 分配律 | A·(B+C)=A·B+A·C<br>A+(B·C)=(A+B)·(A+C) | 0-1 律 | 0+A=A  0·A=0<br>1+A=1  1·A=A |
| 反演律 | $\overline{A+B}=\overline{A}\cdot\overline{B}\overline{A\cdot B}=\overline{A}+\overline{B}$ | 对合律 | $\overline{\overline{A}}=A$ |
| 其他 | $AB+A\overline{B}=AA+AB=A$<br>$AB+\overline{A}C+BC=AB+\overline{A}C\overline{A\oplus B}=\overline{A}\oplus B=A\oplus\overline{B}$ | | |

2. 真值表

机器数的实际值称为该数的**真值**。**真值表**是一类数学用表，用于计算逻辑表示式所有的逻辑变量不同取值组合的值。

【例6】可以采用真值表来证明分配率 A+(B·C)=(A+B)·(A+C)是正确的。

A+(B·C)=(A+B)·(A+C)对应的真值表见表1-3-3。

表1-3-3 真值表

| A | B | C | B·C | A+(B·C) | A+B | A+C | (A+B)·(A+C) |
|---|---|---|---|---|---|---|---|
| 1 | 1 | 1 | 1 | **1** | 1 | 1 | **1** |
| 1 | 1 | 0 | 0 | **1** | 1 | 1 | **1** |
| 1 | 0 | 1 | 0 | **1** | 1 | 1 | **1** |
| 1 | 0 | 0 | 0 | **1** | 1 | 1 | **1** |
| 0 | 1 | 1 | 1 | **1** | 1 | 1 | **1** |
| 0 | 1 | 0 | 0 | **0** | 1 | 0 | **0** |
| 0 | 0 | 1 | 0 | **0** | 0 | 1 | **0** |
| 0 | 0 | 0 | 0 | **0** | 0 | 0 | **0** |

逻辑式 A+(B·C)和(A+B)·(A+C)中的逻辑变量无论取值如何，表达式的值总一致，所以可以证明分配率是正确的。

3. 逻辑表达式及化简

逻辑表达式是用逻辑运算符把逻辑变量（常量）连接在一起表示某种逻辑关系的表达式。

逻辑表达式化简主要是利用上面提供的各种恒等式，将复杂的元素变成简单的表达式。

【例7】化简逻辑表达式 $A\overline{B}C+A\overline{BC}$。

$$A\overline{B}C+A\overline{BC}=A\overline{B}(C+\overline{C})=A\overline{B}$$

【例8】化简逻辑表达式 $X\cdot Y+X\cdot\overline{Y}$。

$$X\cdot Y+X\cdot\overline{Y}=X(Y+\overline{Y})=X$$

## 1.4 编码基础

本部分主要知识点有排列组合、编码基础，其中海明码、循环冗余码、哈夫曼编码考查较多，而排列组合是数学基础知识。

### 1.4.1 排列组合

1. 计数原理

（1）加法原理。完成一件事有M种不同方案，其中，第1种方案有 $m_1$ 种不同的方法；第2种方案

有 $m_2$ 种不同的方法；……；第 n 种方案有 $m_n$ 种不同的方法。那么完成这件事的方案数 $M=m_1+m_2+\cdots+m_n$。

（2）乘法原理。完成一件事有 n 个步骤，完成第 1 步有 $m_1$ 种不同的方法；完成第 2 步有 $m_2$ 种不同的方法；……；完成第 n 步有 $m_n$ 种不同的方法。那么完成这件事的方案数 $M=m_1\times m_2\times\cdots\times m_n$。

2．排列

从 n 个不同元素中取出 m（m≤n）个元素排成一列，称为“n 个不同元素的一个 m 排列”。这种排列总数记为 $A_n^m$。

排列公式：$A_n^m=\dfrac{n!}{(n-m)!}$（m≤n，n、m∈N）

3．组合

从 n 个不同的元素中任取 m（m≤n）个元素（不考虑顺序），称为 n 个不同元素取出 m 个元素的一个组合，用符号 $C_n^m$ 表示。

组合公式：$C_n^m=\dfrac{A_n^m}{A_n^n}=\dfrac{n!}{m!(n-m)!}$

### 1.4.2 常见的编码

1．检错与纠错基本概念

通信链路不是理想的传输链路，因此数据传输过程中是有可能产生**比特差错**的，即比特 1 可能会变成 0，0 也可能变成 1。

1 帧包含 m 个数据位（即报文）和 r 个冗余位（校验位）。假设帧的总长度为 n，则有 n=m+r。包含数据位和校验位的 n 位单元通常称为 n 位**码字**（Code Word）。

**海明码距（码距）**是两个码字中不相同的二进制位的个数；**两个码字的码距**是一个编码系统中任意两个合法编码（码字）之间不同的二进制数的位数；**编码系统的码距**是整个编码系统中任意两个码字的码距的最小值。**误码率**是传输错误的比特占所传输比特总数的比率。

**【例 1】**图 1-4-1 给出了一个编码系统，用两个比特位表示 4 个不同的信息。任意两个码字之间不同的比特位数为 1 或者 2，最小值为 1，故该编码系统的码距为 1。

| | 二进制码字 | |
|---|---|---|
| | a2 | a1 |
| 0 | 0 | 0 |
| 1 | 0 | 1 |
| 2 | 1 | 0 |
| 3 | 1 | 1 |

图 1-4-1　码距为 1 的编码系统

即使码字中的任何一位或者多位出错了，结果中的码字也仍然是合法码字。例如，如果传送信息 10，出错了变为了 11，但由于 11 还是属于合法码字，所以接收方仍然认为 11 是正确的信息。

然而，如果用 3 个二进位来编 4 个码字，那么码字间的最小距离可以增加到 2，如图 1-4-2 所示。

| | 二进制码字 | | |
|---|---|---|---|
| | a3 | a2 | a1 |
| 0 | 0 | 0 | 0 |
| 1 | 0 | 1 | 1 |
| 2 | 1 | 0 | 1 |
| 3 | 1 | 1 | 0 |

图 1-4-2　改进后码距为 2 的编码系统

这里任意两个码字相互间最少有两个比特位的差异。因此，如果任何信息中的一个比特位出错，那么将成为一个不用的码字，接收方能检查出来。例如信息是 001，因出错成为了 101，101 不是合法码字，这样接收方就能发现出错了。

海明研究发现，**检测 d 个错误**，则编码系统**码距≥d+1**；**纠正 d 个错误**，则编码系统**码距>2d**。

2.　奇偶校验

奇偶校验是在每组数据上附加一个校验位，校验位的取值（0 或 1）则取决于这组信息中 1 的个数和校验方式（奇校验或偶校验）。

（1）**奇校验**，每组数据加上校验码后数据中 1 的个数为奇数。

（2）**偶校验**，每组数据加上校验码后数据中 1 的个数为偶数。

3. 海明码

海明码是一种多重奇偶检错码，具有检错和纠错的功能。海明码的全部码字由原来的信息和附加的奇偶校验位组成。奇偶校验位和信息位赋值在传输码字的特定位置上。这种组合编码方式能找出发生错误的位置，无论是原有信息位，还是附加校验位。

设海明码校验位为 k，信息位为 m，则它们之间的关系应满足 $m+k+1\leqslant 2^k$。

下面以原始信息 101101 为例，讲解海明码的推导与校验过程。

（1）确定海明码校验位长。m 是信息位长，则 m=6。根据关系式 $m+k+1\leqslant 2^k$，得到 $7+k\leqslant 2^k$。解不等式得到最小 k 为 4，即校验位为 4。信息位加校验的总长度为 10 位。

（2）推导海明码。

1）填写原始信息。理论上来说，海明码校验位可以放在任何位置，但通常**校验位被从左至右安排在 1（$2^0$）、2（$2^1$）、4（$2^2$）、8（$2^3$）、…的位置上**。原始信息则从左至右填入剩下的位置。如图 1-4-3 所示，校验位处于 B1、B2、B4、B8 位，剩下位为信息位，信息位依从左至右的顺序先行填写完毕。

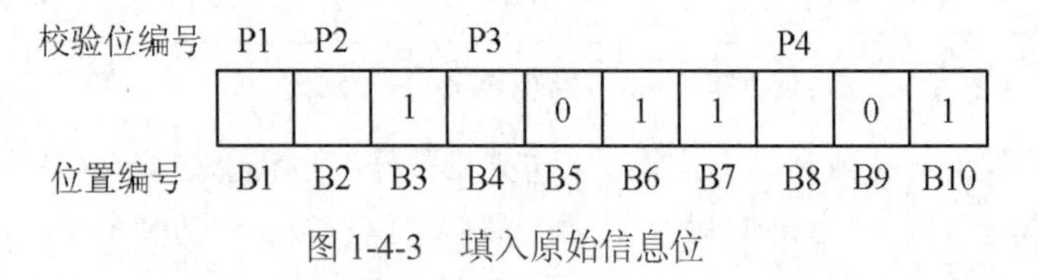


图 1-4-3　填入原始信息位

2）计算校验位。依据公式得到校验位：

$$\left.\begin{aligned}P1&=B3\oplus B5\oplus B7\oplus B9=1\oplus 0\oplus 1\oplus 0=0\\P2&=B3\oplus B6\oplus B7\oplus B10=1\oplus 1\oplus 1\oplus 1=0\\P3&=B5\oplus B6\oplus B7=0\oplus 1\oplus 1=0\\P4&=B9\oplus B10=0\oplus 1=1\end{aligned}\right\}\quad(1\text{-}4\text{-}1)$$

这个公式常用，但是直接死记硬背比较困难，只能换个方式进行理解记忆。

把除去1、2、4、8（校验位位置值编号）之外的3、5、6、7、9、10值转换为二进制位，见表1-4-1。

表1-4-1　二进制与十进制转换表

| 信息位 | 信息位编号的十进制 | 信息位编号的二进制 | | | |
|---|---|---|---|---|---|
| | | 第4位 | 第3位 | 第2位 | 第1位 |
| B3 | 3 | 0 | 0 | 1 | 1 |
| B5 | 5 | 0 | 1 | 0 | 1 |
| B6 | 6 | 0 | 1 | 1 | 0 |
| B7 | 7 | 0 | 1 | 1 | 1 |
| B9 | 9 | 1 | 0 | 0 | 1 |
| B10 | 10 | 1 | 0 | 1 | 0 |

满足条件“二进制位第1位为1”的所有Bi进行“异或”操作，结果填入P1。即$P1=B3\oplus B5\oplus B7\oplus B9=1\oplus 0\oplus 1\oplus 0=0$。

满足条件“二进制位第2位为1”的所有Bi进行“异或”操作，结果填入P2。即$P2=B3\oplus B6\oplus B7\oplus B10=1\oplus 1\oplus 1\oplus 1=0$。

依此类推，满足条件“二进制位第3位为1”的所有Bi进行“异或”操作，结果填入P3；满足条件“二进制位第4位为1”的所有Bi进行“异或”操作，结果填入P4。

填入校验位后得到图1-4-4。

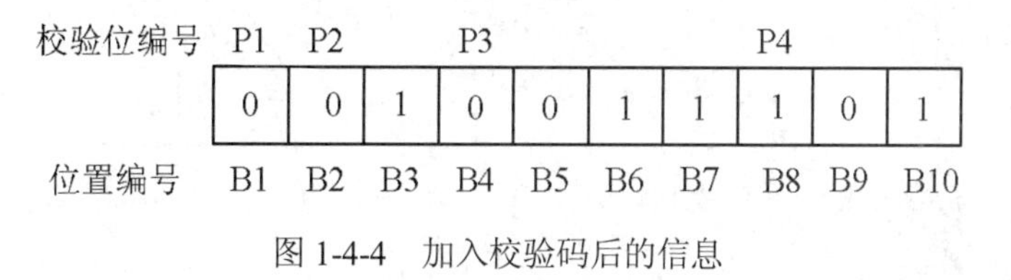


图1-4-4　加入校验码后的信息

（3）校验。将所有信息位位置编号1～10的值转换为二进制位，见表1-4-2。

表 1-4-2　二进制与十进制转换表

| 信息位 | 信息位编号的十进制 | 信息位编号的二进制 | | | |
|---|---|---|---|---|---|
| | | 第4位 | 第3位 | 第2位 | 第1位 |
| B1 | 1 | 0 | 0 | 0 | 1 |
| B2 | 2 | 0 | 0 | 1 | 0 |
| B3 | 3 | 0 | 0 | 1 | 1 |
| B4 | 4 | 0 | 1 | 0 | 0 |
| B5 | 5 | 0 | 1 | 0 | 1 |
| B6 | 6 | 0 | 1 | 1 | 0 |
| B7 | 7 | 0 | 1 | 1 | 1 |
| B8 | 8 | 1 | 0 | 0 | 0 |
| B9 | 9 | 1 | 0 | 0 | 1 |
| B10 | 10 | 1 | 0 | 1 | 0 |

将所有信息编号的二进制的第1位为1的Bi进行“异或”操作，得到X1；
将所有信息编号的二进制的第2位为1的Bi进行“异或”操作，得到X2；
将所有信息编号的二进制的第3位为1的Bi进行“异或”操作，得到X4；
将所有信息编号的二进制的第4位为1的Bi进行“异或”操作，得到X8。

上述过程对应公式描述如下：

$$\left.\begin{array}{l} X1=B1\oplus B3\oplus B5\oplus B7\oplus B9 \\ X2=B2\oplus B3\oplus B6\oplus B7\oplus B10 \\ X4=B4\oplus B5\oplus B6\oplus B7 \\ X8=B8\oplus B9\oplus B10 \end{array}\right\} \quad (1\text{-}4\text{-}2)$$



得到一个形式为X8X4X2X1的二进制，转换为十进制时，结果为0，未发生比特差错；结果非0（假设为Y），则错误发生在第Y位。

假设起始端发送加了上述校验码信息之后，目的端收到的信息为0010111101，如图1-4-5所示。

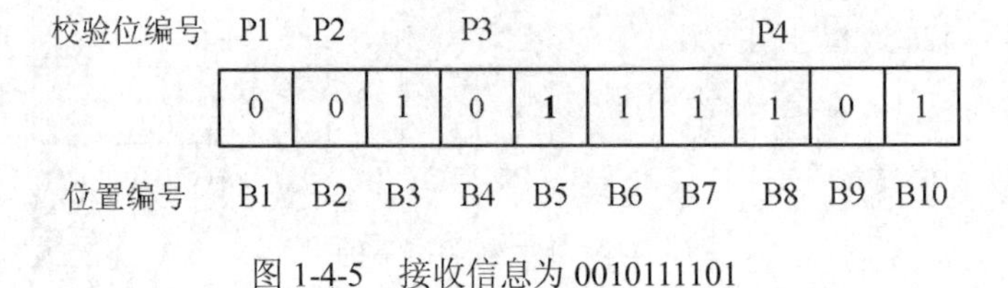


图 1-4-5　接收信息为 0010111101

依据式（1-4-2），得到

$$X1=B1\oplus B3\oplus B5\oplus B7\oplus B9=0\oplus 1\oplus 1\oplus 1\oplus 0=1$$

$$X2=B2\oplus B3\oplus B6\oplus B7\oplus B10=0\oplus 1\oplus 1\oplus 1\oplus 1=0$$

$X4=B4\oplus B5\oplus B6\oplus B7=0\oplus 1\oplus 1\oplus 1=1$

$X8=B8\oplus B9\oplus B10=1\oplus 0\oplus 1=0$

则将X8X4X2X1=0101的二进制转换为十进制为5。结果非0，则错误发生在第5位。

4. 循环冗余码

由于有线线路错误率非常低，则使用错误检测和重传机制比使用纠错方式更有效。无线线路相比有线线路，噪声更多、容易出错，所以广泛采用纠错码。

循环冗余校验码（Cyclical Redundancy Check，CRC），又称为多项式编码（Polynomial Code），广泛应用于数据链路层的错误检测。

CRC把二进制位串看成系数为0或1的多项式。一个k位的二进制数字串看成是一个k-1次多项式的系数列表，该多项式有k项，从$x^{k-1}$到$x^0$。该多项式属于k-1阶多项式，形式为$A_1x^{k-1}+A_2x^{k-2}+\cdots+A_{n-2}x^1+A_{n-1}x^0$。例如，1101有4位，可以代表一个3阶多项式，系数分别为1、1、0、1，多项式的形式为$x^3+x^2+1$。

使用CRC编码，需要先商定一个**生成多项式G(x)**。生成多项式的特点是：最高位和最低位必须是1。假设原始信息有m位，则对应多项式M(x)。生成校验码思想就是在原始信息位后追加若干校验位，使得追加的信息能被G(x)整除。接收方接收到带校验位的信息，然后用G(x)整除。余数为0，则没有错误；反之则发生错误。

（1）生成CRC校验码。这里用一个例子讲述CRC校验码生成的过程。假设原始信息串为10110，CRC的生成多项式为$G(x)=x^4+x+1$，求CRC校验码。

1）原始信息后“添0”。假设生成多项式G(x)的阶为r，则在原始信息位后添加r个0，新生成的信息串共m+r位，对应多项式设定为$x^rM(x)$。

$G(x)=x^4+x+1$的阶为4，即10011，则在原始信息10110后添加4个0，新信息串为10110 0000。

2）使用生成多项式除。**利用模2除法**，用对应的G(x)位去除串$x^rM(x)$对应的位串，得到长度为r位的余数。除法过程如图1-4-6所示。

```
10011 √101100000
       10011
---------------
         1010000
         10011
---------------
          11100
          10011
---------------
           1111
```

图1-4-6 CRC计算过程

得到余数1111。余数不足r，则余数左边用若干个0补齐。如求得余数为11，r=4，则补两个0得到0011。**这个余数就是原始信息的校验码**。

3）将余数添加到原始信息后。上例中，原始信息为10110，添加余数1111后，结果为10110 1111。

（2）CRC校验。CRC校验过程与生成过程类似，接收方接收了带校验和的数据后，用多项式G(x)来除。余数为0，则表示信息无错；否则要求发送方进行重传。

**注意**：收发信息双方需使用相同的生成多项式。

（3）常见的 CRC 生成多项式。CRC–16=$x^{16}+x^{15}+x^2+1$。该多项式用于 FR、X.25、HDLC、PPP 中，用于校验除帧标志位外的全帧。

CRC–32=$x^{32}+x^{26}+x^{23}+x^{22}+x^{16}+x^{12}+x^{11}+x^{10}+x^8+x^7+x^5+x^4+x^2+x+1$。该多项式用于校验以太网（802.3）帧（不含前导和帧起始符）、令牌总线（802.4）帧（不含前导和帧起始符）、令牌环（802.5）帧（从帧控制字段到 LLC 层数据）、FDDI 帧（从帧控制字段到 INFO）和 ATM 全帧与 PPP 除帧标志位外的全帧。

5. 哈夫曼编码

本节知识点也属于数据结构部分的知识点。霍夫曼树（Huffman Tree）又称哈夫曼树、最优二叉树，表示**带权路径最短**的树。**哈夫曼编码的特点是使得文件字符编码总长度最短**。

（1）基本定义。

**路径和路径长度**：一棵树中，从一个节点向下可达到的叶子节点之间的通路，称为**路径**。路径中分支的数量称为**路径长度**。若规定根节点的层数为 1，则从根节点到第 L 层节点的路径长度为 L-1。图 1-4-7 中，根节点到节点 a 是一条路径，路径长度为 2。

**节点的权及带权路径长度**：树中节点的数值，称为节点的**权**。带权路径长度=从根节点到该节点之间的路径长度×该节点的权。图 1-4-7 中，节点 a 的权为 9，节点 a 的带权路径长度为 9×2。

**树的带权路径长度**：所有叶子节点的带权路径长度之和，记为 WPL。图 1-4-7 中，WPL=9×2+6×2+4×2+1×2=40。

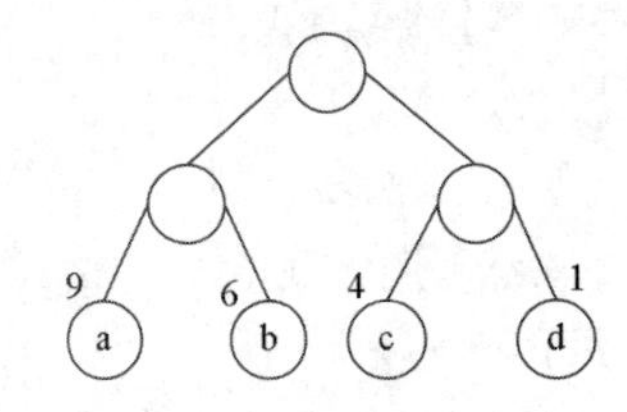


图 1-4-7　基本概念示例

（2）哈夫曼树构造算法。假设 n 个权值为 w1、w2、…、wn，准备构造的哈夫曼树有 n 个叶子节点。具体构造的规则为：

第 1 步：将 w1、w2、…、wn 看成是有 n 棵树（树仅有一个节点）的森林。

第 2 步：在森林中选出两个**根节点的权值最小**的树合并，作为一棵新树的子树，且新树的根节点权值为其子树根节点权值之和。

第 3 步：从森林中删除选取的两棵树，并将新树加入森林。

第 4 步：重复 2、3 步，直到森林中只剩一棵树为止，该树即为所求得的哈夫曼树。

（3）哈夫曼编码。从根节点开始，为到每个叶子节点路径上的左分支赋值 0，右分支赋值 1，并从根到叶子的路径方向形成该叶子节点的编码。

**【例 2】**已知 4 种字符 a、b、c、d，出现的频率为 1、5、6、3，则构造哈夫曼树如图 1-4-8 所示，构建哈夫曼编码如图 1-4-9 所示。

哈夫曼树构造完毕后，接下来进行哈夫曼编码。

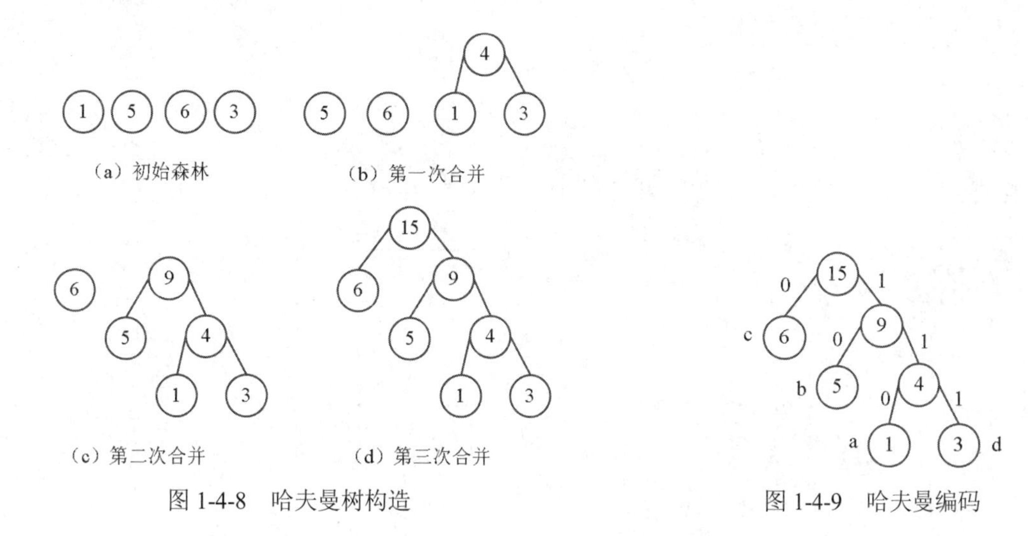


图 1-4-8 哈夫曼树构造

图 1-4-9 哈夫曼编码

该例子中，c 编码为 0；b 编码为 10；a 编码为 110；d 编码为 111。

# 第 2 章 计算机硬件基础知识

**计算机体系结构**是程序员所看到的计算机的属性，即计算机的逻辑结构和功能特征，包括各软硬件之间的关系，设计思想与体系结构。

本章考点知识结构图如图 2-0-1 所示。

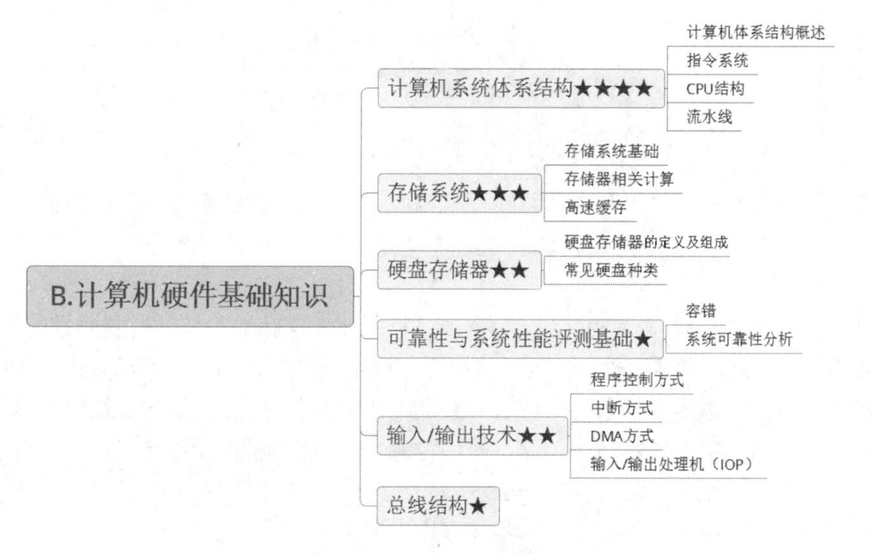


图 2-0-1 考点知识结构图

# 2.1 计算机系统体系结构

## 2.1.1 计算机体系结构概述

完整的计算机系统由软件、硬件等组成。简化的计算机系统的层次结构如图 2-1-1 所示。

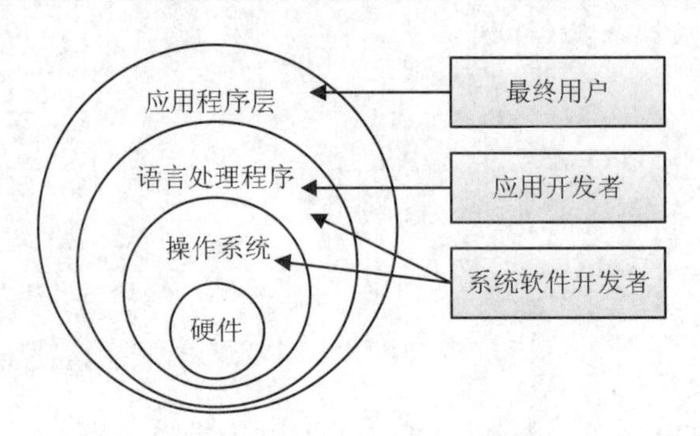


图 2-1-1 简化的计算机系统层次结构

计算机硬件系统遵循冯·诺依曼所设计的体系结构，即由运算器、控制器、存储器、输入/输出设备 5 大部件组成，具体如图 2-1-2 所示。

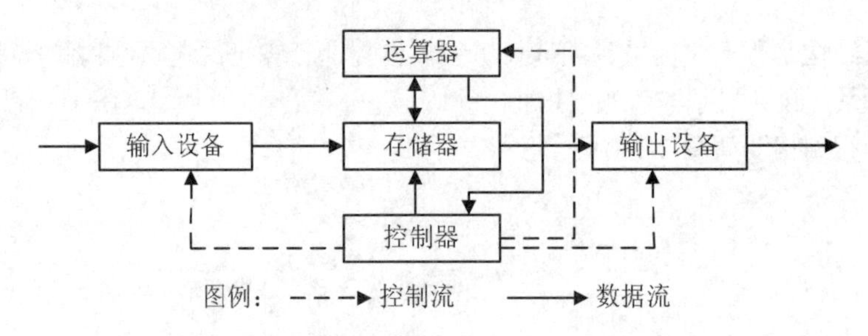


图 2-1-2 计算机硬件组成

运算器、控制器、寄存器组和内部总线等就构成了 CPU。**CPU 和内存构成主机，其他部件统称外设。**

1. 控制器

控制器是计算机的指挥与管理中心，协调计算机各部件有序地工作。控制器控制 CPU 工作、确保程序正确执行、处理异常事件。控制器从内存中取指令并送入指令寄存器，对取出的指令进行译码和分析，于此同时给出下一条指令位置。控制器的主要任务是控制 CPU 按照正确时序产生操作控制信号。控制器功能上包括指令控制、时序控制、总线控制和中断控制等。

控制器在硬件上由程序计数器（Program Counter，PC）、指令寄存器（IR）、地址寄存器（AR）、数据寄存器（DR）、指令译码器等组成，各部分特点见表 2-1-1。

表 2-1-1　控制器组成及特点

| 组成部分 | 特点 |
| --- | --- |
| 程序计数器（PC） | 所有 CPU 共用的一个特殊寄存器，指向下一条指令的地址。CPU 根据 PC 的内容去主存处取得指令，由于程序中的指令是按顺序执行的，所以 PC 必须有自动增加的功能 |
| 指令寄存器（IR） | 保存当前正在执行指令的代码，指令寄存器的位数取决于指令字长 |
| 地址寄存器（AR） | 存放 CPU 当前访问的内存单元地址 |
| 数据寄存器（DR） | 暂存从内存储器中读/写的指令或数据 |
| 指令译码器 | 对获取指令进行译码，产生该指令操作所需的一系列微操作信号，用以控制计算机各部件完成该指令 |

2. 运算器

运算器接收控制器命令，完成加工和处理数据的任务。运算器由算术逻辑单元（ALU）、通用寄存器、数据暂存器、程序状态字寄存器（Program Status Word，PSW）等组成。

（1）算术逻辑单元（ALU）用于进行各种算术逻辑运算（如与、或、非等）、算术运算（如加、减、乘、除等）。

（2）通用寄存器用来存放操作数、中间结果和各种地址信息的一系列存储单元。常见的通用寄存器见表 2-1-2。

表 2-1-2　常见的通用寄存器

| 寄存器分类 | 子类 | 作用与解释 |
| --- | --- | --- |
| 数据寄存器 | AX（Accumulator Register） | 累加寄存器，算术运算的主要寄存器 |
| | BX（Base Register） | 基址寄存器 |
| | CX（Count Register） | 计数寄存器，串操作、循环控制的计数器 |
| | DX（Data Register） | 数据寄存器 |
| 地址指针寄存器（MAR） | SI（Source Index Register） | 源变址寄存器 |
| | DI（Destination Index Register） | 目的变址寄存器 |
| | SP（Stack Pointer Register） | 堆栈寄存器 |
| | BP（Base Pointer Register） | 基址指针寄存器 |
| 段寄存器 | CS（Code Segment） | 代码段寄存器 |
| | DS（Data Segment） | 数据段寄存器 |
| | SS（Stack Segment） | 堆栈段寄存器 |
| | ES（Extra Segment） | 附加段寄存器 |
| 累加寄存器（Accumulator） | AC（Accumulator）又称为累加器，是当运算器的逻辑单元执行算术运算或者逻辑运算时，为 ALU 提供的一个工作区；能进行加、减、读出、移位、循环移位和求补等操作，**能暂存运算结果** | 例如，执行减法时，被减数暂时放入 AC，然后取出内存存储的减数，同 AC 内容相减，并将结果存入 AC。运算结果是放入 AC 的，所以运算器至少要有一个 AC |

续表

| 寄存器分类 | 子类 | 作用与解释 |
| --- | --- | --- |
| 数据暂存器（MDR） | 数据暂存器 | 用来暂存从主存储器读出的数据，这类数据不能存放在通用寄存器中，否则会破坏其原有的内容 |
| 程序状态字寄存器（Program Status Word，PSW） | 体现当前指令执行结果的各种状态信息如进位、溢出、结果正负、结果是否为零等；存放控制信息，如允许中断、跟踪标志等 | 程序状态字寄存器常用的标志位包括：进位标志位（Carry Flag，CF）、零标志位（Zero Flag，ZF）、符号标志位（Sign Flag，SF）、奇偶标志位（Parity Flag，PF）、溢出标志位（Overflow Flag，OF） |

3. 存储器

存储器用于存放程序和数据，程序和数据均是二进制形式。

4. 输入/输出设备

输入/输出设备是从计算机外部接收与反馈结果的设备。例如鼠标（Mouse）、键盘（Keyboard）、打印机（Printer）、显示器。

5. 总线

除了上述部件外，计算机系统包含的部件还有总线（Bus）。依据传输信号不同，总线分为数据总线、地址总线、控制总线。

### 2.1.2 指令系统

**指令**是计算机可以识别、执行的操作命令。每条指令则是计算机各部件共同完成的一组操作。计算机程序由多条有序的指令序列组成。

**微操作**：执行指令时，每个部件完成的基本操作。

**指令系统**：计算机系统中可执行的指令集合。

1. 指令格式

计算机中的一条指令就是机器语言的一个语句，由一组二进制代码来表示。一条指令由两部分构成：操作码（Operation Code）和操作数（Operand）地址码，如图 2-1-3 所示。

| 操作码 OP | 操作数地址码 A |
| --- | --- |

图 2-1-3 计算机指令结构

（1）操作码。操作码表示指令的操作性质及功能；操作码位数取决于指令系统的指令数量、种类；指令系统中定义操作码可分为定长编码和变长编码两种，见表 2-1-3。

表 2-1-3 指令中的操作码

| 编码方式 | 编码特点 | 备注 |
| --- | --- | --- |
| 定长编码 | 每个操作码的长度固定 | 码长≥$\log_2 N$（N 为操作码的种类数）<br>如 256 个操作码，码长应该至少 8 位 |
| 变长编码 | 依据使用频度选择不同长度的编码 | 先将操作码分类，然后按类编码。<br>平均码长为：将每个码长乘以频度，再累加其和 |

（2）地址码。地址码指示操作数地址。一条指令必须有一个操作码，但有可能包含几个地址码。

**指令长度**是指一条指令的二进制代码的位数。指令长度=操作码长度+操作数地址的长度。

根据地址码个数可以把指令分为三地址指令、二地址指令、一地址指令和零地址指令 4 种。

1）零地址指令：指令字中只包含操作码，而不包含操作数地址。

零地址指令格式为：

| OP |
|---|

2）一地址指令：这种指令操作方法为：(AC) OP (A) → (AC)，就是以累加寄存器 AC 中的数据为一个操作数，指令地址码字段所指向的数为另一操作数，操作结果又放回累加寄存器 AC 中。

- （AC）：表示累加寄存器 AC 中的数。
- （A）：表示内存中地址为 A 的存储单元中的数或运算器中地址为 A 的通用寄存器中的数。
- OP：表示具体的操作（运算）。
- →：表示把操作结果传送到指定的地方。

一地址指令格式为：

| OP | A |
|---|---|

3）二地址指令：这种指令操作方法为：(A1) OP (A2) →A1，就是两个地址码字段 A1 和 A2 指向内存单元存储的两个数，进行 OP 操作后，将结果存入 A1 指向的内存单元。

二地址指令格式为：

| OP | A1 | A2 |
|---|---|---|

4）三地址指令：指令中有 3 个操作数地址。A1 和 A2 是两个操作数地址，A3 是存放操作结果的地址。

$$(A1)\quad OP\quad (A2)\quad \rightarrow\quad A3$$

三地址指令格式为：

| OP | A1 | A2 | A3 |
|---|---|---|---|

**攻克要塞软考团队提醒**：A1、A2、A3 可以是内存单元地址，也可以是运算器中通用寄存器的地址。

2. 寻址方式

寻址方式（编址方式）即指令按照哪种方式寻找或访问到所需的操作数。常用寻址方式见表 2-1-4。

表 2-1-4 常用寻址方式

| 寻址方式 | 说明 | 示例 |
|---|---|---|
| 立即寻址 | 指令中直接给出操作数。这种方式获取操作码（操作数）最快捷 | ADD AX，1000H<br>其中，1000H 即为立即数，立即数只能用于源操作数 |

续表

| 寻址方式 | 说明 | 示例 |
|---|---|---|
| 直接寻址 | 指令直接给出操作数的**偏移地址** | ADD BX，[1000H]<br>其中，[1000H]表示源操作数位于相对于 DS（数据段寄存器）的**偏移地址**为 1000H 的地方 |
| 间接寻址 | 指令给出的是指向操作数地址的地址 | 这种方式早已经不用 |
| 基址寻址 | 指令给出一个**基址寄存器**和一个偏移量。基址寄存器分为**数据基址寄存器**（BX）和基址指针寄存器（BP，也称栈指针寄存器） | MOV AX，[BX+1000H]<br>其中，[BX+1000H]表示源操作数的**偏移地址**为数据基址寄存器 BX 的内容+1000H |
| 变址寻址 | 指令给出一个**变址寄存器**和一个偏移量。变址寄存器分为源变址寄存器（SI）和目的变址寄存器（DI） | ADD AX，[SI+1000H]<br>其中，[SI +1000H]源操作数的**偏移地址**为源变址寄存器 SI 的内容+1000H |
| 寄存器寻址 | 操作数存放在某一寄存器中，指令给出存放操作数的寄存器名 | ADD AX，BX<br>其中，源操作数就是 BX 中的内容 |
| 寄存器间接寻址 | 操作数所在存储地址在某个寄存器中 | ADD AX，[SI]<br>其中，SI 中所存放的是源操作数的**偏移地址** |

**攻克要塞软考团队提醒**：操作数一般存放在数据字段，所以操作数的地址=段（DS）偏移地址+偏移地址。

3. 指令分类

指令按功能分类见表 2-1-5。

**表 2-1-5 指令功能分类表**

| 指令类别 | 指令名称 | 特点与解释 |
|---|---|---|
| 数据传送类 | 传送指令 | 实现数据传送 |
| | 数据交换指令 | 双向数据传送 |
| | 出/入栈指令 | 堆栈操作 |
| | 输入/输出指令 | 主机与外设之间的数据传送 |
| 程序控制类 | 转移指令 | 分为无条件转移和条件转移 |
| | 循环控制指令 | 实现程序的循环设计 |
| | 子程序调用和返回指令 | 实现主程序对子程序的调用 |
| | 程序自中断指令 | 设置断点或实现系统调用，实质上属于子程序调用 |
| 处理器控制类 | 包含开/关中断、空操作、置位或清零等指令 | 直接控制 CPU 实现特定功能。该类指令一般没有操作数地址字段，属于无操作数指令 |

续表

| 指令类别 | 指令名称 | | 特点与解释 |
| --- | --- | --- | --- |
| 数据处理类指令 | 算术运算 | 加、减、乘、除、带进位的加减 | 两操作数的四则运算 |
| | | 加 1、减 1、求补、比较 | 略 |
| | | 向量运算 | 向量或矩阵运算 |
| | 逻辑运算指令 | 与、或、非、异或 | 逻辑乘（与）、逻辑加（或）、逻辑非（求反）、异或（按位加） |
| | 移位指令 | 算术移位 | 算术左/右移 |
| | | 逻辑移位 | 逻辑左/右移 |
| | | 环移 | 循环移位 |
| | | 半字交换 | 一个字数据的高半字与低半字互换 |

### 2.1.3 CPU 结构

中央处理单元（Central Processing Unit，CPU）也称为微处理器（Microprocessor）。CPU 是计算机中最核心的部件，主要由运算器、控制器、寄存器组和内部总线等构成。

1. CPU 指令的执行过程

CPU 中指令的一般执行过程分为以下 3 个步骤：

（1）取指令。根据程序计数器（PC）指向的指令地址，从主存储器中读取指令，送入主存数据缓存。再送往 CPU 内的指令寄存器（IR）中，同时改变程序计数器的内容，使其指向下一条指令地址或者紧跟当前指令的立即数或地址码。

（2）取操作数。如果无操作数指令，则直接进入第（3）步；如果需取操作数，则根据寻址方式计算地址，然后根据地址去取操作数；如果是双操作数指令，则需要两个取数周期来取操作数。

（3）执行操作。根据操作码完成相应的操作，并根据目的操作数的寻址方式来保存结果。

和指令操作紧密相关的是指令执行的周期，在指令执行过程中要清楚各个周期中机器所完成的工作。指令执行过程中的各个周期见表 2-1-6。

表 2-1-6　指令执行过程中的各个周期

| 周期种类 | 所完成工作描述 |
| --- | --- |
| 取指周期 | 地址由 PC 给出，取出指令后，PC 内容自动递增。当出现转移情况时，指令地址在执行周期被修改。取操作数周期期间要解决的是计算操作数地址并取出操作数 |
| 执行周期 | 执行周期的主要任务是完成由指令操作码规定的动作，包括传送结果及记录状态信息。执行过程中要保留状态信息，尤其是条件码要保存在 PSW 中。若程序出现转移，则在执行周期内还要决定转移地址的问题 |
| 指令周期 | 一条指令从取出到执行完成所需要的时间 |

**指令周期、机器周期、时钟周期的关系如下：**

（1）**指令周期：**完成一条指令所需的时间，包括取指令、分析指令和执行指令所需的全部时间。

（2）**机器周期：**又称为CPU工作周期或基本周期。指令周期划分为几个不同的阶段，每个阶段所需的时间就是机器周期。一般来说机器周期与取指时间或访存时间是一致的。

（3）**时钟周期：**时钟频率的倒数，也可称为节拍脉冲，是处理操作的**最基本单位**。

**一个指令周期由若干个机器周期组成，每个机器周期又由若干个时钟周期组成**。一个机器周期内包含的时钟周期个数取决于该机器周期内完成的动作所需的时间。一个指令周期包含的机器周期个数也与指令所要求的动作有关，如单操作数指令只需要一个取操作数周期，而双操作数指令需要两个取操作数周期。

**总线周期：**指 CPU 从存储器或 I/O 端口存取一字节所需的时间。

2. CPU 的主要性能指标

（1）主频。**主频**又称时钟频率，单位为 MHz 或 GHz，表示 CPU 的运算和处理数据的速度。主频不能完全代表 CPU 整体运算能力，但人们已经习惯用于衡量 CPU 的运算速度。

（2）字长。**字长**是 CPU 在单位时间内能一次处理的二进制数的位数。通常能一次处理 16bit 数据的 CPU 就叫 16 位的 CPU。**字长越长，计算机数据运算精度越高**。

（3）缓存。**缓存**是位于 CPU 与内存之间的高速存储器，容量比内存小，速度却比内存快，甚至接近 CPU 的工作速度。缓存用于解决 CPU 运行速度与内存读写速度之间不匹配的问题。缓存容量的大小是 CPU 性能的重要指标之一。缓存的结构和大小对 CPU 速度的影响非常大。

通常，CPU 有三级缓存：一级缓存、二级缓存和三级缓存。

一级缓存（L1 Cache）是 CPU 的第一层高速缓存，L1 Cache 分为数据缓存和指令缓存。受制于 CPU 的面积，L1 通常很小。

二级缓存（L2 Cache）是 CPU 的第二层高速缓存，L2 Cache 分为内部和外部两种。内部二级缓存运行速度与主频接近，而外部二级缓存运行速度只有主频的 50%。理论上 L2 Cache 越大越好，但综合考虑成本与性能等因素，实际上 CPU 的 L2 高速缓存不大。

三级缓存（L3 Cache）的作用是进一步降低内存延迟，提升大数据量计算时处理器的性能。因此在数值计算领域的服务器 CPU 上增加 L3 缓存可以在性能方面获得显著的效果。

### 2.1.4 流水线

执行指令的方式可以分为顺序、重叠、流水方式。

（1）顺序方式：各机器指令之间顺序串行执行，执行完一条指令才能取下一条指令。这种方式控制简单，但是利用率低。

（2）重叠方式：执行第 N 条指令的时候，可以开始执行第 N+1 条指令。这种方式复杂性不高、处理速度较快；但容易发生冲突。重叠方式如图 2-1-4 所示。任何时候，分析指令和执行指令，可以有相邻两条指令在执行。

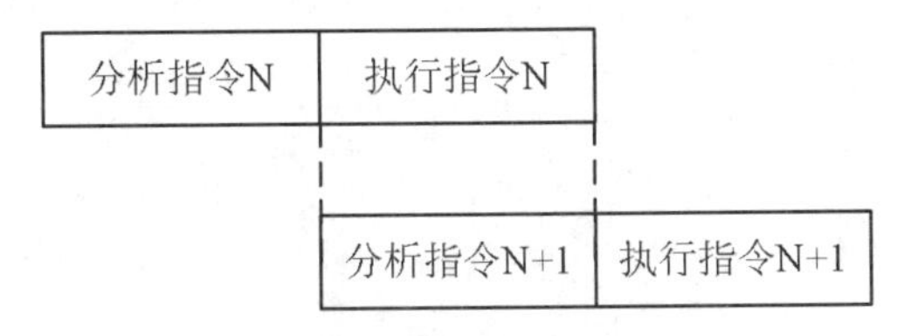

图 2-1-4　一次重叠

（3）流水方式：流水方式是扩展的“重叠”，重叠把指令分为两个子过程，而流水可以分为多个过程。

流水线（Pipeline）技术将指令分解为多个小步骤，并让若干条不同指令的各个操作步骤重叠，从而实现这若干条指令的并行处理，达到程序加速运行的目的。

实际中，计算机指令往往可以分解成取指令、译码、执行等多个小步骤。在 CPU 内部，取指令、译码和执行都是由不同的部件来完成的。在理想的运行状态下，尽管单条指令的执行时间没有减少，但是由多个不同部件同时工作，同一时间执行指令的不同步骤，从而使总执行时间极大地减少，甚至可以少到等于这个过程中最慢的那个步骤的处理时间。**如果各个步骤的处理时间相同，则指令分解成多少个步骤，处理速度就能提高到标准执行速度的多少倍。**

## 2.2　存储系统

存储器就是存储数据的设备。主存储器由存储体、寻址系统、存储器数据寄存器、读写系统及控制线路等组成。存储器的主要功能是存储程序和数据，并能在计算机运行过程中高速、自动地完成程序或数据的存取。

存储系统中的常见定义见表 2-2-1。

**表 2-2-1　计算机信息单位**

| 名称 | 解释 |
| --- | --- |
| 位（bit） | 计算机数据的最小单位，包含 1 位二进制数字（1 或 0） |
| 字节（byte，简称 B） | 一个字节有 8 位，1B=8bit |
| 字 | 字由一个或者多个字节组成。字的位数叫作字长，不同型号机器有不同的字长。**字长是计算机进行数据处理和运算的基本单位。**字长越长，数据运算精度越高，计算机处理能力越强 |
| 字编址 | 对存储单元按字编址 |
| 字节编址 | 对存储单元按字节编址 |
| 寻址 | 由地址寻找数据，从对应地址的存储单元中访存数据 |

存储层次是计算机体系结构下的存储系统层次结构，如图 2-2-1 所示。存储系统层次结构中，每一层相对于下一层都更高速、更低延迟，价格也更贵。

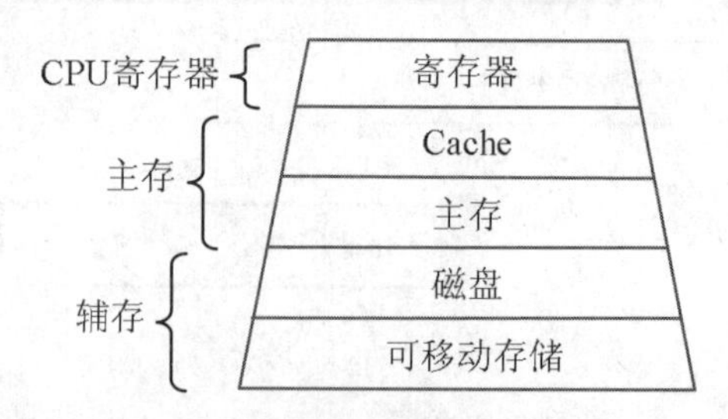


图 2-2-1　存储系统的层次结构

计算机系统的 3 层存储结构可以用图 2-2-2 描述。如果把 CPU 的寄存器看成存储器的一层，则存储系统可分为 4 层结构。

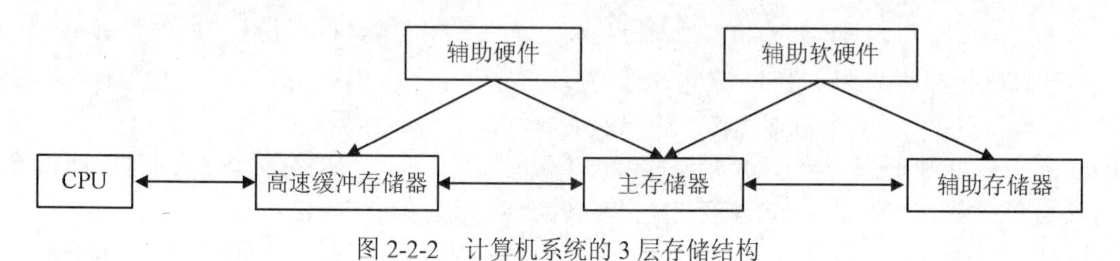


图 2-2-2　计算机系统的 3 层存储结构

## 2.2.1　存储系统基础

1. 按存储应用分类

存储器按存储应用分类如图 2-2-3 所示。

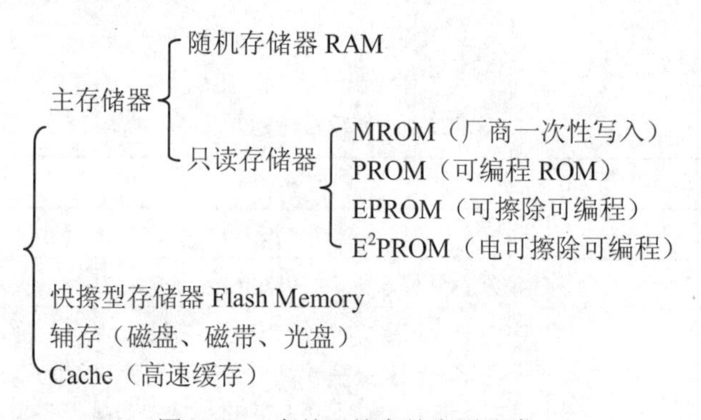


图 2-2-3　存储器按存储应用分类

2. 按数据的存取方式分类

存储器按照数据的存取方式可以分为以下几类。

（1）随机存取存储器（Random Access Memory，RAM）。随机存取是指 CPU 可以对存储器中的数据随机存取，与信息所处的物理位置无关。RAM 具有读写方便、灵活的特点，但断电后信息全部丢失，因此常用于主存和高速缓存中。主存储使用的是 RAM，是一种随机存储器。

RAM 又可分为 DRAM 和 SRAM 两种。其中 DRAM 的信息会随时间的延长而逐渐消失，因此需要定时对其刷新来维持信息不丢失；SRAM 在不断电的情况下，信息能够一直保持而不丢失，因此无需刷新。系统主存主要由 DRAM 组成。

CPU 访问主存储器的方式属于**随机访问的方式**。随机的方式就是在同一时间可存取存储器中的任意一个数据。

（2）只读存储器（Read-Only Memory，ROM）。ROM 中的信息是固定在存储器内的，只可读出，不能修改，其读取的速度通常比 RAM 要慢一些。

除了 ROM 之外，只读存储器还有以下几种：

- 可编程 ROM（Programmable Read-Only Memory，PROM），只能写入一次，写后不能修改。
- 可擦除 PROM（Erasable Programmable Read-Only Memory，EPROM），紫外线照射 15～20 分钟可擦去所有信息，可写入多次。
- 电可擦除 EPROM（Electrically Erasable Programmable Read-Only Memory，$E^2$PROM），可写入，但速度慢。

（3）顺序存取存储器（Sequential Access Memory，SAM）。SAM 只能按某种顺序存取，存取时间的长短与信息在存储体上的物理位置相关，所以只能用平均存取时间作为存取速度的指标。磁带机就是 SAM 的一种。

（4）直接存取存储器（Direct Access Memory，DAM）。DAM 采用直接存取方式对信息进行存取，当需要存取信息时，直接指向整个存储器中的某个范围（如某个磁道）；然后在这个范围内顺序检索，找到目的地后再进行读写操作。DAM 的存取时间与信息所在的物理位置有关，相对 SAM 来说，DAM 的存取时间更短。

（5）相联存储器（Content Addressable Memory，CAM）。CAM 是一种基于数据内容进行访问的存储设备。当写入数据时，CAM 能够自动选择一个未使用的空单元进行存储；当读出数据时，并不直接使用存储单元的地址，而是使用该数据或该数据的一部分内容来检索地址。CAM 能同时对所有存储单元中的数据进行比较，并标记符合条件的数据以供读取。因为比较是并行进行的，所以 CAM 的速度非常快。

### 2.2.2 存储器相关计算

1. 基础概念

（1）存储容量：存储器存放数据总位数。

存储容量=存储单元数×单元的位数。芯片通常用 bit 作为单位。用 W×B 来表示，W 是存储单元（word 字），B 表示每个字由多少位（bit）构成。

常见的容量单位有：KB、MB、GB、TB、PB、EB。单位间转换公式为

1KB=$2^{10}$B=1024B；　　1MB=$2^{10}$KB=1024KB

1GB=$2^{10}$MB=1024MB；　1TB=$2^{10}$GB=1024GB

1PB=$2^{10}$TB=1024TB；　　1EB=$2^{10}$PB=1024PB

（2）存取时间：从 CPU 给出有效的存储器地址启动一次存储器读/写操作，到完成操作的总时间。

（3）存取周期：指连续两次启动存储器（启动读或写操作）所需的最小时间间隔。

（4）带宽：**单位时间内**存储器上传送的数据位数。

2. 主存储器构成与内存地址编址

存储器由一片或者多片存储芯片构成。如果用规格为 w×b 的 X 芯片，组成 W×B 的 C 存储器，则需要 $\frac{W}{w}\times\frac{B}{b}$ 个 X 芯片。

编址也就是给“内存单元”编号，通常用十六进制数字表示，按照从小到大的顺序连续编排成为内存的地址。每个内存单元的大小通常是 8bit，也就是 1 个字节。内存容量与地址之间有如下关系：

内存容量=最高地址–最低地址+1

**【例 1】**若某系统的内存按双字节编址，地址从 B5000H 到 DCFFFH 共有多大容量？若用存储容量为 16K×8bit 的存储芯片构成该内存，至少需要多少片芯片？

这种题考查考生对内存地址表示的理解，属于套用公式的计算型题目。

用 DCFFF–B5000+1 就可以得出具体的容量大小，再除以 1024 转为 K 单位，又因为系统是双字节，所以总容量为 160K×16bit。而存储芯片的容量是 16K×8bit，所以只要 160×16/16×8=20 片才能实现。

### 2.2.3 高速缓存

高速缓冲存储器（Cache）技术就是利用程序访问的**局部性原理**，把程序中正在使用的部分（活跃块）存放在一个小容量的高速 Cache 中，使 CPU 的访存操作大多针对 Cache 进行，从而解决高速 CPU 和低速主存之间速度不匹配的问题，使程序的执行速度大大提高。

**局部性原理**就是 CPU 在一段较短的时间内，对连续地址的一段很小的主存空间频繁地进行访问，而对此范围以外地址的访问甚少。

Cache—主存结构的特点：

（1）Cache 的内容是主存内容的副本。

（2）CPU 首先访问的是 Cache，并不是主存。需要高速地完成 CPU 的访问主存地址到 Cache 地址的转换，因此只能完全由**硬件**来完成。

1. Cache 读

CPU 发出读请求，产生访问主存地址，如果 Cache **命中**（数据在 Cache 中），则通过地址映射将主存地址转换为 Cache 地址，访问 Cache。如果 Cache 命中失败，且 Cache 未满，则将把数据装入 Cache，同时把数据直接送给 CPU。如果 Cache 命中失败，且 Cache 已满，则用替换策略替换旧数据并送回内存，再装入新数据。

2. Cache 写

为保障 Cache 与主存内容保持一致的问题，常采用的方法有：

（1）写直达：CPU 向 Cache 写入的同时也向主存写入数据，始终保持它们数据的一致性。

（2）写回法：CPU 暂时只向 Cache 写入，并标记，直至该数据从 Cache 替换出时，才写入主存。

（3）直接写入主存：若被修改的单元不在 Cache 中，直接写内存。

3. 替换 Cache 内数据的策略

常用的替换 Cache 内数据的策略算法有：

（1）FIFO（先进先出）：替换 Cache 中驻留时间最长的数据块。

（2）LRU（近期最少使用）：替换 Cache 中近期最少使用的数据块。

## 2.3 硬盘存储器

本节知识点考查常见存储设备尤其是硬盘存储的基本概念。

### 2.3.1 硬盘存储器的定义及组成

硬盘是由一个或多个铝制或者玻璃制的碟片组成的存储器。可以分为机械硬盘和固态硬盘。

机械硬盘即传统普通硬盘，由盘片、磁头、接口、缓存、传动部件、主轴马达等组成。具体如图 2-3-1 所示。

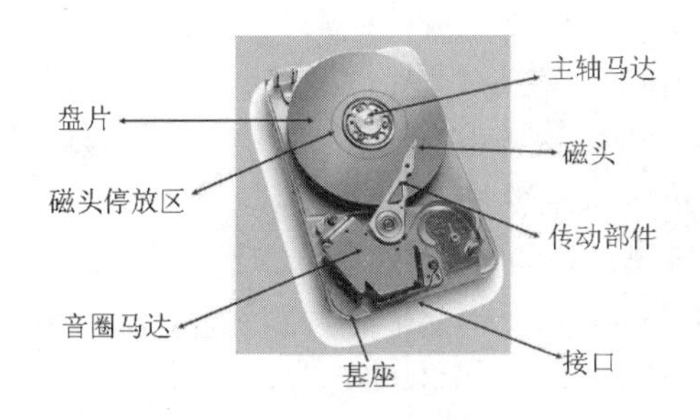


图 2-3-1 机械硬盘构成

（1）硬盘的物理参数。硬盘的主要物理参数有盘片、磁道、柱面、扇区等。具体如图 2-3-2 所示。

- 盘片：硬盘由很多盘片组成，每个盘片有两个面，每面都有一个读写磁头。
- 磁道（Head）：每个盘面都被划分为数目相等的磁道，且外缘从“0”开始编号。

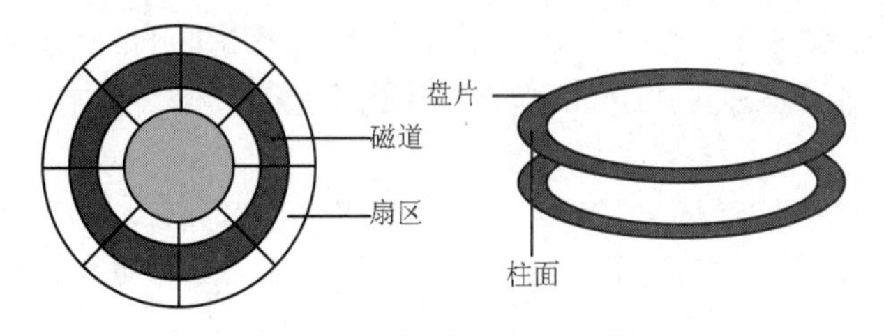


图 2-3-2 硬盘的物理参数

- 柱面（Cylinder）：相同编号的磁道形成一个圆柱，称为柱面。磁盘的柱面数与单个盘面上的磁道数是相等的。
- 扇区（Sector）：每个盘片上的每个磁道又被划分为若干个扇区。

（2）硬盘其他参数。

- 硬盘容量：指硬盘能存储数据的数据量大小。硬盘容量=柱面数×磁道数×扇区数×每个扇区的字节数。
- 硬盘转速：硬盘主轴电机的转动速度，单位 RPM，即每分钟盘片转动次数（Revolutions Per Minute，RPM）。RPM 越大，访问时间越短，内部传输率越快，硬盘整体性能越好。
- 硬盘缓存：硬盘与外部总线交换数据的暂时存储数据的场所。
- 平均访问时间：硬盘磁头找到目标位置，并读取数据的平均时间。平均访问时间=平均寻道时间+平均等待时间。
- 平均等待时间：数据所在的扇区转到磁头下方的平均时间。一般认定，平均等待时间=1/2×磁盘旋转一周的时间。
- 平均寻道时间：硬盘磁头从一个磁道移动到另一个磁道所需要的平均时间。
- SMART 技术：自监测、分析及报告技术（Self-Monitoring Analysis and Reporting Technology，SMART）。该技术监测磁头、磁盘、马达、电路等，并依据历史记录及预设的安全值，自动预警。

**【例 1】**某磁盘有 100 个磁道，磁头从一个磁道移至另一个磁道需要 6ms。文件在磁盘上非连续存放，逻辑上相邻数据块的平均距离为 10 个磁道，每块的旋转延迟时间及传输时间分别为 100ms 和 20ms，则读取一个 100 块的文件需要（　　）ms。

A. 12060　　B. 12600　　C. 18000　　D. 186000

**【试题分析】**总时间=文件数×读取一个文件所需的时间=文件数×(寻道时间+旋转延迟时间+传输时间)=100×(6ms×10+100ms+20ms)=18000ms。

**【参考答案】**C

### 2.3.2　常见硬盘种类



（1）SATA。早期的硬盘使用 PATA 硬盘，PATA 叫作并行 ATA 硬盘（Parallel ATA）。该方式下会产生高噪声，为解决该问题需要采用高电压，从而导致生产成本上升。由于数据是并行传输的，受并行技术限制，总体传输率最快只能达到 133Mb/s。

SATA 硬盘（Serial ATA），又被称为串口硬盘。SATA 采用差分信号系统，能有效滤除噪声，因此不需要使用高电压传输去抑制噪声，只需使用低电压操作即可。目前 SATA 3.0 的传输速率可达 600Mb/s。

（2）SAS。串行连接 SCSI 接口（Serial Attached SCSI，SAS），即串行连接 SCSI，是新一代的 SCSI 技术，和现在流行的 SATA 相同，都是采用串行技术以获得更高的传输速度，并通过缩短连结线改善内部空间。

SAS 的接口技术可以向下兼容 SATA。具体来说，二者的兼容性主要体现在物理层和协议层的兼容。目前 SAS 的传输速率可达 12Gb/s。

（3）固态硬盘。固态硬盘（Solid State Drives，SSD）是用固态电子存储芯片组成的硬盘，由控制单元和存储单元（FLASH、DRAM）组成。

固态硬盘与传统机械硬盘相比，优点是快速读写、质量轻、能耗低、体积小；缺点是价格较为昂贵、容量较低、一旦硬件损坏数据较难恢复等。

目前，存储系统（尤其是 SAN 架构）中，为了均衡价格、速度、稳定性，构建存储池采用的硬盘往往是 SSD、SAS 等多种硬盘混合形式。这样可以达到数据分级存储的目的，需要高速率存取的数据存放在 SSD 盘中，大容量数据往往存储在机械硬盘中。

## 2.4 可靠性与系统性能评测基础

本部分主要知识点有容错、系统可靠性分析等。

### 2.4.1 容错

容错就是当系统发生故障时也能提供服务。容错相关联的定义如下。

- 可用性：任何给定的时候都能及时工作。
- 可靠性：系统无故障运行的概率。
- 安全性：系统偶然出现故障能正常工作不造成任何灾难。
- 可维护性：发生故障的系统被恢复的难易程度。
- 故障：造成错误的原因。故障按发生周期可以分为暂时故障、间歇故障、持久故障；按性质可以分为崩溃性故障、遗漏性故障、延时和响应故障、随机故障。

提高系统可靠性的方法有 2 种：

（1）非容错方法（避错）：以预防为主，是保障可靠性的主要方法。

（2）容错方法：在有故障发生时，仍然能保障系统正常工作。

实现容错计算需要实现以下 4 个方面的能力：

（1）不希望事件（失效、故障、差错）检测。

（2）损坏估价：评定系统的破坏程度，可以作为相关决策的依据。

（3）不希望事件的恢复：把错误系统状态恢复到正确状态。

（4）不希望事件处理和继续服务：确保已经恢复的不希望事件效应不会立即再现。

### 2.4.2 系统可靠性分析

可靠性是计算机系统的重要性能指标。常见的可靠性概念如下：

（1）平均无故障时间（Mean Time to Failure，MTTF）。MTTF 指系统无故障运行的平均时间，取所有从系统开始正常运行到发生故障之间的时间段的平均值。

（2）平均修复时间（Mean Time to Repair，MTTR）。MTTR 指系统从发生故障到维修结束之间的时间段的平均值。

（3）平均失效间隔（Mean Time Between Failure，MTBF）。MTBF 指系统两次故障发生时间之间的时间段的平均值。

## 2.5 输入/输出技术

输入/输出设备（I/O 设备）：计算机系统中除了处理机和主存储器以及人之外的部分。输入/输出系统包括负责输入/输出的设备、接口、软件等。

对于工作速度、工作方式和工作性质不同的外围设备，输入/输出系统有程序控制、中断、DMA、IOP 等工作方式。

### 2.5.1 程序控制方式

程序控制方式下，I/O 完全在 CPU 控制下完成。这种方式实现简单，但是降低了 CPU 的效率，处理器与外设实现并行困难。

程序控制方式可以细分为两类：

（1）无条件传送：假定外设已准备好，随时无条件接收 CPU 的 I/O 指令。

（2）程序查询：又称条件传送，通过 CPU 执行程序查询外设的状态，判断外设是否准备好接收或者向 CPU 输入数据。

### 2.5.2 中断方式

**为解决程序控制方式 CPU 效率较低的问题，I/O 控制引入了"中断"机制**。这种方式下，CPU 无需定期查询输入/输出系统状态，转而处理其他事务。当 I/O 系统完成后，发出中断通知 CPU，CPU **保存正在执行的程序现场**（可用**程序计数器**，记住执行情况），然后转入 I/O 中断服务程序完成数据交换；在处理完毕后，CPU 将自动返回原来的程序继续执行（**恢复现场**）。

**中断响应时间**为收到中断请求，停止正在执行的指令，保存执行程序现场的时间。



### 2.5.3 DMA 方式

中断方式下，外设每到一个数据，就会中断通知 CPU。如果数据比较频繁，则 CPU 会被中断频繁打断。因此，引入了 DMA 机制。

DMA 在需要时代替 CPU 作为总线主设备，**不受 CPU 干预，自主控制 I/O 设备与系统主存之间的直接数据传输**。DMA 占用的是系统总线，而 CPU 不会在整个指令执行期间（即指令周期内）都会使用总线，CPU 是在**一个总线周期**结束时响应 DMA 请求的。

直接内存存取（Direct Memory Access，DMA）方式主要用来连接高速外围设备（磁盘存储器，磁带存储器等）。

DMA 方式下，外设先将一块数据放入内存（无需 CPU 干涉，由 DMA 完成），然后产生一次中断，操作系统直接将内存中的这块数据调拨给对应的任务。这样减少了频繁的外设中断开销，也减少了读取外设 I/O 的时间。

### 2.5.4 输入/输出处理机（IOP）

程序控制、中断、DMA 方式适合外设较少的计算机系统中，而输入/输出处理机（IOP）又称 I/O 通道机，可以处理更多，更大规模的外设。

**采用中断、DMA、IOP 方式下，**CPU 与外设可并行工作。输入/输出处理机（IOP）的数据方式有 3 种：

（1）选择传送：连接多台快速 I/O，但一次只能使用一台。

（2）字节多路：连接多台慢速 I/O 设备，交叉方式传递数据。

（3）数据多路通道：综合选择传送、字节多路的优点。

## 2.6 总线结构

本节的知识主要有常用总线的分类、总线相关定义与计算、内部总线、外部总线、系统总线的定义等。

**总线**（Bus）：计算机各种功能部件之间传送信息的公共通信干线。

1. 总线分类

依据计算机所传输信息的种类，总线可以分为数据总线（Data Bus，DB）、地址总线（Address Bus，AB）和控制总线（Control Bus，CB），见表 2-6-1。

表 2-6-1　总线分类

| 名称 | 用途 |
| --- | --- |
| 数据总线 | 双向传输数据。DB 宽度决定每次 CPU 和计算机其他设备的交换位数 |
| 地址总线 | 只单向传送 CPU 发出的地址信息，指明与 CPU 交换信息的内存单元。AB 宽度决定 CPU 最大寻址能力。<br>例如，若计算机中地址总线的宽度为 24 位，则最多允许直接访问主存储器 $2^{24}$ 的物理空间 |
| 控制总线 | 传送控制信号、时序信号和状态信息等。每一根线功能确定，传输信息方向固定，所以 CB 每一根线单向传输信息，整体是双向传递信息 |

2. 总线相关定义与计算

总线的常用单位如下：

（1）**总线频率**：总线实际工作频率，也就是一秒钟传输数据的次数；是总线工作速度的一个重要参数，工作频率越高，速度越快。总线频率单位为 **Hz**。

（2）**总线周期**：指 CPU 从存储器或 I/O 端口存取一字节所需的时间。

（3）**总线带宽**：总线数据传输的速度，**单位时间内**总线上传送的数据量。

（4）**总线宽度**：又称为位宽，总线一次传输的二进制位的位数。常见总线宽度有 24 位、32 位、64 位、128 位等。

考试涉及的计算公式为：

$$总线带宽=总线宽度\times 总线频率 \quad (2\text{-}6\text{-}1)$$

【例1】总线宽度为32位，时钟频率为200MHz，若总线上每5个时钟周期传送一个32位的字，则该总线的带宽应该为多少Mb/s？

总线频率=时钟频率/5=200MHz/5=40MHz；总线带宽=总线宽度×总线频率=32bit×40MHz/8bit=160Mb/s。

总线带宽=时钟频率×每个总线周期传送的字节数/每个总线包含的时钟周期数　　(2-6-2)

【例2】某系统总线的一个总线周期可以传送32位数据，一个总线周期包含6个时钟周期。若总线的时钟频率为66MHz，则总线的带宽（即传输速度）应该是多少Mb/s？

总线带宽=66MHz×(32bit/8bit)/6=44Mb/s

【例3】若计算机中地址总线的宽度为24位，则最多允许直接访问主存储器______的物理空间（以字节为单位编址）。

A. 8MB　　B. 16MB　　C. 8GB　　D. 16GB

【试题分析】地址总线宽度决定了CPU一次可以访问的内存大小，若计算机的地址总线的宽度为n位，则最多允许直接访问$2^n$的物理空间，那么如果地址总线宽度是24位，那么可以访问16MB的物理空间。

【参考答案】B

3. 内部总线

内部总线是在CPU内部，寄存器之间和算术逻辑部件（ALU）与控制部件之间传输数据所用的总线。又称为片内总线（芯片内部的总线）。

常见的内部总线有$I^2C$、SPI、SCI总线。

4. 系统总线

系统总线连接计算机各功能部件而构成一个完整的计算机系统，又称内总线、板级总线。系统总线是计算机各插件板与系统板之间的总线，用于插件板一级的互联。

常见的系统总线见表2-6-2。



表2-6-2 常见的系统总线

| 总线名 | 特性 |
|---|---|
| ISA | 又称AT总线，早期工业总线标准 |
| EISA | 32位数据总线，8MHz。速率可达32Mb/s。在ISA总线的基础上使用双层插座，在原来ISA总线的98条信号线上又增加了98条信号线 |
| AGP | Intel推出的图形显卡专用总线，比传统PCI总线带宽高，速率可达2.1Gb/s |
| PCI | 32/64位数据总线，33/66MHz。速率可达133Mb/s，64位PCI可达266Mb/s可同时支持多组外围设备 |
| PCI-Express | 每台设备各自均有专用连接，无需请求整个总线带宽。双向、全双工，支持热插拔。<br>PCI-Express有X1、X4、X8、X16模式，其中X1速率为250Mb/s，X16速率=16×X1速率 |

5. 外部总线

外部总线是计算机和外部设备之间的总线。常见的外部总线见表2-6-3。

表 2-6-3　常见的外部总线

| 总线名 | 特性 |
|---|---|
| RS-232-C | 串行物理接口标准。采用非归零码，25 条信号线，一般用于短距离（15m 以内）的通信 |
| IEEE-488 | 并行总线接口标准。按位并行、字节串行双向异步方式传输信号，连接方式为总线方式。总线最多连接 15 台设备。最大传输距离 20m，最大传输速度为 1Mb/s |
| USB | 串行总线，支持热插拔。有 4 条信号线，两条传送数据，另两条传送+5V、500mA 的电源。USB1.0 速率可达 12Mb/s，USB2.0 速率可达 480Mb/s，USB3.0 速率可达 5Gb/s |
| IEEE-1394 | 串行接口，支持热插拔，支持同步和异步数据传输。速度可达 400Mb/s、800Mb/s、1600Mb/s，甚至 3.2Gb/s，也是使用雏菊链式连接，每个端口可支持 63 个设备 |
| SATA | Serial ATA 缩写，主要用于主板和大量存储设备（如硬盘及光盘驱动器）之间的数据传输。可对传输指令、数据进行检查纠错，提高了数据传输的可靠性 |

# 第 3 章　数据结构知识

数据结构是计算机存储、组织数据的方式。精心构造的数据结构可以带来更高的运行或者存储效率。本章考点知识结构图如图 3-0-1 所示。

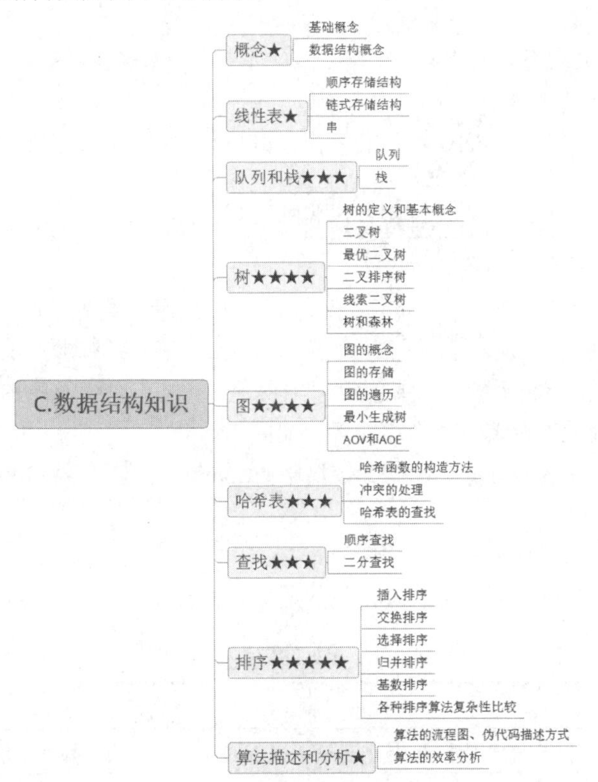


图 3-0-1　考点知识结构图

## 3.1 概念

本节包含数据结构相关的基本概念知识。

### 3.1.1 基础概念

**数据**（Data）：信息的载体，是指能被计算机加工、处理及表示的信息，其内容包括文字、图像、多媒体等。由此可见，数据是多种多样的一个宽泛的概念。

**数据元素**（Data Element）：数据的基本单位。一般而言，数据元素是数据结构中不必再划分的最小单位。

**数据元素类**（Data Element Class）：具有相同性质数据元素的集合。

**结构**（Structure）：数据元素类中数据元素间的关系，这些关系是以具体的问题为背景的。例如，酒店订房时客房分配问题的房间排队关系，医院挂号时的顺序关系等。

**算法**（Algorithm）：解决特定问题的有限运算系列。算法的特点是每一步都具有明确的定义；必须在有限步数内完成。

### 3.1.2 数据结构概念

**数据结构**（Data Structure）是相互之间存在一种或多种特定关系的数据元素的集合。简单地说，就是带“结构”的数据元素类。

“结构”就是指数据元素之间存在的关系，可以分为逻辑结构和物理结构。

1. 逻辑结构

逻辑结构是对现实生活中的信息进行分解和抽象，剔除数据元素的具体内容得到的结构。它依赖于具体场景进行一定程度的抽象。

**【例 1】**我国的某个特定地址，如云南省楚雄彝族自治州姚安县光禄古镇南关 121 号，一般可采取五级分层抽象出具体的数据项：①省（自治区/直辖市）：云南省；②地（市/州）：楚雄彝族自治州；③县（区）：姚安县；④乡（镇/街道）：光禄古镇；⑤详细地址（村、小区、路+房间单元号）：南关 121 号。

这类地址数据进行抽象封装时，具有如下特征：

地址={Province：16 位汉字；City：32 位汉字；County:32 位汉字；Town：32 位汉字；Detail：64 位汉字}

通过对地址进行抽象，去掉了具体的内容。

一般而言，从数据的关系角度上看，常见的**逻辑结构**有 4 种，见表 3-1-1。

表 3-1-1 常见的数据逻辑结构

| 名称 | 特点 |
| --- | --- |
| 集合 | 结构中的数据元素除了属于同一个集合的关系外，没有其他关系 |
| 线性结构 | 结构中的数据元素存在一对一的关系，一般以序列的形式出现 |

续表

| 名称 | 特点 |
|---|---|
| 树形结构 | 结构的数据元素间存在一对多的关系，如病毒谱，生物进化树 |
| 图结构或网状结构 | 结构中的数据元素存在多对多的关系 |

2. 物理结构

**物理结构**是逻辑结构在计算机内实现时的具体存储结构。一个逻辑结构有不同的物理存储实现方式。进行算法设计时，考虑的是数据的逻辑结构；在算法实现时，由于每种编程语言对数据定义和实现的方式不一，必须依赖于指定的存储结构（即物理结构）。

在 C 语言中，本小节［例 1］中的地址形式可定义为：

Struct Address={char Province [32];char City [64];char County [64]; char Town [64]; char Detail [128]}

在具体的物理存储实现时，由 C 语言编译器编译并指定相应的存储空间。

**数据类型**（Data Type）是指程序设计语言所允许的变量类型。不同的程序语言的数据类型不同。比如 C 语言中字符串是通过字符数组或字符串指针来实现，而 Java 语言则通过 String 直接进行定义。

物理结构从数据存储的角度分为线性存储结构和链式存储结构。

（1）线性存储结构中，数据元素在存储器中的相对位置和在逻辑结构中是一致的。比如学号“002”挨着“001”，在存储器中 002 占用的存储单元也紧紧挨着 001 占用的存储单元。程序语言中，具体实现通常使用数组来实现。

（2）链式存储结构不要求所有元素在存储时的依序性，但是为了表示数据元素之间的关系，则必须添加指针，用来存放后继（或前趋）数据元素的地址。就像我们玩老鹰捉小鸡时，每个“小鸡”必须用手（指针）拉着前面一个人的衣背一样。手拉手跳舞时，左右手分别指向前趋和后继的数据元素（人）。在程序语言中，具体的实现通常采用指针方式来实现。

数据运算（Data Operation）定义在数据的逻辑结构上，常见的数据运算有查找、插入、删除、排序等。数据运算和数据的属性与问题场景有关，比如字符串的数据运算有创建字符串、求字符串长度、取子串、联结字符串等，故而要具体问题具体分析。

抽象数据类型（Abstract Data Type，ADT）是指一个数据结构以及定义在该结构上的一组操作的总称。ADT 相当于一个黑盒（Black Box），可以看作是一个集聚基本功能的集成电路芯片。我们不关注它在什么程序语言、工具上实现，只关心芯片的操作特性，即如何通过这些操作特性去实现具体的算法任务。

## 3.2 线性表

**线性表**（Linear List）是有限多个相同类型的数据元素类（集合）。线性表是最简单、最基本的数据结构。通俗地讲，线性表就是所有的节点按“一个连着一个”的方式组成的一个整体。

扑克牌的排列（2，3，4，5，6，7，8，9，10，J，Q，K，A）中，每一张牌可看成一个数据元素；公寓楼房间的排列（101，102，103，201，…，1801，1802，1803）中，每一个房间号码可看成一个数据元素；某班学生学号（1，2，3，…，28，29，30），每一个学号可看成一个数据元素。

线性表主要的存储结构有**顺序存储结构和链式存储结构**。线性表的基本运算主要有创建线性表、求线性表长度、取第 i 个节点、插入数据元素、删除数据元素、按值查找数据元素。在实际的算法实现中，这些基本运算一般会放入程序头部进行说明，供程序员进行调用。

### 3.2.1 顺序存储结构

顺序存储结构常采用数组方式实现。一维数组形式的顺序存储结构具体如图 3-2-1 所示。顺序表使用一个**连续存储空间**相继存放线性表的各个节点。

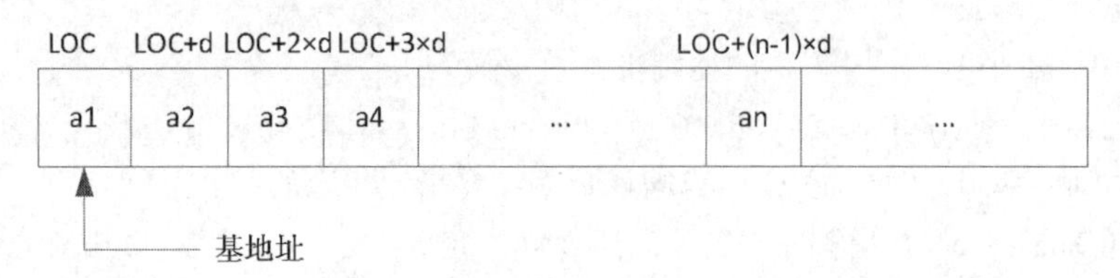


图 3-2-1 数组形式的顺序存储结构

顺序表第 1 个元素地址为基地址，地址为：LOC；

顺序表第 2 个元素地址为：LOC+d；

顺序表第 n 个元素地址为：LOC+(n-1)×d。

**顺序表支持元素的随机查找。**

1. 数组

数组是一种把相同类型的若干元素，有序地组织起来的集合。集合名就是数组名。组成数组的各个元素称为数组元素。通过数组元素的位置序号（下标），可获得某数组元素的地址，进而得到该数组元素的值。

数组在数据结构中常常用来实现向量和矩阵。数据结构中，数组的运算通常有两个：

（1）给定数组的下标，存取相应的数据元素。

（2）给定数组的下标，修改对应的数据元素的值。

数组的运算中插入和删除运算效率较低。插入前要移动元素腾空存储单元，然后插入元素；删除元素时，则移动元素填充被删除元素所空出的存储单元。

一维数组即数组中每个元素都只有一个下标的数组。两个一维数组组成二维数组，n 个一维数组组成 n 维数组。

假定 a 是数组的首地址，L 是数组元素的长度，**行优先存储**（先存储第一行，然后存储第二行，……，直至最后一行），数组某元素的地址对应关系见表 3-2-1。

表 3-2-1 数组某元素的地址对应关系

| 数组类型 | 数组表示形式 | 某元素对应的存储地址 |
|---|---|---|
| 一维数组 | a[n] | 元素 a[i]的存储地址：a+i×L |
| 二维数组 | a[m][n]（m 行 n 列） | 元素 a[i][j]的存储地址：a+(i×n+j)×L |

**攻克要塞软考团队提醒：** 一维数组是线性结构，多维数组是非线性结构。

2. 矩阵

矩阵是一种常见的数学对象，通常以二维数组存储矩阵。例如，M×N 阶矩阵可用一个数组 a[M][N]来存储（可按照行优先或列优先的顺序）。

稀疏矩阵即矩阵中 0 元素个数远远多于非 0 元素，并且非 0 元素分布没有规律。稀疏矩阵可以采用三元组数组和十字链表两种存储方式，两种方式均只存储非 0 元素。

- 三元组数组：非 0 元素用三元组（行号、列号、值）表示，并全部存储在数组中。这也完成了稀疏矩阵的压缩。图 3-2-2 给出了一个稀疏矩阵用三元组数组表示的例子。

$$\begin{bmatrix} 0 & 0 & 8 & 0 & 9 & 0 \\ 1 & 0 & 0 & 0 & 0 & 0 \\ 0 & 0 & 0 & 0 & 0 & 0 \\ 0 & 0 & 5 & 0 & 0 & 0 \\ 0 & 3 & 0 & 0 & 2 & 0 \\ 0 & 0 & 0 & 0 & 0 & 1 \end{bmatrix} \text{三元组（行，列，值）表示} \rightarrow \begin{matrix} (1 & 3 & 8) \\ (1 & 5 & 9) \\ (2 & 1 & 1) \\ (4 & 3 & 5) \\ (5 & 2 & 3) \\ (5 & 5 & 2) \\ (6 & 6 & 1) \end{matrix}$$

图 3-2-2　稀疏矩阵用三元组数组表示示例

- 十字链表：非 0 元素均为十字链表的一个节点，节点有 5 个域（行号、列号、值、行和列的后继指针）。

常见的特殊稀疏矩阵有上三角、下三角和三对角矩阵，具体特点见表 3-2-2。

表 3-2-2　特殊稀疏矩阵

| 矩阵名 | 图示 | 特点 |
| --- | --- | --- |
| 上三角矩阵<br>（当 $i>j$ 时，矩阵元素 $a_{ij}=0$） | $\begin{pmatrix} a_{11} & a_{12} & a_{13} & a_{14} & a_{15} \\ 0 & a_{22} & a_{23} & a_{24} & a_{25} \\ 0 & 0 & a_{33} & a_{34} & a_{35} \\ 0 & 0 & 0 & a_{44} & a_{45} \\ 0 & 0 & 0 & 0 & a_{55} \end{pmatrix}$ | 矩阵元素 $a_{ij}$ 对应一维数组下标：<br>$(2n-i+2)\times(i-1)/2+j-i+1$<br>化简为<br>$(2n-i)\times(i-1)/2+j$ |
| 下三角矩阵<br>（当 $i<j$ 时，矩阵元素 $a_{ij}=0$） | $\begin{pmatrix} a_{11} & 0 & 0 & 0 & 0 \\ a_{21} & a_{22} & 0 & 0 & 0 \\ a_{31} & a_{32} & a_{33} & 0 & 0 \\ a_{41} & a_{42} & a_{43} & a_{44} & 0 \\ a_{51} & a_{52} & a_{53} & a_{54} & a_{55} \end{pmatrix}$ | 矩阵元素 $a_{ij}$ 对应一维数组下标：<br>$(i+1)\times i/2+j$ |

续表

| 矩阵名 | 图示 | 特点 |
| --- | --- | --- |
| 三对角矩阵 | $\begin{pmatrix} a_{11} & a_{12} & 0 & 0 & 0 \\ a_{21} & a_{22} & a_{23} & 0 & 0 \\ 0 & a_{32} & a_{33} & a_{34} & 0 \\ 0 & 0 & a_{43} & a_{44} & a_{45} \\ 0 & 0 & 0 & a_{54} & a_{55} \end{pmatrix}$ | 矩阵元素 $a_{ij}$ 对应一维数组下标：(i-1)×3-1+j-i+2<br>化简后为<br>2×i+j-2 |

3. 顺序表的查找、插入和删除

顺序表的特点是：逻辑相邻的数据元素，物理结构必相邻。

（1）顺序表的查找。顺序表的查找需要比较元素大小。若顺序表有 N 个元素，每个元素被找到的概率都是 1/N；针对不特定的数据元素，查找第 M 个元素需要比较 M 次。故而比较次数的平均次数为：(1+…+N)/N=(N+1)/2，这也是顺序表的平均查找长度。

（2）顺序表的插入。若顺序表有 N 个元素，在顺序表的任何位置插入数据的概率相等，总的插入位置有 N+1 种可能。

将新元素插入在表长为 N 的顺序表的第 i 号位置时，须进行以下处理：

1）确保顺序表空间足够。

2）元素只能插入到表头和新表尾之间，即“1≤i≤n+1”。

3）将顺序表中插入位置及其之后的所有数据元素，依照**“从后向前”**的顺序依次**“向后”**移动一个存储单元。

显然，在顺序表头插入元素，需要移动整个顺序表；在表尾插入元素，则不需要移动。当插入在第 M 个元素前时，需要往后移动 N-M+1 个元素。插入一个元素，需移动的次数平均数为：[N+(N-1)+…+1]/(N+1) = N /2，这就是顺序表的插入平均移动长度。

（3）顺序表的删除。删除表长为 N 的顺序表的第 i 号元素，须进行以下处理：

1）确保不删除空表，且只删除表头与表尾的元素，即“n>0 且 1≤i≤n+1”。

2）将删除位置之后的所有数据元素依照**“从前向后”**的顺序依次**“向前”**移动一个存储单元。

显然，删除顺序表头元素，需要移动整个顺序表；删除表尾元素，则无需移动元素。在顺序表的任何数据元素位置删除数据元素的概率相等，被删除的概率都是 1/N。删除第 M 个元素后，需要移动后面（N-M）元素往前一位。

删除一个元素，比较次数的平均数为：[(N-1)+(N-2)+…+1]/N=(N-1)/2，也就是顺序表的平均删除长度。

### 3.2.2 链式存储结构

链式存储结构称为**线性链表**，又称链表。链表形式具体如图 3-2-3 所示。链表则是**动态分配**节点，通过**链接指针**，将各个节点按逻辑顺序连接起来。

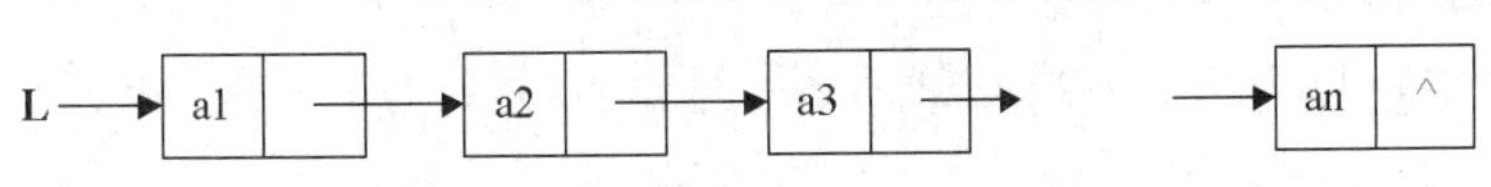


图 3-2-3 链表形式的顺序存储结构

很多情况下，为了运算操作的方便，会在第一个节点前增加一个附属节点，称为头节点，把头指针指向这个节点。图 3-2-4 给出了带头节点的链表和空表示例。头节点一般不放置数据，某些情况下可以存储链表长度或最大限制长度 MAXSIZE 等。若无特别说明，本章中链表均指带有头节点的链表。

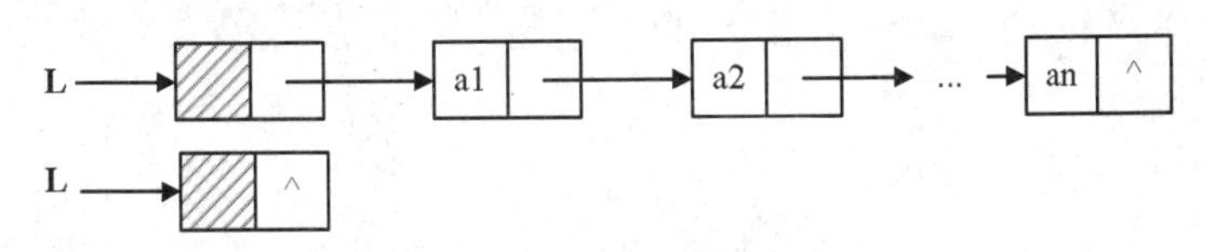


图 3-2-4 带头节点的链表

常见的链表形式有单链表、单环形链表、双向链表。

1. 单链表

单链表是链式存储的线性表。

（1）单链表的定义。组成单链表的每个节点结构如图 3-2-5 所示。

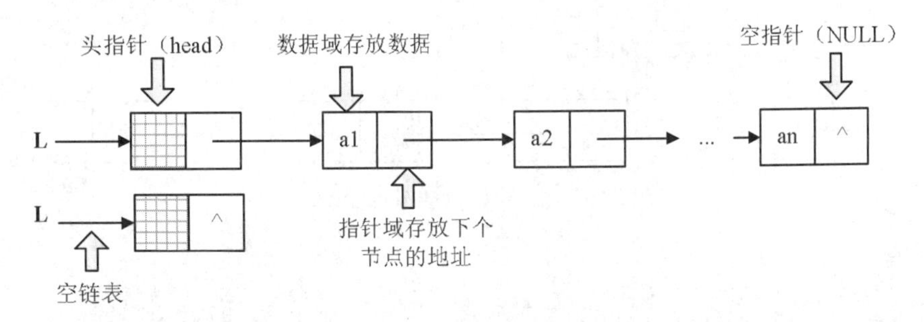


图 3-2-5 单链表的结构

- 信息域：包含自身的数据。
- 指针域：下一条数据的位置。
- 最后一个节点：指针为空（NULL）。
- 指针 head（头指针）：指向第一个节点。

单链表节点伪代码描述如下：

```
Typedef struct lnode{
Elemtype data;                //节点数据域，datatype 是指数据类型
    Struct Lnode *next;       //节点指针域
}lnode,*Linklist;
```

（2）单链表查找。单链表的查找分为按序号查找和按值查找。

- 按序号查找第 i 个节点时，从头指针开始，依次沿着链域扫描，每经过一个节点，计数器 +1，直到找到第 i 个节点为止。

- 按值查找，与顺序表相似，依节点顺序与节点值进行对比，直到相等为止。

单链表按值查找伪代码如下：

```
//当第 i 个元素存在时，赋值给 elem，返回 ok；否则返回 error
int  GetElem(LinkListhead,inti,LNode&elem )
{
//head 为单链表的头指针
    int j=1;        //j 为计数器
LinkList item;
    item=head->next;                    //初始化，item 指向链表的第一个节点
    while(item&&j<i)                    //向链表后查，直到 item 指向第 i 个元素或者 item 为空
    {
        item=item->next;
j++;
    }
    if(item==NULL||j>i) return ERROR    //第 i 个元素不存在
elem.data=item->data;                   //第 i 个元素存在
    return OK;
}
```

（3）单链表节点插入。单链表的节点插入如图 3-2-6 所示。图中的①②步骤次序不能颠倒，否则插入会丢失信息。

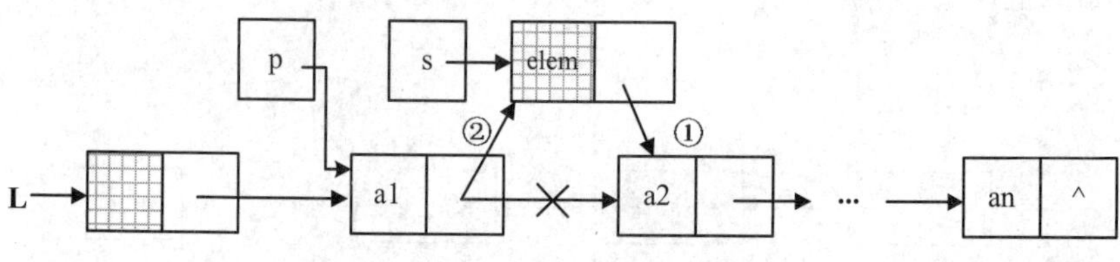


图 3-2-6　单链表的节点插入

单链表的节点插入伪代码如下：

```
//在链表中的第 i 个位置之前插入元素 elem
int  ListInsert_L(LinkList&head,inti,LNodeelem)
{
LinkListp,s;
    int j=0;
    p=head;
    while(p&&(j<i-1))                   //查询第 i-1 个节点，找到插入点的前趋 p
    {
        p=p->next;
        ++j;
    }
    if(!p||j>i-1)return ERROR;          //第 i-1 个节点不存在
    s=(LinkList)malloc(sizeof(LNode));  //生成新节点 s
    s->data=elem.data;
    s->next=p->next;                    //将要插入的节点 x 的指针指向 p 的后继节点
    p->next= s;                         //将 p 的指针指向 x
    return OK;
}
```

（4）单链表节点删除。单链表的节点删除如图 3-2-7 所示。

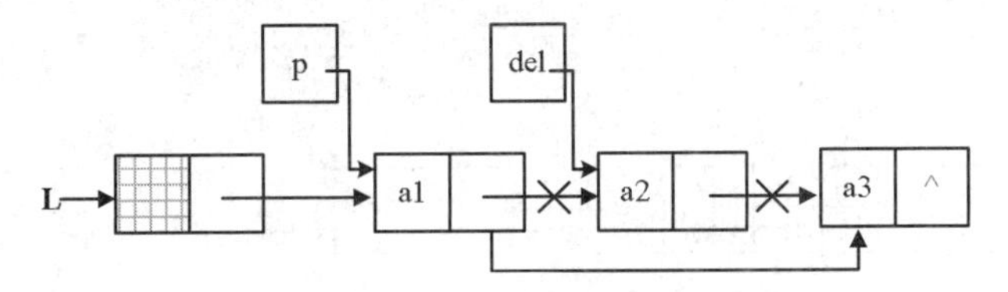


图 3-2-7　单链表的节点删除

单链表的节点删除伪代码如下：

```
//删除链表中的第 i 个元素
int DeleteElem(LinkList&head,inti)
{
LinkListp,del;
    int j=0;
    p=head;
    while((p->next)&&(j<i-1))                  //寻找第 i 个节点，并令 p 指向该节点的前趋
    {
        p=p->next;
        ++j;
    }
    if(!(p->next)||(j>i-1))return ERROR;       //删除失败
    del=p->next;p->next=del->next;             //删除节点
    delete del;                                //释放节点所占内存
    return OK;
}
```

2. 单环形链表

环形链表是另一种形式的链式存储结构。环形链表最常见的一种形式是单环形链表，具体图形如图 3-2-8 所示。该链表的特点是单环形链表的最后一个节点的指针域指向头节点，整个链表变成一个“环形”。

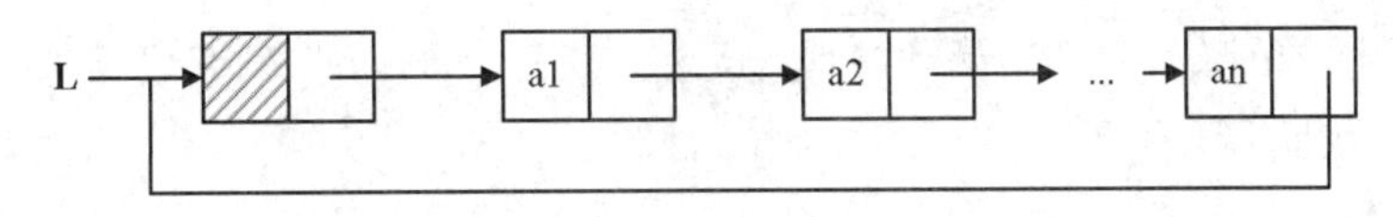


图 3-2-8　单环形链表

单环形链表的头指针仍然指向链表的头部，判断遍历单环形链表是否结束，可以设置“末尾节点指针是否等于头指针”来判断。

3. 双向链表

在单链表中，除尾节点外，任何一个节点都能很方便地通过它的指针域找到下一个节点。但是，要找该节点的前面一个节点，则要从头开始遍历链表，这种查找方式效率较低。如果在单链的节点里再加上一个指向前一个节点的指针，使每个节点包括两个指针，一个指向前一个节点，叫作前驱指针，一般用 llink 来表示。一个指向后一个节点，叫作后继指针，一般用 rlink 表示。这样的链表叫作双向链表。

双向链表好比一群人手拉手，左手相当于 llink，拉的是前一个人（前驱节点），右手相当于 rlink，拉的是后一个人（后继节点）。双向链表如图 3-2-9 所示。

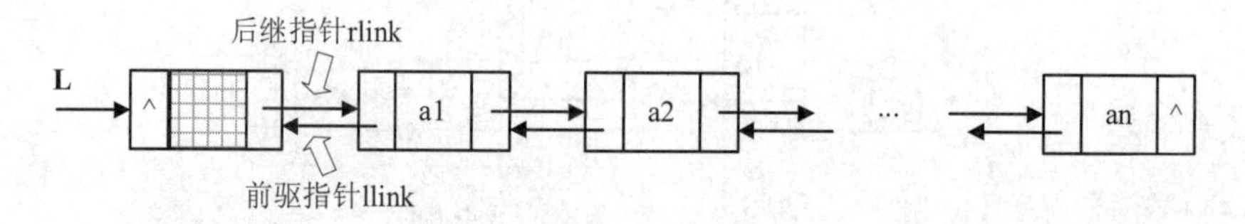


图 3-2-9　双向链表

（1）双向链表的节点插入。双向链表在查找方面和单链表相似，但是在删除和插入操作时，需要修改节点两个方向上的指针。比如，要在节点 a、b 中插入 c，只需把节点 a 的后继指针指向 c，把 c 节点的前驱指针指向节点 a，把 c 节点的后继指针指向 b 即可，还需要把 b 的前驱指针指向 c。例如，小红和小蓝手拉手，这时中间插进小黄，只需把小红的右手释放，不拉小蓝，去拉住小黄的左手；同时小蓝左手释放，不拉小红，去拉小黄的右手，这样就完成了小黄的手拉手插入。双向链表节点插入过程如图 3-2-10 所示。

（2）双向链表的节点删除。在 e、f、g 节点间删除 f 节点，只需要将 e 节点的后继指针指向 g 节点，g 节点的前驱指针指向 e 节点便可。双向链表节点删除过程如图 3-2-11 所示。

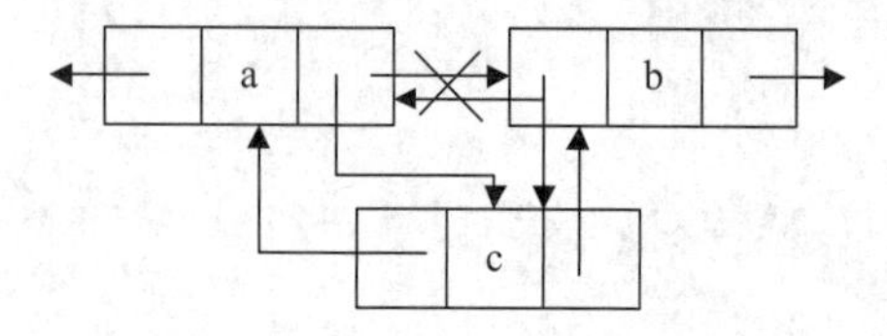


图 3-2-10　双向链表节点插入过程

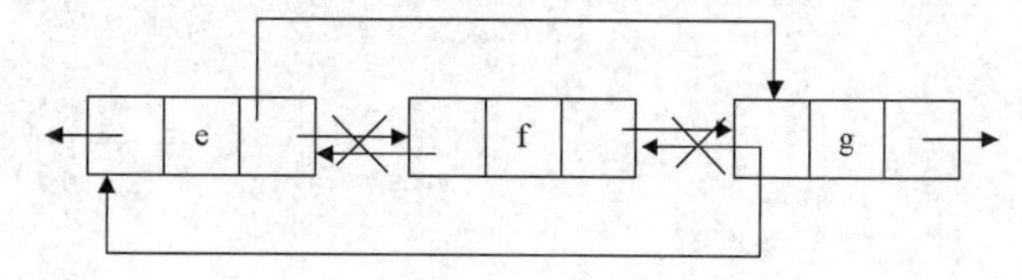


图 3-2-11　双向链表节点删除过程

### 3.2.3　串



字符串是指以字符为元素的特殊线性表。它是一类重要的、常用的非数值处理对象，可以把它看成以字符为节点的线性表。

1. 串的定义

串是字符构成的有限序列。字符串中所包含字符的个数称为**字符串长度**。字符串长度为 0 的串称为**空串**。字符串的任意连续子序列称为该字符串的**子串**。

**【例 1】**设 S 是一个长度为 n 的非空字符串，其中的字符各不相同，则其互异的非平凡子串（非空且不同于 S 本身）的个数为**(n+2)(n-l)/2**。

**字符串存储方式可以为顺序存储、链式存储。**

2. 模式匹配

模式匹配是字符串的一种基本运算。即给定一个子字符串 T，要求在某个字符串 S 中找出与该子串相同的所有子串。

（1）简单模式匹配算法。模式匹配可以采用简单算法（又称蛮力算法）。其做法是：对主串 t

的每一个字符作子串开头，与要匹配的字符串 p 进行匹配。对主串作整体大循环，每一个字符开头作字符串 p 长度的匹配小循环，直到匹配成功或者全部遍历完为止。

简单模式匹配算法的实现代码如下：

```
int simple-match(char * t,char * p)
{
int n=strlen(t) ,m =strlen(p),i,j,k;
    for(j=0 ; j<n-m ; j++){              //主串作整体大循环
for(i=0;i<m &&t[j+i]==p[i];i++);         //从 t[j]开始的子串与要匹配的字符串 p 进行一一比较
        if(i==m)return 1;                //匹配成功
}
    return 0;                            //匹配失败
}
```

（2）KMP 算法。KMP 算法是一种改进的字符串匹配算法，由 D.E.Knuth、J.H.Morris 和 V.R.Pratt 提出，简称 KMP 算法。KMP 算法的思想是利用匹配失败后的信息，尽量减少模式串与主串的匹配次数以达到快速匹配的目的。

简单模式匹配算法中，一旦出现图 3-2-12 的情形，发生不匹配的问题就要进行回溯。这种方式实现比较简单，但是效率不高。

主串　$t_0$　$t_1$　……　$t_{i-j}$　$t_{i-j+1}$　……　$t_{i-1}$　$t_i$

‖ *匹配* …… *匹配* ‖　≠ *不匹配*

模式串　$p_0$　$p_1$　……　$p_{j-1}$　$p_j$

主串　$t_0$　$t_1$　……　$t_{i-j}$　$t_{i-j+1}$　……　$t_{i-1}$　$t_i$

*回溯，重新匹配*　↕

模式串　$p_0$　$p_1$　……　$p_{j-1}$　$p_j$

图 3-2-12　简单模式匹配算法

KMP 算法是对正文字符串进行比较时，不回溯“主串”i 值的算法；也就是说，当“主串”第 i 个字符与“模式串”第 j 个字符不匹配时，重新匹配时，i 值不变，只回退“模式串”的 j 值。

而 j 具体回退多少，则由 next[j]函数来决定，KMP 对该函数定义如下所示。

$$\text{next}[j]=\begin{cases}0 & \text{当 } j=1 \text{ 时}\\ \max\{k \mid 1<k<j \text{ 且 } 'p_1 \cdots p_{k-1}'='p_{j-k+1} \cdots p_{j-1}'\} \\ 1 & \text{其他情况}\end{cases}$$

由函数定义推导出模式串的 next 值，如下所示。

| j（从 1 开始） | 1 2 3 4 5 6 |
|---|---|
| 模式串 | a b a a b c |
| next[j] | 0 1 1 2 2 3 |

可以看出，next[j]=k 的含义是代表 j 之前的字符串中，有最大长度为 k 的相同前缀后缀。匹配失配时，从模式串的 k 位置，重新开始新一轮匹配。具体过程如图 3-2-13 所示。

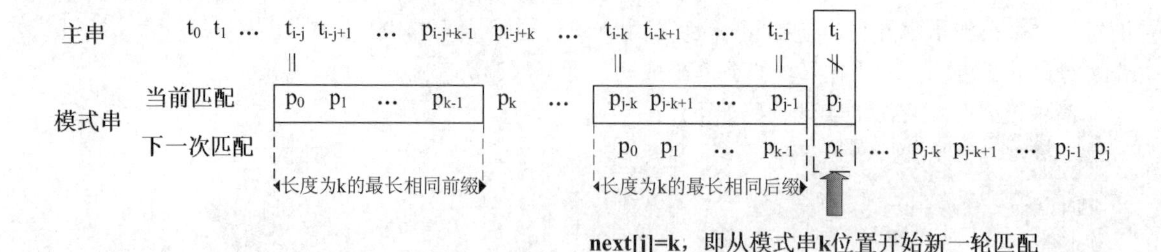


图 3-2-13　失配后利用 next[j]性质重新匹配

当模式串“abaabc”在“c”位置出现不匹配主串时，寻找“c”前的字符串最大相同前后缀过程见表 3-2-3。

表 3-2-3　找“c”前的字符串最大相同前后缀过程

| “c”之前的模式串子串 | 前缀 | 后缀 | 相同前缀后缀及最大长度 |
|---|---|---|---|
| abaab | a，ab，aba，abaa | b，ab，aab，baab | 相同前后缀是“ab”，最大长度为 2 |

## 3.3　队列和栈

线性表主要运算包括插入、删除和查找等。如果对线性表的插入和删除运算发生的位置进行限定，就产生了两种特殊的线性表：先进先出的队列（Query）和先进后出的堆栈（Stack）。

### 3.3.1　队列

队列无处不在，公交车站排队上车的人群，食堂里排队打饭的学生，其特点都是前面的先上车和先打到饭菜，这就是**先到先得**。数据结构中的队列，则是先进先出的线性表。在插入数据时，只能从尾巴上插入（排队）；删除数据时，只能从队头（出队）出来。



1. 队列的定义

队列是只能在一头插入、另外一头删除数据元素的线性表。具体队列如图 3-3-1 所示。空队列是没有数据元素的。也就是说，队列是运算受限的线性表。插入数据的一端，称为队尾；删除数据的一端，称为队头。队列的插入和删除运算又称为入队和出队。

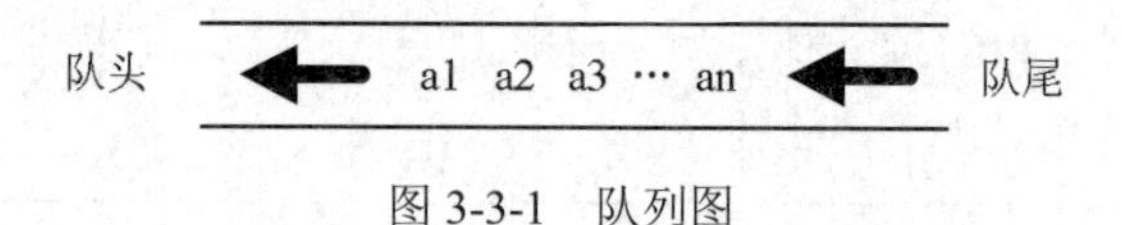


图 3-3-1　队列图

2. 队列的存储

队列的存储方式可以分为顺序存储和链式存储。由于队列需要定位队头和队尾，一般在进行队列操作时，需要设置两个标志（值或指针）来记忆队列的存储结构。

（1）队列的顺序存储。队列的顺序存储一般采取数组的这类数据结构，也就是划定一块连续的区域用于顺序队列元素的存储。具体存储方式如图 3-3-2 所示。

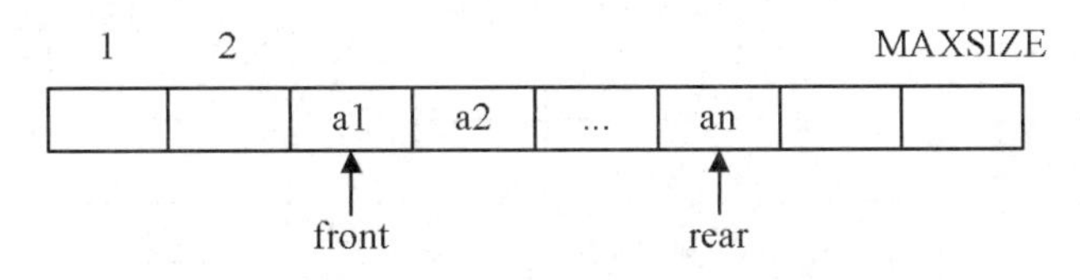


图 3-3-2　队列的顺序存储

图中头指针（front）或头标记值指向（标记）队列的队头，尾指针（rear）指向（标记）队列的队尾。每当删除队头，头指针后移（或头标记值+1），每当插入元素，队尾的尾指针（rear）后移（或尾标记值+1）。

当执行若干次入队列操作后，front 指针（或标记值）会超出队列的长度，这种情况叫“假溢出”，因为，此时队头的前面这块连续区域是“空闲”的。

为了解决这一问题，可以采取循环队列来解决。具体存储方式如图 3-3-3 所示。

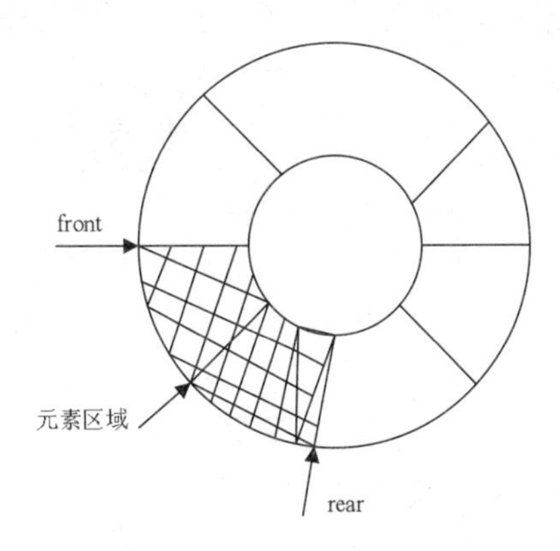


图 3-3-3　循环队列结构

循环队列会把数组的 Queue[1]当作 Queue[MAXSIZE]的下一个存储位置。

- 入队操作：rear= rear+1 mod MAXSIZE，Queue[rear]=x。这里 mod 是求余操作，MAXSIZE 是队列最大长度。例如，队列元素数目最大为 10，当 rear 指针为 10 时，加 1 等于 11，11 mod 10=1，这样 rear 指针回到了数组的头部。因此，实现了**数组的循环存储功能**。
- 出队操作：front= front +1 Mod MAXSIZE。

这种结构还存在一个问题，当队列为空和满的时候，均有 rear=head，这样就无法判断循环队列是满还是空。为了解决这个问题，可以有两种方法：

方法 1：规定当队列中只剩下一个空闲节点时，就认为队列满。即 head=rear，为队空；head=rear-1，为队满。

方法 2：设置一个标志标明是最后一次操作时入队还是出队，来联合区分队列满还是队列空。

（2）队列的链式存储。链式队列适用于不知道队列规模或需要动态增减队列大小的场合。

链式队列采用的数据结构为单链表，链式队列采用了 front 指针和 rear 指针表示队头和队尾。

front 始终指向队头，rear 始终指向队尾。相对顺序队列来说，不需要较为复杂的 mod 计算。具体存储方式如图 3-3-4 所示。

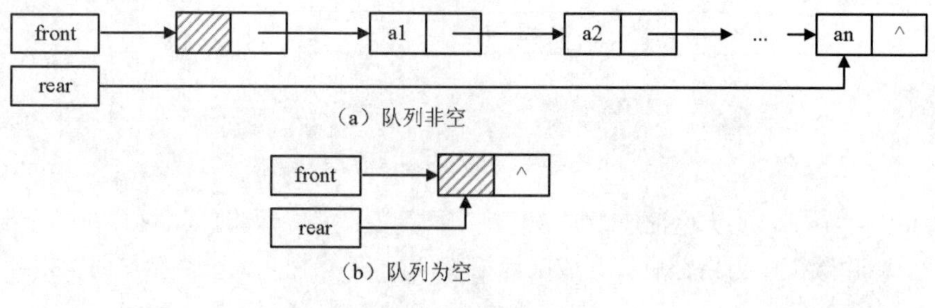


图 3-3-4　链式队列结构

### 3.3.2　栈

栈（Stack）的例子在平时生活中也经常见到，往箱子里装东西，先装进去的东西后拿出来。往课桌上堆书，先放的书后拿出……这就是栈的**先进后出**特点。和队列不同的是，插入和删除都是在队列的一端进行。我们称插入和删除操作的这一端叫栈顶，另外一端叫栈底。栈的具体结构如图 3-3-5 所示。

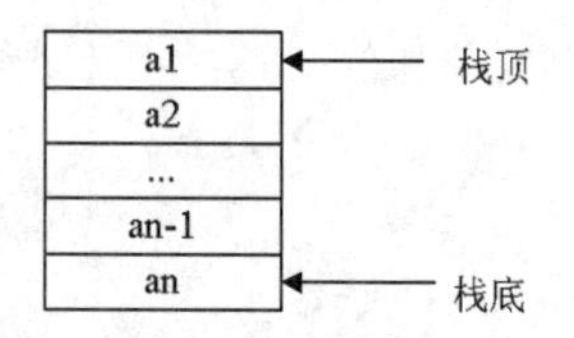


图 3-3-5　栈的具体结构

栈的存储也分为顺序存储（顺序栈）和链式存储（链栈）2 种方式。

（1）顺序存储。顺序栈中，利用数组存放栈数据，存放顺序自底到顶。设置 top 指针指向栈顶元素，bottom 指针指向栈底元素。通常，约定 top=−1 或者 0，表示空栈；元素入栈，top 值加 1；元素出栈，top 值减 1。

顺序栈往往会因为堆栈太小而发生数据溢出，如果预先为栈设置更多的空间，又可能会浪费太多存储空间。

（2）链式存储。链栈可以动态为堆栈分配空间。链栈的插入和删除元素操作都在链表头进行。链栈示意图如图 3-3-6 所示。

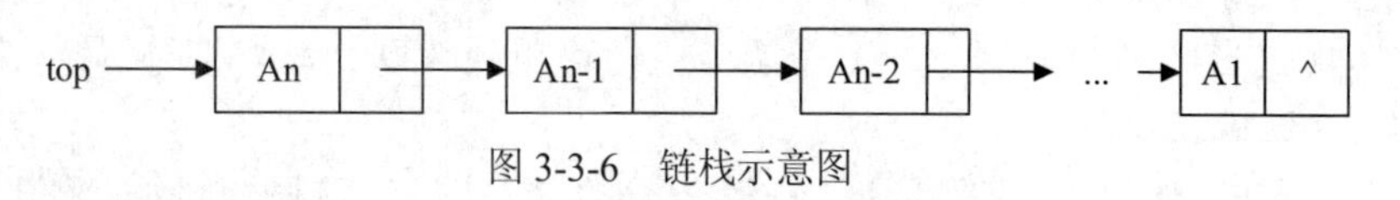


图 3-3-6　链栈示意图

【例 1】令序列 X、Y、Z 的每个元素按顺序进栈，且每个元素进栈、出栈各一次，则不可能得到出栈序列______。

A．XYZ　　B．XZY　　C．ZXY　　D．YZX

**【试题分析】**不可能得到 ZXY 这个序列，因为当 Z 最先出栈，说明 X、Y 已经入栈，且 X 比 Y 先入栈，那么在出栈的时候，X 比 Y 要后出栈，所以当 X 最先出栈，只能够得到 Z、Y、X 这样的出栈序列。

**【参考答案】**C

## 3.4　树

生活中处处充满了树的应用例子。家族内部成员间的关系、公司部门设置等。最直接形象的例子就是**大自然环境中的一棵树**。而数据结构中的树的概念，正是来自于现实中“树”的抽象。

### 3.4.1　树的定义和基本概念

树的定义：由 n 个节点构成的有限集合（n>0），当中有一个节点被称为根（root），其余节点分为互不相交的子集合 $T_1,T_2,\cdots,T_m$（m>0）；而这些子集合本身又是一个树，称为根节点的子树。由此可看出，树的定义其实是个递归定义。具体树的形式如图 3-4-1 所示。

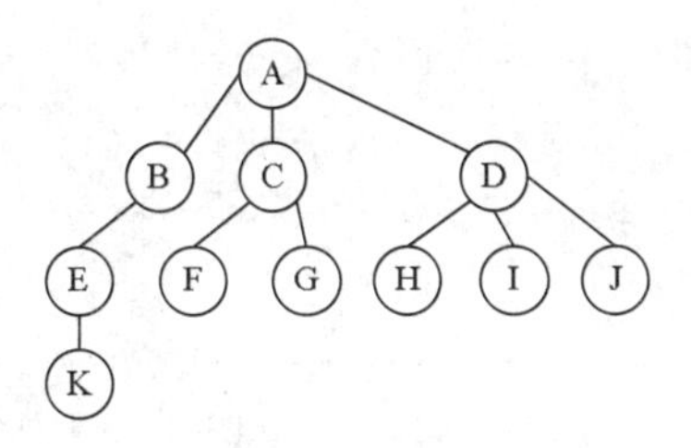


图 3-4-1　树

树的定义强调了一点，树是没有空树概念的，这点要注意。当然后面行文中的二叉树的“空树”概念指的是只有一个节点的树，请务必分清，不要弄混淆了。

表 3-4-1 给出了树的一些重要定义。

**表 3-4-1　树的定义**

| 一类概念 | 二类概念 | 解释 |
|---|---|---|
| 度 | 节点的度 | 一个节点的子树数目 |
| | 树的度 | 树中各节点度的最大数值 |
| 节点 | 叶子节点 | 度为 0 的节点 |
| | 分支节点 | 除叶子节点之外的节点 |
| | 内部节点 | 除根节点之外的分支节点 |
| | 孩子、双亲 | 节点的子树的根称为该节点的孩子，该节点称为孩子的双亲 |
| | 兄弟节点 | 同一节点的孩子们 |

续表

| 一类概念 | 二类概念 | 解释 |
| --- | --- | --- |
| 层 | 根 | 根节点为第 1 层（有些资料默认为 0 层），根的孩子节点为第 1 层。树中最大的层次数称为树的深度、高度。例如生活中的四世同堂、五世同堂，放在树中就是深度为 4，深度为 5 |
| | 其他节点 | 为其父节点层次加 1 |
| 有序/无序树 | 有序树 | 树节点的子树按从左到右是有序的，即不能互换 |
| | 无序树 | 树节点的子树按从左到右是无序的，即能互换 |
| 森林 | / | m（m>0）棵互不相交的树的集合，与现实不同的是，数据结构中的森林是“独木即可成林”。这点要区分清楚 |

例如，图 3-4-2 给了一棵树。可知的一些信息：1 是根节点，度数为 3，处于 1 层。1 的子节点是 2、3、4 或者说 2、3、4 的父节点是 1。5、6、7、8、10、11 是叶子节点，度数为 0。

**树的遍历**：按照某种顺序逐个获得树中全部节点的信息。

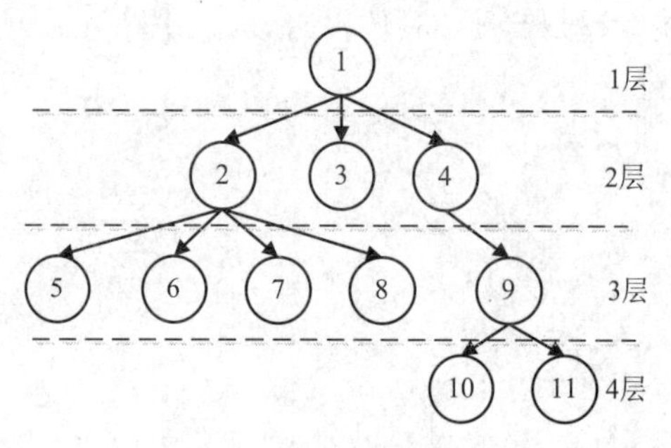


图 3-4-2 树的例子



常见的遍历方法有 3 种：

（1）前序遍历：“根左右”，即先访问根节点，然后再从左到右按前序遍历各棵子树。

（2）后序遍历：“左右根”，即从左到右遍历根节点的各棵子树，最后访问根节点。

（3）层次遍历：首先访问 1 层的根节点，然后从左到右访问 2 层上的节点，……。

按上述遍历的定义，图 3-4-2 所给出的树的 3 种遍历结果如下：

（1）前序遍历：1，2，5，6，7，8，3，4，9，10，11。

（2）后序遍历：5，6，7，8，2，3，10，11，9，4，1。

（3）层次遍历：1，2，3，4，5，6，7，8，9，10，11。

### 3.4.2 二叉树

**二叉树**就是每一个节点至多只有两个子树（两个分叉）的树。没有子树的树叫作空树。节点叫作**根**，左边的子树叫作**左子树**，右边的子树叫作**右子树**。可以看到，二叉树中任意一个节点，存在 0 子树、单子树和双子树的情况。

假设全为男性，节点是父亲，0子树说明膝下无子（如图3-4-3的G节点），单子树说明只有独生子（如图3-4-3的D节点），双子树则说明有兄弟两个（如图3-4-3的B节点）。

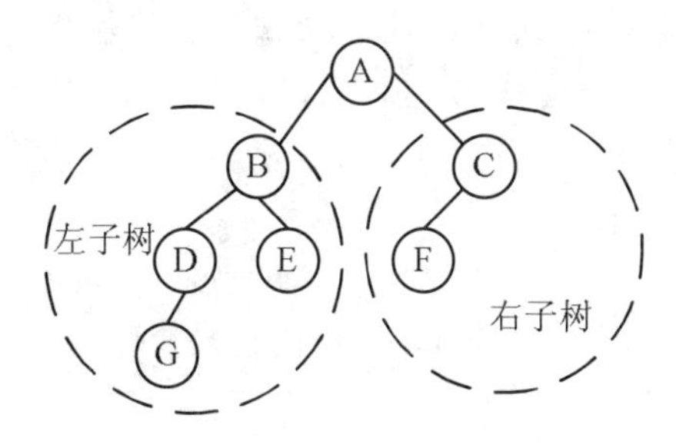


图3-4-3　二叉树示例

1. 二叉树的性质

二叉树的一些重要特性见表3-4-2。本节省略了所有证明过程。

表3-4-2　二叉树的一些重要特性

| 序号 | 相关解释 |
|---|---|
| 性质1 | 二叉树第i层顶多有$2^{i-1}$个节点，其中i≥1 |
| 性质2 | 深度为K的二叉树至多有$2^k$-1个节点，其中k≥1 |
| 性质3 | 对于任何一棵二叉树，如果其叶子节点数为n0，度为2的节点数为n2，则有n0=n2+1 |

2. 满二叉树、完全二叉树

满二叉树就是节点数为$2^k$-1（k表示深度）的二叉树，从图3-4-4可以看出，满二叉树最深的一层都没有子节点（孩子），往上的每一层的节点均有左右两个子树（孩子）。

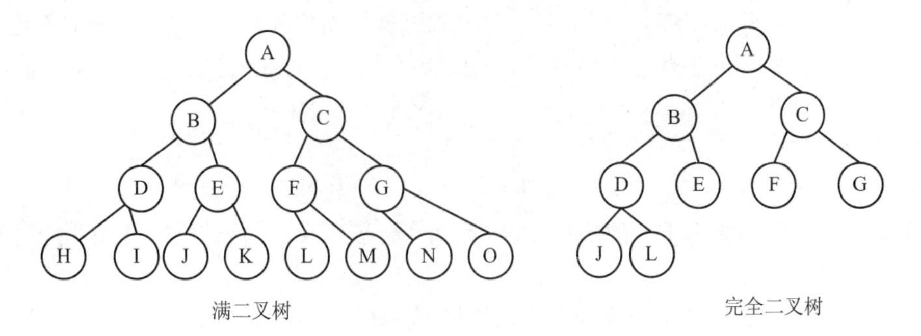


图3-4-4　满二叉树和完全二叉树

完全二叉树是满二叉树的子集，在完全二叉树中最深一层的子节点往上的一层靠右边的节点没有子树（孩子）。

完全二叉树的性质：n个节点的完全二叉树，其深度为$\lfloor \log_2 n \rfloor + 1$。

**攻克要塞软考团队提醒：**$\lfloor m \rfloor$表示不大于m的最大整数；$\lceil m \rceil$表示不小于m的最小整数。

3. 二叉树的存储

二叉树的存储可以分为顺序存储和链表存储。

（1）顺序存储。考虑二叉树的存储时，很显然既要存储各节点的数值，又要能体现出它作为节点与兄弟间、父子间的关系。有一种做法是，按照分层关系，按照完全二叉树的做法，从根节点进行编号，直到编制到最深层的最右边的节点为止，以数组方式进行存储，数组的标号就是节点编号。这种做法叫作二叉树的顺序存储。

这种做法的好处是能很方便地求出各节点与其他节点间的关系。但是出现了一个新的问题：如果不是完全二叉树会怎么样？我们可以看到会有空间被浪费掉。因此，只有完全二叉树或者接近完全二叉树的树的存储采用顺序存储时，才不至于浪费较多的存储空间。

（2）链表存储。每个二叉树的节点，拥有左子树和右子树，那么可以采取双向链式表的做法，记录节点以及左右子树节点的位置。我们用 Lchild、Rchild 指针分别指向左子树、右子树节点。得到的节点结构描述图如图 3-4-5 所示。

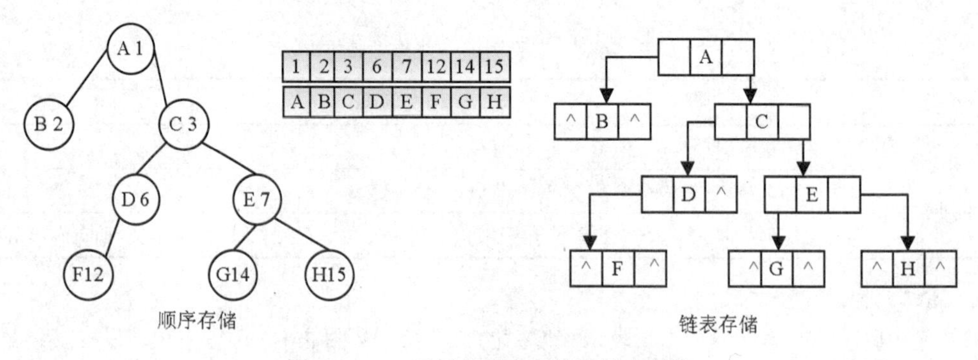


图 3-4-5　二叉树的顺序存储和链表存储

可以看到，每个节点都有两个分叉，因此这种存储数据结构称为二叉链表。不难看出，从根节点出发，都能达到任意一个节点。我们习惯上把根指针当作二叉树的名称，如根指针为 T 时，我们叫二叉树为二叉树 T。



4. 二叉树的遍历

二叉树的遍历就是按照一定的次序，对树中的所有节点进行一次且只有一次的不重复访问。二叉树的遍历是树的运算中极为重要的基础运算，相对于链表来说要复杂很多，需要不能遗漏和不能重复地访问树的节点。

假设当前节点设为根节点(D)，遍历树会出现以下6种访问顺序：左根右（LDR），左右根（LRD），根左右（DLR），根右左（DRL），右根左（RDL），右左根（RLD）。

生活中，顺序一般是先左后右，故而只考虑左在前的 3 种情形。根据访问根的顺序，分别把根左右（DLR）叫作先根序遍历，即根节点最先；左根右（LDR）叫作中根序遍历，即根节点在中间；左右根（LRD）叫作后根序遍历，即根节点最后。分别简称为先序、中序、后序遍历。

如果二叉树 T 为空则空操作；如果二叉树 T 非空，则操作如下：

（1）先根序遍历二叉树 T。先访问 T 的根节点；先序遍历 T 的左子树；先序遍历 T 的右子树。

（2）中根序遍历二叉树 T。中序遍历 T 的左子树；访问 T 的根节点；按中序遍历 T 的右子树。

（3）后根序遍历二叉树。后序遍历 T 的左子树；后序遍历 T 的右子树；访问 T 的根节点。

可见，二叉树遍历采用的是递归算法。

图 3-4-6 给出了一棵二叉树的先序、中序、后序遍历结果。

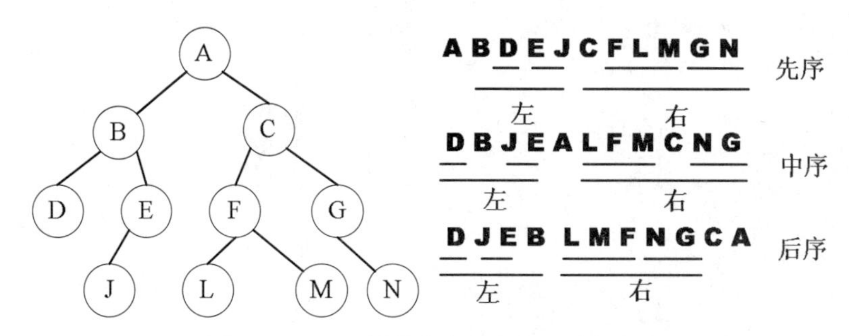


图 3-4-6 二叉树的先序、中序、后序遍历

### 3.4.3 最优二叉树

我们给每个节点赋予一定的权值，然后把这些节点用来构造一棵二叉树，如果该树带权路径长度达到最小，就称这样的树为最优二叉树，又叫哈夫曼树。

哈夫曼树具体知识已经在本书第 1 章的“常见的编码”部分详细介绍过了。

### 3.4.4 二叉排序树

二叉排序树（Binary Sort Tree），又称为二叉查找树（Binary Search Tree）或者二叉搜索树。

二叉排序树是具有以下特性的二叉树：

（1）要么为空树，要么具有以下（2）、（3）点的性质。

（2）若**左子树**不空，则左子树的所有的节点值均小于根节点。

（3）若**右子树**不空，则右子树的所有的节点值均大于根节点。

可以看出，这是一个递归定义，对二叉排序树进行中序遍历，就一定能得到一个递增序列。故而，二叉排序树经常用于查找算法。

### 3.4.5 线索二叉树

二叉树的遍历是将树的节点排列成线性化的结构。但这种方式，无法直接找到某一节点的遍历序列中的前驱和后继节点。某一节点的前驱和后继节点，只能重新遍历一次得到。

而二叉树有很多空指针域，可以存放“线索”信息，因此带有线索的二叉树称为线索二叉树。

线索二叉树的节点增加了两个标志域 ltag 和 rtag，具体结构如图 3-4-7 所示。

| lchild | ltag | data | rtag | rchild |
|---|---|---|---|---|

图 3-4-7 线索二叉树的节点图示

（1）标志域 ltag。

$$ltag=\begin{cases}0，\text{表示 lchild 指针指向节点的左孩子}\\1，\text{lchild 指针指向节点的前驱}\end{cases}$$

（2）标志域 rtag。

$$rtag=\begin{cases}0，\text{表示 rchild 指针指向节点的右孩子}\\1，\text{rchild 指针指向节点的后继}\end{cases}$$

改造后的线索二叉树的节点存储结构如下：

```
//线索二叉树节点类型
typedef struct BTnode{
char data;
struct node *lchild，*rchild;
int ltag，rtag;
}BTNODE;
```

### 3.4.6 树和森林

1. 树和森林的存储

树或森林有多种存储方式，常见的方式有双亲表示法、孩子链表示法、孩子兄弟表示法 3 种。

（1）双亲表示法。双亲表示法是使用一组连续的空间存储树的节点。该方法构建一个表，该表不但存储节点的位置、名称，还存储父节点（双亲节点）的位置；若该节点是根节点，则父节点位置用 0 表示。

双亲表示法特别容易找到任一节点的祖先节点，但是找节点的孩子就比较麻烦，很有可能需要遍历整个表。

图 3-4-8 给出了一棵树，表 3-4-3 为该树的双亲表示。

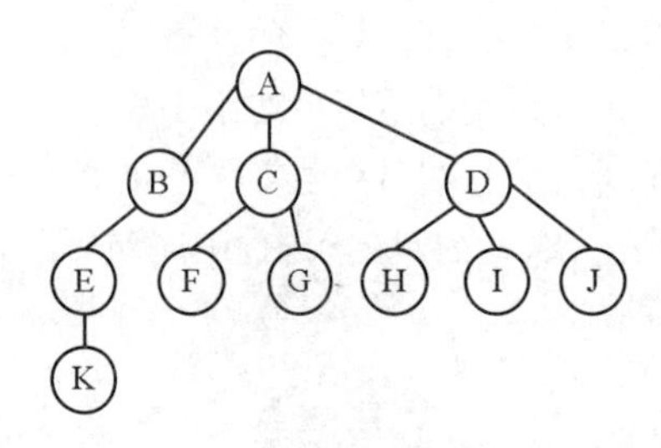


图 3-4-8 树

表 3-4-3 树的双亲表示

| 节点存储位置 | 节点名称 | 父节点存储位置 |
| --- | --- | --- |
| 1 | A | 0 |
| 2 | B | 1 |
| 3 | C | 1 |
| 4 | D | 1 |

续表

| 节点存储位置 | 节点名称 | 父节点存储位置 |
|---|---|---|
| 5 | E | 2 |
| 6 | F | 3 |
| 7 | G | 3 |
| 8 | H | 4 |
| 9 | I | 4 |
| 10 | J | 4 |
| 11 | K | 5 |

（2）孩子链表示法。孩子链表示法使用链表表示。该方法给每个节点建立链表，以存储该节点所有孩子节点；然后将每个链表的头指针又放在同一个线性表中。图 3-4-9 是图 3-4-8 中树的节点 A～F 的孩子链表示。

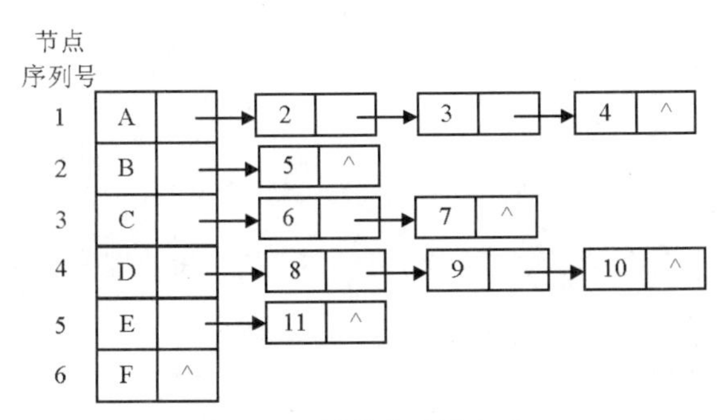


图 3-4-9　树的孩子链表示

孩子链表示法的优、缺点刚好与双亲表示法相反。

（3）孩子兄弟表示法。孩子兄弟表示法是以链表形式表示的，每个节点具有左右两个指针域，左指针指向该节点的第一个孩子，右指针指向该节点下一个兄弟节点。孩子兄弟表示法的由来就是如此。该表示法为树、森林、二叉树的转换提供了基础。

2. 树与二叉排序树的相互转换

使用孩子兄弟表示法，二叉树与树之间可以进行相互转换。

（1）树转二叉树。转换步骤见表 3-4-4。具体树转二叉树的例子如图 3-4-10 所示。

表 3-4-4　树转二叉树步骤

| 步骤名 | 解释 |
|---|---|
| 加线 | 树中的兄弟节点之间加上一条线 |
| 删线 | 对于每个节点，只保留它与左相邻兄弟节点的连线，去掉与其他连线 |
| 转向 | 以根节点为轴心，调整整个树。每个节点调整规则：<br>（1）节点的第一个孩子变成该节点的左孩子；<br>（2）该节点的其他孩子，则成为节点左孩子的右孩子们 |

**攻克要塞软考团队提醒**：转换规则理解口诀“兄弟相连，长兄为父，孩子靠左”。

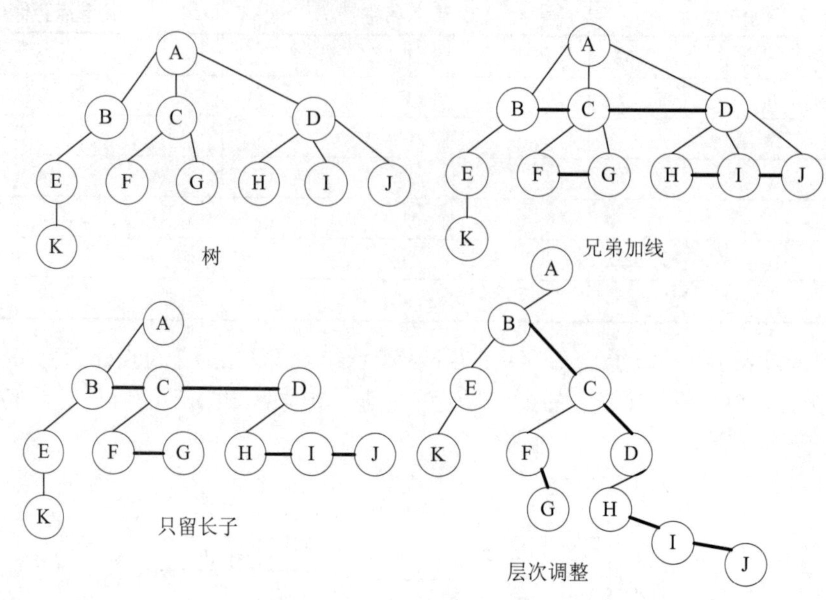


图 3-4-10 树转二叉树示例

（2）二叉树转树。转换步骤见表 3-4-5。具体二叉树转树的例子如图 3-4-11 所示。

表 3-4-5 二叉树转树的步骤

| 步骤名 | 解释 |
| --- | --- |
| 加线 | 若某节点存在左孩子，则将以下节点变为该节点的多个右孩子：<br>（1）该节点左孩子的右孩子节点。<br>（2）该节点左孩子的右孩子的右孩子。<br>……<br>（n）该节点左孩子的右孩子的右孩子……的右孩子 |
| 删线 | 删除原二叉树中所有节点与其右孩子节点的连线 |
| 调整布局 | 调整布局 |

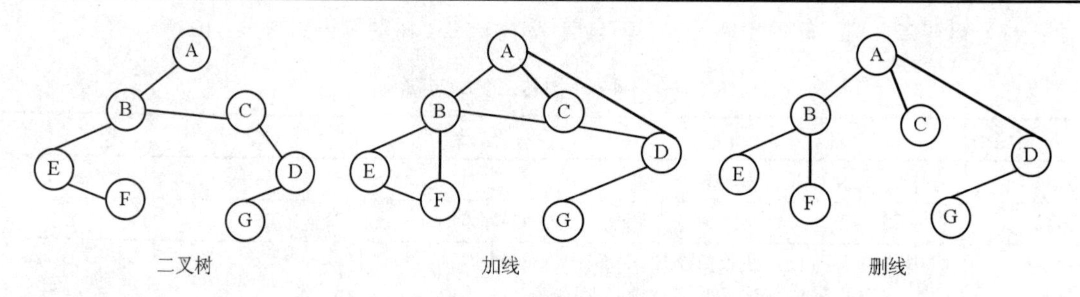


图 3-4-11 二叉树转树示例

# 3.5 图

图是由顶点集合和顶点间的关系集合共同组成的一种数据结构。图反映的是数据元素间多对多的关系，故而图的概念是广义的，树、线性表都是图的特例。图的数学表达为：Graph=(V,E)。

（1）V={x|x∈某个数据对象}是顶点（Vertex）的可数非空集合；在图中的数据元素通常称为顶点 V。

（2）E={(x,y)|x,y∈V}是顶点之间关系的可数集合，又称为边（Edge）集合。

**攻克要塞软考团队提醒：**∈为数学符号，表示属于的意思。例：x∈y 表示 x 属于 y 的意思。

## 3.5.1 图的概念

图 3-5-1 中各分图都是图的表示。

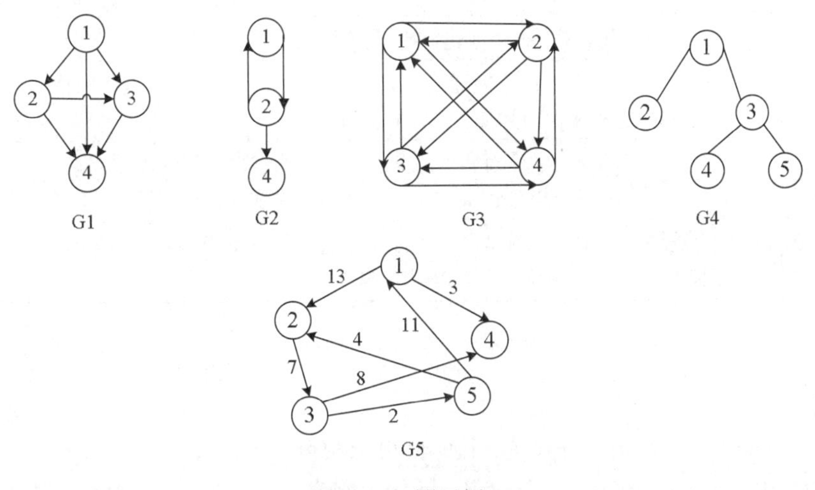


图 3-5-1　图示例

表 3-5-1 给出了图的重要定义。

**表 3-5-1　图的定义**

| 概念 | 解释 |
|---|---|
| 无向边和有向边 | 在城市的道路交通中，有单行道和双行道。单行道只能沿着 A 点到 B 点，在图中就是有向边，这时候路径 A→B 和 B→A 是不同的。而双行道就是无向边，A→B 和 B→A 意义是相同的，只表示 AB 间有连接 |
| 无向图 | 图中任意两顶点间均为无向边。图 3-5-1 中 G4 可以看成无向图。无向完全图：有 n 个顶点的无向图最多有 n(n-1)/2 条边 |
| 有向图 | 图中任意两顶点间均为有向边。图 3-5-1 中 G1、G2、G3、G5 可以看成有向图。有向完全图：有 n 个顶点的有向图最多有 n(n-1)条边 |

续表

| 概念 | 解释 |
| --- | --- |
| 邻接 | 两点间通过一条边相连接，称此二者的关系为邻接。比如地铁运营图上相邻的两个站点（无中间站点）的关系 |
| 关联 | 一个顶点所有边和该顶点的关系。比如北京大兴机场与北京大兴机场到全球航线间的关系 |
| 度（Degree） | 进出某个顶点的边的数目，记为 TD(v)。其中进入该顶点的边数称为**入度**，记为 ID(v)。从该顶点出去的边数称为**出度**，记为 OD(v)。比如某个枢纽汽车站，到站的路线数就是该汽车站的入度，出站的线路数就是该汽车站的出度 |
| 权（Weight） | 与图的边相关的数字叫作权，通常用来表示图中顶点间的距离或者耗费。我们称带权的图为网，比如路网、航空网、电网、……<br>图 3-5-1 中的 G5 给出了带权的有向图 |
| 路径 | 从顶点 A 到顶点 B，依次遍历顶点序列之间的边所形成的轨迹。两点间的路径可以有好多条。没有重复顶点的路径称为简单路径。路径的长度是路径上的边或弧的数目 |
| 环 | 环是指路径包含相同的顶点两次或两次以上 |
| 连通图 | 无向图 G 的每个顶点都能通过某条路径到达其他顶点，那么我们称 G 为连通图。如果该条件在有向图中同样成立，则称该图是强连通 |
| 关节点 | 某些顶点对图的连通性有重要意义。如果移除该顶点将使得图或某分支失去连通性，我们称该顶点为关节点。在现实中，关节点就是交通枢纽 |
| 连通图的生成树 | 一个连通图的生成树就是能使得该图连通性保持不变，没有环路的子图。如果该连通图有 N 个顶点，那么该子图有且只有 N-1 条边 |

### 3.5.2 图的存储



图有两种主要的存储结构，分别是邻接矩阵表示法和邻接表表示法。

图 3-5-2 给出一个有向图和一个无向图，后文中将分别使用两类表示法进行表示。

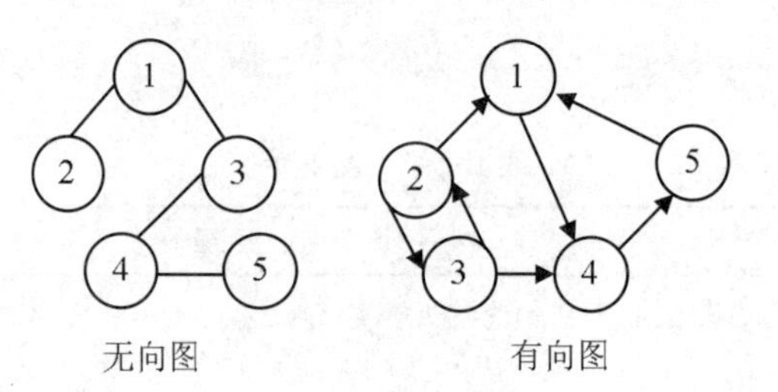


图 3-5-2 图例

（1）邻接矩阵表示法。n 个顶点的图可以用 n×n 的邻接矩阵来表示。如果节点 i 到 j 存在边，则矩阵元素 A[i,j]的值置 1；否则置 0。图 3-5-2 中的无向图和有向图对应的邻接矩阵如图 3-5-3 所示。

$$\begin{bmatrix} 0 & 1 & 1 & 0 & 0 \\ 1 & 0 & 0 & 0 & 0 \\ 1 & 0 & 0 & 1 & 0 \\ 0 & 0 & 1 & 0 & 1 \\ 0 & 0 & 0 & 1 & 0 \end{bmatrix}$$

图 3-5-2 无向图的邻接矩阵表示

$$\begin{bmatrix} 0 & 0 & 0 & 1 & 0 \\ 1 & 0 & 1 & 0 & 0 \\ 0 & 1 & 0 & 1 & 0 \\ 0 & 0 & 0 & 0 & 1 \\ 1 & 0 & 0 & 0 & 0 \end{bmatrix}$$

图 3-5-2 有向图的邻接矩阵表示

图 3-5-3　图 3-5-2 中两个图对应的邻接矩阵

如果表示带权网络，则不能采用 0-1 这种方阵表示法。这里可以将具体的权值作为方阵的值。没有邻接关系的顶点间的权值，可以用无穷大表示。以图 3-5-1 的 G5 为例，其邻接矩阵如图 3-5-4 所示。

$$\begin{bmatrix} 0 & 13 & \infty & 3 & \infty \\ \infty & 0 & 7 & \infty & \infty \\ \infty & \infty & 0 & 8 & 2 \\ \infty & \infty & \infty & 0 & \infty \\ 11 & 4 & \infty & \infty & 0 \end{bmatrix} \text{（有向）}$$

图 3-5-4　带权图的邻接矩阵表示

由图 3-5-4 可以看出，图的邻接矩阵存储属于一种线性存储。

（2）邻接表表示法。邻接表是链式存储结构，如树的孩子链存储一样，邻接表的每一个顶点都生成一个链表，也就是说 n 个顶点要生成 n 个链表。

顶点 i 的邻接信息放到链表 i 中，链表 i 的节点数表示顶点 i 连接的边数。链表的每个顶点应该包括顶点号、边的信息（如权值）以及指向下一个顶点的指针。顶点的数据结构为（顶点号，顶点信息、指向下一个顶点的指针）。

如果把这些链表的表头指针（即某顶点编号）放在一起，组成数组，就形成了邻接表。

图 3-5-2 中的无向图和有向图对应的邻接表如图 3-5-5 所示。

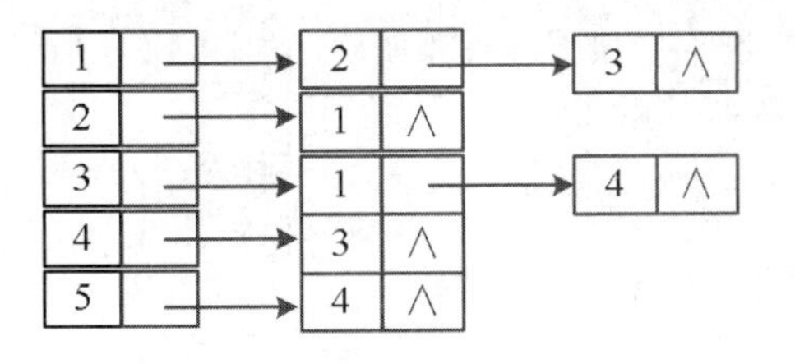


图 3-5-2 无向图的邻接表表示

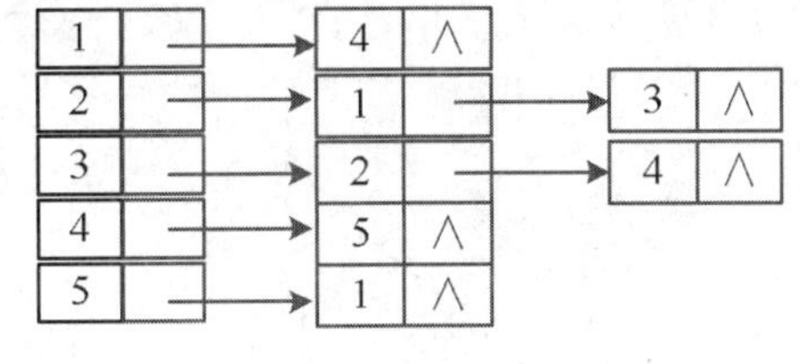


图 3-5-2 有向图的邻接表表示

图 3-5-5　图 3-5-2 中无向图和有向图的邻接表表示

### 3.5.3　图的遍历

图的遍历是指从图中的任意一个顶点出发，对图中的所有顶点访问一次且只访问一次。图的遍历分为深度优先搜索和广度优先搜索两种方式，对无向图和有向图都适用。

1. 深度优先搜索

深度优先搜索（Depth First Search）遍历类似树的先根序遍历，而广度优先搜索（Breadth First Search）遍历类似于树的按层次遍历。

深度优先搜索的算法可以描述为：

（1）访问 V 顶点，设置 V 顶点的访问标志为访问过。

（2）依次搜索 V 顶点的所有邻接顶点。

（3）如果邻接顶点没有被访问过，继续从邻接顶点深度优先搜索；如果被访问过，跳到下一个（V 顶点）的邻接顶点。

深度优先搜索的实例如图 3-5-6 所示。

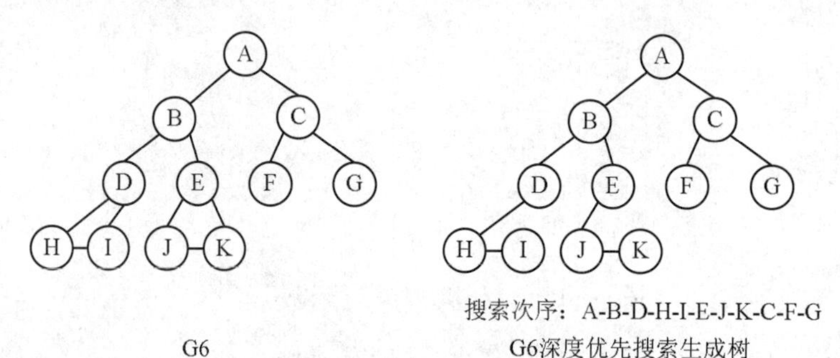


图 3-5-6　深度优先搜索的实例

2. 广度优先搜索

广度优先搜索算法则先访问图中顶点 V；然后依次访问 V 的所有未曾访问过的邻接点；分别从这些邻接点出发依次访问它们的邻接点；“先被访问的顶点的邻接点”应优先于“后被访问的顶点的邻接点”被访问，直至所有已被访问的顶点的邻接点都被访问到。

若此时图中还有顶点未被访问到，则另选图中一个未曾被访问的顶点作起始顶点，不断重复上述过程，直至图中所有顶点都被访问到为止。

广度优先搜索遍历体现为“深度越小越优先访问”。广度优先搜索的实例如图 3-5-7 所示。

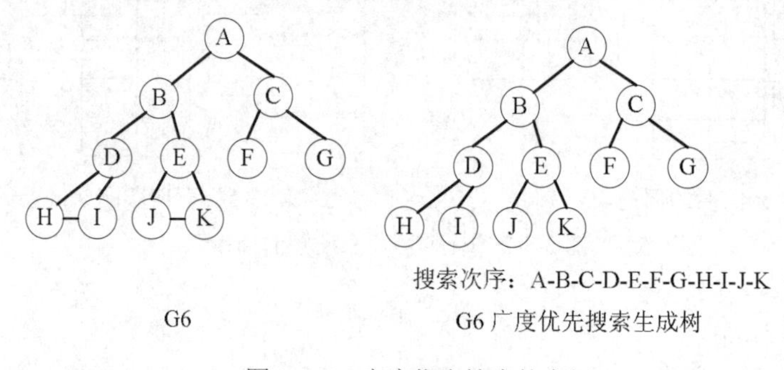


图 3-5-7　广度优先搜索的实例

如果以图中 G6 的 B 点为起点，其搜索次序则变为：B、D、E、A、H、I、J、K、C、F、G。

可以看出，搜索次序和起点的选择是有关的，起点不同，搜索次序是不一样的。

两个搜索算法的时间复杂度在使用邻接矩阵的场合下均为 **$O(n^2)$**，在使用邻接表的场合下为 **O(n+e)**，e 为查找所有顶点所有连接点的次数；n 为对每个顶点的访问操作次数。

### 3.5.4 最小生成树

如果连通图的子图是一棵包含该图所有顶点的树，则该子图称为连通图的**生成树**。生成树往往不唯一。

普里姆（Prim）算法和克鲁斯卡尔（Kruskal）算法是求连通带权无向图的最小生成树的常用算法。两种算法都采用贪心策略。

1. 普里姆算法

设一个带权连通无向图为 G=(V,E)，其中顶点集合 V 有 n 个顶点。

（1）设置一个顶点集合 U 和边集合 T，U 的初始状态为空。

（2）选定一条最小权值的边，并将顶点加入到顶点集合 U 中。

（3）重复下面的步骤，直到集合 U=V 为止：

1）选择一条最小权值的边(i,j)，且满足 i∈U，j∈V-U。

2）把顶点 j 加到顶点集合 U 中，把边(i,j)加到边集合 T 中。

此时，T 为图 G 的最小生成树。

图 3-5-8 给出了普里姆算法求生成树的过程。

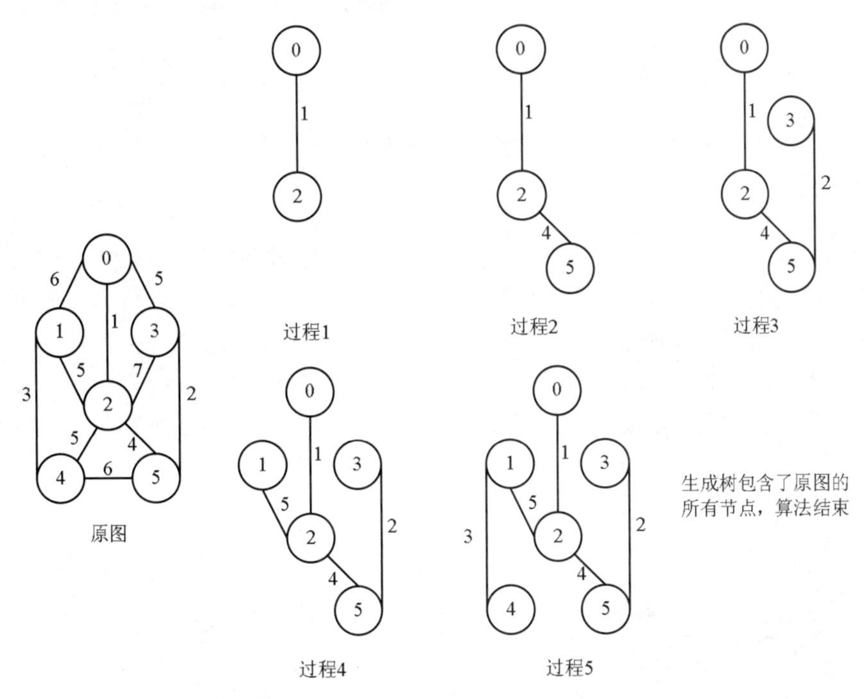


图 3-5-8 普里姆算法求生成树的图例

普里姆算法的时间复杂度为 **O($n^2$)**，**只和顶点相关**，适合于稠密图。

2. 克鲁斯卡尔算法

设初始状态只有 n 个顶点且无边的森林 T，选择最小代价的边加入 T，直到所有顶点在同一连通分量上，这就生成了最小生成树。这里加入边应避免环的出现。

图 3-5-9 给出了克鲁斯卡尔算法求生成树的过程。

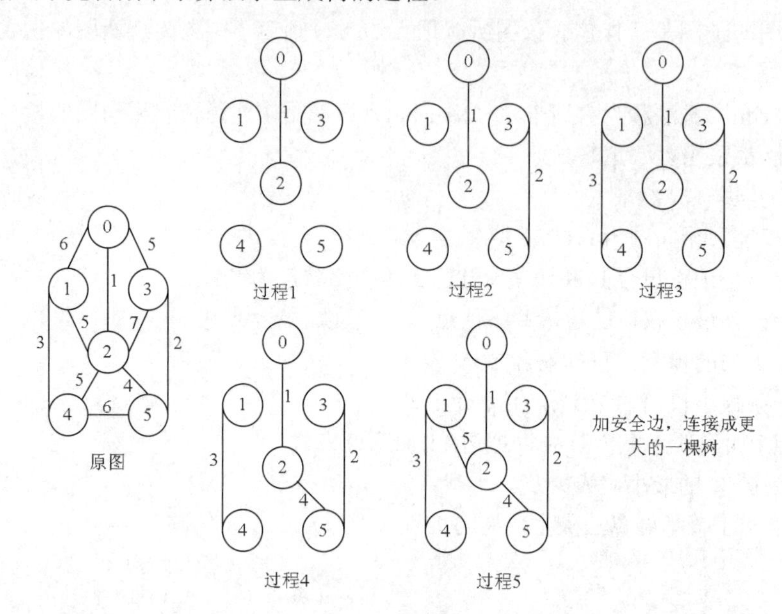


图 3-5-9 克鲁斯卡尔算法求生成树的图例

克鲁斯卡尔算法的时间复杂度为 **O($e\log_2 e$)**，**只和边相关**，较适合于稀疏图。

### 3.5.5 AOV 和 AOE

大型工程的若干项目实施具有先后关系，某些项目完成，其他项目才能开始。项目实施的先后关系可以用有向图来表示。

**工程的项目称为活动**。如果有向图顶点表示活动，有向边表示活动之间的先后关系，这种图就称为以顶点表示活动的网（Activity on Vertex Network，AOV 网）。AOV 图例如图 3-5-10 所示。

如果有向图有向边表示活动，边的权值表示活动持续时间，这种图就称为以边表示活动的网（Activity on Edge Network，AOE 网）。AOE 图例如图 3-5-11 所示。

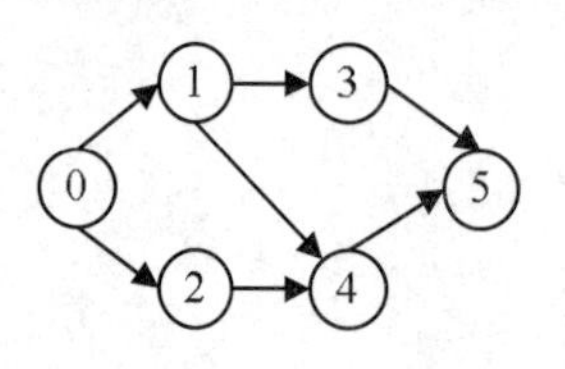

图 3-5-10 AOV 图例

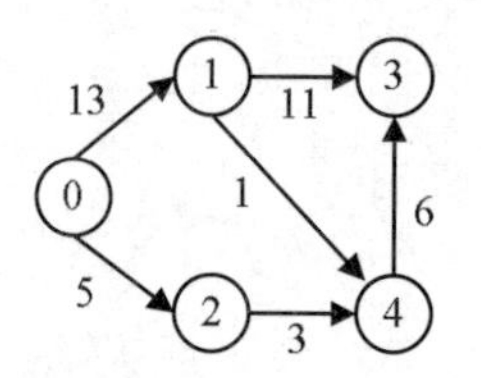

图 3-5-11 AOE 图例

## 3.6 哈希表

在进行数据元素的查找时，我们希望能够按图索骥，根据特征值来直接找到对应的数据元素。这样的结构，称为**哈希表**（Hash Table），亦称为**散列表**。

在数据结构中，哈希表的定义为根据数据元素的关键码值（Key Value）直接进行数据元素访问的数据结构。通过把关键码值映射到表中一个位置来访问记录，以加快查找的速度。这个映射函数叫作散列函数，存放记录的数组叫作散列表。

给定表 M，存在函数 H(key)，对任意给定的关键字值 key，代入函数后若能得到包含该关键字的记录在表中的地址，则称表 M 为哈希（Hash）表，函数 H(key)为哈希（Hash）函数。

但在实际生活应用中未必有这么理想，比如一个公司生肖为“龙”的员工就可能有多个，员工 A 和员工 B 间，存在属相（A）=属相（B）=“龙”的情形。很显然，关键字和存储地址不是一一对应的。比如汉字的拼音，不同汉字出现同一音节的情况非常多。即 K1≠K2，而 H(K1)=H(K2)，这样的情况称为冲突。因为冲突不可避免，采取的措施可以是：①采取合适的哈希函数减少冲突；②妥善处理冲突。

### 3.6.1 哈希函数的构造方法

常见的哈希函数构造方法见表 3-6-1。

表 3-6-1　常见的哈希函数构造方法

| 函数名 | 解释 | 示例 |
| --- | --- | --- |
| 直接定址法 | 将关键字或者关键字的某个线性函数值作为散列地址 | H(K)=2×K+9，数据元素 3 的存储地址显然就是 15 |
| 模数留余法 | 关键字 K 除以不大于表长 L 的数字 M 所得的余数，作为存储地址，即 K mod M（M<L） | 46 小时在时钟上的位置应该是 46 mod 12=10，即 46 小时在时钟上的位置是在 10 处 |
| 平方取中法 | 取关键字的平方后的中间几位作为散列地址 | 关键字 2366 的平方是 5597956，取结果的中间 5 位，构造对应的数据元素存储地址是 59795 |
| 折叠法 | 当关键字位数较多时，将关键字分成段，然后进行叠加 | 18 位身份证号：572320192108081211，拆成 3 段，每段六位，3 段相加得到对应数据元素的存储地址：572320+192108+81211=845639 |
| 数值分析法 | 分析关键字规律，构造出相应的函数 | 散列对象为同一个县里的人，身份证的前六位就可以舍去，然后再按折叠法构造数据元素（人）的存储地址 |

### 3.6.2 冲突的处理

当关键码比较多时，很可能出现散列函数值相同的情况，这就发生了冲突。冲突是不可避免的，当发生冲突时，可以采取下面的一些做法来处理冲突。

1. 开放定址

开放定址又分为线性探测法和二次探测法两种。

(1)线性探测法：H(K)算出的地址已经被数据元素占用了，那么依次用 $H_i(K)=(H(K)+delta) \bmod m$ 来给当前元素定址，delta 依次序取值 1、2、…、m-1 进行计算，若算出的地址为空，则停止向下探索；否则，直到满足的地址均被占用时为止。

该方法依次探测下一个地址，知道有空的地址后插入数据元素，若整个空间都找不到空余的地址，则产生溢出。线性探测容易产生“聚集”现象，会极大降低查找效率。

**【例 1】**设记录关键码为（3，9，15），取 m=10，p=6，散列函数 h=key%p，则采用线性探测法处理冲突的结果如图 3-6-1 所示。

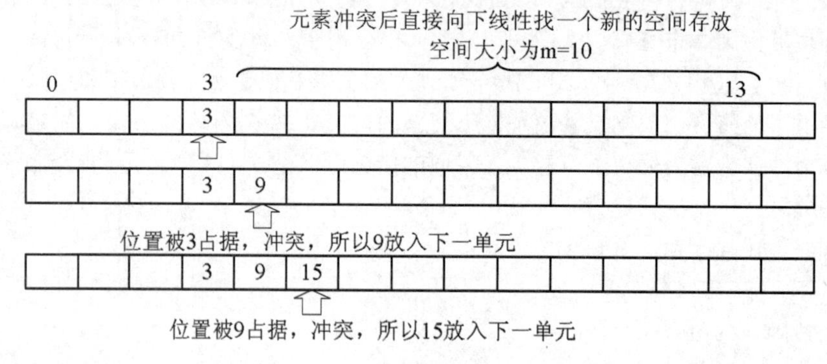


图 3-6-1　线性探测法处理冲突图例

(2)二次探测法：地址增量 delta 序列为 1，-1，$2^2$，$-2^2$，…，$K^2$，$-K^2$（$K \leqslant m/2$）。二次探测可有效避免“聚集”现象。

2. 再散列法

再散列法是当出现冲突时，利用其他散列函数来计算当前冲突关键码；若还是冲突，则依次使用新的不同散列函数 $H_1(K)$，$H_2(K)$，$H_3(K)$，…，$H_n(K)$，直到找到空位置安放当前数据元素为止。

3. 链表法

链表法（拉链法）：把所有冲突的数据元素存在一个链表里，通过链表进行查找冲突数据元素；例如散列表地址为 0～5，散列函数为 H(K)=k mod 5，用链表法处理冲突的图示如图 3-6-2 所示。

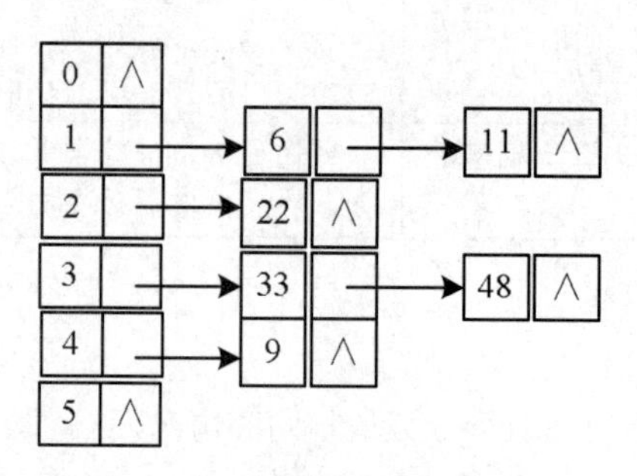


图 3-6-2　链表法处理冲突图示

### 3.6.3 哈希表的查找

哈希表的查找与构造过程都是差不多的，给定关键字其值为 K，通过哈希函数计算得到哈希地址。如果该地址为空，则查找失败；如果不为空，则进行关键字比较，比较的结果一致，则查找成功；如果关键字不一致，按照构造表的几种方法寻找下一个地址，直到找到关键字为 K 的数据元素，或者整个空间查找完毕，查找不到结果。

## 3.7 查找

查找是指在具有有限节点的表中，找出关键字为指定值 k 的节点的运算。查找可以分为顺序查找、二分查找、哈希表查找。

### 3.7.1 顺序查找

顺序查找是按照给定数据元素序列的原有顺序对序列进行遍历比较，直到找出给定目标或者查找失败（没有找到符合给定目标的数据元素）。数据元素序列的数据结构可以是链状或顺序存储。

顺序查找的特点：

（1）查找的序列，可以是有序序列，也可以是无序序列。

（2）每次查找均从序列的第一个元素开始查找。

（3）需要逐一遍历整个待查数据元素序列，除非已经在某个位置找到符合目标的数据元素。

（4）若查找到最后一个元素还是不符合目标，则查找失败。

顺序查找的缺点：

（1）查找效率低，最差的情况下需要遍历整个待查序列。

（2）平均查找长度为(n+1)/2，时间复杂度为 O(n)。

### 3.7.2 二分查找

二分查找也称折半查找（Binary Search），是有序数据元素序列查找的高效方法。前提是要求线性表必须采用顺序存储结构（不是链式存储结构），并且数据元素必须是有序排列的。

二分查找的特点：

（1）从表中间开始查找目标数据元素，如果找到，则查找成功。

（2）如果中间元素比目标元素小，则用二分查找法查找序列的后半部分。

（3）如果中间元素比目标元素大，则用二分查找法查找序列的前半部分。

二分查找的优点：比较次数少，查找速度快，平均性能好。

二分查找的缺点：要求待查序列为有序序列，且必须是顺序存储。

最大查找长度：$[\log_2(n+1)]$，时间复杂度：O(log(n))。

**【例 1】**在（2、3、6、11、13、17、25）中用二分查找法查找元素 2。

| | | | | | | | |
|---|---|---|---|---|---|---|---|
| [1] | 2 | 3 | 6 | 11 | 13 | 17 | 25 |
| 第1次 | | | | ▲ | | | |
| [2] | 2 | 3 | 6 | 11 | 13 | 17 | 25 |
| 第2次 | | ▲ | | | | | |
| [3] | 2 | 3 | 6 | 11 | 13 | 17 | 25 |
| 第3次 | ▲ | | | | | | |

## 3.8 排序

排序就是使一组任意排列的记录变成一组递增或递减有序的记录。排序可以分为内部排序和外部排序，外部排序是外存的文件排序；内部排序是内存的记录排序。

### 3.8.1 插入排序

插入排序就是在数据元素系列中寻找适合的位置，插入数据元素，使得整个系列满足规定的顺序。

常见的插入排序算法有：直接插入排序、折半插入排序、2路插入排序、希尔排序等。插入排序这部分主要讲直接插入排序、希尔排序。

1. 直接插入排序

直接插入排序的工作方式如同我们打牌一样。开始时，拿牌的手为空；每拿一张牌，就可以从右到左将它与手中的每张牌进行比较，然后插入适合的位置。最后，拿在手上的牌总是按照既定顺序排好了的。

直接插入排序的步骤是：

（1）每一步均按照关键字大小将待排序元素插入已排序序列的适合位置上。

（2）将序列长度加一。

直接插入排序在空间上，需要安排一个比较数据元素（哨兵，目的是用来确定插入方向）的存储空间来做辅助空间，即直接插入排序空间复杂度为O(1)。

对每一趟插入排序，需要完成比较和移动两个操作。具体的直接插入排序过程如图3-8-1所示。最好情况下，即系列有序，只需比较而无需移动元素；最坏情况下，系列为逆序。

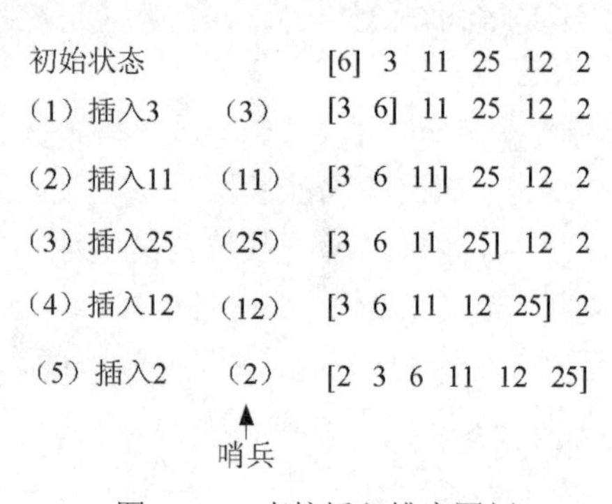


图3-8-1 直接插入排序图例

2. 希尔排序

希尔排序是直接插入排序的一种改进，其本质是一种分组插入排序。希尔排序采取了分组排序的方式，化整为零。做法是把待排序的数据元素序列按一定间隔（增量）进行分组，然后对每个分组进行直接插入排序。随着间隔的减小，一直到 1，从而使整个序列变得有序。选用间隔（增量）的大小参考公式如下：

$$h_{start} = \left[\frac{N}{2}\right],\ h_k = \left[\frac{h_{k+1}}{2}\right]$$

式中，N 为待排序序列长度；$h_{start}$ 为初始间隔长度；$h_k$ 为第 k 次希尔排序间隔长度。

具体的希尔排序过程如图 3-8-2 所示。当增量值为 1 时，序列中的元素已经基本有序，再进行直接插入排序就很快了。

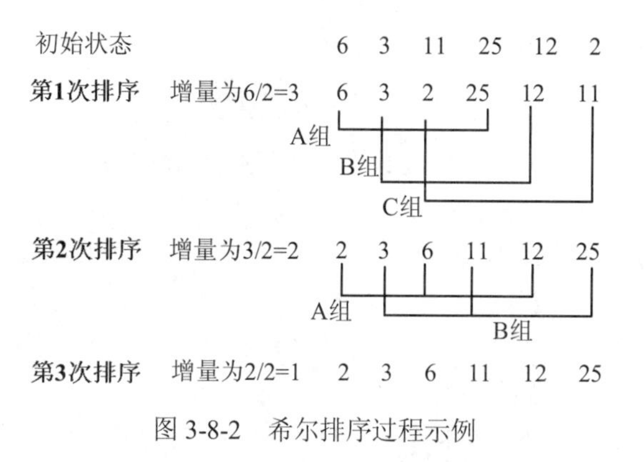


图 3-8-2 希尔排序过程示例

希尔排序适用于大多数数据元素有序的序列，由于排序期间，同一元素的顺序会经常移来移去。故希尔排序不是稳定的排序方法。

### 3.8.2 交换排序



交换排序的基本思想是：**两两比较待排序数据元素**，如果发现两个元素的次序相反则立刻进行交换，直到整个序列的元素没有反序现象。本节主要讲解冒泡排序和快速排序。

1. 冒泡排序

冒泡排序就是通过比较和交换相邻的两个数据元素，将值较小的元素逐渐上浮到顶部（或者值大的元素下沉到底部）。这个过程较小值的元素就像水底下的气泡一样逐渐向上冒，而较大值的元素就像石头逐渐沉到底，故而称为冒泡算法。

一般而言，N 个数据元素要完成排序，需进行 N-1 趟排序，第 M 趟内的排序次数为(N-M)次。实际算法实现时，一般采取双重循环语句，外层控制排序趟数，内层控制每一趟的循环次数。冒泡排序每进行一趟排序，就会减少一次比较，这是因为每一趟冒泡排序至少会找出一个较大值。具体冒泡的过程如图 3-8-3 所示。

初始状态 6 3 11 25 12 2

第1次冒泡
6 3 11 25 12 2
3 6 11 25 12 2
3 6 11 25 12 2
3 6 11 25 12 2
3 6 11 12 25 2
比较5次，25沉底
3 6 11 12 2 25

第2次冒泡
3 6 11 12 2 25
3 6 11 12 2 25
3 6 11 12 2 25
3 6 11 12 2 25
比较4次，12沉底
3 6 11 2 12 25

第3次冒泡
3 6 11 2 12 25
3 6 11 2 12 25
3 6 11 2 12 25
比较3次，11沉底
3 6 2 11 12 25

第4次冒泡 3 2 6 11 12 25
比较2次，6沉底

第5次冒泡 2 3 6 11 12 25
比较1次，3沉底

图 3-8-3 冒泡排序过程示例

冒泡排序理想的情况，若序列是有序的，则一趟冒泡排序即可完成排序任务，最差的情况，需要进行 N-1 趟排序。每趟排序要进行 N-M 次比较（1≤M≤N-1），且每次比较都必须移动数据元素 3 次（赋值 3 次）来达到交换元素位置的目的。故冒泡排序其平均时间复杂度为 $O(n^2)$。

2. 快速排序

快速排序是对冒泡排序的一种改进。快速排序采取的是**分治法**，就是将原问题分解成若干个规模更小但结构与原问题相似的子问题。

快速排序可以分为两步：

**第 1 步**：在待排序的数据元素序列中任取一个数据元素，以该元素为基准，将元素序列分成两组，第 1 组都小于该数，第 2 组都大于该数。具体一次分组的过程如图 3-8-4 所示。

图 3-8-4 快速排序的一次分组图示

**第 2 步**：采用相同的方法对第 1、2 两组分别进行排序，直到元素序列有序为止。

比如，对一个年级的学生进行身高排序，可以先把他们分为 2 个班级，其中甲班的个子比乙班的个子矮。接下来把甲乙班再分为甲 A、甲 B、乙 A、乙 B 4 个小组，甲 A 的身高均矮于甲 B，乙 A 的身高均矮于乙 B，……，如此往复分组，最后得到按身高排序的学生序列。

### 3.8.3 选择排序

常见的选择排序可以分为直接选择排序、堆排序。

1. 直接选择排序

选择排序最形象的语句就是“矬子里面拔将军”。例如，给某班级排身高，则先将最高个子（最矮个子）挑出来，作为已排序序列队头。然后在剩下的队列中继续挑最高（最矮）个子，然后放到已排序序列末尾。如此往复，直到全部人员均进入已排序序列为止。

直接选择排序的过程如下：

（1）从待排序数据元素中找出最小（或最大）的一个元素出列，放在已排序序列的起始位置。

（2）再从剩余未排序元素中继续找到最小（大）元素，然后放到已排序序列的末尾。

（3）以此类推，直到全部待排序的数据元素排完。

直接选择排序图示如图 3-8-5 所示。

| 初始状态 | 6 | 3 | 11 | 25 | 12 | 2 |
|---|---|---|---|---|---|---|
| （1）最小值为2，与第1个交换 | 2] | 3 | 11 | 25 | 12 | 6 |
| （2）最小值为3，与第2个交换 | 2 | 3] | 11 | 25 | 12 | 6 |
| （3）最小值为6，与第3个交换 | 2 | 3 | 6] | 25 | 12 | 11 |
| （4）最小值为11，与第4个交换 | 2 | 3 | 6 | 11] | 12 | 25 |
| （5）最小值为12，无需交换，排序完成 | | | | | | |

图 3-8-5 直接选择排序图示

2. 堆排序

n 个元素的序列$\{k_1,k_2,\cdots,k_n\}$如果称为堆，则须满足以下条件：

$$\begin{matrix} k_i \leqslant k_{2i} \\ k_i \leqslant k_{2i+1} \end{matrix} \text{或者} \begin{matrix} k_i \geqslant k_{2i} \\ k_i \geqslant k_{2i+1} \end{matrix} \quad (1 \leqslant i \leqslant \lfloor n/2 \rfloor) \qquad (3\text{-}8\text{-}1)$$

（1）**小根堆**：根节点（堆顶）的值为堆里所有节点的最小值。

（2）**大根堆**：根节点（堆顶）的值为堆里所有节点的最大值。

堆实质上是一种特殊的完全二叉树，该树的所有非终端节点的值均不大于（不小于）其左右孩子节点的值。

**【例 1】**以序列{42，13，24，91，23，16，05，88}为例，阐述大顶堆的构造过程，并进行堆排序。

**第 1 步：按层次遍历，构建一棵完全二叉树。**

具体初始构造二叉树的结果如图 3-8-6 所示。构造二叉树的过程，结合堆的定义［式（**3-8-1**）］，可以判断某一序列是否为堆，这个知识点在考试中常被考到。

**第 2 步：从最后一个非叶子节点开始，从下至上进行调整。**

具体堆构造的过程如图 3-8-7 所示。可见大顶堆的根节点是 91。

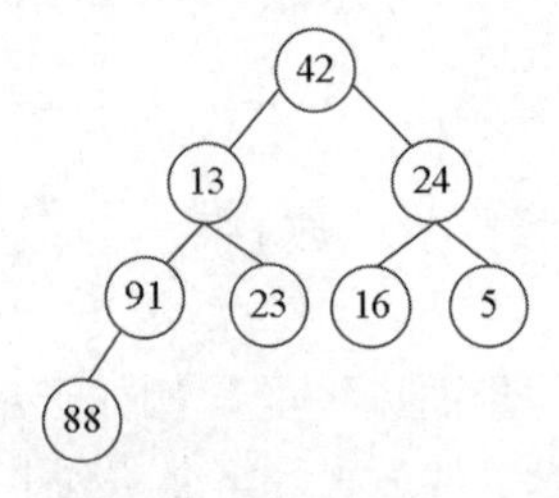


图 3-8-6　依据已知序列构造一个完全二叉树

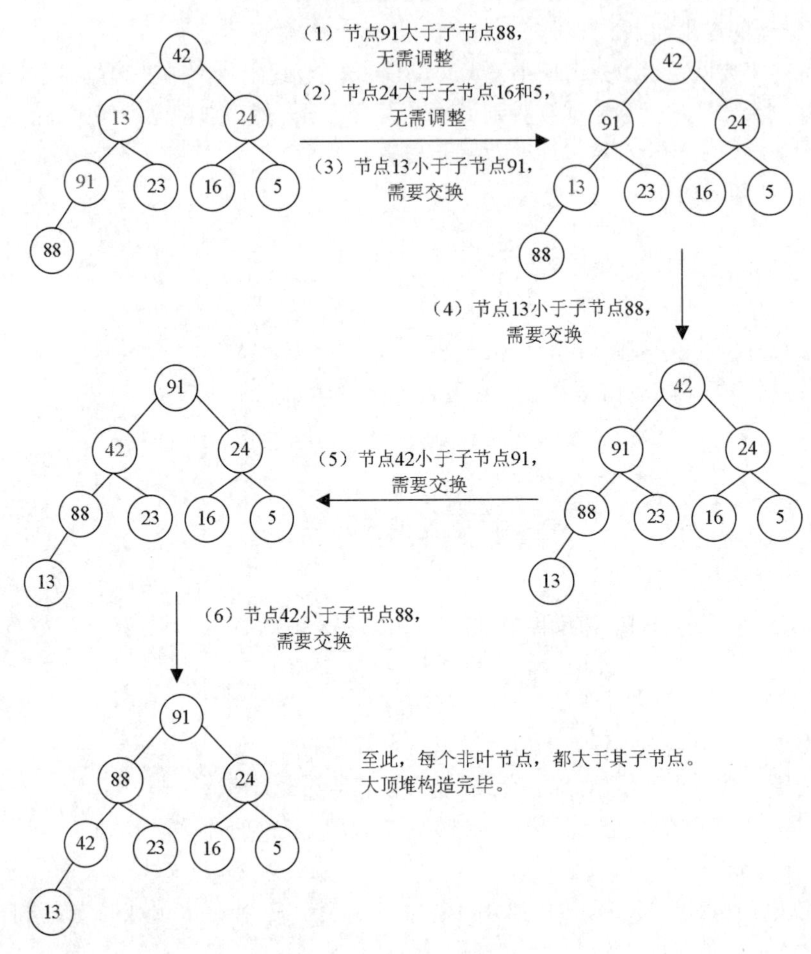


图 3-8-7　堆的调整过程

**第 3 步：堆排序。堆排序的基本过程如下。**

（1）交换堆顶节点和末尾节点，得到最大元素。

（2）调整剩下的节点，称为大顶堆。

（3）反复进行（1）、（2）步，直到整个序列有序。

堆排序的过程具体如图 3-8-8 所示。

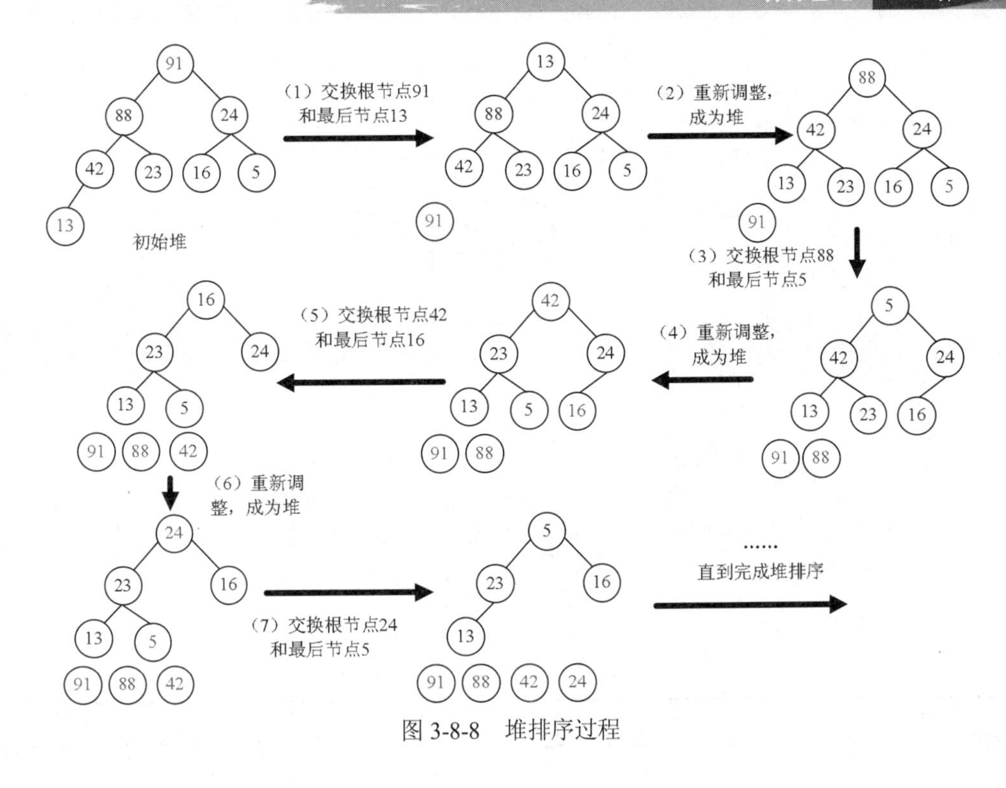


图 3-8-8 堆排序过程

### 3.8.4 归并排序

归并是将两个或两个以上的**有序序列合并**为一个有序序列。**二路合并**排序是将两个**有序序列合并**为一个有序序列。归并排序基于归并操作，是一种采用分治法（Divide and Conquer）的排序算法。

二路合并排序的合并过程如图 3-8-9 所示。

| | |
|---|---|
| 初始队列 | 56 67 59 51 73 25 99 31 |
| 第1次 两两分组排序 | [56 67] [51 59] [25 73] [31 99] |
| 第2次 四四分组排序 | [51 56 59 67] [25 31 73 99] |
| 第3次 全排序 | [25 31 51 56 59 67 73 99] |

图 3-8-9 二路合并排序

### 3.8.5 基数排序

基数排序好比玩扑克牌，扑克牌有“花色”（黑、红、梅、方）、“面值”（A、2、3、…、J、Q、K）两套关键字体系。整理扑克牌的时候，先按花色分类，再对同一花色的牌按值排序。图 3-8-10 给出了基数排序的实例。

由图 3-8-10 可以发现，无序的数字序列，经过“个位”“十位”“百位”排序后，就变成了有序序列了。

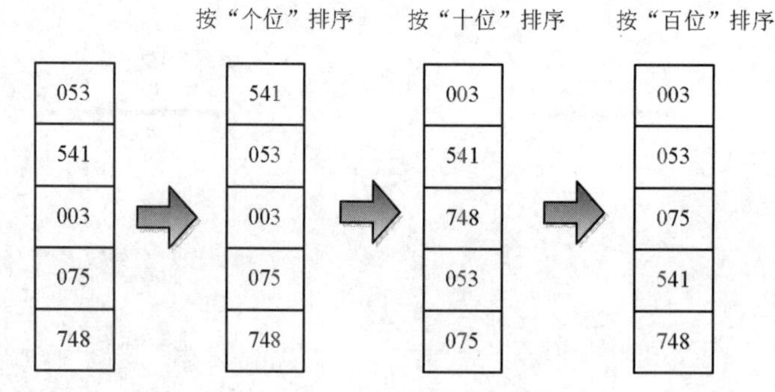


图 3-8-10　基数排序实例

### 3.8.6　各种排序算法复杂性比较

在待排序的序列中，存在多个具有相同的值的记录，若经过排序，这些记录的相对次序保持不变，则这种排序是**稳定**的；否则是**不稳定**的。

常考的各种排序算法的性能见表 3-8-1。

表 3-8-1　各种排序算法的性能比较

| 类别 | 算法 | 时间复杂度 | | 空间复杂度 | 稳定性 |
|---|---|---|---|---|---|
| | | 平均 | 最坏 | | |
| 插入排序 | 直接插入 | $O(n^2)$ | $O(n^2)$ | O(1) | 稳定 |
| | 希尔排序 | $O(n^{1.3})$ | $O(n^2)$ | O(1) | 不稳定 |
| 交换排序 | 冒泡排序 | $O(n^2)$ | $O(n^2)$ | O(1) | 稳定 |
| | 快速排序 | O(nlogn) | $O(n^2)$ | O(nlogn) | 不稳定 |
| 选择排序 | 直接选择 | $O(n^2)$ | $O(n^2)$ | O(1) | 不稳定 |
| | 堆排序 | O(nlogn) | O(nlogn) | O(1) | 不稳定 |
| 归并排序 | | O(nlogn) | O(nlogn) | O(n) | 稳定 |

## 3.9　算法描述和分析

数据结构是数据元素的存储结构，而算法则是对数据进行操作的方法。例如，我们在看电影时，座位是按照空间顺序进行排列（“存储”）的，而我们拿着电影票，找几排几号的位置（电影座位数组），这个查找位置的方法就是一种算法。

数据结构和算法的关系互为依赖，数据结构为算法服务，算法作用在特定的数据结构上。

算法和数据结构一样，其实现分为逻辑实现和物理实现，逻辑实现可以通过伪代码、表、流程图等来表示。而物理实现，则需要结合具体程序设计语言的数据类型和语句来实现。

算法应具有有穷性、确定性（无二义性）、输入与输出、可行性、健壮性等重要特征。其中：

健壮性是指算法能够对不合理数据及非法操作进行识别和处理的能力。

### 3.9.1 算法的流程图、伪代码描述方式

程序设计的核心在于设计算法。算法的表示通常有很多方法，常见的有：自然语言、流程图、伪代码、PAD 图等。其中，以特定的图形符号加上文字说明来表示算法的图，称为算法流程图。

算法流程图描述算法直观易懂，但使用效率低下，当遇到算法反复变动时，修改流程图是比较耗时的。

**伪代码**（Pseudocode）是介于自然语言与计算机语言之间的符号，伪代码也是自上而下地编写。每一行或者几行表示一个基本处理。伪代码的优点是格式紧凑、易懂、便于编写程序源代码。伪代码描述算法时，可以采用类似于程序设计语言的语法结构，也易于转换为程序。伪代码常用于表示算法，也用于描述表述程序逻辑。

### 3.9.2 算法的效率分析

算法的效率方析有时间效率和空间效率两种。时间效率也称为时间复杂度，空间效率也称为空间复杂度。随着计算机硬件技术的发展，存储容量已经不再是瓶颈资源，故空间复杂度不再作为算法关注的重点。

算法分析中，使用基本操作的次数来衡量时间复杂度。一般不使用时间单位（例如：秒、毫秒等）来衡量算法的快慢。

例如，某算法有伪代码语句：

```
BEGIN
I=5
FOR I=5 TO I=<N
SUM=SUM+1;
END FOR
I++;
END
```

可以看出，这个语段中代码执行的次数为 1+2×(n-5)次，其时间复杂度 T(n)=2N-9。

一般而言，我们不关心具体的次数精确计量，只取数量级作为描述，本段伪代码语句的时间复杂度就是 O(n)。

1. 时间复杂度

评价一个算法优劣，首先是正确，其次是效率。算法的正确性，一般可以通过形式化方法、数学归纳法、统计方法、反演等进行证明。算法的效率体现在时间效率和空间效率上，其本质是资源的占用。目前，计算机的存储容量已经不再是瓶颈资源，故空间效率在考试中一般不考。而时间效率，也就是算法的时间复杂度，成为了我们判断算法效率优劣的主要标尺。

常用的衡量算法时间效率的方法有两种：

（1）事后统计。编写并执行程序。很显然，这种方法依赖于计算机软硬件环境，容易被环境偏差掩盖。此外，编程需要一定的人力开销，不太实用。

（2）事前分析。分析算法中主要执行语句的频度。在算法中，执行算法的时间和执行语句的

次数成正比。我们就把算法语句的执行次数称为时间频度，记为 T(n)。比如一段算法的执行最多的语句有一条，执行了 3n 次，而剩下的其他语句执行了 n+8 次，这个算法的时间频度 T(n)=4n+8。

n 称为问题的规模，当 n 不断变化时，时间频度 T(n)也会随之发生变化，算法的时间复杂度一般是用数量级来衡量（以 n 为单位，假使 n 趋向于无穷大）。比如，算法 T(n)=4n+8，则算法时间复杂度就是 O(n)。

求算法的时间复杂度的具体步骤如下：

（1）找出算法的基本语句，即算法中执行次数最多的语句，一般为最内层循环的循环体。

（2）计算基本语句的执行次数的数量级。

（3）用大 O 记号表示算法的时间性能。

2. 空间复杂度

算法的空间复杂度指的是该算法需要的辅助额外空间，这点要注意。比如 n 个数据元素的队列在排序时需要 2 个额外的数据单元空间，这个算法的空间复杂度就是 O(1)。为什么是 O(1)不是 O(2)，这是因为 1 和 2 都是同在一个数量级。

# 第 4 章　操作系统知识

本章考点知识结构图如图 4-0-1 所示。

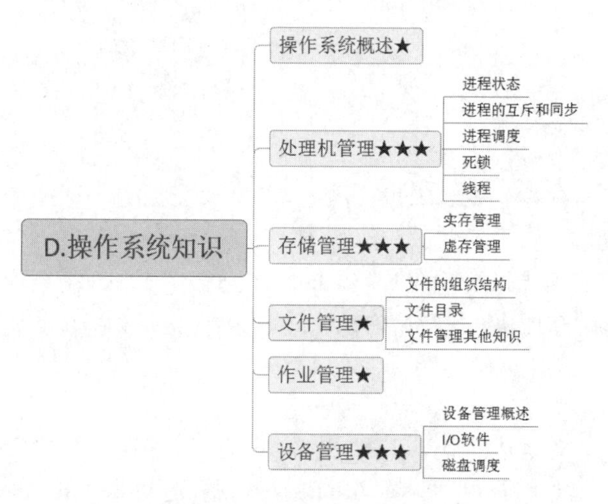


图 4-0-1　考点知识结构图

## 4.1　操作系统概述

1. 操作系统定义

操作系统（Operating System，OS）是**管理和控制计算机硬件与软件资源**的计算机程序，是用户与计算机硬件之间的桥梁，用户通过操作系统管理和使用计算机的硬件来完成各种运算和任务。

计算机加电后，首先开始 BIOS 的初始化，然后将操作系统内核加载到内存中，最后引导程序将系统控制权交付给操作系统。只有引导程序装入操作系统后，计算机才能开始做其他事情。

2. 常见的操作系统

目前，计算机上流行的操作系统有 Windows、UNIX 和 Linux 3 类，最常见的是 Windows 系统。现在流行的 Windows 服务器的版本是由 Windows NT 发展而来的。UNIX 系统具有多用户、分时、多任务处理的特点，以及良好的安全性和强大的网络功能。Linux 系统基于 UNIX 发展而来，其程序源代码完全向用户免费公开，因此得到了广泛的应用。

3. 操作系统分类

操作系统还可以分为批处理、分时、实时、网络、分布式、微机、嵌入式操作系统等。各类操作系统的特点见表 4-1-1。

表 4-1-1　操作系统分类及特点

| 分类 | | 特点 |
| --- | --- | --- |
| 批处理操作系统 | 单道批处理操作系统 | 一次只有一个作业装入内存执行 |
| | 多道批处理操作系统 | 允许多个作业装入内存执行 |
| 分时操作系统 | | 将 CPU 的工作时间划分为多个短时间片，供各终端用户使用 |
| 实时操作系统 | | 操作系统能在规定的时间之内处理或响应事件或数据，调动一切资源完成实时任务 |
| 网络操作系统 | | 在网络环境下实现对网络资源的管理和控制，并为网络用户提供服务的操作系统 |
| 分布式操作系统 | | 由多个分散的计算机连接而成的计算机系统。分布式操作系统将负载分散到多个计算机硬件服务器上。分布式操作系统是网络操作系统的更高级形式 |
| 微型计算机操作系统 | | 管理微型计算机软件资源、硬件资源、网络资源的操作系统。常见的微型计算机操作系统有 Windows、Linux、MacOS |
| 嵌入式操作系统 | | 嵌入式操作系统是一种完全嵌入受控器件内部，为特定应用定制的计算机系统。<br>嵌入式操作系统的特点有：<br>（1）微型化：代码量少，占用资源（比如内存、CPU）少。<br>（2）可定制：从减少成本和缩短研发周期考虑，为了适应不同微处理器平台，要求操作系统能针对硬件变化进行结构与功能上的配置。<br>（3）实时性：能进行迅速响应实时性要求高的事件。常用于过程控制、数据采集等领域。<br>（4）可靠性：确保体系结构、模块、系统构建能具有较高的可靠性，关键应用还应具有容错、防故障能力。<br>（5）易移植性：采用硬件层抽象、板级支撑包等技术，提高系统易移植性 |

4. 操作系统的特点与功能

操作系统的特点有虚拟性、共享性、并发性、不确定性。操作系统的功能分为 5 部分，具体见表 4-1-2。

表 4-1-2　操作系统的功能

| 功能 | 说明 |
| --- | --- |
| 处理机管理 | 又称为进程管理，管理处理器执行时间，包含进程的控制、同步、调度、通信 |
| 文件管理 | 管理存储空间，文件读写、管理目录、存取权控制 |
| 存储管理 | 管理主存储器空间。包含存储空间的分配与回收、地址映射和变换、存储保护、主存扩展 |
| 设备管理 | 管理硬件设备，包含分配、启动、回收 I/O 设备 |
| 作业管理 | 作业（指程序、数据、作业控制语言）控制、作业提交、作业调度 |

## 4.2　处理机管理

**处理机管理，又称为进程管理。**进程就是一个程序关于某个数据集的一次运行，是运行的程序，是资源分配、调度和管理的最小单位。比方说，打开两个 Word 文档时，Word 程序只有一个，但创建了两个独立的进程。由此可见，进程具有**并发性**和**动态性**。

进程通常由程序、数据、进程控制块（Processing Control Block，PCB）组成。

（1）**程序**：描述进程所需要完成的功能。

（2）**数据**：包含程序执行时所需的数据、工作区。

（3）**进程控制块**：操作系统核心的一种数据结构，主要表示进程状态。PCB 的内容包含进程标识符、进程当前状态、进程控制信息、进程优先级、现场保护结构等信息。

### 4.2.1　进程状态

一个进程的生命周期可以划分为一组进程状态，进程状态反映进程执行过程的变化。一个进程状态体现了一个进程在某一时刻的状态，进程状态随着进程的执行和外界条件的变化而变化。

1. 三态模型

该模型中进程有 3 种基本状态：运行态、阻塞态、就绪态。3 种基本状态在进程的生命周期中会不断转换，图 4-2-1 表明了进程各种状态转换的情况。

（1）运行态：占用 CPU，正在运行。

（2）阻塞态：等待 I/O 完成或等待分配所需资源，这种状态下，即使给了 CPU 资源也无法运行。

（3）就绪态：万事俱备，只等 CPU 资源。

从图 4-2-1 中可以看出，进程三态模型下的状态间的转换，有以下几种方式：

（1）由于调度程序的调度，就绪状态的进程可转入运行状态。

（2）当运行的进程由于分配的时间片用完了，可以转入就绪状态。

（3）由于 I/O 操作完成，阻塞状态的进程从阻塞队列中唤醒，进入就绪状态。

（4）运行状态的进程可能由于 I/O 请求的资源得不到满足而进入阻塞状态。

2. 五态模型

五态模型引入了新建和终止两个状态，具体如图 4-2-2 所示。

运行
被调度
时间片到
等待事件
如I/O请求
就绪
阻塞
I/O结束
等待的事件发生

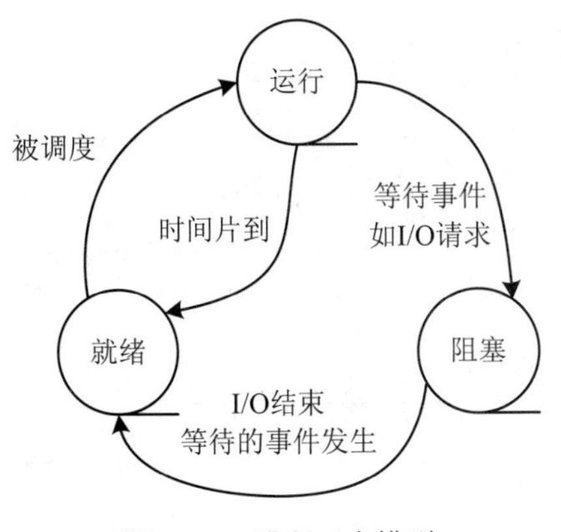

图 4-2-1　进程三态模型

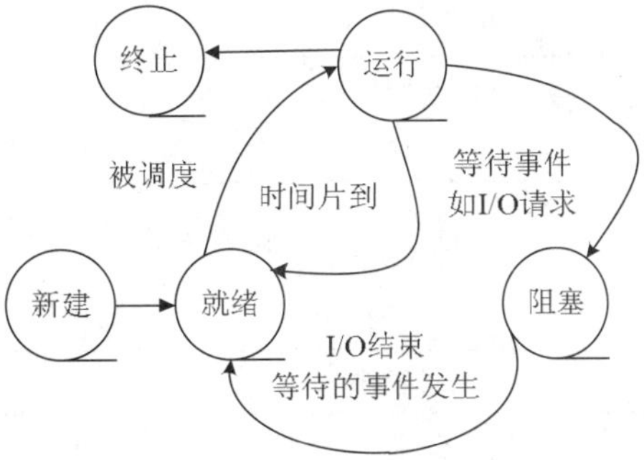

终止
运行
被调度
时间片到
等待事件
如I/O请求
新建
就绪
阻塞
I/O结束
等待的事件发生

图 4-2-2　进程五态模型

（1）新建态：进程刚被创建，但没有被提交的状态，等待操作系统完成创建进程的所有准备。

（2）终止态：等待操作系统结束处理，并回收内存。

### 4.2.2　进程的互斥和同步

操作系统中进程之间会存在**互斥、同步**两种关系。

（1）互斥：合作进程间争抢独占性资源。例如，进程 A 和进程 B 共享一台打印机，如果系统已将打印机分配给了 A 进程，当 B 进程需要打印时，会因为得不到打印机而等待，只有当 A 进程释放打印机后，系统唤醒 B 进程，B 才有可能获得打印机。

（2）同步：进程间实现资源共享和进程间协作。并发进程使用共享资源时，除了竞争资源之外也需要协作，通过互通消息来控制执行速度，使得相互协作的进程可以正确工作。

例如，A、B 进程共同使用同一数据缓冲区，合作完成一项任务。

A 进程：负责将数据送入缓冲区；之后，通知 B 进程缓冲区中有数据。

B 进程：负责从缓冲区中取走数据；之后，通知 A 进程缓冲区已经为空。

当缓冲区为空时，B 进程会因为得不到数据而阻塞，只有当 A 进程送入缓冲区数据时，才唤醒 B 进程；反之，当缓冲区满时，A 进程因为不能继续送数据而被阻塞，只有当 B 进程取走数据时才唤醒 A 进程。相互影响的并发进程可能会同时使用共享资源，如果不加以控制，使用共享资源时就会出错。

对于进程互斥，要保证在临界区内不能交替执行；对于进程同步，则要保证合作进程必须相互配合、共同推进，并严格按照一定的先后顺序。因此，操作系统必须使用信号量机制来保证进程的同步和互斥。

1. 信号量与 PV 操作

**为有效地处理进程的互斥和同步问题，Dijkstra 提出了使用信号量和 PV 操作的方法。**

（1）信号量。信号量是一个整型变量和一个等待队列，因控制对象不同而整型变量的值不同。信号量除了初始化外，只能进行 P 操作和 V 操作，即 PV 操作。信号量的分类及含义见表 4-2-1。

表 4-2-1　信号量的分类及含义

| 信号量分类 | 含义 |
| --- | --- |
| 公用信号量 | 控制进程互斥，初始值为1或者资源数 |
| 私用信号量 | 控制进程同步，初始值为0或者某正整数 |

信号量S的物理含义见表4-2-2。

表 4-2-2　信号量S的物理含义

| 信号量S | 物理含义 |
| --- | --- |
| S≥0 | 某资源的可用数量 |
| S<0 | 此时S的绝对值表示阻塞队列中等待该资源的进程数 |

（2）PV操作。PV操作是原子操作，不可再分割，而且必须成对出现，具体见表4-2-3。

表 4-2-3　PV操作

| 操作名 | 作用 | 具体过程 |
| --- | --- | --- |
| P操作 | 申请一个资源 | 执行S=S-1<br>（1）如果S<0，表示当前进程没有可用资源，进程暂停执行，进入阻塞队列。<br>（2）如果S≥0，表示当前进程有可用资源，进程继续执行 |
| V操作 | 释放一个资源 | 执行S=S+1<br>（1）如果S>0，则执行V操作进程继续执行。<br>（2）如果S≤0，从阻塞队列中唤醒一个进程调入就绪队列，并且执行V操作进程继续执行 |

理解PV原语的几个偏差见表4-2-4。

表 4-2-4　理解PV原语的几个偏差

| 序号 | 具体的理解偏差 | 释疑 |
| --- | --- | --- |
| 1 | V原语执行S=S+1，则S>0永远成立，会形成死循环吗？ | PV原语必须成对使用，V原语执行时，还会在某时对应执行P原语S=S-1，因此不会出现死循环 |
| 2 | V原语执行时S>0，表示有临界资源可用，为什么不唤醒进程？ | S>0，还意味着没有进程因为得不到这类资源而阻塞，所以无需唤醒 |
| 3 | V原语执行时S≤0，表示没有临界资源可用，为什么还要唤醒进程？ | V原语本质是释放临界资源，此时，就有对应资源释放，所以可以唤醒一个进程“消耗”释放的该类资源 |
| 4 | 唤醒的进程，还需要执行P操作吗？ | 不需要了 |

2. PV操作实现进程互斥

PV操作实现进程互斥就是调度好共享资源，不让多进程同时访问临界区。

**临界区**：阻止多进程同时访问资源所在的代码段。

**临界资源**：一次只允许一个进程访问的资源。

PV 操作实现进程互斥访问临界区，代码如下：

```
P（信号量 mutex）//进入临界区执行 P 操作
临界区
V（信号量 mutex）//退出临界区执行 V 操作
```

注解：

（1）信号量 mutex 即互斥信号量，代表可用资源数量，初值为 1，控制临界区只允许一个进程使用。

（2）P 操作意味着分配一个资源，S 值（即上面代码的 mutex 值）减 1。

- mutex≥0，mutex 表示可用资源数量。
- mutex<0，没有可用资源，需要等待资源释放。

（3）V 操作意味着释放一个资源，S 值加 1。

- mutex≤0，表示某一些程序还在等待资源释放，则唤醒某个等待进程。

3. PV 操作实现进程同步

同步就是因为进程间存在直接制约关系需要进行的协调工作。简单的同步关系是，只有服务员进程"上菜"，客户进程才能"吃菜"。具体代码如下：

```
客户进程   服务员进程
…          …
 P(S)      上菜
吃菜       V(S)
…          …
```

注解：

（1）信号量 S 初始值为 0。

（2）如果客户进程执行 P(S)操作后，信号量 S 就会小于 0，客户进程被调入阻塞队列。

（3）服务员进程"上菜"后，信号量 S 加 1，则唤醒阻塞队列中的客户进程并继续执行。

4. PV 操作解决生产者—消费者问题

生产者—消费者问题，既要解决生产者与消费者进程的同步，还要处理缓冲区的互斥，**通常使用 3 个信号量实现**。

（1）同步信号量。

- empty：缓冲区可用资源数，缓冲区一开始没有任何资源调用，因此初始值为缓冲区最大值。
- full：已使用的缓冲区资源数，缓冲区一开始没有任何资源调用，因此初始值为 0。

（2）互斥信号量。

mutex：初始值为 1，确保某一时刻只有一个进程使用缓冲区。

生产者与消费者，过程算法如下：

```
生产者              消费者
While{              while{
生产一个产品;        P(full);
P(empty);           P(mutex);
P(mutex);           缓冲区中取出一个产品;
该产品放入缓冲区;    V(mutex);
V(mutex);           V(empty);
V(full);
}                   }
```

注意：如果缓冲区读写无需进行互斥控制，那么问题就变为单纯的同步问题，mutex 信号量可以省去。

【例 1】假设系统采用 PV 操作实现进程同步与互斥，若 n 个进程共享两台打印机，那么信号量 S 的取值范围为（　　）。

A．-2～n　　B．-(n-1)～1　　C．-(n-1)～2　　D．-(n-2)～2

【例题分析】本题信号量 S 初值为 2，表示同时最多可以有 2 个进程访问打印机，因此信号量 S 最大取值为 2；由于可能出现最多有 n-2 个进程等待的情况，故 S 的最小值为-(n-2)。

【参考答案】D

【例 2】进程 P1、P2、P3、P4 和 P5 的前驱图如图 4-2-3 所示，若用 PV 操作控制进程 P1、P2、P3、P4、P5 并发执行的过程，则需要设置 5 个信号量 S1、S2、S3、S4 和 S5，且信号量 S1～S5 的初值都等于零。图 4-2-4 中 a、b 和 c 处应分别填写＿（1）＿；d 和 e 处应分别填写＿（2）＿，f 和 g 处应分别填写＿（3）＿。

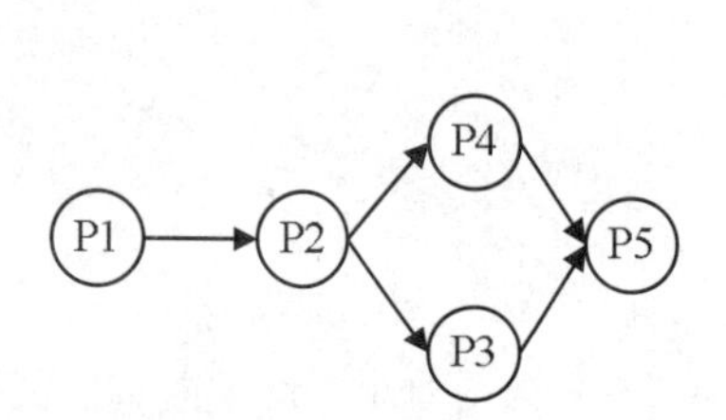


图 4-2-3　习题图 1

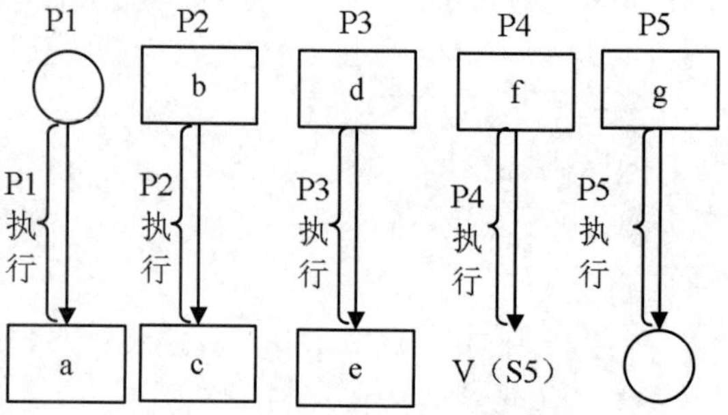

图 4-2-4　习题图 2

（1）A．V(S1)、P(S1)和 V(S2)V(S3)　　B．P(S1)、V(S1)和 V(S2)V(S3)
　　C．V(S1)、V(S2)和 P(S1)V(S3)　　D．P(S1)、V(S2)和 V(S1)V(S3)

（2）A．V(S2)和 P(S4)　　B．P(S2)和 V(S4)
　　C．P(S2)和 P(S4)　　D．V(S2)和 V(S4)

（3）A．P(S3)和 V(S4)V(S5)　　B．V(S3)和 P(S4)P(S5)
　　C．P(S3)和 P(S4)P(S5)　　D．V(S3)和 V(S4)V(S5)

【例题分析】本题考查操作系统中 PV 操作知识点。在本题中：

- P1 是 P2 的前序节点。P1 进程运行完毕，就可以执行 V(S1)，于是调出等待队列中的 P2 进程，所以 a 为 V(S1)。
- P2 进程执行时，首先执行 P(S1)，占用了一个 S1 代表的资源，所以 b 为 P(S1)。
- P2 是 P3、P4 的前序节点。P2 进程运行完毕，就可以执行 V(S2)、V(S3)，于是调出各等待队列中的 P3、P4 进程，所以 c 为 V(S2)V(S3)。
- P3 进程执行时，首先执行 P(S2)，占用了一个 S2 代表的资源，所以 d 为 P(S2)。
- P4 进程执行时，首先执行 P(S3)，占用了一个 S2 代表的资源，所以 f 为 P(S3)。

- P3、P4 是 P5 的前序节点，只有两个进程同时执行完毕，才能执行 P4 进程。因此 P3、P4 执行完毕，分别要有一个释放各自资源的操作，因此 e 为 V(S4)，P4 进程结束时要有 V(S5)；P4 执行时，首先需要测试 S4、S5 代表的资源是否准备好了，所以 g 为 P(S4)P(S5)。

**【参考答案】**（1）A （2）B （3）C

**【例 3】**当一个双处理器的计算机系统中同时存在 3 个并发进程时，同一时刻允许占用处理器的进程数（ ）。

A．至少为 2 个 B．最多为 2 个 C．至少为 3 个 D．最多为 3 个

**【例题分析】**一个单处理器的计算机系统中可以允许最多 1 个进程占用处理器；一个双处理器的计算机系统中可以允许最多 2 个进程占用处理器。

**【参考答案】**B

### 4.2.3 进程调度

进程调度是指操作系统按某种策略或规则选择进程占用 CPU 运行的过程。

1．进程调度方式

进程调度分为剥夺方式与非剥夺方式。

（1）剥夺方式：就绪队列中一旦有进程优先级高于当前执行进程优先级，便立即触发进程调度，转让 CPU 使用权。

（2）非剥夺方式：一旦某个进程占用 CPU，别的进程就不能把 CPU 从这个进程中夺走。

2．调度算法

常见的进程调度算法见表 4-2-5。

表 4-2-5 常见的进程调度算法

| 算法名 | 定义 | 备注 |
| --- | --- | --- |
| 先来先服务（FCFS） | 使用就绪队列，按先来后到原则分配 CPU | 常用宏观调度 |
| 时间片轮转 | 每个进程执行一次占有 CPU 时间都不超过规定的时间单位（时间片）。若超过，则自行释放所占用的 CPU，等待下一次调度 | 常用微观调度。可细分为固定时间片、可变时间片两种 |
| 优先数调度 | 每个进程具有优先级，就绪队列按优先级排队 | 可细分为静态优先级和动态优先级 |
| 多级反馈调度 | 时间片轮转算法和优先级算法的综合 | 照顾短进程，提高了系统吞吐量、缩短了平均周转时间 |

### 4.2.4 死锁

死锁是指两个以上的进程互相都要使用对方已占有的资源，导致资源无法到位，系统不能继续运行的现象。

1．死锁发生的必要条件

- 互斥条件：一个资源每次只能被一个进程使用。

- 保持和等待条件：一个进程因请求其他资源被阻塞时，又不释放已获得的资源。
- 不剥夺条件：有些系统资源是不可剥夺的，当某个进程已获得这种资源后，系统不能强行收回，只能等进程完成时自己释放。
- 环路等待条件：若干个进程形成资源申请环路，每个都占用对方要申请的下一个资源。

**【例 1】**假设某计算机系统中资源 R 的可用数为 6，系统中有 3 个进程竞争 R，且每个进程都需要 i 个 R，该系统可能会发生死锁的最小 i 值是＿（1）＿。若信号量 S 的当前值为-2，则 R 的可用数和等待 R 的进程数分别为＿（2）＿。

（1）A．1　　B．2　　C．3　　D．4

（2）A．0、0　　B．0、1　　C．1、0　　D．0、2

**【例题分析】**如果 i=1，即每个进程都需要 1 个 R，3 个进程同时运行需要 3 个 R，还剩 3 个 R，不会发生死锁。

如果 i=2，即每个进程都需要 2 个 R，3 个进程同时运行需要 6 个 R，而 R 的可用数正好为 6，不会发生死锁。

如果 i=3，即每个进程都需要 3 个 R，当 3 个进程分别占有 2 个 R 时，都需要再申请 1 个 R 资源才能正常运行，但此时已经没有 R 资源了，进程之间便出现了相互等待的状况，发生死锁。

信号量 S 的值小于 0，表示没有可用的资源，其绝对值表示阻塞队列中等待该资源的进程数。

**【参考答案】**（1）C　（2）D

**【例 2】**某系统中有 3 个并发进程竞争资源 R，每个进程都需要 5 个 R，那么至少有（　）个 R，才能保证系统不会发生死锁。

A．12　　B．13　　C．14　　D．15

**【例题分析】**每个进程需要 5 个竞争资源 R，则每个进程平均分配 4 个 R，系统共有 12 个 R 时，系统出现死锁。

如果系统再增加 1 个资源 R，则 3 个并发进程可以获得足够的资源完成。所以，至少有 13 个 R，才能保证系统不会发生死锁。

**【参考答案】**B

2. 解决死锁的策略

解决死锁的策略见表 4-2-6。

表 4-2-6　解决死锁的策略

| 策略名 | 解释 | 对应解决方法 |
| --- | --- | --- |
| 死锁预防 | 破坏导致死锁的 4 个必要条件之一就可以预防死锁，属于事前检查 | (1) 预先静态分配法：用户申请资源时，就申请所需的全部资源，这就破坏了保持和等待条件。<br>(2) 资源有序分配法：将资源分层排序，保证不形成环路；得到上一层资源后，才能够申请下一层资源 |
| 死锁避免 | 避免是指进程在每次申请资源时判断这些操作是否安全，属于事前检查 | 银行家算法：对进程发出的资源请求进行检测，如果发现分配资源后系统进入不安全状态，则不予分配；反之，则分配。安全但会增加系统的开销 |

续表

| 策略名 | 解释 | 对应解决方法 |
| --- | --- | --- |
| 死锁检测 | 允许死锁，不限制资源分配 | 执行死锁检查程序，判断系统是否死锁，如果是，则执行死锁解除策略 |
| 死锁解除 | 与死锁检测结合使用 | （1）资源剥夺：将资源强行分配给别的进程。<br>（2）撤销进程：逐个撤销死锁进程，直到死锁解除 |

### 4.2.5　线程

线程（Thread）：操作系统调度、处理器分配的最小单位。线程包含在进程中，是进程中的实际运作单位。

多线程（Multithreading）：基于软件或者硬件的多个线程并发执行技术。多线程计算机在硬件上支持同一时间执行多个线程，从而提升整体处理性能。

在支持多线程的操作系统中，一个进程创建了若干个线程，那么这个线程可以共享该进程的很多资源，比如进程打开的文件、定时器、信号量，可共享访问进程地址空间中的每一个虚地址；但不能共享该进程中某线程的栈指针。

## 4.3　存储管理

存储器管理的对象是主存（内存），存储管理的任务是存储空间的分配与回收。

### 4.3.1　实存管理

实际存储管理主要方式是分区存储管理，把内存分为若干区，每个区分配给一个作业使用，并且用户只能使用所分配的区。存储管理按划分方式不同分区，见表 4-3-1。

表 4-3-1　实存管理的分区方式

| 分配方式 | 分配类型 | 分配特点 |
| --- | --- | --- |
| 固定分区 | 静态分配法 | 将主存划分为若干个分区，分区大小不等 |
| 可变分区 | 动态分配法 | 存储空间划分是在作业装入时进行的，故分区的个数是可变的，分区的大小刚好等于作业的大小 |
| 可重定位分区 | 动态分配法 | 移动所有已分配好的分区，使之成为连续区域 |

在可变分区分配方式中，当有新作业申请分配内存时所采用的存储分配算法有以下 4 种：

（1）最佳适应法：选择最接近作业需求的内存空白区（自由区）进行分配。该方法可以减少碎片，但同时也可能带来小而无法再用的碎片。

（2）最差适应法：选择整个主存中最大的内存空白区。

（3）首次适应法：从主存低地址开始，寻找第一个能装入新作业的空白区。

（4）循环首次适应算法：首次适应法的变种，也就是不再是每次都从头开始匹配，而是从刚分配的空白区开始向下匹配。

### 4.3.2 虚存管理

“实存管理”策略比较简单，但毕竟内存大小总有限，如果出现大于物理内存的作业就无法调入内存运行。解决办法就是**虚拟存储系统**，即用外存换取内存。**虚存管理**则是实现虚拟地址和实地址的对应关系。

虚存管理情况下，实际进程对应运行的地址为逻辑地址（虚拟地址），而不对应主存的物理地址（**实地址**）。这种方式允许部分数据装入和对换，可用较小的内存运行较大的程序。这样就可以提供大于物理地址的逻辑地址空间。

1. *虚存组织*

常见的虚存组织方式有 3 种，见表 4-3-2。

表 4-3-2　常见的虚存组织方式

| | 页式管理 | 段式管理 | 段页式管理 |
|---|---|---|---|
| 划分方式 | (1) 进程地址分为若干大小等长区（定长）。<br>(2) 主存空间划分成与页相同大小的若干个物理块，称为块 | 作业的地址空间被划分为若干个段（可变长），每段是完整的逻辑信息 | (1) 整个主存划分成大小相等的存储块（页框）。<br>(2) 再将用户程序按程序的逻辑关系分为若干个段。<br>(3) 再将每个段划分成若干页 |
| 进程分配主存 | 进程的若干页分别装入多个不相邻接的块中 | (1) 作业每个段整体分配一个连续的内存分区。<br>(2) 作业的各个段可以不连续地分配到主存中 | 以存储块（页框）为单位离散分配 |
| 地址结构 | (页号 p，页内偏移 d) | (段号 s，段内偏移 d) | (段号 s，段内页号 p，页内偏移 d) |
| 实际地址定位 | 通过页表找到内存物理块起始地址，然后+页内偏移 | 段表内找出内存物理块起始地址，然后+段内偏移 | 先在段表中找到页表的起始地址，然后在页表中找到起始地址，最后+页内偏移 |
| 其他 | 页表：一张逻辑页到实际物理页映射表。系统借助页表能找到在主存中的目标页面对应的物理快。<br>快表：一组高速存储器，保存当前访问频率较高的少数活动页及相关信息 | 段表：一张逻辑段到物理主存区的映射表。系统借助段表找到目标段起始地址（基址）和段的长度 | |

**【例 1】**某计算机系统页面大小为 4K，进程的页面变换见表 4-3-3，逻辑地址为十六进制 1D16H。该地址经过变换后，其物理地址应为十六进制（　　）。

表 4-3-3　页面变换表

| 页号 | 物理块号 |
|---|---|
| 0 | 1 |
| 1 | 3 |
| 2 | 4 |
| 3 | 6 |

A．1024H　　B．3D16H　　C．4D16H　　D．6D16H

**【例题分析】**题目给出页面大小为 4K（$4K=2^{12}$），因此该系统逻辑地址低 12 位为页内地址，高位对应页号。而题目给出逻辑地址为十六进制 1D16H，代表逻辑地址有 16 个二进制位，其中低位 D16H（12 位）为页内地址，高位 1（4 位）说明页号为 1。

由表 4-3-3 可知，页号 1 对应的物理块号为 3。因此，1D16H 的实际地址为 3D16H。

**【参考答案】**B

**【例 2】**假设段页式存储管理系统中的地址结构如图 4-3-1 所示，则系统（　　）。

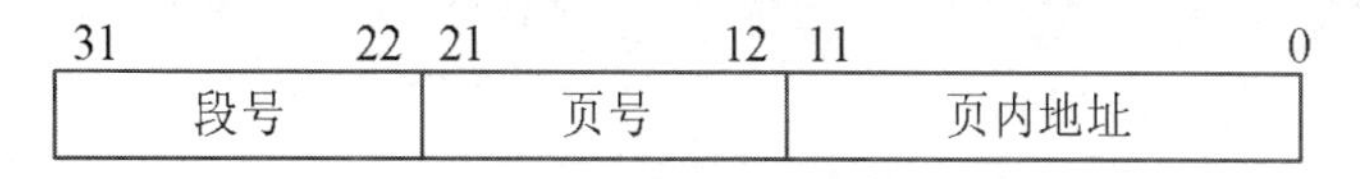


图 4-3-1　地址结构图

A．最多可有 2048 个段，每个段的大小均为 2048 个页，页的大小为 2K

B．最多可有 2048 个段，每个段最大允许有 2048 个页，页的大小为 2K

C．最多可有 1024 个段，每个段的大小均为 1024 个页，页的大小为 4K

D．最多可有 1024 个段，每个段最大允许有 1024 个页，页的大小为 4K

**【例题分析】**段号为 10 位，因此段数 $2^{10}=1024$；页号为 10 位，因此段内的最大页数 $2^{10}=1024$；页内地址为 12 位，所以页大小 $2^{12}=4096$ 字节。

**【参考答案】**D

2. 虚存管理

虚拟存储管理包含作业调入内存、放置（放入分区）、置换等工作。具体见表 4-3-4。

**表 4-3-4　虚拟存储管理内容**

| 管理动作 | 具体解释 |
|---|---|
| 调入 | 确定何时将某一页/段的外存的内容调入主存。通常分为：<br>（1）请求调入：需要使用时调入。<br>（2）先行调入：预计即将使用的页/段先行调入主存 |
| 放置 | 调入后，放在主存的什么位置。方法和主存管理方法一致 |
| 置换（Swapping） | 当内存已满，需要调出（淘汰）一些页面给需要使用内存的页面。具体方法与 Cache 调入方法一致。<br>（1）最优算法（OPT）：淘汰不用的或最远的将来才用的页。理想方法，难以实现。<br>（2）随机算法（RAND）：随机淘汰。开销小，但性能不稳定。<br>（3）先进先出算法（FIFO）：调出最早进入内存的页。<br>（4）最近最少使用算法（LRU）：选择一段时间内使用频率最少的页 |

**【例 3】**某进程有 4 个页面，页号为 0～3，页面变换表及状态位、访问位和修改位的含义见表 4-3-5。若系统给该进程分配了 3 个存储块，当访问前页面 1 不在内存时，淘汰表中页号为（　　）的页面代价最小。

表 4-3-5　习题用表

| 页号 | 页帧号 | 状态位 | 访问位 | 修改位 |
| --- | --- | --- | --- | --- |
| 0 | 6 | 1 | 1 | 1 |
| 1 | - | 0 | 0 | 0 |
| 2 | 3 | 1 | 1 | 1 |
| 3 | 2 | 1 | 1 | 0 |

状态位含义：0 不在内存、1 在内存；访问位含义：0 未访问过、1 访问过；修改位含义：0 未修改过、1 修改过。

A．0　　B．1　　C．2　　D．3

**【例题分析】**本题考查虚存页式管理方式。

系统为该进程分配了 3 个存储块，从状态位可知，页面 0、2 和 3 在内存中，并占据了 3 个存储块；访问前页面 1 不在内存时，需要调入页面 1 进入内存，这就要淘汰内存中的某个页面。从访问位来看，页面 0、2 和 3 都被访问过，无法判断哪个页面应该被淘汰；从修改位来看，页面 3 未被修改过，所以淘汰页面 3，代价最小。因此本题选择 D。

**最近未用淘汰算法——NUR（Not Used Recently）淘汰算法，每次都尽量选择最近最久未被写过的页面淘汰。**算法按照下列顺序选择被淘汰的页面：

第 1 淘汰：访问位=0，修改位=0；直接淘汰。

第 2 淘汰：访问位=0，修改位=1；写回外存后淘汰。

第 3 淘汰：访问位=1，修改位=0；直接淘汰。

第 4 淘汰：访问位=1，修改位=1；写回外存后淘汰。

**【参考答案】**D

3. 程序局部性

研究者 Denning 认为，程序在执行时将呈现时间和空间局部性规律。

（1）**时间局部性**：某条指令一旦执行，不久还可能被执行；如果某一存储单元被访问，不久还可能被访问。产生原因：程序的循环操作。

（2）**空间局部性**：程序访问了某存储单元，不久还可能访问附近的存储单元。产生原因：程序是顺序执行的。

4. 工作集

不合理的进程的内存分配，会出现进程被频繁调入调出（抖动/颠簸）现象。为了解决这一问题，Denning 提出了工作集理论。工作集是进程频繁访问的页面集合。

通过分析缺页率，来调整工作集的大小，从而达到内存的合理配置。

## 4.4　文件管理

**文件（File）**是具有符号名的、且有完整逻辑意义的一组相关信息集。文件可以是源程序、目标程序、编译程序、数据、文档等。该节知识点包含文件的组织结构、文件目录等。

文件管理系统可以实现按文件名称存储，提供统一用户接口；可实现文件并发访问和控制；可实现文件权限控制；可实现文件的索引、读写、存储；可实现文件的校验。

文件系统就是操作系统中用于实现文件统一管理的软件与相关数据的集合。文件分类见表 4-4-1。

表 4-4-1 文件分类

| 分类方式 | 具体分类 |
| --- | --- |
| 按性质和用途 | 系统文件、库文件和用户文件 |
| 按保存期限 | 临时文件、档案文件和永久文件 |
| 按保护方式 | 只读文件、读/写文件、可执行文件和不保护文件 |
| 按文件存取方式 | 顺序存取、随机存取 |
| 按文件逻辑结构 | 记录文件、流式文件 |
| 按文件物理结构 | 普通文件、目录文件、特殊文件 |

### 4.4.1 文件的组织结构

**组织结构**就是文件的组织形式。其中，**逻辑结构**为用户可见的文件结构，**物理结构**为存储器中存放的方式。

文件逻辑结构分类见表 4-4-2。

表 4-4-2 文件逻辑结构分类

| 分类 | 特点 | 备注 |
| --- | --- | --- |
| 记录文件 | 有结构，文件由一个个的记录构成 | 根据记录长度分为定长记录和不定长记录 |
| 流式文件 | 字节流形式，文件是由字节或字符构成的。<br>文件没有划分记录，文件顺序访问 | UNIX 系统中，所有文件均为流式文件 |

文件物理结构分类见表 4-4-3。

表 4-4-3 文件物理结构分类

| 类型 | 说明 |
| --- | --- |
| 连续结构（顺序结构） | 预分配一个连续的物理块，然后依次存入信息 |
| 链接结构（串联结构） | 逻辑连续的文件存储在不连续的物理块中；按单个物理块逐个分配，每个物理块有一个指针指向下一个物理块 |
| 索引结构 | 逻辑连续的文件存储在不连续的物理块中；该结构中每个文件建立一张索引表，每一项指出逻辑块与物理块的对应关系。<br>索引结构既可以满足文件动态增长的需求，又能进行快速随机存储 |
| 多个物理块的索引表 | 在文件创建时，系统自动创建索引表，并与文件共同存放在同一文件卷中。文件大小不同，索引占用物理块数不等 |

当存储大文件时，一般采用多级（间接地址索引），间接地址索引指向的不是文件，而是文件的地址。例如，一个能存储 n 个地址的物理块，采用一级间接地址索引，则可寻址的文件长度变成 $n^2$ 块。对于更大的文件还可采用二级、三级间接地址索引。

**【例 1】** 设文件索引节点中有 8 个地址项，每个地址项大小为 4 字节，其中 5 个地址项为直接地址索引，2 个地址项是一级间接地址索引，1 个地址项是二级间接地址索引，磁盘索引块和磁盘数据块大小均为 1KB 字节。若要访问文件的逻辑块号分别为 5 和 518，则系统分别采用（　　）。

A．直接地址索引和一级间接地址索引

B．直接地址索引和二级间接地址索引

C．一级间接地址索引和二级间接地址索引

D．一级间接地址索引和一级间接地址索引

**【例题分析】** 依据题意，每个地址项大小为 4 字节，磁盘索引块为 1KB 字节，则每个索引块可存放物理块地址个数=磁盘索引块大小/每个地址项大小=1KB/4=256。

文件索引节点中有 8 个地址项，5 个地址项为直接地址索引，2 个地址项是一级间接地址索引，1 个地址项是二级间接地址索引。则有：

（1）直接地址索引指向文件的逻辑块号为：0～4。

（2）一级间接地址索引指向文件的逻辑块号为：261～256×2+4 即 216～516。

（3）二级间接地址索引指向文件的逻辑块号为：517～256×256+516 即 517～66052。

图 4-4-1 为文件的地址映射示例。

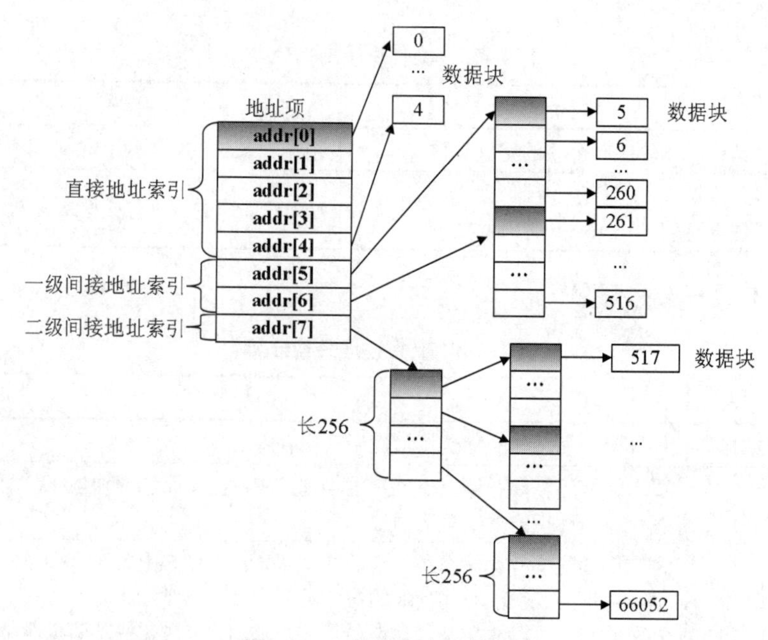


图 4-4-1　文件地址映射示例

**【参考答案】** C

### 4.4.2 文件目录

**文件控制块（FCB），**又称文件目录项、文件说明，用于存放控制文件的数据结构。文件控制块主要包括的信息见表 4-4-4。

表 4-4-4 文件控制块主要包括的 3 类信息

| 类别 | 实例 |
|---|---|
| 基本信息 | 文件名、类型、长度、文件块等 |
| 存取控制信息 | 读写、访问、执行权限等 |
| 使用信息 | 文件创建日期、最后一次修改日期等 |

常见的目录结构见表 4-4-5。

表 4-4-5 常见的目录结构

| 类别 | 特点 |
|---|---|
| 一级目录结构 | 线性结构、一张目录表。查找速度慢，不允许重名 |
| 二级目录结构 | 主目录加用户目录构成。查找速度快，允许重名，隔离用户间不便于共享文件 |
| 多级目录结构 | 树形目录结构，常用文件结构 |

**【例 1】**某文件系统的目录结构如图 4-4-2 所示，假设用户要访问文件 rw.dll，且当前工作目录为 swtools，则该文件的全文件名为___（1）___，相对路径和绝对路径分别为___（2）___。

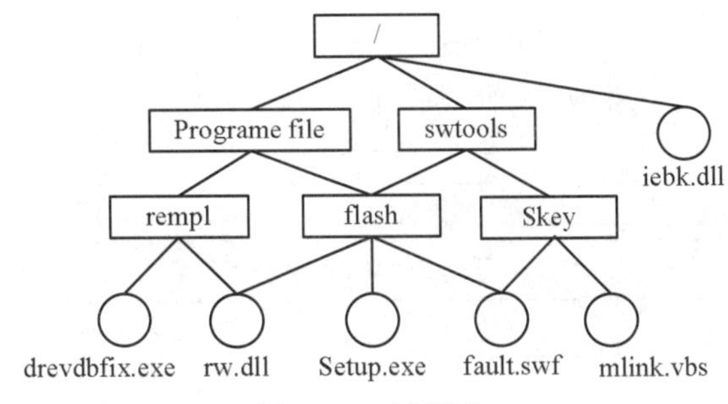


图 4-4-2 试题图

（1）A．rw.dll　　B．flash/rw.dll

C．/swtools/flash/rw.dll　　D．/Programe file/Skey/rw.dll

（2）A．/swtools/flash/和/flash/　　B．flash/和/swtools/flash/

C．/swtools/flash/和 flash/　　D．/flash/和 swtools/flash/

**【例题分析】**

文件的全文件名包括盘符及从根目录开始的路径名；文件的相对路径是当前工作目录下的路径名；文件的绝对路径是指目录下的绝对位置，直接到达目标位置。

**【参考答案】**（1）C （2）B

### 4.4.3 文件管理其他知识

当用户双击一个文件名时，Windows 系统通过建立的文件关联来决定使用什么程序打开该文件。

## 4.5 作业管理

**作业**是系统为完成一个用户的计算任务所做的工作总和。作业由**程序、数据和作业说明书** 3 部分组成；其中，作业说明书使用**作业控制语言**（Job Control Language，JCL）表达用户对作业的控制意图。

1. 作业说明书

作业说明书包含作业基本情况（作业名、用户名、最大处理时间、使用的编程语言等）、作业控制（控制方式、作业操作顺序、出错处理等）、作业资源要求（优先级、处理时间、外设类型及数量等）。

2. 作业状态

作业状态有提交、后备、执行和完成 4 种状态。

3. 作业调度

常用的作业调度算法见表 4-5-1。

表 4-5-1　常用的作业调度算法

| 算法 | 调度依据 |
| --- | --- |
| 先来先服务 | 根据作业到达的时间先后顺序进行作业调度，先进作业先被调度 |
| 短作业优先 | 运行时间最短的作业优先，不利于长作业 |
| 响应比高者优先 | 响应比$\left(\frac{\text{作业等待时间+作业运行时间}}{\text{作业运行时间}}\right)$高者优先执行 |
| 优先级调度 | 根据预设的优先级进行调度 |
| 均衡调度 | 先分类，系统轮流从分类的作业中选择执行 |

4. 用户界面

用户界面又称用户接口或者人机界面，是人与机器之间传递和交换信息的媒介。

## 4.6 设备管理

设备管理中的“设备”是计算机系统外部设备，就是指除了主机以外的其他设备。I/O 系统由 I/O 软件、硬件设备、总线、通道等组成。

### 4.6.1 设备管理概述

设备管理主要考虑如何有效利用设备、发挥 CPU 和外设之间并行工作能力、方便用户使用设备。硬件设备分类见表 4-6-1。

表 4-6-1 硬件设备分类

| 分类方式 | 具体分类 | 特点 |
| --- | --- | --- |
| 数据组织方式 | 块设备 | 以数据块为单位传输数据，例如磁盘 |
| | 字符设备 | 以单个字符为单位传输数据，例如打印机 |
| 资源角度 | 独占设备 | 一段时间只允许一个进程访问，例如打印机等低速设备 |
| | 共享设备 | 一段时间允许多进程访问，例如磁盘 |
| | 虚拟设备 | 通过虚拟技术将一台独占设备提供给多用户（进程）使用，可以通过 Spooling 技术实现 |
| 数据传输速率 | 低速设备 | 低数据传输速率的设备，例如键盘、鼠标等 |
| | 中速设备 | 中数据传输速率的设备，例如各类打印机等 |
| | 高速设备 | 高数据传输速率的设备，例如磁带、磁盘等 |

### 4.6.2 I/O 软件

要实现设备管理的功能，需要 I/O 软件和 I/O 硬件协作配合完成。I/O 软件由底层到高层、优先级由高到低，分为中断层、设备驱动程序、设备无关的系统软件、用户进程。

**【例 1】**当用户通过键盘或鼠标进入某应用系统时，通常最先获得键盘或鼠标输入信息的是（ ）程序。

A．命令解释 B．中断处理 C．用户登录 D．系统调用

**【例题分析】**中断处理优先级高。

**【参考答案】**B

**【例 2】**设备驱动程序是直接与（ ）打交道的软件。

A．应用程序 B．数据库 C．编译程序 D．硬件

**【例题分析】**设备驱动程序（Device Driver），是一种可以使计算机和设备通信的特殊程序。相当于硬件的接口，操作系统只有通过这个接口，才能控制硬件设备的工作。

**【参考答案】**D

### 4.6.3 磁盘调度

常用的磁盘调度算法有先来先服务、最短寻道优先、扫描算法、单向扫描算法。

（1）先来先服务算法：最先提出访问请求，最先服务。该算法可能随时改变移动臂的方向。

（2）最短寻道优先算法：寻找时间最短的请求最先执行。该算法可能随时改变移动臂的方向。

（3）扫描算法：又称为电梯调度算法。依据移动臂当前位置沿移动方向，选择最近的那个柱面的访问者来执行；当该方向上无请求访问时，就改变臂的移动方向再进行选择。

（4）单向扫描算法：该算法总是从 0 号柱面开始向里道扫描，然后，按照各自所要访问的柱

面位置的次序去选择访问者。当移动臂到达最后一个柱面后，立即快速返回到0号柱面，这种返回不为任何的访问者提供服务。在返回到0号柱面后，再次进行扫描。

**位示图**是利用二进制的一位来表示磁盘中的一个盘块的使用情况。当其值为“0”时，表示对应的盘块空闲；为“1”时，表示已经分配。

**【例1】**某文件管理系统在磁盘上建立了位示图（bitmap），记录磁盘的使用情况。若计算机系统的字长为32位，磁盘的容量为300GB，物理块的大小为4MB，那么位示图的大小需要（　　）个字。

A．1200　　B．2400　　C．6400　　D．9600

**【例题分析】**磁盘物理块总数=磁盘的容量/物理块的大小=300×1024/4。由于计算机字长为32位，每位表示一个物理块是“分配”还是“空闲”状态。所以，位示图的大小=磁盘物理块总数/字长=300×1024/4/32=2400个字。

**【参考答案】**B

**【例2】**在磁盘调度管理中，应先进行移臂调度，再进行旋转调度。磁盘移动臂位于21号柱面上，进程的请求序列见表4-6-2。如果采用最短移臂调度算法，那么系统的响应序列应为（　　）。

表4-6-2　进程请求序列

| 请求序列 | 柱面号 | 磁头号 | 扇区号 |
|---|---|---|---|
| ① | 17 | 8 | 9 |
| ② | 23 | 6 | 3 |
| ③ | 23 | 9 | 6 |
| ④ | 32 | 10 | 5 |
| ⑤ | 17 | 8 | 4 |
| ⑥ | 32 | 3 | 10 |
| ⑦ | 17 | 7 | 9 |
| ⑧ | 23 | 10 | 4 |
| ⑨ | 38 | 10 | 8 |

A．②⑧③④⑤①⑦⑥⑨　　B．②③⑧④⑥⑨①⑤⑦

C．①②③④⑤⑥⑦⑧⑨　　D．②⑧③⑤⑦①④⑥⑨

**【例题分析】**系统的响应顺序是先进行移臂调度，再进行旋转调度。

（1）移臂调度：由于移动臂位于21号柱面上，按照最短寻道时间优先的响应算法，先应到23号柱面，即可以响应请求{②③⑧}；接下来，23号柱面到17号柱面更短，因此可以响应请求{⑤⑦①}；再接下来，17号柱面到32号柱面更短，因此可以响应请求{④⑥}；最后响应⑨。

（2）旋转调度：原则是先响应扇区号最小的请求，因此在请求序列{②③⑧}中，应先响应②，再响应⑧，最后响应③。序列{⑤⑦①}、{④⑥}同理。

**【参考答案】**D

# 第5章 程序设计语言和语言处理程序基础知识

**程序设计语言**是用于书写计算机程序的语言。**语言处理程序**就是将编写的程序转换成可以在机器上运行的语言程序。本章考点知识结构图如图5-0-1所示。

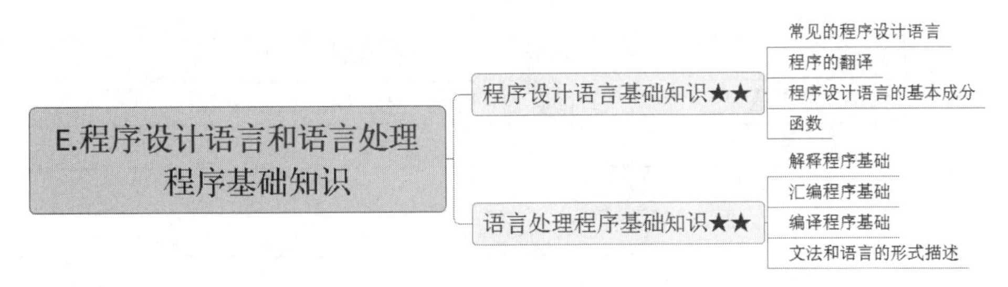


图5-0-1 考点知识结构图

## 5.1 程序设计语言基础知识

**程序设计语言**是用于书写计算机程序的语言。本节知识包含常见的程序设计语言、程序的翻译、程序设计语言的基本成分、函数等知识。

### 5.1.1 常见的程序设计语言

程序语言可以分为低级语言和高级语言。

（1）低级语言：由0和1组成的指令序列，是面向机器的语言。该类语言的特点是编程人员编程效率低，机器执行效率高，可移植性差。主要包括**机器语言**和**汇编语言**两种。

- 机器语言每条指令是0、1的数字序列，能被机器直接执行。
- 汇编语言是符号化了的机器语言，将指令操作码、存储地址部分符号化，方便记忆。

（2）高级语言：与自然语言比较接近，方便编程人员使用。该类语言的特点是编程人员编程效率高，机器执行效率低，可移植性强。

常见的高级语言见表5-1-1。

表5-1-1 常见的高级语言

| 语言 | 特点 |
|---|---|
| FORTRAN | 第一个广泛应用于科学计算的高级语言 |
| ALOGOL | 分程序结构的语言，有着严格的文法规则（使用BNF描述） |
| COBOL | 面向事务处理的高级语言 |
| PASCAL | 曾经的教学语言，合并了分程序与过程的概念 |

续表

| 语言 | 特点 |
|---|---|
| C | UNIX 系统及其大量的应用程序都是用 C 语言编写的。兼顾高级语言、汇编语言的特点，可直接访问操作系统和底层硬件，能编写出高效的程序 |
| C++ | 从 C 语言的基础上发展而来，主要增加了类的进制，成为了面向对象的程序设计语言 |
| Java | 目标是“一次编写，到处运行”，具有强大的跨平台性；保留了 C++基本语法、类等概念，是一个纯面向对象、半解释型语言 |
| LISP | 函数式程序设计语言。可用于数理逻辑、人工智能等领域 |
| Prolog | 以特殊的逻辑推理形式回答用户的查询，可用于数据库、专家系统 |
| Python | 面向对象、解释型的程序设计语言。Python 具有丰富和强大的类库 |
| XML | 标记电子文件使其具有结构性的标记语言 |
| PHP | 服务器端脚本语言，用于制作动态网页 |

**脚本语言**是为了缩短传统编程语言的“编写－编译－链接－运行”过程而创建的。脚本通常以**文本**方式保存，只有被调用时才进行解释或编译。常见的脚本语言有 JavaScript、VBScript、Perl、PHP、Python、Ruby。

### 5.1.2 程序的翻译

1. 编译程序分类

由于程序员直接用机器语言编写程序效率低，所以往往采用高级语言编写程序，然后借助软件翻译成机器程序。

转换前的程序称为**源程序**，源程序用汇编语言或高级语言编写，**通常为文本文件形式**；转换后的程序称为**目标程序**，可以是机器语言形式、汇编语言形式或某种中间语言形式。

（1）翻译程序：该程序将用汇编语言或高级语言编写的程序转换成等价的机器语言。

（2）编译程序：一种翻译程序，将高级语言编写的源程序翻译成汇编语言或机器语言形式的目标程序。运行 C 语言这类编译程序编写的源程序，需要预处理、编译、链接、运行等阶段的处理。

编译和解释程序的区别在于：编译方式下，机器上独立运行与源程序等价的目标程序，源程序和编译程序不再参与目标程序的执行过程；解释方式下，**不生成目标程序**，解释程序和源程序还要参与到程序的运行过程中。

（3）汇编程序：一种翻译程序，源程序是汇编语言程序，目标程序是机器语言程序。

2. 高级语言的翻译方式

把高级语言翻译成机器能理解的方式有编译和解释两种。具体方式如图 5-1-1 所示。

（1）编译方式：分析整个源程序，翻译成等价的目标程序，翻译的同时做语法和语义检查，最后运行目标程序。编译程序不参与用户程序的运行控制，以后运行只需要直接使用保存的机器码，运行效率高。和解释方式相比，编译方式下用户程序运行的速度更快。

（2）解释方式：源程序的语句一条条地读入，一边翻译一边执行，在翻译的过程中不产生目标程序。编译程序参与用户程序的运行控制，每使用一次就要解释一次，运行效率低。

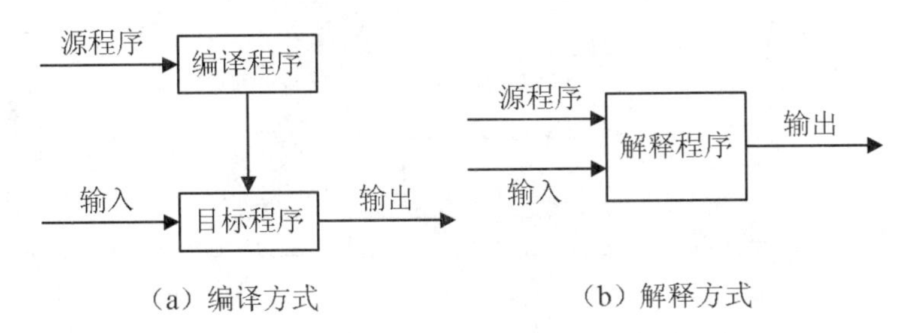


（a）编译方式　　（b）解释方式

图 5-1-1　高级语言的翻译方式

### 5.1.3　程序设计语言的基本成分

程序设计语言基本成分包括数据、运算、控制和传输等。

1. 数据成分

程序设计语言的数据成分就是数据类型。依据不同角度，数据可以进行不同的划分，以 C++ 语言为例，常见的数据类型见表 5-1-2。

表 5-1-2　程序设计语言的数据类型

| 分类方式 | 子类 | 备注 |
| --- | --- | --- |
| 依据程序运行时值是否变化 | 常量 | 值不能变，源程序中使用常量可提高源程序的可维护性 |
| | 变量 | 值可变 |
| 依据数据在程序代码中的作用范围分类 | 全局量 | 作用域为整个文件、程序。运行过程中其值可改变 |
| | 局部量 | 作用域为定义该变量的函数。运行过程中其值可改变 |
| 依据数据的组织形式分类 | 基本型 | 字符型（char）、整型（int）、实型（float double）、布尔型（bool） |
| | 特殊类型 | 空类型 |
| | 指针类型 | 例如：int*p |
| | 构造类型 | 数组、联合、结构 |
| | 抽象数据类型 | 类类型 |

2. 运算成分

程序设计语言的基本运算可分为算术运算、关系运算、逻辑运算。

（1）算术运算：指加、减、乘、除、整数模运算（求余）。

（2）关系运算：指大于、大于等于、小于、小于等于、等于、不等于运算。

（3）逻辑运算：指逻辑与、逻辑或、逻辑非运算。

3. 控制成分

理论上证明，可计算问题的程序都可以用顺序结构、选择结构和循环结构来描述。3 种结构图如图 5-1-2 所示。

4. 传输成分

程序设计语言的传输成分包括数据输入/输出，赋值等。

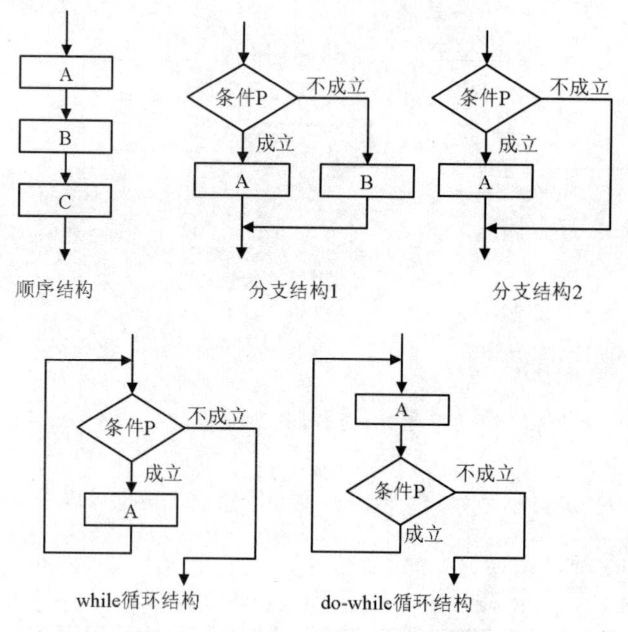


图 5-1-2　顺序、选择、循环结构图

### 5.1.4　函数

C 语言程序中所有的命令都包含在函数内。其中，主程序就是 main()函数，程序启动就会第一个执行。其他所有函数，均为 main()函数的子函数。

1. 函数定义

函数就是实现某个功能的代码块，执行函数需要实现声明，然后可以多次被调用。

函数的定义包含一个函数头（声明符）和一个函数块，具体如图 5-1-3 所示。



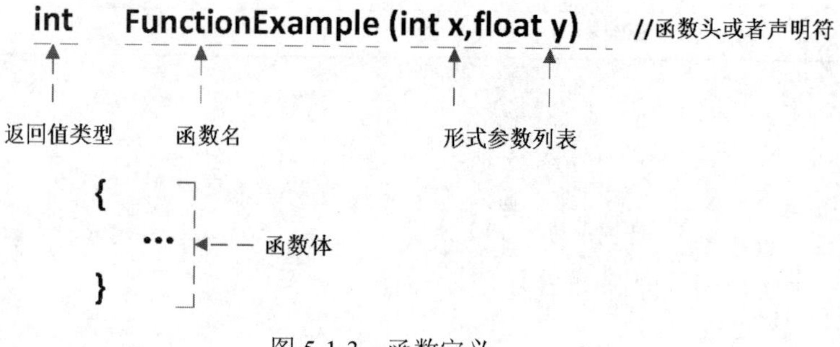


图 5-1-3　函数定义

（1）**函数头**指定函数名称、返回值类型、函数运行时参数类型和名称。

（2）**函数体**描述函数应该要做的事情。

（3）**返回值**可以是 void 或者任何对象类型，但不可以是数组或者函数。

2. 函数声明

程序设计语言要求函数先声明后引用，如果某函数定义之前使用该函数，则应该在调用该函数前进行函数声明。函数声明的形式为：

返回值类型函数名（参数类型表）

使用这种方式可以告诉编译器，传递给函数的参数个数、类型、函数返回值的类型。

3. 函数调用

函数调用就是调用方使用被调用函数的功能。**函数调用和返回控制是用栈实现的**。函数调用的形式为：

函数名（实参表）

4. 形式参数与实际参数

形式参数（简称“形参”）与实际参数（简称“实参”）的特点见表5-1-3。

**表5-1-3 形式参数与实际参数的特点**

| 参数类型 | 定义 | 特点 |
| --- | --- | --- |
| 形式参数 | 定义函数时，函数名后括号中的变量名称 | 只有在函数被调用时，系统才会为形参分配内存，并完成实参与形参的数据传递；调用完毕则释放内存。<br>形参只在函数内部有效 |
| 实际参数 | 调用一个函数时，函数名后括号中的参数 | 可以是常量、变量、表达式、函数等，进行函数调用时，实参必须有确定值，以便将值传递给形参。<br>实参只在函数外部有效 |

5. 参数传递

用户调用函数可以通过参数传递信息。大部分语言中，形参与实参的对应关系是按位置来进行的，因此调用时，实参的**个数、类型与顺序**应与形参保持一致。

参数的传递方式包括值调用（Call by Value）、引用调用（Call by Reference）等方式，具体特点见表5-1-4。

**表5-1-4 实参与形参传递信息的方式**

| 传递方式 | 特点 |
| --- | --- |
| 值调用 | 实参值传递给形参，形参的改变不会导致实参值的改变。<br>C、C++语言支持这种调用 |
| 引用调用 | 实参传递地址给形参，因此形参值改变的同时就改变了实参的值。<br>C++语言支持这种调用 |

**【例1】**求从x加到y的值。

```
#include <stdio.h>
int sum(int m,int n) {          //函数 sum()定义处，m、n 是形参
    int i;
    for (i=m+1;i<=n;i++) {
        m=m+i;
    }
    return m;
}
```

```
int main() {
    int a,b,total;
printf("输入两个正整数: ");
scanf("%d %d",&a,&b);          //读取用户输入数据，并赋值给 a、b
    total=sum(a,b);             //函数 sum()调用处，a、b 是实参；且调用 sum()时，数据会传递给形参 m、n
printf("a=%d,b=%d\n",a,b);
printf("总和=%d\n",total);
    return 0;
}
```

编译并运行上面的程序，在交互模式下产生以下结果：

```
输入两个正整数:1 10↙
a=1, b=10
总和=55
```

上述程序运行，输入为 1 和 10，则实参 a、b 为 1、10。

执行函数 sum()，则**形参 m 变为 55**，形参 n 为 10；但这并不影响实参 a、b 的值。函数运行完毕后，实参 **a、b 仍然为 1、10**。

**【例 2】**函数 main()、f()的定义如下所示，调用函数 f()时，第 1 个参数采用传值（Call by Value）方式，第 2 个参数采用传引用（Call by Reference）方式，main 函数中“print(x)”执行后输出的值为（　　）。

```
main()                              f(int x,int&a)
{                                   {
  int x=1;                            x=2*x+1;
  f(5,x);                             a=a+x;
  print(x);                           return;
}                                   }
```

A. 1　　　　B. 6　　　　C. 11　　　　D. 12

**【例题分析】**

```
main()
{
  int x=1;
  f(5,x);          //函数 f()调用处，x 是实参
  print(x);
}
f(int x,int&a)     //函数 f()定义处，x、a 是形参；第 1 个参数 x 是传值方式，第 2 个参数 a 是以传引用方式
{
  x=2*x+1;
  a=a+x;
  return;
}
```

运行程序：

（1）main()函数调用 f(5,x)，此时，f()函数中的 x=5，a=1。

（2）运行函数 f()语句 x=2*x+1，则 x=11。

（3）运行函数 f()语句 a=a+x，则 a=12。由于形参 a 采用传引用方式，则与参数 a 相同地址的实参 x 值也为 12。

**【参考答案】**D

## 5.2 语言处理程序基础知识

语言处理程序就是将编写的程序转换成可以在机器上运行的语言程序。语言处理程序可以分为汇编程序、解释程序、编译程序。

### 5.2.1 解释程序基础

解释程序和编译程序最大的不同是**不产生目标程序**。常见的解释程序实现方式有 3 种，见表 5-2-1。

表 5-2-1 常见的解释程序实现方式

| 类型 | 说明 | 特性 | 例子 |
|---|---|---|---|
| A | 直接解释执行源代码 | 需要反复扫描源程序，效率很低 | 早期 BASIC |
| B | 先把源程序翻译成高级中间代码，然后对中间代码进行解释 | 效率较高 | APL、SNOBOL4、Java |
| C | 先把源程序翻译成低级中间代码，然后对中间代码进行解释 | 可移植性较高 | PASCAL-P |

### 5.2.2 汇编程序基础

汇编语言是一种为特定计算机系统设计的面向机器的符号化程序设计语言。汇编语言源程序语句可以分为 3 类，各类情况见表 5-2-2。

表 5-2-2 汇编语言语句类型

| 类型 | 特点 |
|---|---|
| 指令语句 | 又称为机器指令语句，汇编后产生能被 CPU 识别并执行的机器代码。比如，ADD、SUB 等指令语句可以分为算术运算指令、逻辑运算指令、转移指令、传送指令等 |
| 伪指令 | 伪指令是对汇编过程进行控制的指令，但不是可执行指令，因此汇编后不产生机器代码。伪指令通常包括存储定义语句、开始语句、结束语句 |
| 宏指令 | 宏就是可以多次重复使用的程序段。宏指令语句就是宏的引用 |

汇编语言工作分两步：可执行语句转换为对应的机器指令；处理伪指令。

汇编语言的翻译工作通常会扫描两次源程序：第 1 次扫描的主要工作是定义符号的值，而第 2 次扫描的主要工作则是产生目标程序。

### 5.2.3 编译程序基础

编译程序的功能是把某高级语言编写的源程序翻译成与之等价的低级语言的目标程序(机器语言或者汇编语言)。整个过程如图 5-2-1 所示。

（1）词法分析：该阶段将源程序看成多行的字符串；并对源程序从左到右逐字符扫描，识别出一个个“单词”。词法分析的依据是语言的词法规则，即单词结构规则。属于词法分析的功能有去除源程序中的注释，识别记号（单词、符号）等。

（2）语法分析：该阶段在“词法分析”基础上，将单词符号序列分解成各类语法单位，例如“语句”“程序”“表达式”等。语法规则就是各类语法单位构成规则。

（3）语义分析：该阶段审查源程序有无静态语义错误，为代码生成阶段收集类型信息。源程序只有在语法、语义都正确的情况下，才能被翻译为正确的目标代码。

（4）中间代码生成：该阶段在语法分析和语义分析的基础上，将源程序转变为一种临时语言、临时代码等内部表示形式，方便生成目标代码。

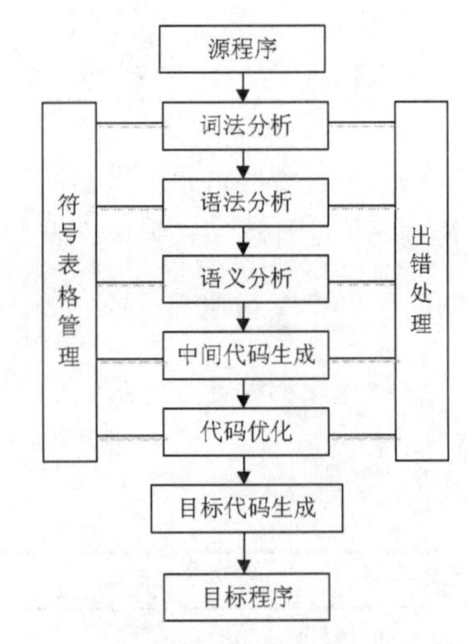


图 5-2-1　编译器工作阶段示意图

（5）代码优化：对前一阶段生成的中间代码进行优化，生成高效的目标代码更节省时间和空间。

（6）目标代码生成：将中间代码变换成特定机器上的绝对指令代码、可重定位的指令代码、汇编指令代码。

### 5.2.4　文法和语言的形式描述

本节知识虽然在考试当中直接考查较少，但是该知识属于编译语言的基础知识，所以为了理解方便还是需要掌握。

1. 形式化定义

要正确编译程序，需要准确地定义和描述程序设计语言本身。描述程序设计语言需要从语法、语义和语用3个因素来考虑。

（1）**语法**：定义语言的结构。

（2）**语义**：描述语言的含义。

（3）**语用**：从使用的角度描述语言。

图5-2-2以一个赋值语句“S=3.14*R*R”为例，给出了该语句的一个**非形式化描述**。

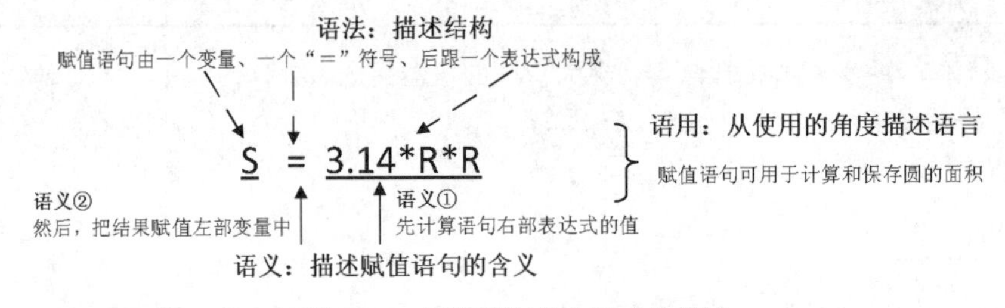


图 5-2-2　赋值语句的非形式化描述

可以看出非形式化描述并不够准确，所以需要采用**一套严格规定的符号体系描述问题的方法**，这就是**形式化方法**。

**语言**就是依据一组固定规则进行排列的**符号和集合**。形式化地描述语言，需要使用以下概念：

（1）**字母表Σ**：非空的有穷集合，例如Σ={a,b}。字母表中的元素称为字符，例如 a 或 b 都是Σ的字符。

（2）**字符串**：由字母表Σ的符号组成的有穷序列。例如，b、bb、bba 均为Σ的字符串。字符串包含的字符数，称为**长度**，例如|ba|=2。**空串**记做ε，且|ε|=0。

（3）**形式语言**：Σ上所有字符串（包含ε）的全体记为$\Sigma^*$，$\Sigma^*$的任何子集称为Σ的形式语言，简称语言。

（4）**连接**：设字符串$\alpha = a_1a_2\dots a_n$，$\beta = b_1b_2\dots b_n$，则αβ表示它们的连接，值为$a_1a_2\dots a_nb_1b_2\dots b_n$。

（5）**方幂**：字符串 a 的 n 次连接，记为$a^n$。

字符串集合的运算，设 A、B 是字母表Σ上的字符串集合，即 A、$B\subseteq\Sigma^*$。

- 或：A∪B={α |α∈A 或 α∈B}。
- 积（连接）：AB={αβ|α∈A 且 β∈B}。
- 幂：$A^n = A\cdot A^{n-1} = A^{n-1}\cdot A$（n>0），并且规定$A^0 = \{\varepsilon\}$。
- 正则闭包+：$A^+ = A^1\cup A^2\cup A^3\cup\cdots\cup A^n\cup\cdots$（也就是所有幂的并集）。
- 闭包*：$A^* = A^0\cup A^+$（正则闭包加上$A^0$）。

2. 形式文法

形式文法就是**描述语言语法结构的形式规则**。形式文法 G 是一个四元组$G = (V_N, V_T, S, P)$，其中：

（1）$V_N$：非空有限集，每个元素为非终结符。

（2）$V_T$：非空有限集，每个元素为终结符。且$V_N\cap V_T = \varnothing$。

（3）S：起始符，至少要在一条产生式的左部出现，$S\in V_N$。

（4）P：产生式，形如α→β。α、β分别称为产生式的左部和右部。

这里用一个中文句子构成的例子来理解四元组及规则。

句子构成如下：

<句子>→<主语><谓语>

<主语>→<人称代词>|<名词>

<人称代词>→我|你|他

<名词>→大学生|中学生|张三

<谓语>→<动词><宾语>

<动词>→是|打工|学习

<宾语>→<人称代词>|<名词>

依据上述句子的构成，理解形式文法 G 的四元组：

**非终结符**：<>包括起来的都是非终结符，是推导过程的中间状态，不是最终句子的组成。非终结符最终要全部转换为终结符。

**终结符**：直接写出来的是**“终结符”**，是最终句子的组成。

**产生式**：非终结符转换为终结符的规则。

**起始符**：语言开始的符号。

依据上述规则，某一个具体句子的整个推导过程如下：

<句子>⇒<主语><谓语>⇒<人称代词><谓语>⇒我<谓语>⇒我<动词><宾语>⇒我是<宾语>⇒我是<名词>⇒我是大学生。

3．文法分类

乔姆斯基将文法分为 4 类，每个分类特点见表 5-2-3。

表 5-2-3　乔姆斯基文法分类

| 分类 | 功能对应的自动机 | 特点 |
|---|---|---|
| 0 型 | 图灵机 | 又称为无限制文法、短语文法。0 型文法特点，递归可枚举 |
| 1 型 | 线性界限自动机 | 又称为上下文有关文法，非终结符的替换需要考虑上下文 |
| 2 型 | 非确定的下推自动机 | 又称为上下文无关文法，非终结符的替换不用考虑上下文。大多数程序设计语言的语法规则使用 2 型文法描述 |
| 3 型 | 有限自动机 | 又称为正规文法 |

4．词法分析

词法分析的任务是逐字扫描构成程序的字符集合，依据构造规则，识别出一个个的单词符号。单词是语言中具有独立含义的最小单位。

（1）正规式和正规集。正规表达式，简称正规式，用于描述单词符号的一种方法。词法规则通常使用 **3 型文法**或**正规表达式**描述，其产生的字符集合是 $\Sigma^*$ 的一个子集，又称正规集。

基于字母表 Σ，正规式和正规集可用递归定义：

- 空集是一个正规表达式，所表示的正规集是{ε}。
- 任何属于 Σ 的字符 a，均是一个正规式，所表示的正规集是{a}。
- 假定 r 和 s 都是 Σ 上的正规式，所表示的正规集为 L(r)和 L(s)；则它们的或、连接、闭包都是正规式。分别表示的正规集为 L(r)∪L(s)、L(r) L(s)、$(L(r))^*$。

一些正规式和正规集对应的关系见表 5-2-4。

表 5-2-4　一些正规式和正规集对应的关系

| 正规式 | 正规集 |
|---|---|
| a | {a}，即字符串 a 构成的集合 |
| ab | {ab}，即字符串 ab 构成的集合 |
| $a^*$ | {ε,a,aa,⋯,任意个 a 的串} |
| a\|b | {a,b}，即字符串 a、b 构成的集合 |
| (a\|b)(a\|b) | {aa,ab,ba,bb} |
| $(a\|b)^*$ | {ε,a,b,aa,ab,ba,bb,⋯,所有由 a 和 b 组成的串} |
| $a(a\|b)^*$ | {字符 a、b 构成的所有字符串中，以 a 开头的字符串} |
| $(a\|b)^*b$ | {字符 a、b 构成的所有字符串中，以 b 结尾的字符串} |

【例 1】在仅由字符 a、b 构成的所有字符串中，其中以 b 结尾的字符串集合可用正规式表示为（　　）。

A. $(b|ab)^*b$　　B. $(ab^*)^*b$　　C. $a^*b^*b$　　D. $(a|b)^*b$

【例题分析】4 个选项均以 b 结尾，但只有$(a|b)^*$，表示{ε,a,b,aa,ab,ba,bb,…,所有由 a 和 b 组成的串}。

【参考答案】D

每一个正规表达式与一个有限自动机对应，并且可以相互转换。

1）将一个正规表达式构造出相应的有限自动机，具体步骤见表 5-2-5。

表 5-2-5　正规表达式构造出相应的有限自动机

| |
|---|
| 第 1 步：定义初始状态 S 和终止状态 f，并且组成有向图<br><br> |
| 第 2 步：反复应用以下替换规则<br>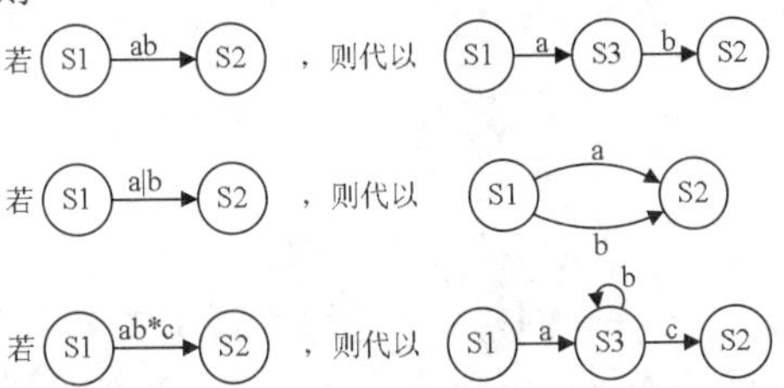<br> |
| 第 3 步：直到所有的边都以 Σ 中的字母或 ε 标记为止 |

2）有限自动机构造正规表达式，可以应用表 5-2-5 的替换规则，进行反向操作得解。

（2）有限自动机。有限自动机是一种自动识别正规集的装置。有限自动机可以分为确定的有限自动机和不确定的有限自动机两种。

1）确定的有限自动机（Deterministic Finite Automata，DFA）。DFA 的定义描述见表 5-2-6。

表 5-2-6　DFA 的定义描述

| |
|---|
| 一个确定的有限自动机 $M=(S,\Sigma,f,S_0,Z)$是一个五元组<br>● S 是一个有限状态集，每个元素就是一个**状态**<br>● Σ 是一个有穷输入字符表，每个元素就是一个**输入字符**<br>● f 是转换函数，是**单值映射**，例如 $f(s_i,a)=s_j$（$s_i,s_j \in S$），表示当前状态为 $s_i$，当输入字符 a 时，状态变为 $s_j$。$s_j$ 称为 $s_i$ 的后继状态，且这个状态具有唯一性<br>● $S_0 \in S$，是其唯一的初态<br>● Z 是**非空**的终态集 |

【例 2】用 DFA 五元组形式描述自然数序列（0,1,2,3,…）。

- 有限状态集 $S=\{s_0,s_1\}$。
- 有穷输入字符表 $\Sigma=\{0,1,2,\cdots,9\}$。
- 转换函数 f：$f(s_i,a)=s_1$，其中 $a \in \Sigma$。
- 初态 $S_0$。
- 非空的终态集 $Z=\{s_1\}$。

用五元组描述状态转换比较复杂，不直观，所以往往使用**状态转换图、状态转换矩阵**来表示。这里使用状态转换图描述自然数序列，具体如图 5-2-3 所示。

在状态转换图中，无标识箭头指向的状态代表初态；单圆代表中间状态；双圆代表终态；带标识的箭头代表状态转换，其中标识代表输入的字符。

**【例 3】**确定的有限自动机（DFA）的状态转换图如图 5-2-4 所示（0 是初态，4 是终态），则该 DFA 能识别（　　）。

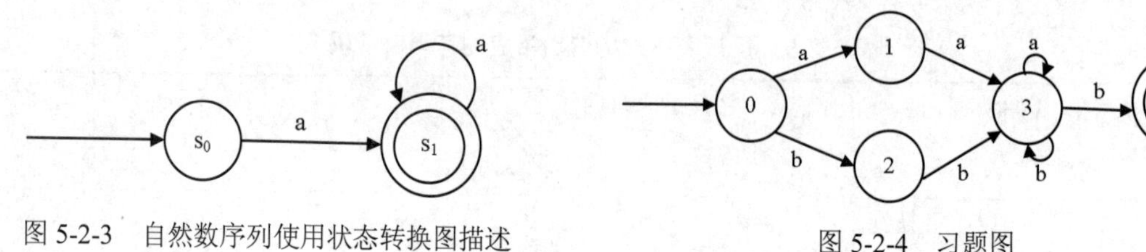


图 5-2-3　自然数序列使用状态转换图描述

图 5-2-4　习题图

A．aaab　　B．abab　　C．bbba　　D．abba

**【例题分析】**

（1）状态 0 在输入 aa 或者 bb 后到达状态 3。因此，DFA 识别的字符串前缀为 aa 或者 bb。

（2）只有输入了 b 才进入终态 4。因此，后 DFA 识别的字符串后缀为 b。

4 个选项中，满足（1）、（2）的只有选项 A。

**【参考答案】**A

2）不确定的有限自动机（Nondeterministic Finite Automata，NFA）。NFA 的定义描述见表 5-2-7。

表 5-2-7　NFA 的定义描述

| 一个不确定的有限自动机 $M=(S,\Sigma,f,S_0,Z)$ 是一个五元组 |
| --- |
| ● S 是一个有限状态集，每个元素就是一个**状态** |
| ● Σ 是一个有穷输入字符表，每个元素就是一个**输入字符** |
| ● f 是转换函数，是**多值映射**。即对于 S 中的一个给定状态及输入符号，后继状态可能有多个 |
| ● $S_0 \subseteq S$，是非空初态集 |
| ● Z 是一个**可空**终态集 |

DFA 是 NFA 的特殊情况，而 NFA 可以转化为 DFA。其转换过程见表 5-2-8。

表 5-2-8　NFA 转化为 DFA 的算法过程

| 定义状态集：状态集 ε-closure(I)，I 是 NFA M 的状态子集。<br>● ε-closure(I)：状态集 I 中的任何状态 s 经任意条 ε 弧能到达的状态的集合<br>● 状态集 I 本身的任何状态都属于 ε-closure(I) |
| --- |
| 定义转换函数：$I_a$=ε-closure(J)，状态集合 I 的 a 弧转换。<br>● J 表示，I 中的所有状态经过 a 弧，而达到的状态的全体 |

续表

<table>
<tr><td rowspan="6">转换算法：<br>NFA 转化为 DFA</td><td>设定 NFA M=(S,Σ,f,$S_0$,Z)，与之等价的 DFA N=(S',Σ,f',$q_0$,Z')</td></tr>
<tr><td>（1）依据 NFA 的初态 $S_0$，DFA S'中的第一个元素。<br>令 DFA 的初态 $t_a$=ε-closure($S_0$)，将初态 $t_0$ 设置为未标记状态，并加入 DFA 的 S'。（未标记状态即新状态）</td></tr>
<tr><td>（2）选择 S'中的一个未标记状态，进行字符变换，并加入生成的新状态。<br>从 S'中选中一个未标记状态 $t_i$={$S_{i1}$,$S_{i2}$,…,$S_{in}$}，其中，$S_{i1}$,$S_{i2}$,…,$S_{in}$ 均属于 S。对 $t_i$ 进行系列变换（即求 f'($q_i$,a)的后继状态集）：<br>● 设置 $t_i$ 为标记状态<br>● 每个 a∈Σ，置状态集 T=f({$S_{i1}$,$S_{i2}$,…,$S_{in}$},a)=f($S_{i1}$,a)∪f($S_{i2}$,a)∪…f$S_{in}$($S_{in}$,a)，U=ε-closure(T)<br>● 如果状态集 T 不在 S'中，则加入 S'中，并设置状态为未标记</td></tr>
<tr><td>（3）重复步骤（2），直到 S'中的所有状态都被标记过</td></tr>
<tr><td>（4）合并化简重命名，最终得到等价的 DFA N</td></tr>
</table>

【例 4】图 5-2-5 为正规式$((a|b)a)^*$的不确定的有限自动机（NFA）的状态转换图，求其等价的确定的有限自动机（DFA）。

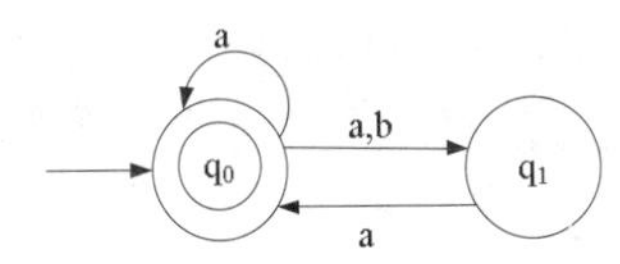


图 5-2-5　正规式的 NFA

根据图 5-2-5 给出的 NFA，求 DFA。具体转换的每一步过程见表 5-2-9。

**表 5-2-9　求 DFA 详细过程**

<table>
<tr><th>转化步骤描述</th><th colspan="2">具体操作过程</th></tr>
<tr><td>依据 NFA 的初态 $S_0$，确定 DFA S'</td><td colspan="2">$t_0=\varepsilon-\text{closure}(q_0)=\{q_0\}$<br>$t_0$ 未被标记，加入 DFA 的 S'。此时 $t_0$ 是 S'的唯一元素<br>输入字符集 Σ={a,b}</td></tr>
<tr><td rowspan="6">选择 S'中的未标记状态，进行字符变换，加入生成的新状态。直到 S'中的所有状态都被标记</td><td rowspan="3">选择未标记状态 $t_0$</td><td>$t_1=\varepsilon-\text{closure}(f(t_0,a))=\{q_0,q_1\}$<br>$t_1$ 是新状态，加入 DFA 的 S'，设置未被标记</td></tr>
<tr><td>$t_1=\varepsilon-\text{closure}(f(t_0,b))=\{q_1\}$<br>$t_2$ 是新状态，加入 DFA 的 S'，设置未被标记</td></tr>
<tr><td>设置 $t_0$ 为已标记</td></tr>
<tr><td rowspan="3">选择未标记状态 $t_1$</td><td>$\varepsilon-\text{closure}(f(t_1,a))=\{q_0,q_1\}$<br>结果状态 $\{q_0,q_1\}$，已经存在于 S'中，即 $t_1$，所以不是新状态</td></tr>
<tr><td>$\varepsilon-\text{closure}(f(t_1,b))=\{q_1\}$<br>结果状态 $\{q_1\}$，已经存在于 S'中，即 $t_2$，所以不是新状态</td></tr>
<tr><td>设置 $t_1$ 为已标记</td></tr>
</table>

续表

| 转化步骤描述 | 具体操作过程 | |
|---|---|---|
| 选择 S'中的未标记状态，进行字符变换，加入生成的新状态。直到 S'中的所有状态都被标记 | 选择未标记状态 $t_2$ | $\varepsilon-\text{closure}(f(t_2,a))=\{q_0\}$<br>结果状态$\{q_0\}$，已经存在于 S'中，即 $t_0$，所以不是新状态 |
| | | $\varepsilon-\text{closure}(f(t_2,b))=\{\}$ |
| | | 设置 $t_2$ 为已标记。此时，S'中已经没有未标记状态 |
| 合并化简重命名，得解 | 状态图分为终态和非终态两个子集，即（$\{t_0,t_1\},\{t_2\}$）。$t_0,t_1$ 输入字符后的状态一致，可合并。 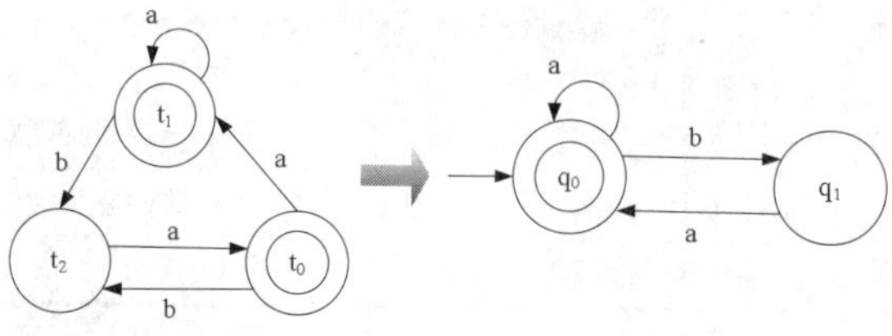<br>合并化简重命名前　　合并化简重命名后<br>合并简化路径的技巧：<br>● 吸收 $t_0$、$t_1$ 状态间的内部路径<br>● 合并 $t_0$、$t_1$ 的外部路径：比如 $t_1 \to t_2$ 和 $t_0 \to t_2$ 可以合并成一条 | |

5．语法分析

语法分析就是识别单词序列，是否为构成正确句子，并检查和处理语法错误。句子可以是语句、表达式、程序等。

根据产生语法树方向分类，语法分析可以分为**自底向上分析**和**自顶向下分析**两种。

（1）上下文无关文法。大部分程序语言都可以使用上下文无关文法（2 型文法）规则。上下文无关文法 $G=(V_N,V_T,S,P)$的产生式形式均为 $A \to \beta$，$A \in V_N$，$\beta \in (V_N \cup V_T)^*$。

上下文无关文法相关的基本概念见表 5-2-10。

表 5-2-10　上下文无关文法基本概念

| 基本概念 | 解释 |
|---|---|
| 规范推导 | 每次推导都是从最右（最左）非终结符开始进行替换 |
| 句型和句子 | **句型**：可从起始符 S 开始推导得到。<br>**句子**：**只包含终结符**的句型 |
| 短语、直接短语和句柄 | 假定前提：$\alpha\beta\delta$是文法 G 的一个句型，而且能够从起始符 S 推导出$\alpha A\delta$，则非终结符 A 推导出$\beta$的所有产生式，都是 **A 的短语**。<br>**直接短语**：A 直接推导出的产生式。<br>**句柄**：一个句型的最左直接短语 |

**【例 5】**简单算术表达式的结构可以用下面的上下文无关文法进行描述（E 为起始符），是符合该文法的句子。

$E \to T|E+T$

T→F|T*F

F→-F|N

N→0|1|2|3|4|5|6|7|8|9

A. 2--3*4　　B. 2+-3*4　　C. (2+3)*4　　D. 2*4-3

**【例题分析】**从起始符出发，不断推导（替换）非终结符。具体推导（替换）过程如下：

E→E+T→T+T

→F+T→N+T

→N+T*F→N+F*F

→N+-F*N→N+-N*N

→2+-3*4

**【参考答案】**B

（2）自顶向下语法分析方法。自顶向下语法分析方法就是从文法的开始符号出发，进行最左推导，直到得到一个对应文法的句子或者错误结构的句子。

自顶向下语法分析的过程为：消除左递归，提取公共左因子，改造成LL(1)文法、采用**“递归下降分析法”**或者**“预测分析法”**实现确定的自顶向下语法分析。

（3）自底向上语法分析方法。自底向上语法分析方法又称为**“移进－归约”**法。该方法的思想是用一个寄存文法符号的先进后出栈，将输入符号从左到右逐个移入栈中，边移入边分析，当栈顶符号串符合某条规则右部时就进行一次归约，即用该规则左部非终结符替换相应规则右部符号串。一直重复这个过程，直到栈中只剩下文法的开始符号。

6. 语法制导翻译与中间代码生成

**语义分析**阶段主要完成两项工作：首先，分析语言的含义；然后，用中间代码描述这种含义。

语义是程序语言中按语法规则构成的各个语法成分的含义，语义分为静态语义和动态语义。其中静态语义分析方法是**语法制导翻译**，就是在语法分析过程中，随着分析的逐步进展，根据相应文法的每一规则所对应的语义子程序进行翻译的方法。

编译时发现的语义错误称为**静态语义错误**；运行时发现的语义错误（例如，陷入死循环）称为**动态语义错误**。在对高级语言编写的源程序进行编译时，可发现源程序中**全部语法错误和静态语义错误**。

语义分析后，往往先生成**中间语言**，便于后期进行与机器无关的代码优化工作。使用中间语言可使编译程序的结构在逻辑上更简单明确，能提高编译程序的可移植性。

常见的中间语言形式有逆波兰式（后缀式）、三元式和树形表示、四元式和三地址代码等。

（1）逆波兰式（后缀式）。这种表达方式中，运算符紧跟在运算对象之后。例如表达式A+B，使用后缀式为AB+；又如(a-b)*(c+d)的后缀式为ab-cd+*。

表达式采用逆波兰式表示时，是使用**栈**进行求值。用逆波兰式的最大优点是易于计算处理。

（2）三元式。三元式的组成形式如下：

（i）(OP,ARG1,ARG2)

其中，OP为运算符，ARG1、ARG2分别为第一运算对象和第二运算对象。(i) 表示序号，为三元式计算顺序。

**【例6】**A-(-B)/C的三元式可以表示成：

1）(@,B,-)，其中，@是一目运算符，整个三元式表示B的取反。

2）(/,(1),C)。

3）(-,A,(2))。

（3）四元式。四元式的组成形式如下：

（i）（OP,ARG1,ARG2,RESULT）

其中，OP 为运算符，ARG1、ARG2 分别为第一运算对象和第二运算对象，RESULT 为临时变量存储运算结果。

A-(-B)/C 的四元式可以表示成：

1）(@,B,-,t1)。

2）(/,t1,C,t2)。

3）(-,A,t2,t3)。

（4）树形表示。树形表示实质上是三元式的另一种表示形式。该表达方式中，树的非终端节点放运算符，运算符负责对其下方节点表示的操作数进行直接运算；叶子节点放操作数。如算术表达式“(a+(b-c))*d”对应的树如图 5-2-6 所示。

**【例 7】**图 5-2-7 为一个表达式的语法树，该表达式的后缀形式为（　　）。

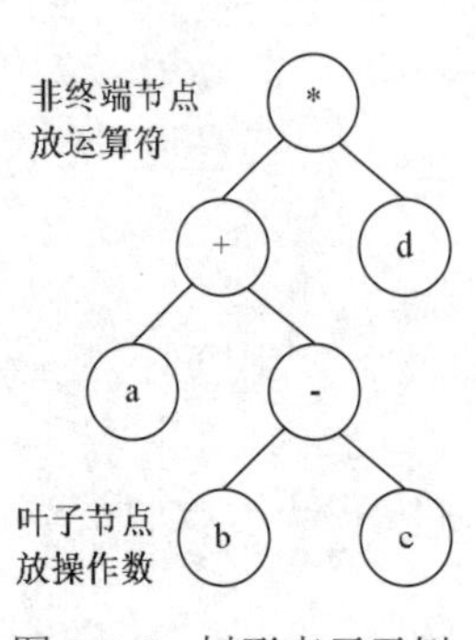


图 5-2-6　树形表示示例

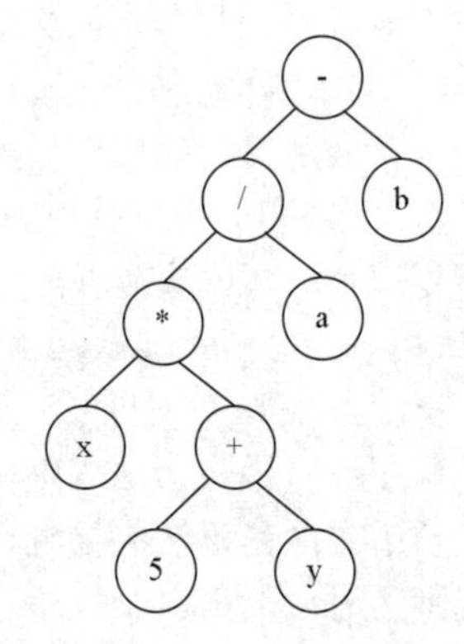


图 5-2-7　习题图

A．x5y+*a/b-　　B．x5yab*+/-　　C．-/*x+5yab　　D．x5*y+a/b-

**【例题分析】**表达式语法树后缀形式就是对语法树进行后序遍历（左右根），结果为：x5y+*a/b-。

**【参考答案】**A

7．代码优化与目标代码生成

代码优化是对程序进行**等价变换**（不改变程序运行结果），使其生成**更有效**（运行时间更短、占用空间更小）的目标代码。

代码生成是把经过语法分析或优化后的中间代码转换成特定机器的机器语言或汇编语言。这种转换程序称为**代码生成器**。将多个目标代码文件装配成一个可执行程序的程序称为**链接器**。

目标代码生成阶段需要考虑 3 个影响目标代码速度的问题：

（1）如何生成较短的目标代码。

（2）如何充分发挥指令系统的特点，提高目标代码质量。

（3）如何充分利用寄存器，减少目标代码访存的次数。

# 第2天

# 夯实基础

## 第6章　数据库知识

数据处理是收集、加工、存储、传输各类数据的一系列活动的组合。数据处理的核心是数据管理，是指数据的分类、编码、存储、检索、维护等工作。数据管理发展经历了以下3个阶段：

（1）人工管理阶段：数据管理初级阶段，数据管理完全在程序中实现。这个阶段的系统管理数据量少，数据不需要长期保存，程序强依赖于数据，重复数据过多。

（2）文件系统阶段：该阶段出现了数据文件系统，文件系统按一定规则将数据组织成为文件，独立存储在外部存储设备上，从而实现了程序与数据分开。该阶段，数据可以长期保存，文件多样化，数据冗余度高，容易产生不一致的情况，数据间是弱联系。

（3）数据库系统阶段：**数据库系统（Database System，DBS）**由数据库、软件、硬件、人员组成，存储了大量的相关联数据。相比文件系统阶段，数据库系统阶段的数据共享更充分，独立性更高。

数据独立性是指程序和数据之间不受影响，相互独立。当数据的结构变化时，无需修改应用程序。数据独立性分为以下两类：

（1）**物理数据独立性**：数据库的物理结构发生改变时，无需修改应用程序。

（2）**逻辑数据独立性**：数据库的逻辑结构改变时，无需修改应用程序。

本章考点知识结构图如图6-0-1所示。

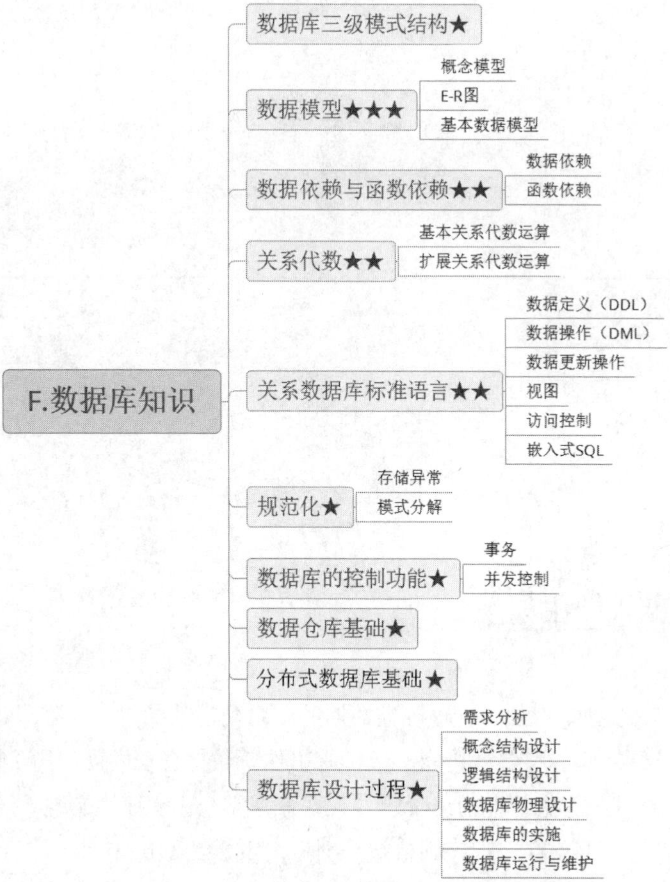

- F.数据库知识
  - 数据库三级模式结构★
  - 数据模型★★★
    - 概念模型
    - E-R图
    - 基本数据模型
  - 数据依赖与函数依赖★★
    - 数据依赖
    - 函数依赖
  - 关系代数★★
    - 基本关系代数运算
    - 扩展关系代数运算
  - 关系数据库标准语言★★
    - 数据定义（DDL）
    - 数据操作（DML）
    - 数据更新操作
    - 视图
    - 访问控制
    - 嵌入式SQL
  - 规范化★
    - 存储异常
    - 模式分解
  - 数据库的控制功能★
    - 事务
    - 并发控制
  - 数据仓库基础★
  - 分布式数据库基础★
  - 数据库设计过程★
    - 需求分析
    - 概念结构设计
    - 逻辑结构设计
    - 数据库物理设计
    - 数据库的实施
    - 数据库运行与维护

图 6-0-1　考点知识结构图

## 6.1　数据库三级模式结构



**数据库（Database，DB）**是长期存储在计算机内的、大量、有组织、可共享的数据集合。**数据库技术**是一种管理数据的技术，是系统的核心和基础。

**模式**是数据库中的全体数据逻辑结构与特征的描述，模式只描述型，不涉及值。模式的具体值称为实例。在数据库管理系统中，将数据按**外模式、模式、内模式**3层结构来抽象，属于数据的3个抽象级别。数据库三级模式结构如图6-1-1所示。

（1）**外模式**：又称用户模式、子模式，是用户的数据视图，是站在用户的角度所看到的数据特征、逻辑结构。不同用户看待数据，对数据要求不一样，因此外模式不一致。

（2）**模式**：又称概念模式，所有用户公共数据视图集合，用于描述数据库全体逻辑结构和特征。一个数据库只有一个模式。定义模式时，需要给出数据的逻辑结构（比如确定数据记录的构成，数据项的类型、名字、取值范围等），还要给出数据间的联系、数据完整性和安全性要求。

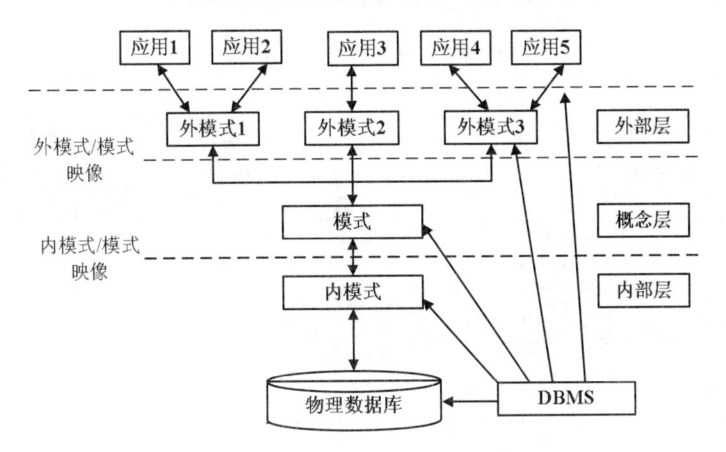


图 6-1-1 数据库系统三级模式结构

（3）**内模式**：又称存储模式，描述了数据的物理结构和存储方式，是数据在数据库内部的表达方式。例如记录存储采用顺序存储、树结构存储还是 Hash 存储等；数据是否加密、压缩；如何组织索引等。一个数据库只有一个内模式。

为实现三级模式的抽象层次联系和转换，数据库系统提供了**两层映像**方式。

（1）**外模式/模式映像**：定义一个外模式和模式之间的对应关系。

（2）**内模式/模式映像**：定义数据逻辑结构与存储结构之间的对应关系。

两层映像使得数据库系统保持了数据的物理独立性和逻辑独立性：

- **物理独立性**：用户应用程序与物理存储中数据库的数据相对独立，数据物理存储位置变化不影响应用程序运行。
- **逻辑独立性**：用户应用程序与数据库的逻辑结构相对独立，数据逻辑结构发生变化不影响应用程序运行。

数据库管理系统（DBMS）是一种软件，负责数据库定义、操作、维护。DBMS 能有效实现数据库系统的三级模式的转化。DBMS 包括数据库、软件、硬件、数据库管理员 4 个部分。



## 6.2 数据模型

**模型**是对现实世界的模拟和抽象。**数据模型**用于表示、抽象、处理现实世界中的数据和信息。例如：学生信息抽象为学生（学号、姓名、性别、出生年月、入校年月、专业编号），这是一种数据模型。

数据模型三要素：静态特征（数据结构）、动态特征（数据操作）和完整性约束条件。

### 6.2.1 概念模型

依据建模角度的不同，数据模型可分为两个层次，分别是概念模型和基本数据模型。

**概念模型**又称信息模型，站在用户的角度对数据进行建模。实体关系的基本概念见表 6-2-1。

表 6-2-1　实体关系的基本概念

| 名称 | 说明 |
|---|---|
| 实体 | 客观存在并可相互区别的事物。可以是具体的人、事、物，还可以是抽象的概念或事物间的联系 |
| 属性 | 实体所具有的某一特性称为属性。比如学生的属性可以是学号、姓名、性别等 |
| 实体型 | 用实体名及其属性名集合来抽象和描述的同类实体。例如，学生（学号、姓名、性别、出生年月、入校年月、专业编号）属于实体型 |
| 实体集 | 相同类型实体的集合称为实体集。例如，全体学生就是一个实体集 |
| 联系 | 两个不同实体之间、两个以上不同实体集之间的联系 |
| 码 | 唯一标识实体的属性集合 |
| 域 | 属性的取值范围 |

实体间的联系可以分 3 类，具体见表 6-2-2。

表 6-2-2　实体间的联系

| 类型 | 描述 | 例子 |
|---|---|---|
| 一对一（1:1） | 实体集 A 的每一个实体，对应联系实体集 B 中最多一个实体；反之，亦然 | 一个学校有一名校长，而每位校长只在一个学校工作 |
| 一对多（1:n） | 实体集 A 中的每一个实体，对应联系实体集 B 中有 n（n≥0）个实体；反之，实体集 B 中的每一个实体，对应联系实体集 A 中最多一个实体 | 一个学校有许多学生，而每个学生只在一个学校上课 |
| 多对多（m:n） | 实体集 A 中的每一个实体，对应联系实体集 B 的 n(n≥0）个实体；反之，实体集 B 中的每一个实体，对应联系实体集 A 的 m（m≥0）个实体 | 一名老师可以上多门课程，而一门课程也可以有多名老师讲授 |

### 6.2.2　E–R 图

实体-联系法是概念模型中最常使用的表示方法，该方法使用实体-联系图（Entity Relationship Diagram，E-R 图）来描述概念模型。常用的 E-R 图例如图 6-2-1 所示。

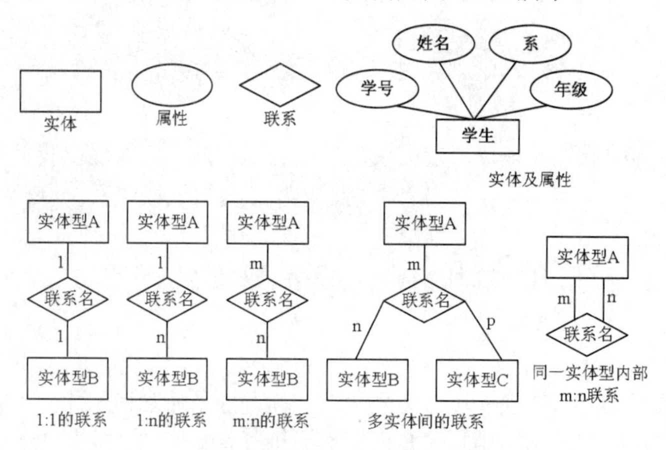


图 6-2-1　常用的 E-R 图例

### 6.2.3 基本数据模型

基本数据模型是站在计算机系统的角度对数据进行建模，可以分为网状模型、层次模型、关系模型、对象关系模型等。

- 网状模型：用**有向图**表示类型及实体间的联系。
- 层次模型：用**树型结构**表示类型及实体间的联系。
- 关系模型：用**表格表示实体集，**使用**外键表示实体间联系**。目前的企业信息系统所使用的数据库管理系统多为关系型数据库。关系模型常用术语见表6-2-3，主要术语应用如图6-2-2所示。

表6-2-3 关系模型常用术语

| 名称 | 定义 |
|---|---|
| 关系 | 描述一个实体及其属性，也可以描述实体间的联系<br>一个关系实质上是一张二维表，是元组的集合 |
| 元组 | 表中每一行叫作一个元组（属性名所在行除外） |
| 属性 | 每一列的名称 |
| 属性值 | 列的值 |
| 主属性和非主属性 | 包含在任何一个候选码中的属性就是主属性，否则就是非主属性 |
| 候选码（候选键） | 唯一标识元组，而且不含有多余属性的属性集 |
| 主键 | 关系模式中正在使用的候选键 |
| 域 | 关系中属性的取值范围 |
| 关系模式 | 一个关系模式应该是一个 R<U,D,DOM,F>五元组。其中，R 是关系名、U 是一组属性，D 是属性的域，DOM 是属性到域的映射，F 是属性组 U 上的一组数据依赖 |
| 外键 | 关系模式 R 某属性集是其他模式的候选键，那么该属性集就是模式 R 的外键 |

注：实际应用中往往只把一个关系模式当成一个 R<U,D>三元组。

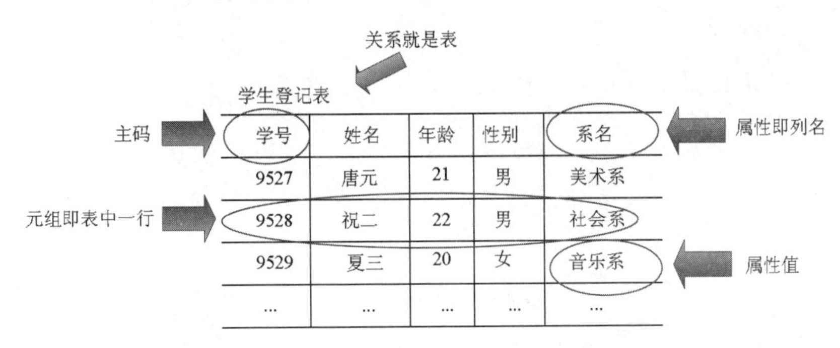


图6-2-2 关系模型主要术语图示

- 对象关系模型：兼顾面向对象开发方法与关系型数据库的优点，对关系型数据库进行有效的拆分和封装，把数据库抽象成各种对象，实现了数据层和业务层的分离，较好地实现了程序的复用。

## 6.3 数据依赖与函数依赖

本节知识点主要涉及数据依赖与函数依赖。这部分知识是本章模式分解、规范化等知识的基础。

### 6.3.1 数据依赖

**数据依赖反应数据内在形式，**是现实世界中各属性间相互联系、约束的抽象形式。数据依赖通常分为函数依赖、多值依赖、连接依赖，其中函数依赖最为重要。

属性间的依赖关系和数学的函数 Y= f(X)类似，当自变量 X 确定后，函数值 Y 也确定了。

### 6.3.2 函数依赖

**函数依赖**（Functional Dependency，FD）是一种最重要、最基本的数据依赖。函数依赖从数学角度来定义，描述各属性间的制约与依赖的情况。

如果 R(U)是一个关系模式，X 和 Y 是 U 的子集（记为 X、Y⊆U），如果对于 R(U)的任意一个关系 r，X 的每一个具体值，都对应唯一的 Y 值，则称 X 函数决定 Y 或者 **Y 函数依赖 X，记为 X→Y**。

例如，在描述一个“学生”的关系时，可以赋予学号（S#）、姓名（SN）、系名（SD）等属性。另设定管理学号和学生是一一对应的，而且学生只能就读一个系。因此，当学号值确定时，姓名和系名就确定了。用函数依赖表示方法记为 S#→SN，S#→SD。

## 6.4 关系代数

关系代数是一种研究关系数据操作语言的数学工具，属于一种抽象的查询语言。关系代数操作属于集合运算。关系代数运算可以分为两类，分别是基本关系代数运算和扩展关系代数运算。

### 6.4.1 基本关系代数运算

基本关系代数运算有并、差、广义笛卡尔积、投影、选择。

（1）并：$R \cup S = \{t \mid t \in R \vee t \in s\}$，属于 R 或 S 元组的集合。关系 R 和 S 具有相同的关系模式（即表的结构相同）。

（2）差：$R - S = \{t \mid t \in R \wedge t \notin s\}$，属于 R 但不属于 S 的元组集合。关系 R 和 S 具有相同的关系模式。

（3）广义笛卡尔积：$R \times S = \{t = \langle t_n, t_m \rangle \wedge t_n \in R \wedge t_m \in s\}$，如果关系模式 R 有 n 个属性，关系模式 S 有 m 个属性。那么该运算结果生成的元组具有 n+m 个属性，其中前 r 个属性来自于关系模式 R，后 s 个属性来自关系模式 S。

如果 R 有 K1 个元组，S 有 K2 个元组，则该运算结果有 K1×K2 个元组。

（4）投影：$\pi_A(R) = \{t[A] \mid t \in R\}$。从关系模式 R 中挑选若干属性列（A 用于指定具体的列）而组成新的关系。

（5）选择：$\sigma_F(R)=\{t \in R \wedge F(t)=True\}$。从关系模式 R 中选择满足条件的元组。F 中的运算对象是属性名（或者列的序号）或者常量（用单引号括起来，如'1'表示数字 1）、逻辑运算符（$\wedge$、$\vee$、$\neg$）、算术比较符（>、≥、<、≤、=、≠）。

**攻克要塞软考团队提醒：**σ是希腊字母，英文表达是 sigma。

**【例 1】**有一个关系模式 R1 见表 6-4-1。

表 6-4-1　关系模式 R1

| Sno（学号） | Cno（课程号） | Grade（成绩） |
|---|---|---|
| 150006 | 1 | 72 |
| 150006 | 2 | 66 |
| 150007 | 1 | 75 |
| 150008 | 2 | 71 |

（1）使用σ运算查询成绩小于 70 分的结果，则具体方式为：$\sigma_{3<'70'}$（R1）或者$\sigma_{Grade<'70'}$（R1），结果如下：

| Sno（学号） | Cno（课程号） | Grade（成绩） |
|---|---|---|
| 150006 | 2 | 66 |

（2）查询课程号为 1 的，具体方式为：$\sigma_{2='1'}$（R1），结果如下：

| Sno（学号） | Cno（课程号） | Grade（成绩） |
|---|---|---|
| 150006 | 1 | 72 |
| 150007 | 1 | 75 |

### 6.4.2　扩展关系代数运算

扩展关系代数运算有交、连接、外连接、全连接等。

（1）交：$R \cap S=\{t \mid t \in R \vee t \in s\}$ 同时属于关系模式 R 和 S 的元组，R 和 S 具有相同的关系模式。

**【例 1】**设定关系模式 R、S，具体如图 6-4-1 所示，求 R∪S、R∩S、R-S、R×S、$\pi_{A、C}(R)$。

关系 R

| A | B | C |
|---|---|---|
| $a_1$ | $b_1$ | $c_1$ |
| $a_1$ | $b_2$ | $c_2$ |
| $a_2$ | $b_2$ | $c_1$ |

关系 S

| A | B | C |
|---|---|---|
| $a_1$ | $b_2$ | $c_2$ |
| $a_1$ | $b_3$ | $c_2$ |
| $a_2$ | $b_2$ | $c_1$ |

图 6-4-1　关系模式 R 和 S

计算结果如图 6-4-2 所示。

R∪S

| A | B | C |
|---|---|---|
| $a_1$ | $b_1$ | $c_1$ |
| $a_1$ | $b_2$ | $c_2$ |
| $a_2$ | $b_2$ | $c_1$ |
| $a_1$ | $b_3$ | $c_2$ |

R-S

| A | B | C |
|---|---|---|
| $a_1$ | $b_1$ | $c_1$ |

R×S

| R.A | R.B | R.C | S.A | S.B | S.C |
|---|---|---|---|---|---|
| $a_1$ | $b_1$ | $c_1$ | $a_1$ | $b_2$ | $c_2$ |
| $a_1$ | $b_1$ | $c_1$ | $a_1$ | $b_3$ | $c_2$ |
| $a_1$ | $b_1$ | $c_1$ | $a_2$ | $b_2$ | $c_1$ |
| $a_1$ | $b_2$ | $c_2$ | $a_1$ | $b_2$ | $c_2$ |
| $a_1$ | $b_2$ | $c_2$ | $a_1$ | $b_3$ | $c_2$ |
| $a_1$ | $b_2$ | $c_2$ | $a_2$ | $b_2$ | $c_1$ |
| $a_2$ | $b_2$ | $c_1$ | $a_1$ | $b_2$ | $c_2$ |
| $a_2$ | $b_2$ | $c_1$ | $a_1$ | $b_3$ | $c_2$ |
| $a_2$ | $b_2$ | $c_1$ | $a_2$ | $b_2$ | $c_1$ |

R∩S

| A | B | C |
|---|---|---|
| $a_1$ | $b_2$ | $c_2$ |
| $a_2$ | $b_2$ | $c_1$ |

$\pi_{A、C}(R)$

| A | C |
|---|---|
| $a_1$ | $c_1$ |
| $a_1$ | $c_2$ |
| $a_2$ | $c_1$ |

图 6-4-2　结果图

（2）连接：连接可以分为θ联接、等值连接、自然连接 3 种。连接的详细说明见表 6-4-2。

表 6-4-2　3 种连接类型

| 类型 | 计算过程说明 |
|---|---|
| θ连接 | 先求关系模式 R 与 S 的笛卡尔积，再用θ操作在结果中筛选符合的元组。<br>假定关系模式 R 有 n 个属性，S 有 m 个属性。<br>$R \underset{X\theta Y}{\bowtie} S = \sigma_{X\theta Y}(R \times S)$ 或 $R \underset{i\theta j}{\bowtie} S = \sigma_{i\theta(n+j)}(R \times S)$<br>（1）X 和 Y 分别是关系模式 R 和 S 上的属性组，且可以比较。<br>（2）iθj 表示关系 R 第 i 列和关系第 j 列进行θ运算；θ操作包括>、≥、<、≤、=、≠等。<br>（3）n+j 表示笛卡尔积之后关系模式 S 的 j 列变成新关系 R×S 第 n+j 列 |
| 等值连接 | θ为“=”的连接运算。<br>$R \underset{i=j}{\bowtie} S = \sigma_{i=(n+j)}(R \times S)$ |
| 自然连接 | 特殊的等值连接，要求两个关系进行比较的分量必须具有相同的属性组，并且去除结果集中的重复属性列。<br>假定关系模式 R 的属性组为 $A_1,\cdots,A_{n-k},R.B_1,\cdots,R.B_k$，<br>关系模式 S 的属性组为 $R.B_1,\cdots,R.B_k,B_{K+1},\cdots,B_m$，<br>其中，$R.B_1,\cdots,R.B_k$ 是 R 和 S 共有的相同属性列，则：<br>$R \bowtie S = \pi_{A_1,\cdots,A_{n-k},R.B_1,\cdots,R.B_k,B_{K+1},\cdots,B_m}(\sigma_{R.B_1=S.B_1 \wedge \cdots \wedge R.B_k=S.B_k}(R \times S))$ |

【例 2】有关系模式 R 和 S 如图 6-4-3 所示，求 $R \underset{1<2}{\bowtie} S$。

关系 R

| A | B | C |
|---|---|---|
| 1 | 2 | 3 |
| 4 | 5 | 6 |
| 7 | 8 | 9 |

关系 S

| D | E |
|---|---|
| 1 | 3 |
| 2 | 6 |

图 6-4-3　例题用图

**解**　根据θ连接定义，$R \underset{1<2}{\bowtie} S = \sigma_{1<(3+2)}(R \times S)$。

第 1 步：求 R×S。

R×S

| A | B | C | D | E |
|---|---|---|---|---|
| 1 | 2 | 3 | 1 | 3 |
| 4 | 5 | 6 | 1 | 3 |
| 7 | 8 | 9 | 1 | 3 |
| 1 | 2 | 3 | 2 | 6 |
| 4 | 5 | 6 | 2 | 6 |
| 7 | 8 | 9 | 2 | 6 |

第 2 步：进行选择计算，选择满足 1<5 的元组（即挑选第 1 列值小于第 5 列值的元组），结果如下。

$\sigma_{1<5}(R \times S)$

| A | B | C | D | E |
|---|---|---|---|---|
| 1 | 2 | 3 | 1 | 3 |
| 1 | 2 | 3 | 2 | 6 |
| 4 | 5 | 6 | 2 | 6 |

【例 3】关系模式 R 和 S 如图 6-4-4 所示，求 $R \bowtie S$。

关系 R

| A | B | C |
|---|---|---|
| a | b | c |
| b | a | d |
| c | d | e |
| d | f | g |

关系 S

| A | C | D |
|---|---|---|
| a | c | d |
| d | f | g |
| b | d | g |

图 6-4-4　例题用图

**解** 第1步：求R×S。

R×S

| R.A | R.B | R.C | S.A | S.C | S.D |
|---|---|---|---|---|---|
| a | b | c | a | c | d |
| b | a | d | a | c | d |
| c | d | e | a | c | d |
| d | f | g | a | c | d |
| a | b | c | d | f | g |
| b | a | d | d | f | g |
| c | d | e | d | f | g |
| d | f | g | d | f | g |
| a | b | c | b | d | g |
| b | a | d | b | d | g |
| c | d | e | b | d | g |
| d | f | g | b | d | g |

第2步：R与S的共同属性是A和C，应做等值连接计算。实际上就是选出相同属性的元组。结果如下。

R×S

| R.A | R.B | R.C | S.A | S.C | S.D |
|---|---|---|---|---|---|
| a | b | c | a | c | d |
| b | a | D | b | d | g |

第3步：去掉重复属性列，结果如下。

R⋈S

| A | B | C | D |
|---|---|---|---|
| a | b | c | d |
| b | a | d | g |

（3）外连接：在自然连接中原关系R和S中的一些元组因为没有公共属性会被抛弃。使用外连接就可以避免这样的丢失。**外连接运算就是将自然连接时舍弃的元组也放入新关系，并在新增加的属性上填入空值**。外连接分为左外连接、右外连接、全外连接3种。

左外连接：记为R⟕S，保留左侧的R关系的元组，右侧的S关系属性部分用NULL填充，加入R⋈S结果中。

右外连接：记为R⟖S，保留右侧的S关系的元组，左侧的S关系属性部分用NULL填充，加入R⋈S结果中。

全外连接：左外连接和右外连接的并。

【例 4】关系模式 R 和 S 如图 6-4-5 所示，求 R⟕S、R⟖S 及 R 与 S 的全连接。

关系 R

| A | B | C |
|---|---|---|
| a | b | c |
| b | a | d |
| c | d | e |
| d | f | g |

关系 S

| B | C | D |
|---|---|---|
| b | c | d |
| d | e | g |
| f | d | g |
| d | e | c |

图 6-4-5　例题用图

**解**　第 1 步：求 R⋈S。

R⋈S

| A | B | C | D |
|---|---|---|---|
| a | b | c | d |
| c | d | e | g |
| c | d | e | c |

第 2 步：附加保留自然连接不存在的分组，得到相应的左外连接、右外连接、全连接。

R⟕S

| A | B | C | D |
|---|---|---|---|
| a | b | c | d |
| c | d | e | g |
| c | d | e | c |
| b | a | d | NULL |
| d | f | g | NULL |

R⟖S

| A | B | C | D |
|---|---|---|---|
| a | b | c | d |
| c | d | e | g |
| c | d | e | c |
| NULL | f | d | g |

R 与 S 的全连接

| A | B | C | D |
|---|---|---|---|
| a | b | c | d |
| c | d | e | g |
| c | d | e | c |
| b | a | d | NULL |
| d | f | g | NULL |
| NULL | f | d | g |

（4）除：$R \div S = \{t_r[X] t_r \in R \wedge \pi_y(S) \subseteq Y_x\}$，它是同时从**行和列**角度进行的运算。它等价于：$\pi_{1,2,\cdots,r-s}(R) - \pi_{1,2,\cdots,r-s}((\pi_{1,2,\cdots,r-s}(R) \times S) - R)$。

**【例 5】**有关系模式 R 和 S 如图 6-4-6 所示，求 $R \div S$。

关系 R

| A | B | C |
|---|---|---|
| a1 | b1 | c2 |
| a2 | b3 | c7 |
| a3 | b4 | c6 |
| a1 | b2 | c3 |
| a4 | b6 | c6 |
| a2 | b2 | c3 |
| a1 | b2 | c1 |

关系 S

| B | C | D |
|---|---|---|
| b1 | c2 | d1 |
| b2 | c1 | d1 |
| b2 | c3 | d2 |

图 6-4-6　例题用图

计算结果为：

| R÷S |
|---|
| A |
| a1 |

## 6.5　关系数据库标准语言

SQL 语言是介于关系代数和元组演算之间的一种语言。SQL 语言具有数据定义、数据查询、数据操作、数据控制等功能。



### 6.5.1　数据定义（DDL）

SQL 的 DDL 包括：CREATE TABLE（创建表）、DROP TABLE（删除表）、ALTER TABLE（修改表）、CREATE VIEW（创建视图）、DROP VIEW（删除视图）、CREATE INDEX（创建索引）、DROP INDEX（删除索引）。

（1）创建表。

语法为：

CREATE TABLE <表名> (<列名><数据类型>[列级完整性约束条件]

 [,<列名><数据类型>[列级完整性约束条件]]…

 [,<表级完整性约束条件>]);

其中，

1）列级完整性约束条件常见的有：

- DEFAULT<常量>：默认值约束。元组中的该列分量没有赋值，则系统进行默认赋值。
- NULL/NOT NULL：空值/非空值约束。设定元组中的该列分量是否可为空。
- UNIQUE：唯一性约束。约束该列上的所有取值必须互不相同。
- PRIMARY KEY：主码约束。约束该列为关系的主码。

2）表级完整性约束条件常见的有：

- PRIMARY KEY(<列名>, ……)：主码约束。设定一个或多个列为主码。
- UNIQUE(<列名>, ……)：唯一性约束。约束一个或多个列的所有取值必须互不相同。
- FOREIGN KEY(<列名>, ……) REFERENCES<表名> (<主码>, ……)：外码约束。约束一个或多个列为外码，并给出对应的表及主码的所有列。

**【例1】**某企业信息管理系统的部分关系模式为：部门（部门号，部门名，负责人，电话）职工（职工号，职工姓名，部门号，职位，住址，联系电话）。若部门关系中的部门名为非空值，负责人参照职工关系的职工号，请将下述SQL语句的空缺部分补充完整。

CREATE TABLE 部门（部门号 CHAR（4）PRIMARY KEY，
部门名 CHAR（20）__（1）__，
负责人 CHAR（6），
电话 CHAR（15），
__（2）__）；

（1）A．UNIQUE　B．NOT NULL　C．KEY UNIQUE　D．PRIMARY KEY

（2）A．PRIMARY KEY（部门号）NOT NULL UNIQUE
B．PRIMARY KEY（部门名）UNIQUE
C．FOREIGN KEY（负责人）REFERENCES 职工（职工号）
D．FOREIGN KEY（负责人）REFERENCES 职工（职工姓名）

**【试题分析】**因为部门名要求非空，所以填写的列级完整性约束条件为“NOT NULL”；又因为，负责人参照职工关系的职工号，所以职工号是外键，填写的表级完整性约束条件为“FOREIGN KEY（负责人）REFERENCES 职工（职工号）”。

**【参考答案】**（1）B　（2）C

（2）修改表。

语法为：

ALTER TABLE <表名> [ADD <新列名><数据类型>[列级完整性约束条件]]
[DROP <表级完整性约束条件>]
[MODIFY <列名><数据类型>];

（3）删除表。

语法为：

DROP TABLE <表名>

### 6.5.2 数据操作（DML）

SQL 的数据操作功能包括 SELECT（查询）、INSERT（插入）、DELETE（删除）、UPDATE（修改）。

1. SELECT 基本结构

SELECT [ALL|DISTINCT] <目标列表达式>[,<目标列表达式>]…
　　FROM <表或视图名>[,<表或视图名>]…
　　[WHERE <条件表达式>]
　　[GROUP BY <列名 1> [HAVING <条件表达式>]]
　　[ORDER BY <列名 2> [ASC|DESC]];

其中，SELECT、FROM 是必须的，HAVING 只能与 GROUP BY 搭配使用。WHERE 子句的条件表达式中可使用的运算符见表 6-5-1。

表 6-5-1　WHERE 子句的条件表达式中可使用的运算符

| 类别 | 运算符 |
|---|---|
| 集合运算符 | IN（在集合中）、NOT IN（不在集合中） |
| 字符串匹配运算符 | LIKE（与_和%进行单个或多个字符匹配） |
| 空值比较运算符 | IS NULL（为空）、IS NOT NULL（不为空） |
| 算术运算符 | >、>=、<、<=、=、<> |
| 逻辑运算符 | AND（与）、OR（或）、NOT（非） |

典型的 SQL 查询语句具有如下形式：

SELECT A1,A2,…,An
FROM r1,r2,…,rm
WHERE p

对应的关系代数表达式为：$\pi_{A1,A2,\cdots,An}(\sigma_p(r1\times r2\times\cdots\times rn))$

2. 单表查询

单表查询是只涉及一个表格的查询。常见的 SQL 查询操作有列操作、元组操作、使用集函数的操作、对查询结果分组等。

（1）常见的单表操作有列操作、元组操作。设定学生、课程、选修课表 3 个关系模式作为后面分析的示例。

1）学生表 student（Sno,Sname,Ssex,Sage,Sdept）：该表属性有学号，姓名，性别，年龄、院系名。

2）课程表 course（Cno,Cname,Cpno,Ccredit）：该表属性有课程号，课程名，选修课号，学分。

3）学生选课表 SC（Sno,Cno,Grade）：该表属性有学号，课程号，成绩。

常用的单表操作见表 6-5-2。

表 6-5-2　常用的单表操作

| 操作类别 | | 示例 | 说明 |
|---|---|---|---|
| 列操作 | 查询指定列 | SELECT Sage,Sname<br>FROM student; | 查询全体学生的年龄和姓名 |
| | 查询全部列 | SELECT *<br>FROM student; | *代表所有列 |
| 元组（行）操作 | 未消除重复行 | SELECT Sno<br>FROM SC; | 查询选修了课程的学号 |
| | 消除重复行 | SELECT DISTINCT Sno<br>FROM SC; | 消除了结果中的重复行 |
| | 单条件查询 | SELECT DISTINCT Sno<br>FROM SC<br>WHERE Grade<60; | 查询成绩有不及格的学生的学号。一个学生多门课程不及格，学号也只出现一次 |
| 元组（行）操作 | 确定范围 | SELECT Sname, Sage<br>FROM student<br>WHERE Sage BETWEEN 20 AND 22 | 查询年龄在 20～22 岁间的学生姓名、年龄 |
| | 确定集合 | SELECT Sname<br>FROM student<br>WHERE Sdept IN('MA', 'CS'); | 查询系名为"MA""CS"学生的姓名 |
| | 字符匹配 | SELECT *<br>FROM student<br>WHERE Sno LIKE '007' | 查询学号为 007 的学生详细情况 |
| | 多重条件查询 | SELECT Sname<br>FROM student<br>WHERE Sdept='MA' AND Sage<18; | 查询数学系年龄在 18 岁以下的学生姓名 |

（2）使用集函数。使用集函数可以增强检索功能。

AVG([DISTINCT|ALL] <列名>)　计算一列的平均值

MIN([DISTINCT|ALL] <列名>)　求一列的最小值

MAX([DISTINCT|ALL] <列名>)　求一列的最大值

COUNT([DISTINCT|ALL] *)　统计元组总数

SUM([DISTINCT|ALL] <列名>)　计算一列的总和

COUNT([DISTINCT|ALL] <列名>)　统计一列中值的个数

**【例 1】**查询选修课程的学生人数。

```
SELECT COUNT(DISTINCT Sno)
FROM SC
```

（3）对查询结果分组。GROUP BY <列名>将查询结果按某一列或多列值进行分组。

**【例 2】**依据课程号进行分组，并统计各课程的选课人数。

```
SELECT Cno,Count(Sno)
```

FROM SC
GROUP BY Cno;

该语句先对查询结果按Cno值分组，相同的Cno值一组，然后对每组使用集函数Count。

3. 连接查询

连接查询涉及两个以上的表的查询。常用的连接查询见表6-5-3。

表6-5-3 常用的连接查询

| 操作类别 | 示例 | 说明 |
| --- | --- | --- |
| 等值连接（连接运算符有=、>、<、>=、<=、!=） | SELECT student.*,SC.*<br>FROM student,SC<br>WHERE student.Sno=SC.Sno; | 查询每个学生基本信息及其选课情况 |
| | SELECT student.Sno,Sname,Cno<br>FROM student,SC<br>WHERE student.Sno=SC.Sno; | 查询每个学生基本信息及其选课情况，只保留student.Sno,Sname,Cno 3个属性列 |
| 自身连接（一个表与自身连接） | 为course表取两个别名One、Two。<br>SELECT One.Cno,Two.Cpno<br>FROM course One,course Two<br>WHERE One.Cpno= Two.Cno; | 查询每门课程的选修课号 |
| 外连接 | SELECT student.Sno,Sname,Cno<br>FROM student,SC<br>WHERE student.Sno=SC.Sno(*);<br>（连接运算符的左边中加上“*”号，表示使用左外连接；连接运算符的右边中加上“*”号，表示使用右外连接。） | 查询每个学生及其选修课程情况，没有选课的同学仅仅输出基本信息。<br>本题使用的是右外连接 |

4. 集合查询

SELECT语句的查询结果是元组的集合，所以多个SELCET语句的结果可以进行集合操作，包括并操作（UNION）、交操作（INTERSECT）和差操作（MINUS）。



### 6.5.3 数据更新操作

SQL语句中的数据更新操作包括插入、修改、删除数据。具体操作说明见表6-5-4。

表6-5-4 数据更新操作

| 操作 | 格式 | 举例 |
| --- | --- | --- |
| 插入 | INSERT<br>INTO <表名> (<属性列1> [,<属性列2>…])<br>VALUES (<常量1>[,<常量2>]…);<br>或者<br>INSERT<br>INTO <表名>(<属性列1> [,<属性列2>…]) | 插入一条选课记录(‘2016020’,‘2’)<br>INSERT<br>INTO SC(Sno,Cno)<br>VALUES (‘2016020’,‘2’); |

续表

| 操作 | 格式 | 举例 |
| --- | --- | --- |
| 修改 | UPDATE <表名><br>SET <列名>=<表达式>[,<列名>=<表达式>]… | 将学生 9527 的年龄改为 26 岁。<br>UPDATE student<br>SET Sage=26<br>WHERE Sno='9527'; |
| 删除 | DELETE<br>FROM <表名><br>[WHERE <条件>]; | 删除所有计算机系学生的选课记录<br>DELETE<br>FROM SC<br>WHERE 'SC'={<br>SELECT Sdept<br>FROM student<br>WHERE student.Sno=SC.Sno } |

### 6.5.4 视图

计算机数据库中的视图是一个虚拟表，其内容由一个或者多个基本表或者视图中得到。视图并不存储数据，真实数据存储在原基本表中。当基本表中数据发生变化，视图数据也会随着发生变化。

视图的使用提高了数据的逻辑独立性，更简化了用户的操作，可以专注数据间的逻辑关系。

### 6.5.5 访问控制

访问控制用于 DBA 分配用户的数据存储权利。DBMS（数据库管理系统）的数据控制具有授权功能，即通过 GRANT、REVOKE 语句授权或者收回授权，并存入系统。具体语法见表 6-5-5。

表 6-5-5 授权功能

| 操作 | 格式 | 举例 |
| --- | --- | --- |
| GRANT | GRANT <权限> [,<权限>]…<br>[ON <对象类型><对象名>]<br>TO <用户>[,<用户>]…<br>[WITH GRANT OPTION]; | 授权 Bill 用户查询 student 表的权限<br>GRANT select<br>On TABLE student<br>To Bill<br>注：在 SQL 2008 中，应去掉对象名 TABLE |
| REVOKE | REVOKE <权限> [,<权限>]…<br>[ON <对象类型><对象名>]<br>FROM <用户>[,<用户>]… | 收回 Bill 用户修改学号的权限<br>REVOKE UPDATE (Sno)<br>On TABLE student<br>From Bill; |

### 6.5.6 嵌入式 SQL

SQL 不仅可以作为独立语言在终端交互方式下使用，还可以嵌入高级语言中使用。为了能够区分 SQL 语句和主语言语句，需在所有 SQL 语句前面加上前缀“EXEC SQL”。

# 6.6 规范化

关系数据库设计的方法之一就是设计满足合适范式的模式。关系数据库规范化理论主要包括数据依赖、范式和模式设计方法。其中核心基础是数据依赖。

## 6.6.1 存储异常

关系数据库规范化是为了解决**“存储异常”**的问题。

常见的存储异常有数据冗余、更新异常、插入异常、删除异常。例如假定关系模式 R，包括（学生姓名、选修课程名、任课老师姓名、任课老师地址），则该模式存在下列问题：

- 数据冗余：如果一个课程有多个学生选修，则（选修课程名，任课老师姓名，任课老师地址）会出现多次。
- 更新异常：当出现数据冗余时，修改某课程任课老师姓名，为避免不一致，就要修改多处。
- 插入异常：如果没有学生选修，那么课程名、任课老师姓名、任课老师地址就都无法输入。
- 删除异常：学生毕业后，删除学生信息可能会导致选修课程名、任课老师姓名、任课老师地址信息丢失。

## 6.6.2 模式分解

出现异常是由存在于模式中的**某些属性依赖**引起的，因此需要通过**模式分解**来消除其中不合适的数据依赖。范式则是模式分解的标准形式。

# 6.7 数据库的控制功能

数据库运行时，需要有数据库保护、控制等手段保证数据库安全、有效等。数据库的控制功能包含事务处理、数据库备份与恢复、并发控制等。



## 6.7.1 事务

**事务**是 DBMS 的基本工作单位，是由用户定义的一个操作序列。

事务具有 4 个特点，又称为事务的 ACID 准则：

（1）原子性（Atomicity）：**要么都做，要么都不做**。

（2）一致性（Consistency）：中间状态对外不可见，初始和结束状态对外可见。

（3）隔离性（Isolation）：多事务互不干扰。

（4）持久性（Durability）：事务结束前所有数据改动必须保存到物理存储中。

定义事务语句从 BEGIN TRANSACTION 语句开始，用 COMMIT 语句进行事务提交而成功结束，用 ROLLBACK 语句进行事务回滚而失败结束。

### 6.7.2 并发控制

**并发操作**就是多用户系统中，可能出现**多个事务同时操作同一数据**的情况。**并发控制**是确保及时纠正由并发操作导致的错误的一种机制。

1. 并发操作带来的问题

并发操作会导致 3 种数据不一致性的问题：

（1）丢失修改（丢失更新）。当两个事务 A 和 B 读入同一数据作修改，并发执行时，B 把 A 或 A 把 B 的修改结果覆盖掉，造成了数据的丢失更新问题，导致数据不一致。

简而言之，就是事务 B 覆盖事务 A 已经提交的数据，造成事务 A 所做的操作丢失。丢失修改的具体例子如图 6-7-1 所示。

| 时间 | 事务 A | 事务 B |
| --- | --- | --- |
| t1 | 事务开始 | |
| t2 | | 事务开始 |
| t3 | 查询账号，余额 150 元 | |
| t4 | | 查询账号，余额 150 元 |
| t5 | 取款 100 元，余额更新为 50 元 | |
| t6 | 事务提交 | |
| t7 | | 汇款 50 元，余额更新为 200 元 |
| t8 | | 事务提交，A 事务对数据的修改被丢失，出现丢失修改的问题 |

图 6-7-1　丢失修改图示

（2）不可重复读。事务 A 读取了数据 R，事务 B 读取并更新了数据 R，当事务 A 再读取数据 R 以进行核对时，得到的两次读取值不一致，**从事务 A 角度**来说这就是“不可重复读”。

简而言之，事务 A 两次读取同一数据，得到不同结果。不可重复读的具体例子如图 6-7-2 所示。

| 时间 | 事务 A | 事务 B |
| --- | --- | --- |
| t1 | 事务开始 | |
| t2 | | 事务开始 |
| t3 | | 查询账号，余额 150 元 |
| t4 | 查询账号，余额 150 元 | |
| t5 | | 取款 150 元，余额为 0 元 |
| t6 | | 事务提交 |
| t7 | 查询余额为 0 元，**对 A 来说两次读取的值不一致，出现了“不可重复读”** | |

图 6-7-2　不可重复读图示

（3）读脏数据。事务 A 更新了数据 R，事务 B 读取了更新后的数据 R，事务 A 由于某种原因被撤销，修改无效，数据 R 恢复原值。

简而言之，就是事务 A 读取了事务 B 未提交的数据，并在这个基础上又做了其他操作。读脏数据的具体例子如图 6-7-3 所示。

| 时间 | 事务 A | 事务 B |
|---|---|---|
| t1 | 事务开始 | |
| t2 | | 事务开始 |
| t3 | 查询账号，余额 150 元 | |
| t4 | | |
| t5 | 取款 100 元，余额更新为 50 元 | |
| t6 | | 查询账号，余额 50 元；由于 t7 时刻事务 A 将会修改余额，此时事务 B 读到的余额数据是**脏数据** |
| t7 | **撤销事务，恢复余额为 150 元** | |
| t8 | | 汇款 300 元，余额为 350 元 |
| t9 | | 事务提交 |

图 6-7-3　读脏数据图示

2. 并发控制技术

考试所涉及的并发控制技术是封锁（Lock）技术。封锁就是事务操作某个对象（可以是属性、元组、关系、索引项、数据页以至整个数据库）之前，先向系统发出请求，获得相应的锁。得到某锁后，该事务拥有了一定的对该对象的控制权。

（1）基本封锁：处理并发的关键技术，具体特点见表 6-7-1。

表 6-7-1　基本封锁分类、特点

| 基本封锁类型 | 特点 |
|---|---|
| 排他锁（X 锁） | 事务 T 对数据 A 加 X 锁，则：<br>（1）只允许事务 T 读取、修改数据 A。<br>（2）只有等该锁解除之后，其他事务才能够对数据 A 加任何类型锁 |
| 共享锁（S 锁） | 解决了 X 锁太严格，不能允许其他事务并发读的问题。<br>事务 T 对数据 A 加 S 锁，则：<br>（1）只允许事务 T 读取数据 A 但不能够修改。<br>（2）可允许其他事务对其加 S 锁，但不允许加 X 锁 |

（2）封锁协议：就是加锁的规则，包含何时申请 X 锁和 S 锁，持锁时间等。

常见的三级封锁协议见表 6-7-2。

表 6-7-2　三级封锁协议

| 协议名 | 特点 | 一致性保证 |
|---|---|---|
| 一级封锁协议 | 事务T在修改数据R之前，必先对其加X锁，直到事务结束 | 不丢失修改 |
| 二级封锁协议 | 该协议基于一级封锁协议。另外，加上事务T在读数据R之前必须先加S锁，读完数据后释放S锁 | 不丢失修改、不读脏数据 |
| 三级封锁协议 | 该协议基于一级封锁协议。另外，加上事务T在读数据R之前必须先对其加S锁，读完后并不释放S锁，而直到事务T结束后才释放该锁 | 不丢失修改、不读脏数据、可重复读 |

## 6.8　数据仓库基础

数据仓库（Data Warehouse，DW）是一个面向主题的、集成的、非易失的、反映历史变化的数据集合，用于支持管理决策。

1. 数据仓库的特征

（1）数据仓库是面向主题的，传统数据库是面向事务的。例如，电信公司传统数据处理可能是营业受理、话务计费、客服等，而主题面向特定部门，可能是客户、套餐、缴费和欠费等。

（2）数据仓库是集成的，数据仓库消除之前，各个应用系统在编码、命名习惯、实际属性、属性度量等方面具有一致性。而数据库中的数据结构更为复杂，需要有各种不同的数据结构适应各类业务系统需要。

（3）数据仓库是非易失的，是静态的历史数据，只能定期添加、刷新；数据库是动态变化的，业务发生，数据就更新。

（4）数据仓库存储历史数据；数据库存储实时、在线数据。

（5）数据仓库设计需要引入冗余；数据库设计尽量避免冗余。

2. 数据仓库的结构

数据仓库的结构如图 6-8-1 所示。

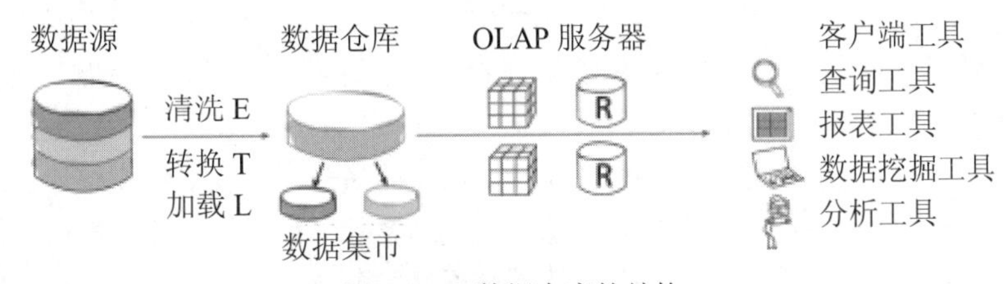


图 6-8-1　数据仓库的结构

（1）数据源：数据仓库系统的基础。数据源可以有多种，比如关系型数据库、数据文件（Excel、XML）等。

（2）清洗/转换/加载（Extract/Transformation/Load，ETL）：从数据源中抽取出所需的数据，经过数据清洗、转换，最终按预先设计好的数据仓库模型，将数据加载到数据仓库中去。

（3）数据集市：属于小型、面向特定主题、部门或者面向工作组的数据仓库。

（4）联机分析处理（Online Analytical Processing，OLAP）：可以进行复杂的分析，可以对决策层和高层提供决策支持。

（5）客户端工具有查询工具、报表工具、数据挖掘工具、数据分析工具。

3. 数据仓库的实现

数据仓库的实现可以分为：

（1）关系型联机分析处理（ROLAP）：对关系数据库中的基本数据、联合数据作分析。

（2）多维数据联机分析处理（MOLAP）：对多维数据库中的基本数据、联合数据作分析。

（3）混合型联机分析处理（HOLAP）：ROLAP和MOLAP的结合。

## 6.9 分布式数据库基础

分布式数据库系统通常使用较小的计算机系统，各系统可单独放置在不同的地方，各系统中都可能存储一份DBMS的完整拷贝或者部分拷贝，各系统具有自己局部的数据库，通过网络互联，从而组成一个全局的、完整的、物理上分布、逻辑上集中的大型数据库。

## 6.10 数据库设计过程

通常，使用数据库应用系统简称为数据库应用系统，设计数据库应用系统统称为数据库设计。数据库设计属于系统设计的内容。

规范的数据库设计过程可以分为6个阶段，分别是需求分析、概念结构设计、逻辑结构设计、数据库物理设计、数据库的实施、数据库运行与维护。



### 6.10.1 需求分析

需求分析阶段的任务是通过详细调查，准确了解用户需求、知晓原系统现状，具体获得用户对系统的要求有信息要求、处理要求、系统要求。

（1）信息要求：确定用户需要从数据库获取、保存的信息，以及数据完整性要求。

（2）处理要求：确定用户要实现的处理功能，处理要求（如处理频度、响应时间等）。

（3）系统要求：确定用户对系统的安全性、扩展性等要求。

用于需求分析的方法主要有自顶向下和自底向上，其中结构化分析方法（Structured Analysis，SA）是自顶向下方法中的简单、常用方法。SA方法中，使用判定表和判定树描述处理过程的处理逻辑；使用数据字典（DD）描述系统数据。

**需求分析阶段的文档：阶段成果有系统需求说明书，包含数据流图（DFD）、数据字典、各种说明表、系统功能结构图等。**

### 6.10.2 概念结构设计

概念结构设计基于需求分析，是一个对**用户需求**进行分类、归纳、总结、综合、抽象，建立信息模型过程。这个过程又称为数据建模。概念结构设计的目标是产生反映系统信息需求的数据库概念结构，也就是概念模式。

该阶段用于梳理各类数据之间的关系，描述数据处理流程。

**概念结构设计常用的方法有实体-联系（E-R）方法。**

### 6.10.3 逻辑结构设计

逻辑结构设计基于概念结构设计。**该阶段主要工作是确定数据模型，按规则和规范化理论，将概念结构转换为某个 DBMS 所支持的数据模型，比如层次模型、网状模型、关系模型等。**

### 6.10.4 数据库物理设计

数据库物理设计的目标是依据逻辑数据模型所设计的数据库，**选择合适的存储结构和存取路径**。

物理设计包括确定数据分布、存储结构、访问方式等工作。

### 6.10.5 数据库的实施

数据库的实施就是根据逻辑结构设计、数据库物理设计的结果，运用 DBMS 提供的数据语言及宿主语言，建立数据库、编程、装入数据，测试，然后试运行。

### 6.10.6 数据库运行与维护

系统的运行与数据库的日常维护，需要根据实际情况不断评价、调整以及完善。

数据库的维护包含数据库性能检测和改善、备份与故障恢复、数据库重组和重构等工作。



# 第 7 章 计算机网络

**计算机网络**是通过通信线路连接地理位置不同的多台计算机及其外部设备，在网络操作系统、网络管理软件、网络通信协议的管理和协调下，实现资源共享和信息传递的计算机系统。

本章考点知识结构图如图 7-0-1 所示。

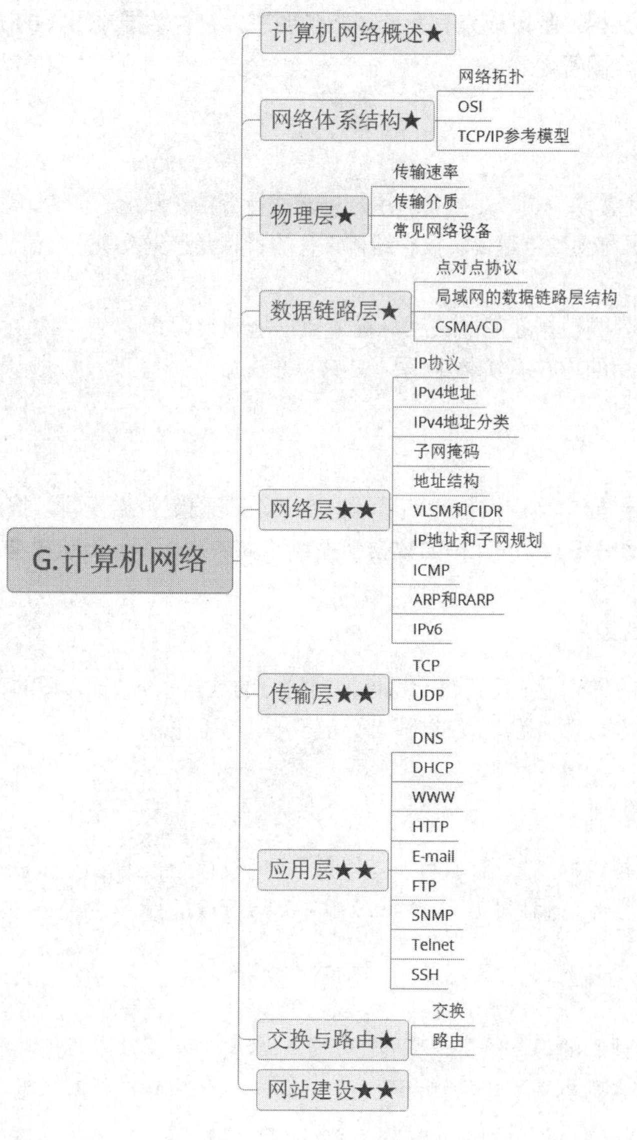


图 7-0-1　考点知识结构图

## 7.1　计算机网络概述

本节知识点涉及计算机网络定义、计算机网络发展阶段、计算机网络功能等。该节考点不多。

计算机网络的发展经过了 4 个阶段，分别是具有通信功能的单机系统、具有通信功能的多机系统、以共享资源为目的的计算网络、以局域网及因特网为支撑环境的分布式计算机系统。

计算机网络具有数据通信、资源共享、负载均衡、高可靠性等功能。

依据网络覆盖范围、通信终端之间的物理距离，计算机网络可以分为局域网、城域网、广域网3类。

## 7.2 网络体系结构

本节知识包含网络拓扑结构、OSI模型、TCP/IP参考模型。该节知识可以帮助了解网络整体的知识结构和组成。考试往往考查各层特点、常见的协议、OSI模型与TCP/IP参考模型的对应关系等。

### 7.2.1 网络拓扑

网络拓扑（Network Topology）结构是指用传输介质互连各种设备的物理布局。常见的网络拓扑有星型结构、环型结构、总线型结构、树型结构、分布式结构。

### 7.2.2 OSI

设计一个好的网络体系结构是一个复杂的工程，好的网络体系结构使得相互通信的计算终端能够高度协同工作。ARPANET在早期就提出了分层方法，把复杂问题分割成若干个小问题来解决。1974年，IBM第一次提出了**系统网络体系结构**（System Network Architecture，SNA）概念，SNA第一个应用了分层的方法。

随着网络的飞速发展，用户迫切要求能在不同体系结构的网络间交换信息，不同网络能互连起来。**国际标准化组织**（International Standard Organized，ISO）提出了一个互联的标准框架，即著名的**开放系统互连参考模型**（Open System Interconnection/ Reference Model，OSI/RM），简称OSI模型。1983年形成了OSI/RM的正式文件，即**ISO 7498标准**，即常见的七层协议的体系结构。**网络体系结构也可以定义为计算机网络各层及协议的集合**。

OSI模型分7层，从低到高分别是物理层、数据链路层、网络层、传输层、会话层、表示层和应用层。

（1）物理层（Physical Layer）。物理层位于OSI/RM参考模型的最底层，为数据链路层实体提供建立、传输、释放所必须的物理连接，并且提供**透明的比特流传输**。物理层的连接可以是全双工或半双工方式，传输方式可以是异步或同步方式。物理层的数据单位是**比特**，即一个二进制位。物理层构建在物理传输介质和硬件设备相连接之上，向上服务于紧邻的数据链路层。

（2）数据链路层（Data Link Layer）。数据链路层将原始的传输线路转变成一条逻辑的传输线路，实现实体间二进制信息块的正确传输，为网络层提供可靠的数据信息。数据链路层的数据单位是**帧**，具有流量控制功能。**链路**是相邻两节点间的物理线路。数据链路与链路是两个不同的概念。**数据链路**可以理解为数据的通道，是物理链路加上必要的通信协议而组成的逻辑链路。

（3）网络层（Network Layer）。网络层控制子网的通信，其主要功能是提供**路由选择**，即选择到达目的主机的最优路径并沿着该路径传输数据包。网络层还应具备的功能有：路由选择和中继；激活和终止网络连接；链路复用；差错检测和恢复；流量控制等。

（4）传输层（Transport Layer）。传输层利用实现可靠的**端到端的数据传输**能实现数据**分段、**

**传输和组装**，还提供差错控制和流量/拥塞控制等功能。

（5）会话层（Session Layer）。会话层允许不同机器上的用户之间建立会话。会话就是指各种服务，包括对话控制（记录该由谁来传递数据）、令牌管理（防止多方同时执行同一关键操作）、同步功能（在传输过程中设置检查点，以便在系统崩溃后还能在检查点上继续运行）。

（6）表示层（Presentation Layer）。表示层提供一种通用的数据描述格式，便于不同系统间的机器进行信息转换和相互操作，如会话层完成 EBCDIC 编码（大型机上使用）和 ASCII 码（PC 机上使用）之间的转换。表示层的主要功能有：数据语法转换、语法表示、数据加密和解密、数据压缩和解压。

（7）应用层（Application Layer）。应用层位于 OSI/RM 参考模型的最高层，直接针对用户的需要。

### 7.2.3 TCP/IP 参考模型

OSI 参考模型虽然完备，但是太复杂，不实用。而之后的 TCP/IP 参考模型经过一系列的修改和完善得到了广泛的应用。TCP/IP 参考模型包含应用层、传输层、网络层和网络接口层。TCP/IP 参考模型与 OSI 参考模型有较多相似之处，各层也有一定的对应关系，具体对应关系如图 7-2-1 所示。

| OSI | TCP/IP |
|---|---|
| 应用层 | 应用层 |
| 表示层 | |
| 会话层 | |
| 传输层 | 传输层 |
| 网络层 | 网络层 |
| 数据链路层 | 网络接口层 |
| 物理层 | |

图 7-2-1　TCP/IP 参考模型与 OSI 参考模型的对应关系



（1）应用层。TCP/IP 参考模型的应用层包含了所有高层协议。该层与 OSI 的会话层、表示层和应用层相对应。

（2）传输层。TCP/IP 参考模型的传输层与 OSI 的传输层相对应。该层允许源主机与目标主机上的对等体之间进行对话。该层定义了两个端到端的传输协议：TCP 协议和 UDP 协议。

（3）网络层。TCP/IP 参考模型的网络层对应 OSI 的网络层。该层负责为经过逻辑互联网络路径的数据进行路由选择。

（4）网络接口层。TCP/IP 参考模型的最低层是网络接口层，该层在 TCP/IP 参考模型中并没有明确规定。

TCP/IP 参考模型是一个协议族，各层对应的协议已经得到广泛应用，具体的各层协议对应 TCP/IP 参考模型的哪一层往往是考试的重点。TCP/IP 参考模型主要协议的层次关系如图 7-2-2 所示。

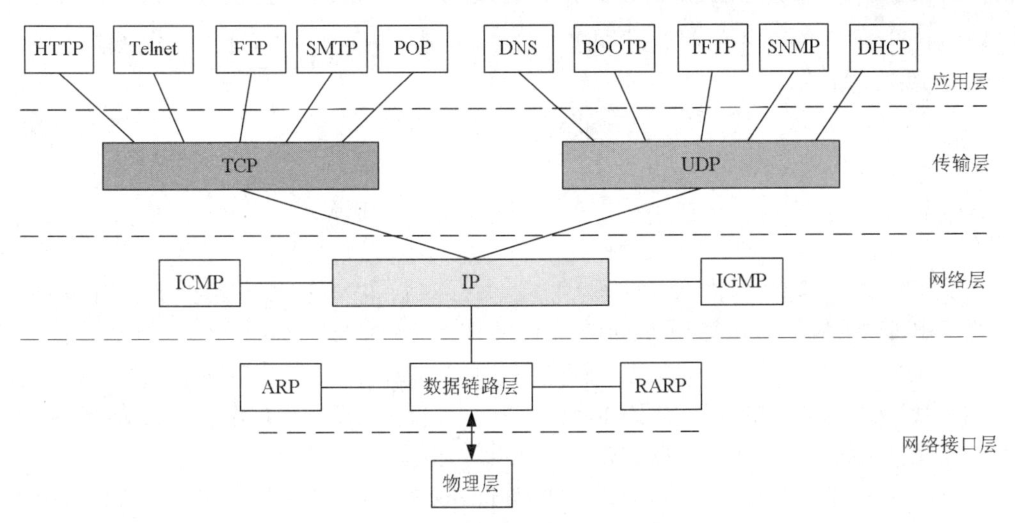


图 7-2-2　TCP/IP 参考模型主要协议的层次关系图

TCP/IP 参考模型与 OSI 参考模型有很多相同之处，都是以协议栈为基础的，对应各层功能也大体相似。当然也有一些区别，如 OSI 模型最大的优势是强化了服务、接口和协议的概念，这种做法能明确什么是规范、什么是实现，侧重理论框架的完备。TCP/IP 模型是事实上的工业标准，而改进后的 TCP/IP 模型却没有做到，因此其并不适用于新一代网络架构设计。TCP/IP 模型没有区分物理层和数据链路层这两个功能完全不同的层。

OSI 模型比较适合理论研究和新网络技术研究，而 TCP/IP 模型真正做到了流行和应用。

## 7.3　物理层

物理层位于 OSI/RM 参考模型的最底层，为数据链路层实体提供建立、传输、释放所必须的物理连接，并且提供**透明的比特流传输**。

### 7.3.1　传输速率



数字通信系统的有效程度可以用码元传输速率和信息传输速率来表示。

**码元**：在使用时间域（时域）的波形表示数字信号时，代表不同离散数值的基本波形就称为码元。

**码元速率**（波特率）：即单位时间内载波参数（相位、振幅、频率等）变化的次数，单位为波特，常用符号 Baud 表示，简写成 B。

**比特率**（信息传输速率、信息速率）：指单位时间内在信道上传送的数据量（即比特数），单位为比特每秒（bit/s），简记为 b/s 或 bps。

**波特率与比特率有如下换算关系：**

$$比特率=波特率\times单个调制状态对应的二进制位数=波特率\times\log_2 N \qquad (7\text{-}3\text{-}1)$$

式中，N 是码元总数。

**带宽**：传输过程中信号不会明显减弱的一段频率范围，单位为赫兹（Hz）。对于模拟信道而言，信道带宽计算公式如下：

$$W = 最高频率-最低频率 \tag{7-3-2}$$

### 7.3.2 传输介质

常见的有线和无线传输介质有：同轴电缆、屏蔽双绞线、非屏蔽双绞线、光纤、无线、蓝牙等。

（1）同轴电缆。同轴电缆由内到外分为 4 层：中心铜线、塑料绝缘体、网状导电层和电线外皮。电流传导与中心铜线和网状导电层形成回路。同轴电缆因中心铜线和网状导电层为同轴关系而得名。

从用途上分，同轴电缆可分为**基带同轴电缆**（网络同轴电缆）和**宽带同轴电缆**（视频同轴电缆）。基带电缆又分**细同轴电缆**和**粗同轴电缆**，基带电缆仅仅用于数字传输，数据率可达 10Mb/s。从电阻大小上分，同轴电缆还可分为 50Ω 基带电缆和 75Ω 宽带电缆两类。

（2）屏蔽双绞线。屏蔽双绞线可分为 STP（Shielded Twisted-Pair）和 FTP（Foil Twisted-Pair）两类。STP 是指每条线都有各自屏蔽层的屏蔽双绞线，而 FTP 则是采用整体屏蔽的屏蔽双绞线。

（3）非屏蔽双绞线。非屏蔽双绞线由 8 根不同颜色的线分成 4 对绞合在一起，成对扭绞的作用是尽可能减少电磁辐射与外部电磁干扰的影响。将双绞线按电气特性可分为三类线、四类线、五类线、超五类线、六类线。网络中最常用的是五类线、超五类线和六类线。

1）双绞线的线序标有标准 568A 和标准 568B。**标准 568A** 线序为绿白、绿、橙白、蓝、蓝白、橙、棕白、棕；**标准 568B** 线序为橙白、橙、绿白、蓝、蓝白、绿、棕白、棕。

实际应用当中，绝大部分使用标准 568B，通常会认为标准 568B 对电磁干扰的屏蔽更好。

2）交叉线与直连线。**交叉线**是指一端是 568A 标准，另一端是 568B 标准的双绞线；**直连线**是指两端都是 568A 或 568B 标准的双绞线。

综合布线中对五类线、超五类线、六类线测试的参数有：衰减量、近端串扰、远端串扰、回波损耗、特性阻抗、接线方式。

（4）光纤。光导纤维，简称光纤。光纤由可以传送光波的**玻璃纤维或透明塑料**制成，**外包一层折射率低的材料**。进入光纤的光波在两种材料交界处上形成**全反射**，从而向前传播。**光纤传输的特点有：频带宽、重量轻、性能可靠、损耗低、抗干扰能力强等。**

光波在光纤中的传播模式与**芯线和包层的相对折射率**、**芯线的直径**以及**工作波长**有关。如果芯线的直径小于光波波长，则光就会在这种光纤中无反射的直线传播，这种光纤叫**单模光纤**。

光波在光纤中以多种模式传播，不同的传播模式有不同波长的光波和不同的传播和反射路径，这样的光纤叫**多模光纤**。

（5）无线传输技术。无线技术使用的传输介质是无线电波。重要知识点如下：

1）无线局域网标准。Wi-Fi 是一种可以将个人电脑、手持设备（如 PDA、手机）等终端以无线方式互相连接的技术。常用于无线局域网络的客户端接入。使用 IEEE 802.11 系列协议的局域网就称为 Wi-Fi。IEEE 802.11：无线局域网标准，定义了无线的媒体访问控制（MAC）子层和物理层规范。

IEEE 802.11 系列标准主要有 5 个子标准：IEEE 802.11a、IEEE 802.11b、IEEE 802.11g、IEEE 802.11n、IEEE 802.11ac。

在无线局域网中，主要设备有 AP（Access Point）。AP 的作用是无线接入，AP 可以简便地安装在天花板或墙壁上，在开放空间最大覆盖范围可达 3000 米。一台装有无线网卡的客户端与网络桥接器 AP 间在传递数据前必须建立关系，且状态为授权并关联时，信息交换才成为可能。

2）蓝牙。蓝牙（Bluetooth）是一种无线技术标准，可实现设备之间的短距离数据交换（2.4～2.485GHz 的 ISM 波段）。

3）3G 技术。第三代移动通信技术（3G）是将个人语音通信业务和各种分组交换数据综合在一个统一网络中的技术，其最主要的技术基础是码分多址（Code-Division Multiple Access，CDMA）。世界三大 3G 标准有 TD-SCDMA、WCDMA、CDMA2000。

4）4G 技术。4G（The 4th Generation Communication System，第四代移动通信技术）是第三代技术的延续。4G 可以提供比 3G 更快的数据传输速度。ITU（国际电信联盟）已将 WiMax、HSPA+、LTE、LTE-Advanced 和 WirelessMAN-Advanced 列为 4G 技术标准。

5）5G 技术。5G 网络作为第五代移动通信网络，其峰值理论传输速度可达每秒数十 Gb，比 4G 网络的传输速度快数百倍，整部超高画质电影可在 1 秒之内下载完成。2017 年 1 月底，在国际电信标准组织 3GPP RAN 第 78 次全体会议上，正式发布 5G NR 首发版本，这是全球第一个可商用部署的 5G 标准。

### 7.3.3 常见网络设备

常见的网络设备有交换机、路由器、防火墙、VPN 等。

（1）交换机。交换机（Switch）是一种信号转发的设备，可以为交换机自身的任意两端口间提供独立的电信号通路，又称为多端口网桥。

（2）路由器。路由器（Router）是连接各类局域网和广域网的设备，它会根据信道的情况自动选择和设定路由，以最佳路径按前后顺序发送信号的设备。**路由器工作在 OSI 模型的网络层**。**路由**就是指通过相互连接的网络把信息从源地点移动到目标地点的活动，简单地说就是寻路。路由器的主要功能是进行路由处理和包转发。

（3）防火墙。防火墙（Firewall）是网络关联的重要设备，用于控制网络之间的通信。外部网络用户的访问必须先经过安全策略过滤，而内部网络用户对外部网络的访问则无须过滤。现在的防火墙还具有隔离网络、提供代理服务、流量控制等功能。

（4）VPN。虚拟专用网络（Virtual Private Network，VPN）是在公用网络上建立专用网络的技术。由于整个 VPN 节点之间的连接并没有传统的物理链路，而是基于公共网络服务商所提供的网络平台，所以称为虚拟网络。

（5）集线器。集线器（Hub）**工作在物理层**，主要功能是对信号进行放大，以扩大传输距离，同时对所有节点进行集中。

（6）网桥：网桥（Bridge）是早期的两端口二层网络设备，**工作在数据链路层**，主要用于连接使用相同通信协议、传输介质和寻址方式的网络。

（7）中继器：中继器（Repeater）**工作在物理层**，在数据传输中起到放大信号的作用。

（8）网关：网关（Gateway）是可用于连接两个不同网络的一类设备。

# 7.4 数据链路层

数据链路层是 OSI 参考模型中的第二层。数据链路层在物理层提供的服务的基础上向网络层提供服务，其最基本的服务是将源主机网络层传来的数据可靠地传输到相邻节点的目标机网络层。

## 7.4.1 点对点协议

点对点协议常见知识点有 PPP、PPPoE。

（1）PPP。点对点协议（the Point-to-Point Protocol，PPP）提供了一种在点到点链路上封装网络层协议信息的标准方法。

（2）PPPoE。PPPoE（Point-to-Point Protocol over Ethernet），该协议可以使以太网的主机通过一个简单的桥接设备连到一个远端的集中接入设备上。通过 PPPoE 协议，远端接入设备能够实现对每个接入用户的控制和计费。

## 7.4.2 局域网的数据链路层结构

1. 局域网的数据链路层结构

802 标准把数据链路层分为两个子层：①逻辑链路控制（Logical Link Control，LLC），该层与硬件无关，实现流量控制等功能；②媒体接入控制层（Media Access Control，MAC），该层与硬件相关，提供硬件和 LLC 层的接口。局域网数据链路层结构如图 7-4-1 所示。LLC 层目前已不常使用。

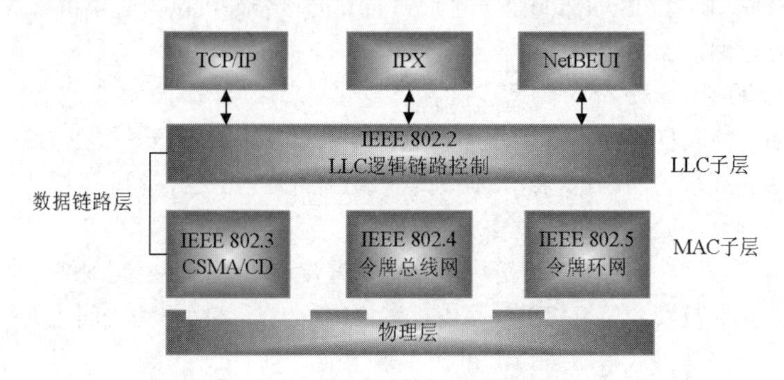


图 7-4-1　局域网数据链路层结构

（1）MAC。MAC 子层的主要功能包括数据帧的封装/卸装、帧的寻址和识别、帧的接收与发送、链路的管理、帧的差错控制等。MAC 层主要访问方式有 CSMA/CD、令牌环和令牌总线 3 种。

（2）MAC 地址。**MAC 地址**，也叫硬件地址，又叫链路地址。**MAC 地址由 48 比特组成。** MAC 地址结构如图 7-4-2 所示。

图 7-4-2　MAC 地址结构

MAC 地址前 24 位是厂商编号，由 IEEE 分配给生产以太网网卡的厂家，后 24 位是序列号，由厂家自行分配，用于表示设备地址。网卡的物理地址通常是由网卡生产厂家烧入网卡的 EPROM（一种闪存芯片，通常可以通过程序擦写），它存储的是真正表示主机的地址，用于发送、接收的终端传输数据。也就是说，在网络底层的物理传输过程中，是通过物理地址来识别主机的，它一般也是全球唯一的。

（3）LLC。该层向上层提供数据报、面向连接等服务。

2. IEEE 802 系列协议

IEEE 802 协议包含了以下多种子协议。把这些协议汇集在一起就叫 IEEE 802 协议集，该协议集的组成如图 7-4-3 所示。

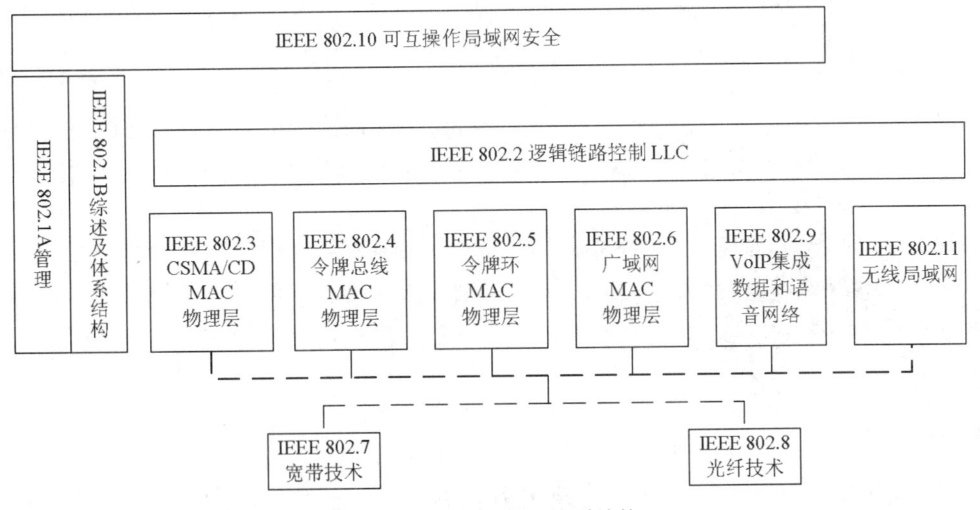


图 7-4-3　IEEE 802 体系结构

（1）IEEE 802.1 系列。IEEE 802.1 协议提供高层标准的框架，包括端到端协议、网络互连、网络管理、路由选择、桥接和性能测量。

（2）IEEE 802.2。逻辑链路控制提供 LAN 和 MAC 子层与高层协议间的一致接口。

（3）IEEE 802.3 系列。IEEE 802.3 是以太网规范，定义 CSMA/CD 标准的媒体访问控制（MAC）子层和物理层规范。

（4）**IEEE 802.4**：令牌总线网（Token-Passing Bus）。

（5）**IEEE 802.5**：令牌环线网。

（6）**IEEE 802.6**：城域网 MAN，定义城域网的媒体访问控制（MAC）子层和物理层规范。

（7）**IEEE 802.7**：宽带技术咨询组，为其他分委员会提供宽带网络技术的建议和咨询。

（8）**IEEE 802.8**：光纤技术咨询组，为其他分委员会提供使用有关光纤网络技术的建议和咨询。

（9）**IEEE 802.9**：集成数据和语音网络（Voice over Internet Protocol，VoIP）定义了综合语音/数据终端访问综合语音/数据局域网（包括 IVD LAN、MAN、WAN ）的媒体访问控制（MAC）子层和物理层规范。

（10）**IEEE 802.10**：可互操作局域网安全标准，定义局域网互连安全机制。

（11）**IEEE 802.11**：无线局域网标准，定义了自由空间媒体的媒体访问控制（MAC）子层和物理层规范。

（12）**IEEE 802.12**：按需优先定义使用按需优先访问方法的 100Mb/s 以太网标准。

**注意**：没有 IEEE 802.13 标准。

（13）**IEEE 802.14**：有线电视标准。

（14）**IEEE 802.15**：无线个人局域网（Personal Area Network，PAN），适用于短程无线通信的标准（如蓝牙）。

（15）**IEEE 802.16**：宽带无线接入（Broadband Wireless Access，BWA）标准。

### 7.4.3 CSMA/CD

载波监听多路访问/冲突检测（Carrier Sense Multiple Access/Collision Detect，CSMA/CD），是一种争用型的介质访问控制协议。它起源于美国夏威夷大学开发的 ALOHA 网所采用的争用型协议，并进行了改进，具有更高的介质利用率。

CSMA/CD 的工作原理是：发送数据前，先监听信道是否空闲，若空闲则立即发送数据。在发送数据时，边发送边继续监听。若监听到冲突，则立即停止发送数据。等待一段随机时间，再重新尝试。

**注意**：万兆以太网标准（IEEE 802.3ae）采用了全双工方式，彻底抛弃了 CSMA/CD。

## 7.5 网络层

网络层是 OSI 参考模型中的第三层。网络层控制子网的通信，其主要功能是提供路由选择。该节知识的难点是 IP 地址的计算问题。

### 7.5.1 IP 协议

网络互连协议（Internet Protocol，IP）是方便计算机网络系统之间相互通信的协议，是各大厂家遵循的计算机网络相互通信的规则。

### 7.5.2 IPv4 地址

IP 地址就好像电话号码：有了某人的电话号码，你就能与他通话了。同样，有了某台主机的 IP 地址，就能与这台主机通信了。TCP/IP 协议规定，IP 地址使用 32 位的二进制来表示，也就是 4 个字节。例如，采用二进制表示方法的 IP 地址形式为 00010010 00000010 10101000 00000001，这么长的地址，操作和记忆起来太费劲。为了方便使用，经常将 IP 地址写成十进制的形式，中间使用“.”符号将字节分开。于是，上面的 IP 地址可以表示为 18.2.168.1。IP 地址的这种表示法叫作**点分十进制表示法**，显然，比 1 和 0 容易记忆得多。图 7-5-1 所示为将 32 位的地址映射到用点分十进制表示法表示的地址上。

| 00010010 | 00000010 | 10101000 | 00000001 |
|---|---|---|---|
| 18 . | 2 . | 168 . | 1 |

图 7-5-1 点分十进制与 32 位地址的对应表示形式

### 7.5.3 IPv4 地址分类

IP 地址分为 5 类：A 类用于大型网络，B 类用于中型网络，C 类用于小型网络，D 类用于组播，E 类保留用于实验。每一类有不同的网络号位数和主机号位数。各类地址特征如图 7-5-2 所示。

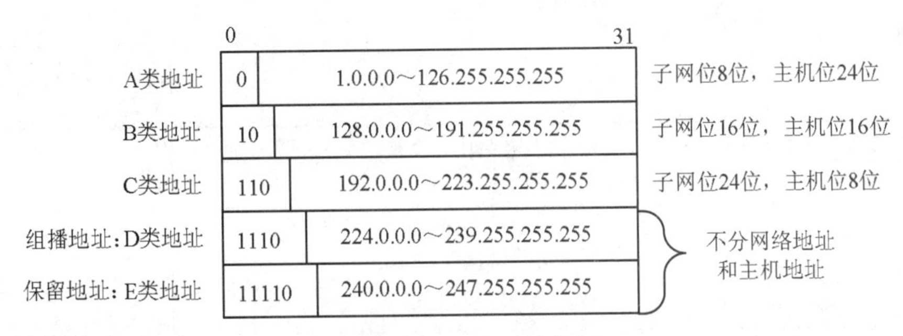


图 7-5-2 5 类地址特征

（1）A 类地址。A 类地址范围：1.0.0.0～126.255.255.255。

A 类地址中的私有地址和保留地址如下：

1）私有地址范围为 10.0.0.0～10.255.255.255。

2）127.X.X.X 是保留地址，用作环回（Loopback）地址向自己发送流量，是一个虚 IP 地址。

（2）B 类地址。B 类地址范围：128.0.0.0～191.255.255.255。

B 类地址中的私有地址和保留地址如下：

1）172.16.0.0～172.31.255.255 是私有地址。

2）**169.254.X.X 是保留地址。如果将 PC 机上的 IP 地址设为自动获取，而 PC 机又没有找到相应的 DHCP 服务，那么最后 PC 机可能得到保留地址中的一个 IP。**没有获取到合法 IP 后的 PC 机地址分配情况如图 7-5-3 所示。

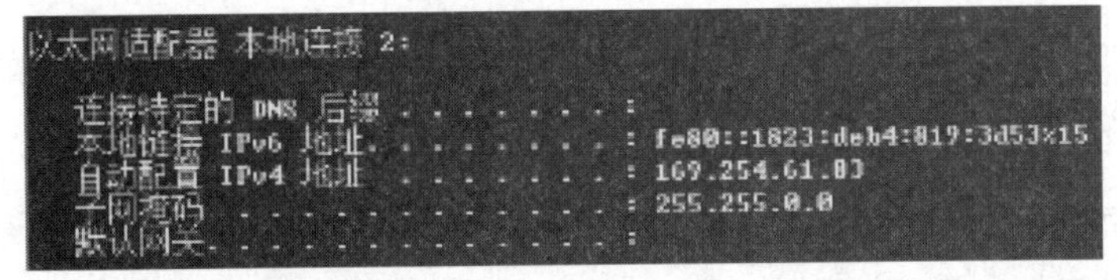


图 7-5-3 在断开的网络中，PC 机被随机分配了一个 169.254.X.X 保留地址

（3）C 类地址。IP 地址写成二进制形式时，C 类地址的前 3 位固定为 110。C 类地址第 1～3 字节为网络地址，第 4 字节为主机地址。

C类地址范围：192.0.0.0～223.255.255.255。

C类地址中的192.168.X.X是私有地址，地址范围为192.168.0.0～192.168.255.255。

（4）D类地址。IP地址写成二进制形式时，D类地址的前4位固定为1110。D类地址不分网络地址和主机地址，该类地址用作组播。

（5）E类地址。IP地址写成二进制形式时，E类地址的前5位固定为11110。E类地址不分网络地址和主机地址。

E类地址范围：240.0.0.0～247.255.255.255。

几类特殊的IP地址的结构和特性见表7-5-1。

表7-5-1　特殊地址特性

| 地址名称 | 地址格式 | 特点 | 可否作为源地址 | 可否作为目标地址 |
|---|---|---|---|---|
| 有限广播 | 255.255.255.255（网络字段和主机字段全1） | 不被路由，会被送到相同物理网络段上的所有主机 | N | Y |
| 直接广播 | 主机字段全1，如192.1.1.255 | 广播会被路由，并会发送到专门网络上的每台主机 | N | Y |
| 网络地址 | 主机位全0，如192.168.1.0 | 表示一个子网 | N | N |
| 全零地址 | 0.0.0.0 | 代表任意主机 | Y | N |
| 环回地址 | 127.X.X.X | 向自己发送数据 | Y | Y |

### 7.5.4　子网掩码

子网掩码用于区分网络地址、主机地址、广播地址，是表示网络地址和子网大小的重要指标。子网掩码的形式是网络号部分全1、主机号部分全0。掩码也能像IPv4地址一样使用点分十进制表示法书写，但掩码不是IP地址。掩码还能使用“/从左到右连续1的总数”的形式表示，这种描述方法称为**建网比特数**。

表7-5-2和表7-5-3给出了B类和C类网络可能出现的子网掩码，以及对应的网络数量和主机数量。

表7-5-2　B类子网掩码特性

| 子网掩码 | 建网比特数 | 子网络数 | 可用主机数 |
|---|---|---|---|
| 255.255.255.252 | /30 | 16384 | 2 |
| 255.255.255.248 | /29 | 8192 | 6 |
| 255.255.255.240 | /28 | 4096 | 14 |
| 255.255.255.224 | /27 | 2048 | 30 |
| 255.255.255.192 | /26 | 1024 | 62 |
| 255.255.255.128 | /25 | 512 | 126 |

续表

| 子网掩码 | 建网比特数 | 子网络数 | 可用主机数 |
|---|---|---|---|
| 255.255.255.0 | /24 | 256 | 254 |
| 255.255.254.0 | /23 | 128 | 510 |
| 255.255.252.0 | /22 | 64 | 1022 |
| 255.255.248.0 | /21 | 32 | 2046 |
| 255.255.240.0 | /20 | 16 | 4094 |
| 255.255.224.0 | /19 | 8 | 8190 |
| 255.255.192.0 | /18 | 4 | 16382 |
| 255.255.128.0 | /17 | 2 | 32766 |
| 255.255.0.0 | /16 | 1 | 65534 |

表 7-5-3　C 类子网掩码特性

| 子网掩码 | 建网比特数 | 子网络数 | 可用主机数 |
|---|---|---|---|
| 255.255.255.252 | /30 | 64 | 2 |
| 255.255.255.248 | /29 | 32 | 6 |
| 255.255.255.240 | /28 | 16 | 14 |
| 255.255.255.224 | /27 | 8 | 30 |
| 255.255.255.192 | /26 | 4 | 62 |
| 255.255.255.128 | /25 | 2 | 126 |
| 255.255.255.0 | /24 | 1 | 254 |

注意：（1）主机数=可用主机数+2。在考试中，计算可用子网个数时通常不考虑（子网数-2）的情况，但是在某些选择题中出现两个可用答案时，也要考虑（子网数-2），因为早期的路由器在划分子网之后，0 号子网与没有划分子网之前的网络号是一样的，为了避免混淆，通常不使用 0 号子网。路由器上甚至有 IP subnet-zero 这样的指令控制是否使用 0 号子网。

（2）A 类地址的默认掩码是 255.0.0.0；B 类地址的默认掩码是 255.255.0.0；C 类地址的默认掩码是 255. 255. 255.0。

（3）在 A、B、C 三类地址中，除了主机位（bit）为全 1 的广播地址和主机位（bit）为全 0 的子网地址，都是可以分配给主机使用的主机地址，考试中也常称为单播地址。

### 7.5.5　地址结构

早期 IP 地址结构为两级地址：

IP 地址::={<网络号>,<主机号>}　　（7-5-1）

RFC 950 文档发布后增加一个子网号字段，变成三级网络地址结构：

IP 地址::={<网络号>,<子网号>,<主机号>}　　（7-5-2）

### 7.5.6 VLSM 和 CIDR

（1）可变长子网掩码（Variable Length Subnet Masking，VLSM）。传统的 A 类、B 类和 C 类地址使用固定长度的子网掩码，分别为 8 位、16 位、24 位，这种方式比较浪费地址空间。VLSM 则是对部分子网再次进行子网划分，允许同一个网络地址空间中使用多个不同的子网掩码。VLSM 使寻址效率更高、IP 地址利用率也更高。所以 VLSM 技术可以理解为把大网分解成小网。

（2）无类别域间路由（Classless Inter-Domain Routing，CIDR）。在进行网段划分时，除了有将大网络拆分成若干个小网络的需求外，也有将小网络组合成大网络的需求。在一个有类别的网络中（只区分 A、B、C 等大类的网络），路由器决定一个地址的类别，并根据该类别识别网络和主机。而在 CIDR 中，路由器使用前缀来描述有多少位是网络位（或称前缀），剩下的位则是主机位。CIDR 显著提高了 IPv4 的可扩展性和效率，通过使用路由聚合（或称超网）可有效地减小路由表的大小，节省路由器的内存空间，提高路由器的查找效率。该技术可以理解为把小网合并成大网。

### 7.5.7 IP 地址和子网规划

IP 地址和子网规划类的题目可以分为以下几种形式。

（1）给定 IP 地址和掩码，求网络地址、广播地址、子网范围、子网能容纳的最大主机数。

**【例 1】**已知子网地址是 8.1.72.24，子网掩码是 255.255.192.0。计算网络地址、广播地址、子网范围、子网能容纳的最大主机数。

1）计算子网的步骤如图 7-5-4 所示。

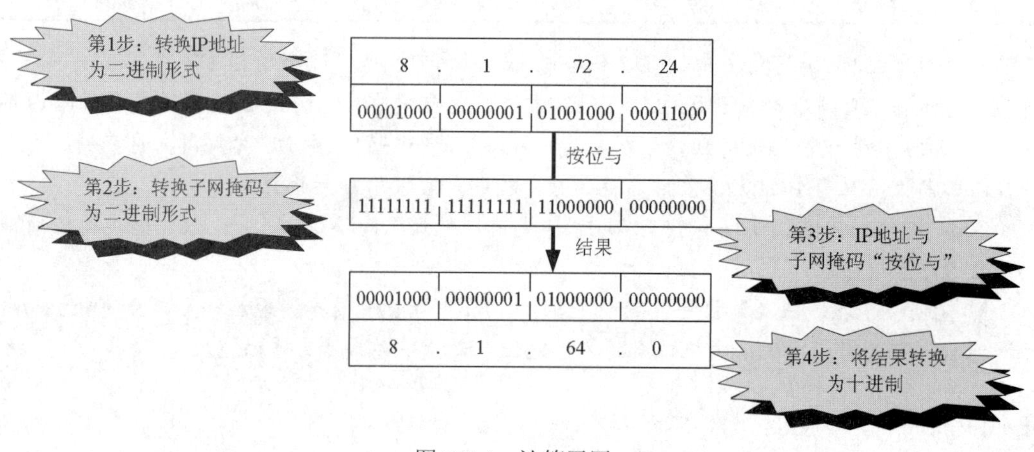


图 7-5-4 计算子网

2）计算广播地址的步骤如图 7-5-5 所示。

3）计算子网范围。子网范围=[子网地址]～[广播地址]=8.1.64.0～8.1.127.255。

4）计算子网能容纳的最大主机数。子网能容纳的最大主机数=$2^{主机位}-2=2^{14}-2=16382$。

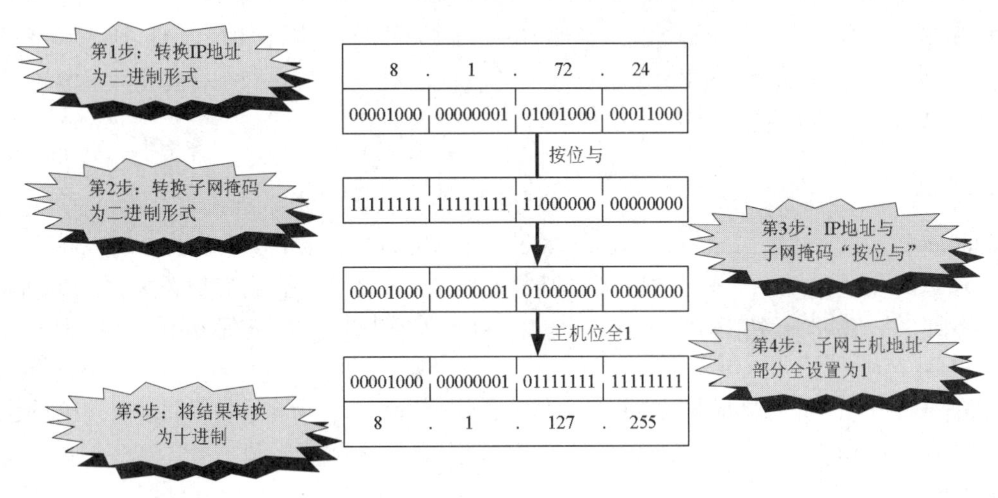


图 7-5-5　计算广播地址

（2）给定现有的网络地址和掩码并给出子网数目，计算子网掩码及子网可分配的主机数。

【例 2】某公司网络的地址是 200.100.192.0，掩码是 255.255.240.0，要把该网络分成 16 个子网，则对应的子网掩码是多少？每个子网可分配的主机地址数是多少？

1）计算子网掩码。计算子网掩码的步骤如图 7-5-6 所示。

可以得到，本题的子网掩码为 255.255.255.0。

2）计算子网可分配的主机数。子网能容纳的最大主机数=$2^{主机位}-2=2^8-2=254$。

（3）给出网络类型及子网掩码，求划分子网数。

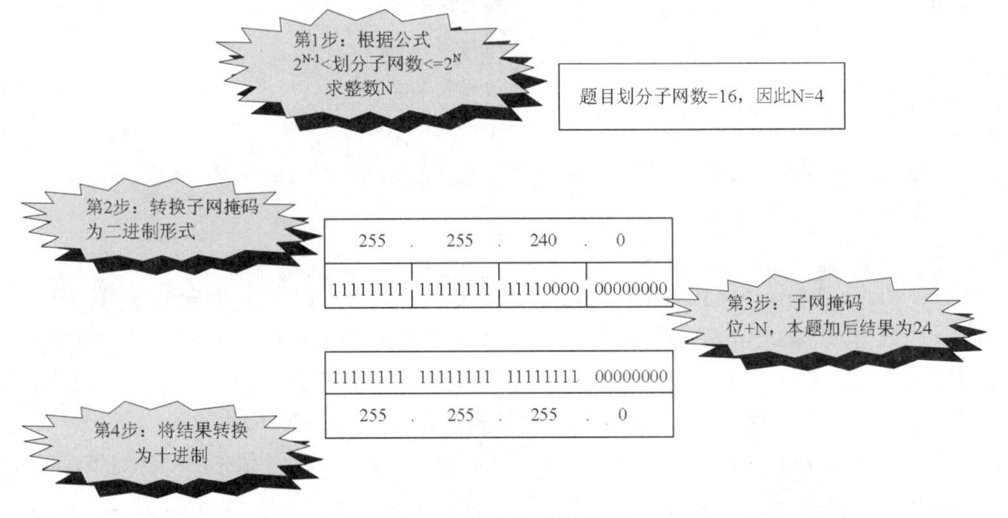


图 7-5-6　计算子网掩码

【例 3】一个 B 类网络的子网掩码为 255.255.192.0，则这个网络被划分成了多少个子网？

1）根据网络类型确定网络号的长度。本题网络类型为 B 类网，因此网络号为 16 位。

2）转换子网掩码为建网比特数。本题中的子网掩码255.255.192.0可以用/18表示。

3）子网号=建网比特数-网络号，划分的子网个数=$2^{子网号}$。本题子网号=18–16=2，因此划分的子网个数=$2^2$=4。

### 7.5.8 ICMP

Internet控制报文协议（Internet Control Message Protocol，ICMP）是TCP/IP协议簇的一个子协议，是网络层协议，用于在IP主机和路由器之间传递控制消息。控制消息指的是主机是否可达、网络通不通、路由是否可用等消息。这些控制消息并不传输用户数据，但是对用户数据的传递起着重要的作用。

ICMP协议使用IP数据报传送数据。ICMP报文应用有ping命令（使用回送应答和回送请求报文）和Traceroute命令（使用时间超时报文和目的不可达报文）。

### 7.5.9 ARP和RARP

地址解析协议（Address Resolution Protocol，ARP）是将32位的IP地址解析成48位的以太网地址（MAC地址）；而反向地址解析（Reverse Address Resolution Protocol，RARP）则是将48位的以太网地址解析成32位的IP地址。ARP报文**封装在以太网帧**中进行发送。

### 7.5.10 IPv6

IPv6（Internet Protocol Version 6）是IETF设计的用于替代现行IPv4的下一代IP协议。IPv6的地址长度为128位，但通常写作8组，每组为4个十六进制数的形式，如2002:0db8:85a3:08d3:1319:8a2e:0370:7345是一个合法的IPv6地址。

## 7.6 传输层

传输层是OSI参考模型中的第四层，重要知识点就是TCP和UDP协议。

### 7.6.1 TCP

传输控制协议（Transmission Control Protocol，TCP）是一种可靠的、面向连接的字节流服务。源主机在传送数据前需要先与目标主机建立连接。然后在此连接上，被编号的数据段按序收发。同时要求对每个数据段进行确认，这样保证了可靠性。如果在指定的时间内没有收到目标主机对所发数据段的确认，源主机将再次发送该数据段。TCP建立在无连接的IP基础之上。

TCP会话通过**3次握手**来建立连接。3次握手的目标是使数据段的发送和接收同步，同时也向其他主机表明其一次可接收的数据量（窗口大小）并建立逻辑连接。

### 7.6.2 UDP

用户数据报协议（User Datagram Protocol，UDP）是一种不可靠的、无连接的数据报服务。源主机在传送数据前不需要和目标主机建立连接。数据附加了源端口号和目标端口号等 UDP 报头字段后，直接发往目的主机。这时，每个数据段的可靠性依靠上层协议来保证。在传送数据较少且较小的情况下，UDP 比 TCP 更加高效。

## 7.7 应用层

应用层位于 OSI/RM 参考模型的最高层，直接针对用户的需要。

### 7.7.1 DNS

域名系统（Domain Name System，DNS）是把主机域名解析为 IP 地址的系统，解决了 IP 地址难记的问题。该系统是由解析器和域名服务器组成的。**DNS 主要基于 UDP 协议，较少情况下使用 TCP 协议，端口号均为 53**。域名解析就是将域名解析为 IP 地址。

DNS 系统属于分层式命名系统，即采用的命名方法是层次树状结构。连接在 Internet 上的主机或路由器都有一个唯一的层次结构名，即域名（Domain Name）。域名可以由若干个部分组成，每个部分代表不同级别的域名并使用“.”号分开。完整的结构为：**主机.⋯.三级域名.二级域名.顶级域名**。

Internet 上域名空间的结构如图 7-7-1 所示。

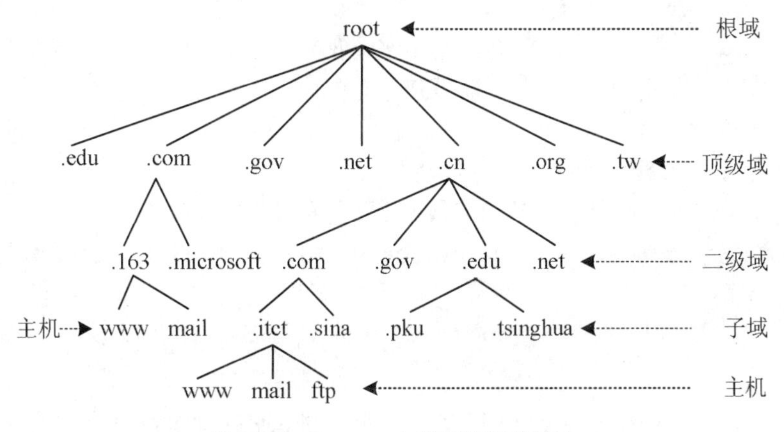


图 7-7-1 Internet 上域名空间的结构

（1）根域：根域处于 Internet 上域名空间结构树的最高端，是树的根，提供根域名服务。根域用“.”来表示。

（2）顶级域（Top Level Domain，TLD）：顶级域名在根域名之下，分为三大类：国家顶级域名、通用顶级域名和国际顶级域名。

（3）主机：属于最低层域名，处于域名树的叶子端，代表各类主机提供的服务。

### 7.7.2 DHCP

BOOTP 是最早的主机配置协议，动态主机配置协议（Dynamic Host Configuration Protocol，

DHCP）则是在其基础之上进行了改良的协议，是一种用于简化主机 IP 配置管理的 IP 管理标准。通过采用 DHCP 协议，DHCP 服务器为 DHCP 客户端进行动态 IP 地址分配。同时 DHCP 客户端在配置时不必指明 DHCP 服务器的 IP 地址就能获得 DHCP 服务。当同一子网内有多台 DHCP 服务器时，在默认情况下，客户机采用最先到达的 DHCP 服务器分配的 IP 地址。

DHCP 服务端使用 **UDP 的 67 号端口**来监听和接收客户请求消息，客户端使用 **UDP 的 68 号端口**来接收来自 DHCP 服务器的消息回复。

在 Windows 系统中，在 DHCP 客户端无法找到对应的服务器、获取合法 IP 地址失败的前提下，在自动专用 IP 地址（Automatic Private IP Address，APIPA）中选取一个地址作为主机 IP 地址。APIPA 的地址范围为 169.254.0.0～169.254.255.255。

### 7.7.3 WWW

万维网（World Wide Web，WWW）是一个规模巨大、可以互联的资料空间。该资料空间的资源依靠 URL 进行定位，通过 HTTP 协议传送给使用者，又由 HTML 来进行文档的展现。由定义可以知道，WWW 的核心由 3 个主要标准构成：URL、HTTP、HTML。

（1）URL。统一资源标识符（Uniform Resource Locator，URL）是一个全世界通用的、负责给万维网上资源定位的系统。URL 由 4 个部分组成：

<协议>://<主机>:<端口>/<路径>

- <协议>：表示使用什么协议来获取文档，之后的“://”不能省略。常用协议有 HTTP、HTTPS、FTP。**其中，默认使用的协议是 HTTP。**
- <主机>：表示资源主机的域名。
- <端口>：表示主机服务端口，有时可以省略。
- <路径>：表示最终资源在主机中的具体位置，有时可以省略。

（2）HTTP。超文本传送协议（Hypertext Transport Protocol，HTTP）负责规定浏览器和服务器怎样进行互相交流。

（3）HTML。超文本标记语言（Hypertext Markup Language，HTML）是用于描述网页文档的一种标记语言。

（4）XML。可扩展标记语言（eXtensible Markup Language，XML），是一种用于标记电子文件使其具有结构性的标记语言。HTML 可以看成 XML 的一个子集。

WWW 采用客户机/服务器的工作模式，工作流程具体如下：

1）用户使用浏览器或其他程序建立客户机与服务器的连接，并发送浏览请求。

2）Web 服务器接收到请求后返回信息到客户机。

3）通信完成后关闭连接。

### 7.7.4 HTTP

HTTP 是互联网上应用最广泛的一种网络协议，该协议由万维网协会（World Wide Web Consortium，W3C）和 Internet 工作小组（Internet Engineering Task Force，IETF）共同提出。该协

议使用 TCP 的 80 号端口提供服务。

HTTP 是工作在客户端/服务器端（C/S）模式下、基于 TCP 的协议。客户端是终端用户，服务器端是网站服务器。

客户端通过使用 Web 浏览器、网络爬虫或其他工具，发起一个到服务器上指定端口（默认端口为 80）的 HTTP 请求。一旦收到请求，服务器向客户端发回响应消息，消息的内容可能是请求的文件、错误消息或一些其他信息。客户端请求和连接端口需大于 1024。

1. HTTP 1.1

Web 服务器往往访问压力较大，为了提高效率，HTTP 1.1 规定浏览器与服务器的连接时间很短，浏览器的每次请求都需要与服务器建立新的 TCP 连接，服务器处理完请求之后立即断开 TCP 连接，服务器不记录过去的请求。

这种方式下，访问具有多个图片的网页时，需要建立多个独立连接进行请求与响应；每个连接只传输一个文档和图像。客户端、服务器端需要频繁地建立和关闭连接，因此严重影响双方的性能。网页中包含 Applet、JavaScript、CSS 等时，也会出现类似情况。

为了克服频繁建立、关闭连接的缺陷，HTTP 1.1 开始支持持久连接。这样通过一个 TCP 连接，就能传送多个 HTTP 请求和响应，大大减少了建立和关闭连接造成的消耗和延迟。这样访问一个多图片的网页文件，可以在同一连接中传输多个请求与应答。当然，多文件请求与应答，还是需要分别进行连接。

HTTP 1.1 允许客户端可以不用等待上一次请求返回的结果，就可以进行下一次请求；但是服务器端必须按照接收到请求的先后顺序依次返回结果，以确保客户端能分清每次请求的响应内容。

HTTP 1.1 增加了更多的请求头和响应头，便于改进和扩充功能。

（1）同一 IP 地址与端口号可以配置多个虚拟的 Web 站点。HTTP 1.1 新增加 Host 请求头字段后，可以在一台 Web 服务器上，用同一 IP 地址、端口号，用不同的主机名创建多个虚拟 Web 站点。

（2）实现持续连接。Connection 请求头可用于通知服务器返回本次请求结果后保持连接。

2. HTTP 2.0

HTTP 2.0 兼容于 HTTP 1.X，同时大大提升了 Web 性能，进一步减少了网络延迟，减少了前端方面的优化工作。HTTP 2.0 采用了新的二进制格式，解决了多路复用（即连接共享）问题，可对 header 进行压缩，使用较为安全的 HPACK 压缩算法，重置连接表现更好，有一定的流量控制功能，使用更安全的 SSL。

3. 浏览器

网页浏览器（Web Browser），简称浏览器，是一种浏览互联网网页的应用工具，也可以播放声音、动画、视频，还可以打开 PDF、Word 等格式的文档。目前，常见的浏览器有 IE 系列浏览器、谷歌 Chrome 浏览器、苹果 Safari 浏览器、火狐浏览器、QQ 浏览器、百度浏览器等。

浏览器内核（又称渲染引擎），主要功能是解析 HTML、CSS，进行页面布局、渲染与复合层合成。

### 7.7.5 E-mail

电子邮件（Electronic Mail，E-mail）又称电子信箱，是一种用网络提供信息交换的通信方式。

通过网络，电子邮件系统可以以非常低廉的价格、非常快速的方式与世界上任何一个角落的网络用户联系，邮件形式可以是文字、图像、声音等。

电邮地址的格式是“用户名@域名”。其中，@是英文at的意思。选择@的理由比较有意思，电子邮件的发明者雷·汤姆林森给出的解释是：“它在键盘上那么显眼的位置，我一眼就看中了它。”

电子邮件地址是表示在某部主机上的一个使用者账号。

1. 常见的电子邮件协议

常见的电子邮件协议有：简单邮件传输协议、邮局协议和Internet邮件访问协议。

（1）简单邮件传输协议（Simple Mail Transfer Protocol，SMTP）。SMTP主要负责底层的邮件系统如何将邮件从一台机器发送至另外一台机器。该协议工作在TCP协议的25号端口。

（2）邮局协议（Post Office Protocol，POP）。目前的版本为POP3，POP3是把邮件从邮件服务器中传输到本地计算机的协议。该协议工作在TCP协议的110号端口。邮件客户端通过与服务器之间建立TCP连接，采用Client/Server计算模式来传送邮件。

（3）Internet邮件访问协议（Internet Message Access Protocol，IMAP）。目前的版本为IMAP4，是POP3的一种替代协议，提供了邮件检索和邮件处理的新功能。用户可以完全不必下载邮件正文就可以看到邮件的标题和摘要，使用邮件客户端软件就可以对服务器上的邮件和文件夹目录等进行操作。IMAP协议增强了电子邮件的灵活性，同时也减少了垃圾邮件对本地系统的直接危害，同时相对节省了用户查看电子邮件的时间。除此之外，IMAP协议可以记忆用户在脱机状态下对邮件的操作（如移动邮件、删除邮件等），在下一次打开网络连接时会自动执行。该协议工作在TCP协议的143号端口。

2. 邮件安全

电子邮件在传输中使用的是SMTP协议，它不提供加密服务，攻击者可以在邮件传输中截获数据。其中的文本格式和非文本格式的二进制数据（如.exe文件）都可轻松地还原。同时还存在发送的邮件很可能是冒充的邮件、邮件误发送等问题。因此安全电子邮件的需求越来越强烈，安全电子邮件可以解决邮件的加密传输问题、验证发送者的身份验证问题、错发用户的收件无效问题。

PGP（Pretty Good Privacy）是一款邮件加密软件，可以用它对邮件保密以防止非授权者阅读，它还能为邮件加上数字签名，从而使收信人可以确认邮件的发送者，并能确信邮件没有被篡改。PGP采用了**RSA和传统加密的杂合算法、数字签名的邮件文摘算法**和加密前压缩等手段，功能强大、加解密快且开源。

3. 邮件客户端

常见的电子邮件客户端有Foxmail、Outlook等。在阅读邮件时，使用网页、程序、会话方式都有可能运行恶意代码。为了防止电子邮件中的恶意代码，应该用纯文本方式阅读电子邮件。

### 7.7.6 FTP

文件传输协议（File Transfer Protocol，FTP）简称为“文传协议”，用于在Internet上控制文件的双向传输。FTP客户上传文件时，通过服务器20号端口建立的连接是建立在TCP之上的数据连接，通过服务器21号端口建立的连接是建立在TCP之上的控制连接。

### 7.7.7 SNMP

网络管理是对网络进行有效而安全的监控、检查。网络管理的任务就是：检测和控制。

简单网络管理协议（Simple Network Management Protocol，SNMP）是在应用层上进行网络设备间通信的管理协议，可以进行网络状态监视、网络参数设定、网络流量统计与分析、发现网络故障等。SNMP 基于 UDP 协议，**是一组标准，由 SNMP 协议、管理信息库和管理信息结构组成。**

### 7.7.8 Telnet

TCP/IP 终端仿真协议（TCP/IP Terminal Emulation Protocol，Telnet）是一种基于 TCP 的虚拟终端通信协议，端口号为 23。Telnet 采用客户端/服务器的工作方式，采用网络虚拟终端（Net Virtual Terminal，NVT）实现客户端和服务器的数据传输，可以实现远程登录、远程管理交换机和路由器。

### 7.7.9 SSH

传统网络程序（如 POP、FTP、Telnet）明文传送数据、用户账号和用户口令，因此是不安全的，容易受到中间人（man-in-the-middle）攻击被截获到数据。

安全外壳协议（Secure Shell，SSH）由 IETF 的网络工作小组（Network Working Group）制定，是一个较为可靠的、为远程登录会话及其他网络服务提供安全性的协议。既可以代替 Telnet，又可以为 FTP、POP 甚至 PPP 提供一个安全的“通道”。

利用 SSH 协议可以有效防止远程管理过程中的信息泄露问题。通过 SSH 可以对所有传输的数据进行加密，能够避免 DNS 欺骗和 IP 欺骗；SSH 传输的是压缩数据，所以可以提高传输的速度。

## 7.8 交换与路由

本节涉及交换与路由的概念知识。

### 7.8.1 交换

**交换技术**就是交换机上使用的数据交换技术。交换机（Switch）是一种信号转发的设备，可以为交换机自身的任意两端口间提供独立的电信号通路，又称多端口网桥。

（1）冲突域。冲突域是物理层的概念，是指会发生物理碰撞的域。可以理解为连接在同一导线上的所有工作站的集合。**网桥、交换机、路由器能隔离冲突域。**

（2）广播域。广播域是数据链路层的概念，是能接收同一广播报文的节点集合，如设备广播的 ARP 报文能接收到的设备都处于同一个广播域。**路由器、三层交换机都能隔离广播域**。

虚拟局域网（Virtual Local Area Network，VLAN）是一种将局域网设备从逻辑上划分成一个个网段，从而实现虚拟工作组的数据交换技术。这一技术主要应用于三层交换机和路由器中，但主流应用还是在三层交换机中。

VLAN 是基于物理网络上构建的逻辑子网，所以构建 VLAN 需要使用支持 VLAN 技术的交换机。当网络之间的不同 VLAN 进行通信时，就需要路由设备的支持。这时就需要增加路由器、三层交换机之类的路由设备。

一个 VLAN 内部的广播和单播流量都不会转发到其他 VLAN 中（隔离广播），用于实现数据链路层的隔离，这样有助于控制广播活动、控制流量、减少设备投资、简化网络管理、提高网络的安全性。

### 7.8.2 路由

**路由**就是指通过相互连接的网络，把信息从源地点移动到目标地点的活动。

路由器（Router）是连接网络中各类局域网和广域网的设备，它会根据信道的情况自动选择和设定路由，以最佳路径按前后顺序发送信号的设备。**路由器工作在 OSI 模型的网络层**。

## 7.9 网站建设

超文本标记语言在程序员考试中偶尔会考到，属于零星知识点。

HTML 是使用特殊标记来描述网页结构和表现形式的一种语言，由万维网协会（World Wide Web Consortium，W3C）组织制定。HTML 不是一种编程语言，而是一种标记语言。通过浏览器，可将 HTML 语言解析成为可视的网页。目前最新版本为 HTML5。

HTML 文件名后缀为*.html 或*.htm。HTML 文件是超文本文件，只能存储文本。

1. HTML 结构

HTML 基本结构如下：

```
<HTML>
<HEAD>
<title></title>
……
</HEAD>
<BODY>
……
</BODY>
</HTML>
```

其中，<HTML></HTML>分别表示文档的开始和结束；<HEAD></HEAD>表示文档头；<BODY></BODY>表示文档体。

2. HTML 语法

（1）双标记。

语法结构：<标记>内容</标记>。

**【例 1】**

<HEAD>和</HEAD>；<EM>和</EM>等。

（2）单标记。

语法结构：<标记>。经常使用的单标记是<BR>。

（3）标记属性。

标记属性表示 HTML 标签所拥有的属性。属性总是以名称/值对的形式出现。属性和属性值对大小写不敏感，但 HTML4 版本开始推荐使用小写。

语法结构：<标记属性 1　属性 2　属性 3　…>。

**【例 2】**

```
<HR Size=1 Align=left Width="25%">；<h1 align="center">；
```

（4）注释语句。

语法结构：<!--注释文字-->

**【例 3】**

<!--本文版权为攻克要塞所拥有-->

3. HTML 常用元素

（1）<title>标签。

<title>标签位于<HEAD>和</HEAD>之间，定义了 HTML 文档的标题。通常体现网页的主题内容，显示在浏览器窗口的标题栏或状态栏上。<title>长度没有限制，通常不超过 64 个字符。

格式：<title>文档标题</title>

（2）标题<hn>。

标题用于呈现文档结构。标题通过<h1>～<h6>标签进行定义。

格式：<hn>标题内容</hn>，其中，“n”表示标题的级别，可以为 1 至 6 之间的任意整数。<h1>定义最大的标题。<h6>定义最小的标题。

**【例 4】**

```
<h1>标题 1</h1>
<h2>标题 2</h2>
<h3>标题 3</h3>
<h4>标题 4</h4>
<h5>标题 5</h5>
<h6>标题 6</h6>
```

<hn>有对齐属性 align，默认为左对齐格式。对齐属性见表 7-9-1。

**表 7-9-1　对齐属性**

| 标题 | 作用 |
|---|---|
| align=left | 左对齐 |
| align=center | 居中 |
| align=right | 右对齐 |

（3）横线<hr>。

窗口画一条水平分割的横线。格式：<hr>。

（4）分行<br>与禁止分行<nobr>。

分行标签用于插入一个简单的换行符。格式：<br>。

禁止分行标签用于内容不换行，如果该内容一行显示不完，则超出部分将会裁剪掉。格式：<nobr>不换行内容</nobr>。

（5）分段<p>。

分段标签定义段落。格式：<p></p>。该标签可以具有属性，主要有 align、clear 属性等。具体示例如下：

**【例5】**

```
<H3>
<P Align=left>床前明月光，</P>
<P Align=center>疑是地上霜。</P>
<P Align=right>举头望明月，</P>
<P Align=left>低头思故乡。</P>
</H3>
```

（6）背景设置。

设定窗口的背景图像，格式：<body background="image-URL">。

设定窗口的背景颜色，格式：<body bgcolor=# text=# link=# alink=# vlink=#>，各属性含义见表 7-9-2。

表 7-9-2 body 属性

| 属性名 | 功能 | 备注 |
|---|---|---|
| bgcolor | 设置背景颜色 | HTML4.01 推荐使用 CSS 代替该属性，语法为：<body style="background-color:# "> |
| text | 设置文本颜色 | HTML4.01 推荐使用 CSS 代替该属性，CSS 语法（在<head>部分）：<style>body{color:#}</style> |
| link | 设置超链颜色 | HTML4.01 推荐使用 CSS 代替该属性，CSS 语法（在<head>部分）：<style>a:link {color: # }</style> |
| alink | 设置活动的链接（正被点击的链接）指针的颜色 | 该标签已经被弃用 |
| vlink | 设置已访问过的链接指针的颜色 | HTML4.01 推荐使用 CSS 代替该属性，CSS 语法（在<head>部分）：<style>a:visited {color: # }</style> |

（7）图像<img>。标签用于插入一张图片。格式：<imgsrc="url" >或者<imgsrc="url" alt="text">，url 表示图像的 url，text 用于图像显示不出来时的文本提示。

该标签还可以加入更多属性。如 height（高度属性）、width（宽度属性）、border（宽图形边框宽度的像素值）、algin（图形对齐方式）等。

图形可以作为一个超级链接。格式：<A HREF="url"><IMG SRC="url"></A>。

4. 超链接

超文本链接既可以指向同一文档的不同部分，也可以指向远程主机的某一文档。文档可以是文本、html 页面、动画、音乐等。文档的指向和定位可借助统一资源定位器（URL）完成。

（1）目标标记。超级链接可以指向文档中的某个部分。因此，只需要在文档中进行标记，就可以方便地进行位置跳转了。

标记格式：<a name="name1">hello</a>，name 属性将指定标记的地方标记为"name1"，name1 为全文的标记串。这种方式就在 hello 处，放置了标记 name1。然后，就可以供其他超链接进行调用。

（2）调用目标。超链接可以指向或者调用不同位置的文档，具体见表 7-9-3。

**表 7-9-3　超链接指向或调用不同位置的文档**

| 位置 | 格式 |
|---|---|
| 同一文档指定位置 | <a href="#name1"></a> |
| 同一目录下的不同文档 | <a href ="test.html#name1"></a> |
| 同一服务器下的不同文档 | <a href ="1/test.html#name1"></a> |
| 互联网文档 | <a href ="www.itct.cn/1/test.html#name1"></a> |
| 插入邮件 | <a href =mailto:syhnjs@qq.com></a> |

注："#name"需要预先在目标文档中进行标记。

5. 列表

列表能提供结构化、美观的阅读格式。列表可以分为有序列表、无序列表、自定义列表。

（1）有序列表。有序列表的语法格式为：

```
<ol>
若干列表项<li>列表项名</li>
</ol>
```

（2）无序列表。无序列表的语法格式为：

```
<ul>
若干列表项<li>列表项名</li>
</ul>
```

无序列表、有序列表的示例如下。

**【例 6】**

```
<h4>无序列表:</h4>
<ul>
<li>红茶</li>
<li>绿茶</li>
<li>黑茶</li>
</ul>

<h4>有序列表:</h4>
<ol>
<li>红茶</li>
<li>绿茶</li>
<li>黑茶</li>
</ol>

<ol start="50">
```

```
<li>红茶</li>
<li>绿茶</li>
<li>黑茶</li>
</ol>
```

显示结果如图 7-9-1 所示。

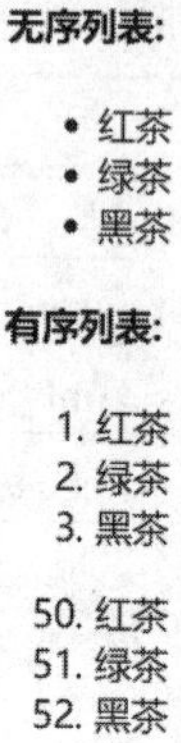

**无序列表:**

- 红茶
- 绿茶
- 黑茶

**有序列表:**

1. 红茶
2. 绿茶
3. 黑茶

50. 红茶
51. 绿茶
52. 黑茶

图 7-9-1　窗口显示结果

（3）自定义列表。用于简要说明列表条目。自定义列表的语法格式为：

```
<dl>
<dt>列表项 1</dt>
<dd>列表项 1 说明</dd>
……
</dl>
```

自定义列表的示例如下：

【例 7】

```
<h4>菜单</h4>
<dl>
<dt>米罗咖啡</dt>
<dd>热饮放糖</dd>
<dt>台北豆浆</dt>
<dd>冷饮无糖</dd>
</dl>
```

显示结果如图 7-9-2 所示。

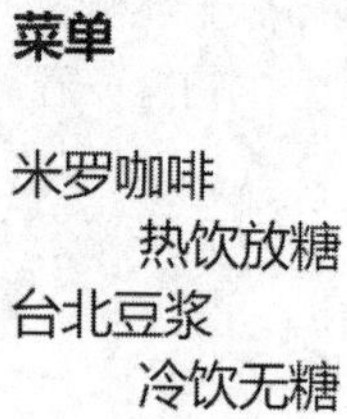

**菜单**

米罗咖啡
　　热饮放糖
台北豆浆
　　冷饮无糖

图 7-9-2　窗口显示结果

6. 表格

表格是由行和列组成的图形。行和列把列表划分成若干单元。单元格可以包含的内容有文本、列表、图片、水平线、段落，也可以是表单或者表格等。表格的基本结构见表 7-9-4。

表 7-9-4　表格的基本结构

| 结构 | 含义 |
|---|---|
| <table>…….</table> | 定义表格 |
| <tr>…….</tr> | 定义表格的一行 |
| <td>…….</td> | 定义一行中的每一个单元 |
| <th>…….</th> | 标识表格的列数和相应栏目的名称，列数等于<th>数 |
| <caption>……. </caption> | 表格标题 |

表格的其他属性见表 7-9-5。

表 7-9-5　表格的其他属性

| 分类 | 格式 | 含义 |
|---|---|---|
| 跨行或者跨列 | rowspan=# | 单元格跨行数，#可用整数标识；用于<TH>或<TD>中 |
| | colspan=# | 单元格跨列数，#可用整数标识；用于<TH>或<TD>中 |
| 表格大小、边框、表格间距 | width=#<br>height=# | 表宽，#为整数表示像素数值；<br>表高，#为整数表示像素数值 |
| | border=#<br>bordercolor="#rrggbb" | 表格边框宽度，#为整数表示像素数值。<br>设置表格边框颜色名，#为六位十六进制数，分别表示红、蓝、绿三色分量 |
| | cellspacing=# | 划分表线的粗细，#为整数表示像素数值 |
| 文本输出 | align=# | #可以取值为{left, center，right}中的一个；表示左对齐、居中、右对齐 |
| | valign=# | #可以取值为{top、middle、bottom}中的一个；表示上对齐、文本中线与表格中线对齐、下对齐 |
| 表格颜色 | bgcolor="#rrggbb" | 设置表格背景颜色，#为六位十六进制数，分别表示红、蓝、绿三色分量 |

（1）没有边框的表格。没有边框的示例如下：

【例 8】

```
<h4>没有边框的表格示例</h4>
<table>
<tr>
<td>aaa</td>
<td>bbb</td>
```

```
<td>ccc</td>
</tr>
<tr>
<td>ddd</td>
<td>eee</td>
<td>fff</td>
</tr>
</table>
```

显示结果如图 7-9-3 所示。

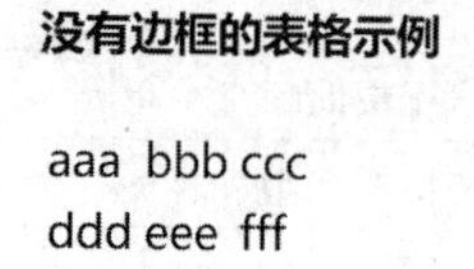

**没有边框的表格示例**

aaa bbb ccc
ddd eee fff

图 7-9-3　没有边框表格示例图

（2）标记表格行名或者列名（<th>标签）。表格行或者列往往有一个或多个相同属性，相同的属性名称可以用行名或者列名标识出来。HTML 中的表格行名或者列名设置示例如下：

【例 9】

```
<h4>水平标题示例</h4>
<table border="6">
<tr>
<th>品牌</th>
<th>产品 1</th>
<th>产品 2</th>
</tr>
<tr>
<td>攻克要塞</td>
<td>5 天</td>
<td>100 题</td>
</tr>
</table>

<h4>垂直标题示例</h4>
<table border="0">
<tr>
<th>品牌</th>
<td>攻克要塞</td>
</tr>
<tr>
<th>产品 1</th>
<td>5 天</td>
</tr>
<tr>
<th>产品 2</th>
<td>100 题</td>
</tr>
</table>
```

显示结果如图 7-9-4 所示。

**水平标题示例**

| 品牌 | 产品 1 | 产品2 |
| --- | --- | --- |
| 攻克要塞 | 5天 | 100题 |

**垂直标题示例**

**品牌** 攻克要塞
**产品1** 5天
**产品2** 100题

图 7-9-4 行名或者列名表格示例图

（3）单元格跨多行或者多列（rowspan、colspan 属性）。设置 rowspan、colspan 属性，可达到单元格跨多行或者多列的目的。具体示例如下：

【例 10】

```
<h4>单元格跨两列</h4>
<table border="1">
<tr>
<th>单位</th>
<thcolspan="2">产品名</th>
</tr>
<tr>
<td>攻克要塞</td>
<td>5 天修炼</td>
<td>100 题</td>
</tr>
</table>

<h4>单元格跨两行</h4>
<table border="1">
<tr>
<th>单位</th>
<td>攻克要塞</td>
</tr>
<tr>
<throwspan="2">产品名</th>
<td>5 天修炼</td>
</tr>
<tr>
<td>100 题</td>
</tr>
</table>
```

显示结果如图 7-9-5 所示。

**单元格跨两列**

| 单位 | 产品名 | |
|---|---|---|
| 攻克要塞 | 5天修炼 | 100题 |

**单元格跨两行**

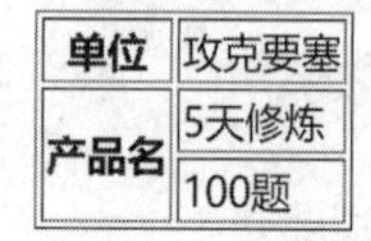

| 单位 | 攻克要塞 |
|---|---|
| 产品名 | 5天修炼 |
| | 100题 |

图 7-9-5　单元格跨多行或者多列示例图

（4）单元格间距（cellspacing 属性）。设置 cellspacing 属性，可增加单元格之间的距离。示例如下：

【例 11】

```
<h4>没有单元格间距:</h4>
<table border="1">
<tr>
<td>第一</td>
<td>行</td>
</tr>
<tr>
<td>第二</td>
<td>行</td>
</tr>
</table>

<h4>单元格间距="0":</h4>
<table border="1" cellspacing="0">
<tr>
<td>第一</td>
<td>行</td>
</tr>
<tr>
<td>第二</td>
<td>行</td>
</tr>
</table>

<h4>单元格间距="10":</h4>
<table border="1" cellspacing="10">
<tr>
<td>第一</td>
<td>行</td>
</tr>
```

```
<tr>
<td>第二</td>
<td>行</td>
</tr>
</table>
```

显示结果如图 7-9-6 所示。

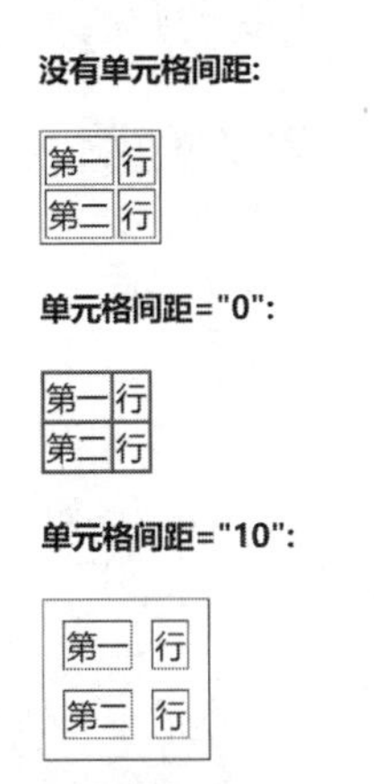


图 7-9-6　单元格间距示例图

（5）单元格边距（cellpadding 属性）。设置 cellpadding 属性，可创建单元格内容与边框之间的空白。示例如下：

**【例 12】**

```
<h4>没有单元格边距</h4>
<table border="1">
<tr>
<td>第一</td>
<td>行</td>
</tr>
<tr>
<td>第二</td>
<td>行</td>
</tr>
</table>

<h4>有单元格边距</h4>
<table border="1" cellpadding="10">
<tr>
<td>第一</td>
<td>行</td>
</tr>
<tr>
<td>第二</td>
<td>行</td>
</tr>
</table>
```

显示结果如图 7-9-7 所示。

**没有单元格边距**

**有单元格边距**

图 7-9-7　单元格边距示例图

7. 表单

表单用于收集输入的数据，HTML 表单是包含了表单元素的区域。表单设置格式如下：

```
<form>
表单元素
</form>
```

表单元素可以是文本域、密码字段、单选按钮、复选框等。

（1）文本域。文本域可以方便用户输入文字、数字等信息，代码格式为<input type="text" name="">。具体示例如下：

**【例 13】**

```
<form>
用户名: <input type="text" name="用户名"><br>
联系人: <input type="text" name="地址">
</form>
```

显示结果如图 7-9-8 所示。

（2）密码字段。密码字段方便用户输入密码非明文信息，代码格式为：<input type="password">。具体示例如下：

**【例 14】**

```
<form>
密码: <input type="password" name="pwd">
</form>
```

显示结果如图 7-9-9 所示。

用户名:
联系人:

图 7-9-8　文本域示例图

密码: ••••••••

图 7-9-9　密码字段示例图

注意：为了保密的需要，密码框输入的密码不是明文显示。

（3）单选按钮。单选按钮提供一组互斥选项，用户只能选择其中一项。单选按钮代码格式为<input type="radio">。具体示例如下：

**【例 15】**

```
<form action="">
<input type="radio" name="fruit" value="apple">苹果<br>
<input type="radio" name="fruit" value="banana">香蕉
</form>
```

显示结果如图 7-9-10 所示。

（4）复选框。复选框提供一组选项，用户可以选定其中的一个或者多个。复选框的格式为<input type="checkbox">。具体示例如下：

**【例 16】**

```
<form action="">
<input type="checkbox" name="vehicle" value="fengtian">丰田<br>
<input type="checkbox" name="vehicle" value="bentian">本田<br>
<input type="checkbox" name="vehicle" value="baoma">宝马<br>
<input type="checkbox" name="vehicle" value="benchi">奔驰<br>
</form>
```

显示结果如图 7-9-11 所示。

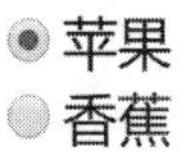

图 7-9-10　单选按钮示例图

图 7-9-11　复选框示例图

（5）提交按钮。用户单击提交按钮时，会触发表单预先定义的动作，把表单内容传送到指定文件。提交按钮的格式为：<input type="submit">。具体示例如下：

```
<form name="input" action="/doc/act.asp" method="get">
用户名: <input type="text" name="user">
<input type="submit" value="提交">
</form>
```

显示结果如图 7-9-12 所示。

图 7-9-12　提交按钮示例图

（6）下拉列表。下拉列表具体示例如下：

**【例 17】**

```
<form action="">
<select name="cars">
<option value="volvo">沃尔沃</option>
<option value="fengtian">丰田</option>
```

```
<option value="bentian">本田</option>
<option value="benchi">奔驰</option>
</select>
</form>
```

显示结果如图 7-9-13 所示。

（7）按钮。按钮具体示例如下：

**【例 18】**

```
<form action="">
<input type="button" value="提交/确认按钮">
</form>
```

显示结果如图 7-9-14 所示。

图 7-9-13　下拉列表示例图

提交/确认按钮

图 7-9-14　按钮示例图

# 第 8 章　多媒体基础

本章考点知识结构图如图 8-0-1 所示。

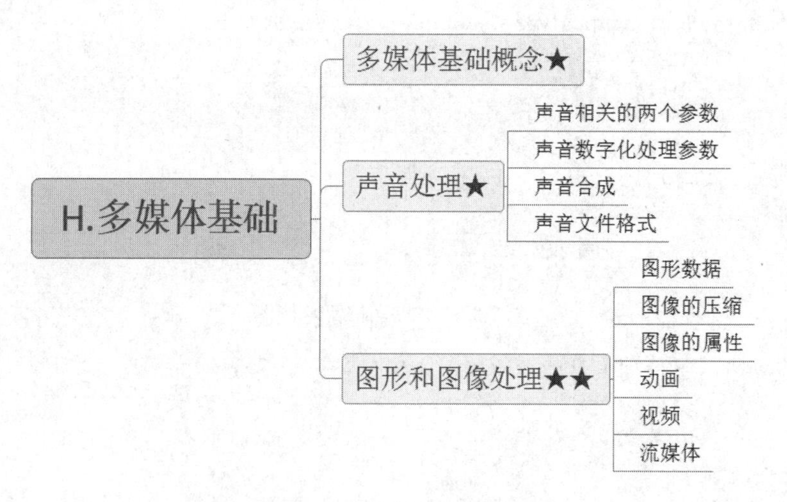


图 8-0-1　考点知识结构图

## 8.1 多媒体基础概念

多媒体首先是多种媒体（如图形、图像、动画、声音、文字、动态视频）的综合，然后是处理这些信息的程序和过程，即多媒体技术。多媒体技术是处理图像、文字、动画、声音和影像等的综合技术，包括多媒体计算机系统技术、多媒体数据库技术、各种媒体处理、信息压缩、多媒体人机界面技术等。

1. 媒体分类

国际电话与电报咨询委员会（Consultative Committee on International Telephone and Telegraph，CCITT），将“媒体”（Media）分为5类，具体见表8-1-1。

表8-1-1 媒体分类

| 名称 | 特点 | 实例 |
|---|---|---|
| 感觉媒体（Perception Medium） | 直接作用于人的感觉器官，使人产生直接感觉的媒体 | 引起视觉反应的文本、图形和图像、引起听觉反应的声音等 |
| 表示媒体（Representation Medium） | 为加工、处理和传输感觉媒体而人工创造的一类媒体 | 文本编码、图像编码和声音编码等 |
| 存储媒体（Storage Medium） | 存储表示媒体的物理介质 | 硬盘、U盘、光盘、手册及播放设备等 |
| 传输媒体（Transmission Medium） | 传输表示媒体的物理介质 | 电缆、光缆、无线等 |
| 表现媒体（Presentation Medium） | 进行信息输入和输出的媒体 | 输入媒体如：键盘、鼠标、话筒、扫描仪、摄像头等；输出媒体如：显示器、音箱、打印机等 |

2. 多媒体设备

多媒体计算机是一种能处理文字、声音、图形、图像等多种媒体的计算机。使多种媒体建立逻辑连接，进而集成为一个具有交互性能的系统，称为多媒体计算机系统。

多媒体计算机系统由4部分构成：多媒体硬件平台（包括计算机硬件、多种媒体的输入/输出设备和装置）；多媒体操作系统；图形用户接口（GUI）；支持多媒体开发的工具软件。

常见的多媒体设备有：声卡、显卡、DVD/VCD、各类存储、显示器、扫描仪、打印机、摄像头、各类传感器、数码相机和数码摄像机、投影仪、触摸屏等。

3. 多媒体特性

多媒体具有多样性、集成性、交互性、实时性、便利性等特性。

4. 超媒体

“超媒体”是超级媒体的缩写，是一种采用非线性网状结构对块状多媒体信息（包括文本、图像、视频等）进行组织和管理的技术。超媒体是纯技术的超级媒体（Hypermedia）连接，还是传统媒体的超级网络化；是一种集搜索、电子邮件、即时通信和博客等于一身的带有媒体色彩的超级网络利器，还是一种新的商业战略与思维。

## 8.2 声音处理

声音就是物体振动而产生的声波。声音是一种可以通过介质（空气、液体、固体等）传播并能被人或动物听觉器官所感知的波。

### 8.2.1 声音相关的两个参数

（1）幅度：声波的振幅，单位分贝（dB）。

（2）频率：每秒变化的次数，单位 Hz。**人能听到的频率范围为 20Hz～20kHz。**

声音数字化的过程就是模拟信号转换为数字信号的过程，具体过程仍然遵循采样、量化、编码3个过程。

- 采样：波形的离散化过程。采样必须遵循奈奎斯特采样定理，才能保证无失真地恢复原模拟信号。

**【例1】**模拟电话信号通过 PCM 编码成数字信号。语音最大频率小于 4kHz（**约为 3.4kHz**），根据采样定理，采样频率要大于 2 倍语音最大频率，即 8kHz（采样周期=125μs），这样就可以无失真地恢复语音信号。

- 量化：利用抽样值将其幅度离散化，事先规定的一组电平值把抽样值用最接近的电平值来代替。规定的电平值通常用二进制表示。

**【例2】**语音系统采用 128 级（7 位）量化，采用 8kHz 的采样频率，那么有效数据速率为 56kb/s，又由于在传输时，每 7bit 需要添加 1bit 的信令位，因此语音信道数据速率为 64kb/s。

- 编码：用一组二进制编码组来表示每一个有固定电平的量化值。然而实际上量化是在编码过程中同时完成的，故编码过程也称为模/数变换，记作 A/D。



### 8.2.2 声音数字化处理参数

声音数字处理，常用参数有如下几个：

（1）声道数：声道数是指支持能不同发声的音响的个数。单声道一次产生一组声音波形数据；双声道是一次产生两组声音波形数据；四声道则是规定了前左、前右、后左、后右 4 个发音点。5.1 声道中的“.1”指的是产生 20～120Hz 的超低音声道，而“5”表示前左、前右、后左、后右 4 个发音点加上传送低于 80Hz 的声音信号的中置单元。

（2）数据率：每秒的数据量，单位 b/s。

（3）压缩比：未压缩数据量/压缩后数据量。

（4）量化位数：度量声音波形幅度，量化精度为 8 位、16 位。

（5）采样频率：每秒采集样本数。采样频率一般为 44.1kHz、22.05kHz、11.05kHz。

（6）波形声音信息。波形声音是对声音信号采样后的数据。未经压缩的数字音频，相关公式如下：

$$数据传输率（b/s）=采样频率（Hz）\times量化位数（bit）\times声道数 \quad (8\text{-}2\text{-}1)$$

$$声音信号数据量（B）=数据传输率（b/s）\times持续时间（s）\div 8 \quad (8\text{-}2\text{-}2)$$

主要的声音编码有如下几种：

（1）波形编码。波形编码是对波形直接采样后压缩处理，常见的压缩编码有脉冲编码调制（Pulse Code Modulation，PCM）、差分脉冲编码调制（Differential Pulse Code Modulation，DPCM）、自适应差分脉冲编码调制（Adaptive Differential Pulse Code Modulation，ADPCM）等。这种方式能提供较高音频质量，但是压缩比不高。

（2）参数编码。参数编码适合语音数据的编码，例如线性预测编码（LPC）、各种声码器（vocoder）。参数编码的特点是能提供高压缩比，但音质较差。

（3）混合编码。混合编码则结合了波形编码和参数编码两种编码方式的优点。常见的混合编码有码激励线性预测（CELP）、混合激励线性预测（MELP）。

（4）感知声音编码。感知声音编码是另一种方式的音频信号编码技术，它利用波形相关性、人的听觉系统压缩声音。常见的感知声音编码有 MPEG 系列音频压缩编码。

数字语音压缩编码有多种，如 G.711、G.721、G.722、G.726、G.727、G.728 等。

### 8.2.3　声音合成

声音合成包含语音合成、音乐合成两种方式。

（1）语音合成指文本到语音的合成，也称为文语转换。文语转换原理上分为两步：①将文字系列转换成音韵系列，涉及分词、字音转换、一套有效的韵律控制规则；②使用语音合成技术，能按要求实时合成出高质量的语音流。

语音合成技术有发音参数合成、声道模型参数合成、波形编辑合成。

（2）音乐合成用乐谱描述，由乐器演奏。乐谱由音符组成，音符的基本要素有音调（高低）、音强（强弱）、音色（特质）、时间长短。音乐合成方法有数字调频合成、波表合成。

### 8.2.4　声音文件格式

常见的数字声音格式如下。

- WAVE（.WAV）：录音时用的标准 Windows 文件格式。
- Audio（.au）：Sun 公司推出的一种压缩数字声音格式，常用于互联网。
- AIFF（.aif）：苹果公司开发的 Mac OS 中的音频文件格式。
- MP3（.mp3）：MPEG 音频层，分为 3 层，分别对应*.mp1、*.mp2、*.mp3，其中 MP3 音频文件的压缩是一种有损压缩。
- RealAudio（.ra）：这种格式适合互联网传输。可随网络带宽的不同而改变声音的质量。
- MIDI（.mid）：乐器数字接口（Musical Instrument Digital Interface，MIDI）允许数字合成器和其他设备交换数据。MIDI 能指挥各种音乐设备的运转，能够模仿原始乐器的各种演奏技巧甚至无法演奏的效果。

## 8.3 图形和图像处理

颜色是创建图像的基础。颜色的要素如下：

- 色调：指颜色的外观，是视觉器官对颜色的感觉。色调用红、橙、黄、绿、青等来描述。
- 饱和度：指颜色的纯洁性，用于区别颜色明暗程度。当一种颜色掺入其他光越多时，饱和度越低。
- 亮度：颜色明暗程度。色彩光辐射的功率越高，亮度越高。

RGB 色彩模式是一种颜色标准，是通过对红、绿、蓝 3 种颜色的变化以及它们相互之间的叠加来得到各式各样的颜色的，RGB 代表红、绿、蓝 3 种颜色。

### 8.3.1 图形数据

计算机的图有两种表现形式，分别为图形、图像。

（1）图形：矢量表示图，用数学公式描述图的所有直线、圆、圆弧等。编辑矢量图的软件有 AutoCAD。常见的图形格式有：PCX（.pcx）、BMP、TIF、GIF、WMF 等。

（2）图像：用像素点描述的图。可以利用绘图软件（例如画板、Photoshop 等）创建图像，利用数字转换设备（例如扫描仪、数字摄像机等）采集图像。常见的图像格式有：JPEG、MPEG。

图像文件格式分两大类：

（1）静态图像文件：常见的静态图像文件格式有 GIF、TIF、BMP、PCX、JPG、PSD 等。

（2）动态图像文件：常见的动态图像文件格式有 AVI、MPG 等。

### 8.3.2 图像的压缩

根据数据压缩前后是否一致来划分，图像的压缩方式可分为有损压缩和无损压缩。

（1）有损压缩：压缩前和压缩后数据不一致。常见的有损压缩编码有：JPEG。JPEG 的两种压缩算法有离散余弦变换（Discrete Cosine Transform，DCT）的有损压缩算法、以 DPCM 为基础的无损压缩算法。

（2）无损压缩：压缩前和压缩后的数据是一致的。常见的无损压缩编码有：哈夫曼编码、算术编码、无损预测编码技术（无损 DPCM）、词典编码技术（LZ97、LZSS）。

### 8.3.3 图像的属性

图像的属性有分辨率与刷新频率、像素深度、图像深度、显示深度、真彩色、伪彩色等。

1. 分辨率与刷新频率

分辨率可以分为显示分辨率与图像分辨率。

- **显示分辨率**：屏幕图像的精密度，指显示器所能显示的最大像素数。1024×768 表示显示屏横向 1024 个像素点，纵向 768 个像素点。垂直分辨率表示显示器在纵向（列）上具有的像素点数目指标；水平分辨率表示显示器在横向（行）上具有的像素点数目指标。

- **图像分辨率**：单位英寸所包含的像素点数。

**刷新频率**就是图像在显示器上更新的速度，即图像每秒在屏幕上出现的帧数，单位为 Hz。刷新频率越高，屏幕上的图像的闪烁感就越小，图像越稳定，视觉效果也越好。一般刷新频率在 75Hz 以上时，影像的闪烁才不易被人眼察觉。

2. 像素深度与图像深度

**像素深度**是指存储每个像素所用的位数。

**图像深度**确定彩色图像的每个像素可能有的颜色数，或者确定灰度图像的每个像素可能有的灰度级数。例如，一幅单色图像，每个像素有 8 位，则最大灰度数为 $2^8=256$；一幅彩色图像 RGB 三通道的像素位数分别为 4、3、3，则最大颜色数目为 $2^{10}=1024$。

另外，用一个例子区别像素深度与图像深度。例如，RGB 5:5:5 表示一个像素时，共用 2 个字节（16 位）表示；其中，R、G、B 各占 5 位，剩下一位作为属性位。这里，像素深度为 16 位，图像深度为 15 位。

3. 显示深度

**显示深度**表示显示缓存中记录屏幕上一个点的位数，也即显示器可以显示的颜色数。

- 显示深度≥图像深度：显示器真正反映图像颜色。
- 显示深度<图像深度：显示器显示图像颜色出现失真。

4. 真彩色

适当选取 3 种基色（例如红 Red、绿 Green、蓝 Blue），将 3 种基色按照不同的比例合成，就会生成不同的颜色。黑白系列颜色称为无彩色，黑白系列之外的其他颜色称为有彩色。

真彩色（True Color）是指图像中的每个像素值都由 R、G、B 三个基色分量构成，每个基色分量直接决定基色的强度，所产生的色彩称为真彩色。例如用 RGB 的彩色图像，分量均用 5 位表示，可以表示 $2^{15}$ 种颜色，每个像素的颜色就是其中数值来确定，这样得到的彩色是真实的原图彩色。

5. 伪彩色

伪彩色（Pseudo Color）图像的每个像素值实际上是一个索引值，根据索引值查找色彩查找表（Color Lookup Table，CLUT），可查找出 R、G、B 的实际强度值。这种用查表产生的色彩称为伪彩色。

6. 图像相关单位与计算

（1）DPI（Dot Per Inch）。DPI 表示分辨率，属于打印机的常用单位，是指每英寸长度上的点数。

DPI 公式为：
$$像素=英寸\times DPI \quad (8\text{-}3\text{-}1)$$

**【例 1】**有一张 8×10 英寸、300DPI 的图片，求图像像素宽度。

图像像素宽度=8 英寸×300DPI，图像像素高度=10 英寸×300DPI，图片像素=(8×300)×(10×300)。

（2）PPI（Pixel Per Inch）。PPI 是图像分辨率所使用的单位，表示图像中每英寸所表达的像素数。

PPI 公式为：
$$PPI=\frac{\sqrt{宽^2+高^2}}{对角线长}，宽\times高为屏幕分辨率 \quad (8\text{-}3\text{-}2)$$

**【例 2】**HVGA 屏的像素为 320×480，对角线一般是 3.5 寸。因此，该屏的 $PPI=\frac{\sqrt{320^2+480^2}}{3.5}=164$。

（3）图像数据量计算公式：

图像数据量（B）=图像总像素×像素深度/8　　　　（8-3-3）

### 8.3.4 动画

动画是通过把人物的表情、动作、变化等分解后画成许多动作瞬间的画幅，再用摄影机连续拍摄成一系列画面，给视觉造成连续变化的图画。它的基本原理是视觉暂留原理，人的眼睛看到一幅画或一个物体后，在 0.34 秒内不会消失。利用这一原理，在一幅画还没有消失前播放下一幅画，就会给人造成一种流畅的视觉变化效果。

动画按视觉效果可以分为二维动画、三维动画。制作动画的工具有：动画桌、动画纸、摄影台、逐格摄影机、制作软件（MAYA、3D Studio Max、Flash、Photoshop）。

### 8.3.5 视频

视频是活动的、连续动态图像序列。常见的视频文件格式有 Flic（.fli）、AVI、Quick Time（.mov）、MPEG（.mp4、.mpg、.mpeg、.dat）、Real Video（.rm、.rmvb）。

视频压缩方式有帧内压缩和帧间压缩两种。

（1）帧内压缩：不考虑相邻帧的冗余信息，对单独的数据帧进行压缩。这种方式压缩率不高。

（2）帧间压缩：考虑相邻帧的冗余信息，即相邻帧是有很大的关联的。这种方式压缩率较高。

常见的压缩标准有 H.261（用于可视电话、远程会议）；MPEG-1（用于 VCD）；MPEG-2（用于 DVD、HDTV）；MPEG-4（用于虚拟现实、交互式视频）。

### 8.3.6 流媒体

流媒体，又叫流式媒体，是边传边播的媒体。主流的流媒体技术有 3 种，分别为 RealMedia、Windows Media 和 QuickTime。流媒体采用基于用户数据报协议的实时传输协议（RTP）、实时流播放协议（RTSP）。

（1）实时传输协议（RTP）：为数据提供了具有实时特征的端对端传送服务，如在组播或单播网络服务下的交互式视频音频或模拟数据。RTP 标准定义了两个子协议，即 RTP 和 RTCP。

- 数据传输协议（RTP），用于实时传输数据。
- 控制协议（RTCP），用于 QoS（服务质量）反馈和同步媒体流。

（2）实时流播放协议（RTSP）：应用级协议，控制实时数据的发送。

# 第 9 章　软件工程与系统开发基础

**软件工程**是应用计算机科学、数学、管理知识，用工程化的方法高效构建与维护，实用且高质量的软件的学科。本章考点知识结构图如图 9-0-1 所示。

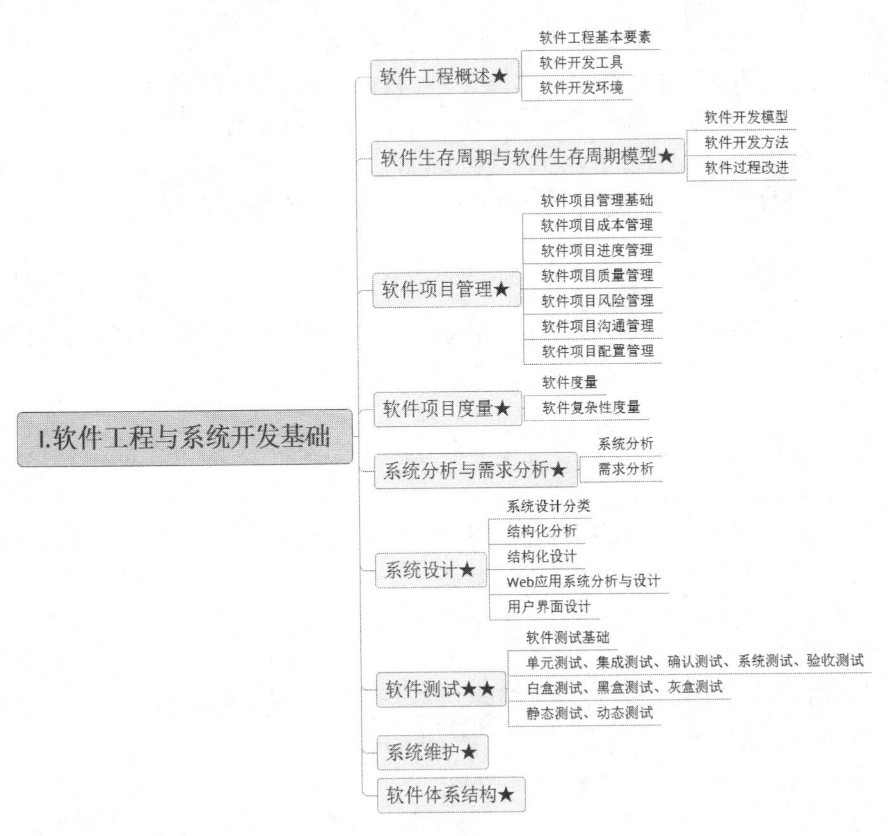


图 9-0-1　考点知识结构图

## 9.1　软件工程概述

软件工程的目的就是提高软件生产率，生产高质量软件产品，降低软件开发与维护成本。

### 9.1.1　软件工程基本要素

软件工程的基本要素包括**方法**、**工具**和**过程**。

（1）方法：告知软件开发该“如何做”。包含软件项目估算与计划、需求分析、概要设计、算法设计、编码、测试、维护等方面。

（2）工具：为软件工程方法提供自动、半自动的软件支撑环境。

（3）过程：过程将方法和工具综合、合理地使用起来，是软件工程的基础。过程定义了方法使用的次序、应该交付的文档、质量与沟通管理、各阶段里程碑。

### 9.1.2　软件开发工具

**软件**就是程序及其文档。软件可以分为应用软件、系统软件、工程/科学软件、嵌入式软件、人工智能软件、产品线软件、Web应用软件。

软件工具可以分为软件开发工具、软件维护工具、软件管理和软件支持工具。

（1）软件开发工具：包含需求分析、设计、编码、测试等工具。

（2）软件维护工具：包含版本控制、文档分析、开发信息库、逆向工程、再工程等工具。

（3）软件管理和软件支持工具：包含项目管理、软件评价、配置管理等工具。

### 9.1.3 软件开发环境

软件开发环境（Software Development Environment，SDE）是指为支持软件工程化开发和维护的软件系统。

## 9.2 软件生存周期与软件生存周期模型

**软件生存周期**是指软件产品从软件构思一直到软件被废弃或升级替换的全过程。软件生存周期一般包括问题提出、可行性分析、需求分析、概要设计、详细设计、编码、软件测试、维护等阶段。

（1）问题提出：该阶段就是搞清楚“要解决的问题是什么？”，同时出具问题性质、规模的书面报告。该阶段耗时较短。

（2）可行性分析：该阶段是搞清楚“要解决的问题，是否有可行的解决方案？”。该阶段研究问题的范围，判断解决问题是否可行，不需要考虑解决问题。

（3）需求分析：该阶段确定“系统要做什么？不做什么？性能如何？界面要求”。

（4）概要设计：该阶段确定“如何概括地解决这个问题？”。该阶段在多个解决方案中，选择并确定一个方案，并确定系统的软件结构。软件结构就是确定系统由哪些模块组成及模块间的关系。

（5）详细设计：该阶段确定“系统该如何具体地实现。”该阶段只给出程序的详细规格说明，但并不编写程序。

（6）编码：将系统和系统模块编写为程序代码。

（7）软件测试：该阶段用于找出软件错误，确定软件的功能、性能符合预期要求。

（8）维护：软件交付使用之后，为了改正错误或满足新需要而修改软件的过程。

引入3个概念，用于描述软件开发时需要做的工作：

（1）软件过程：活动的一个集合。

（2）活动：任务的一个集合。

（3）任务：一个输入变为输出的操作。

### 9.2.1 软件开发模型

**软件开发模型**又称为软件生存周期模型、软件过程模型，这个模型是软件过程、活动和任务的结构框架。

软件开发的模型有很多种，如瀑布模型、演化模型、增量模型、螺旋模型、喷泉模型、构件组装模型、V模型等。

1. 瀑布模型

瀑布模型将整个开发过程分解为一系列的顺序阶段过程，如果某个阶段发现问题则会返回上一阶段进行修改；如果正常则项目开发进程从一个阶段“流动”到下一个阶段，这也是瀑布模型名称的由来。

**瀑布模型适用于需求比较稳定、很少需要变更的项目。**

瀑布模型的核心思想是按工序将问题化简，将功能的实现与设计分开，便于分工协作，即瀑布模型采用**结构化的分析与设计方法**将逻辑实现与物理实现分开。瀑布模型按软件生命周期划分为**制订计划、需求分析、软件设计、程序编写、软件测试**和**运行维护** 6 个基本活动，如图 9-2-1 所示，并且规定了它们自上而下、相互衔接的固定次序，如同瀑布流水，逐级下落。

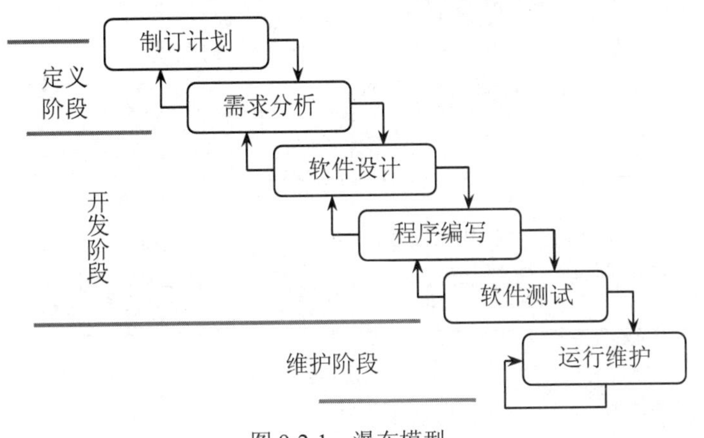


图 9-2-1　瀑布模型

V 模型如图 9-2-2 所示，它是瀑布模型的变种，说明测试活动是如何与分析和设计相联系的。

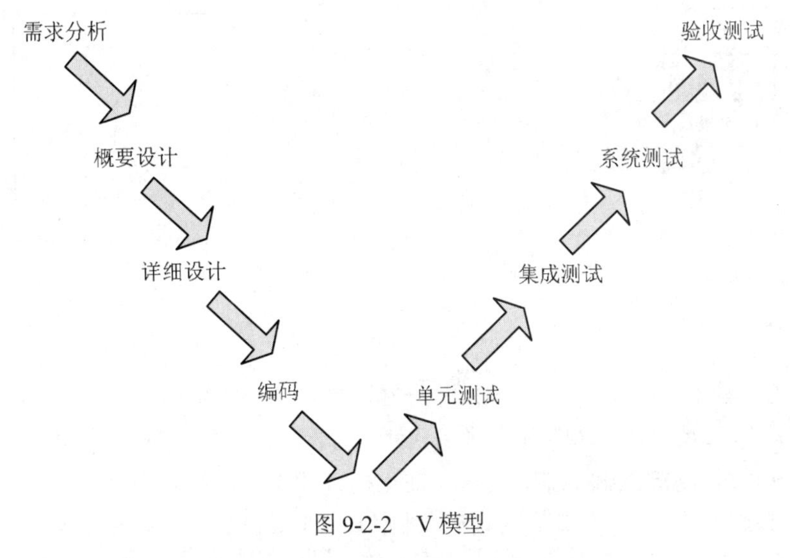


图 9-2-2　V 模型

V 模型中开发与测试同等重要，左侧的开发阶段对应右侧的测试阶段。对应关系见表 9-2-1。

表 9-2-1　V 模型的对应关系

| V 模型开发阶段 | 特性 | 测试阶段 | 测试要点 |
|---|---|---|---|
| 需求分析 | 明确客户需要什么，需要软件做成什么样，具有哪些功能 | 验收测试 | 在用户拿到软件的时候进行验收测试。具体测试方法是根据需求文档和规格说明书进行，判断拿到的软件是否符合预期 |
| 概要设计 | 该部分设计就是完成系统架构，主要工作有搭建架构，系统各组成模块功能设计、模块接口设计、数据传递的设计等 | 系统测试 | 依据软件规格说明书，测试软件的性能、功能等是否符合用户需求，系统中运行是否存在漏洞等 |
| 详细设计 | 对概要设计所描述的各类模块进行深入分析 | 集成测试 | 将经过单元测试的单元模块完整地组合起来，再主要测试组合后整体和模块间的功能是否完整，模块接口的连接是否成功、能否正确地传递数据等 |
| 编码 | 依据详细设计阶段得到的模块功能表，编写实际的程序代码 | 单元测试 | 按设计好的最小测试单元进行。单元测试主要是测试程序代码，在模块编写并编译完成后进行。测试单元有具体到模块的测试，也有具体到类、函数的测试等 |

2. 演化模型

演化模型如图 9-2-3 所示，是一种全局的软件（或产品）生存周期模型，具有迭代开发的特性。演化模型可以看成多个重复执行且有反馈的“瀑布模型”。

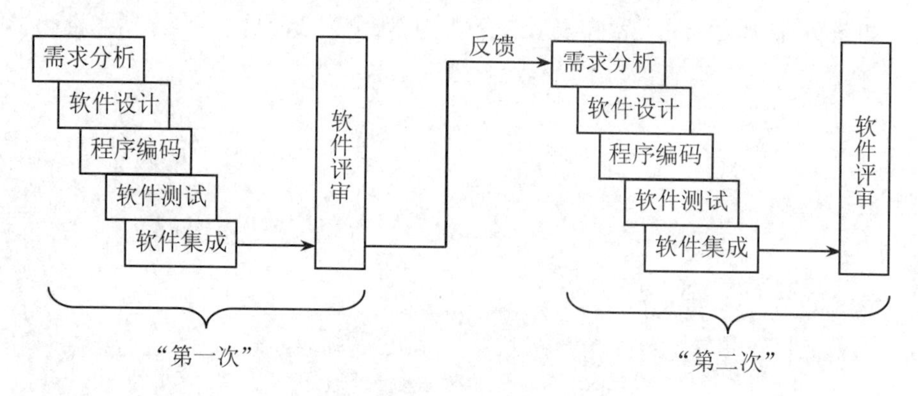


图 9-2-3　演化模型

根据用户的基本需求，快速分析并构造一个初始的、可运行的软件，这个软件通常称为**原型**。根据用户的意见不断改进原型，得到新版本的软件。重复这一步骤，直至获得最终产品。**演化模型特别适用于对软件需求缺乏准确认识的情况。**演化模型可以细分为原型模型、螺旋模型。

（1）原型模型。原型的一轮流程为沟通，制订原型开发计划，快速设计建模，构建原型，交付并反馈。

使用原型方法的好处如下：

1）用户需求不清、变化较大的时候，帮助用户搞清、验证需求。

2）探索多种方案，搞清楚目标。

3）开发一个用户可见的系统界面，支持用户界面设计。

原型模型可以分为探索性原型、实验性原型、演化性原型。**原型模型不适合大规模软件开发，比如火箭、卫星发射系统。**

（2）螺旋模型。螺旋模型也是演化模型的一类，具体如图 9-2-4 所示，它将瀑布模型和快速原型模型结合起来，**强调了其他模型所忽视的风险分析，特别适合于大型复杂的系统。**

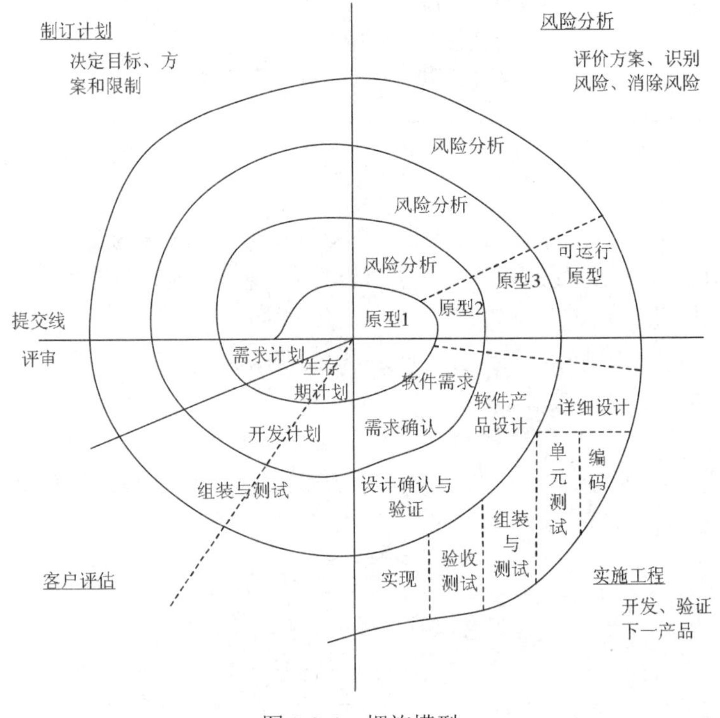


图 9-2-4　螺旋模型

螺旋模型采用一种周期性的方法来进行系统开发。该模型以进化的开发方式为中心，螺旋模型沿着螺线旋转，在 4 个象限上分别表达了 4 个方面的活动，即：

1）制订计划：确定开发目标，选择软件实施方案，并确定开发的限制。

2）风险分析：分析所选方案，识别并消除风险。

3）实施工程：软件开发，并进行验证。

4）客户评估：评价开发工作，提出修正的意见。

3. 增量模型

增量模型如图 9-2-5 所示，该模型融合了瀑布模型的基本步骤及原型的迭代特点，该模型采用若干个交错的、有时间先后的序列，每个序列产生一个可操作的“增量”。第 1 个增量是核心，实现基本需求，但很多细节特性有待实现。客户对每一个增量的使用和评估成为下一个增量发布的新特征和功能，不断重复该过程，直到产生最终产品。

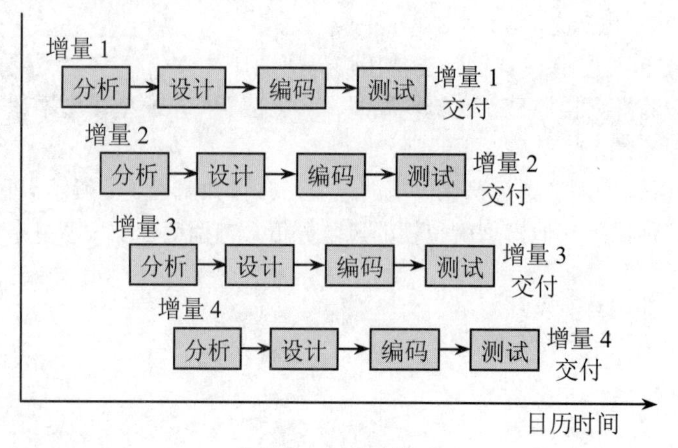

图 9-2-5　增量模型

增量与原型本质上都是**迭代**，只不过增量模型更强调每一个增量均要发布一个可操作产品。增量模型还引入**增量包**概念，只要某个需求确定，就可以有针对性地开发增量包，而不需要等所有需求确定下来。

增量模型进行开发时，进行模块划分往往是难点。开发过程中，用户需求发生变更，往往需要重新开发增量，因此管理成本会大幅增加。

4. 喷泉模型

喷泉模型如图 9-2-6 所示，是一种以用户需求为动力，以对象为驱动的模型，主要**用于描述面向对象的软件开发过程**。

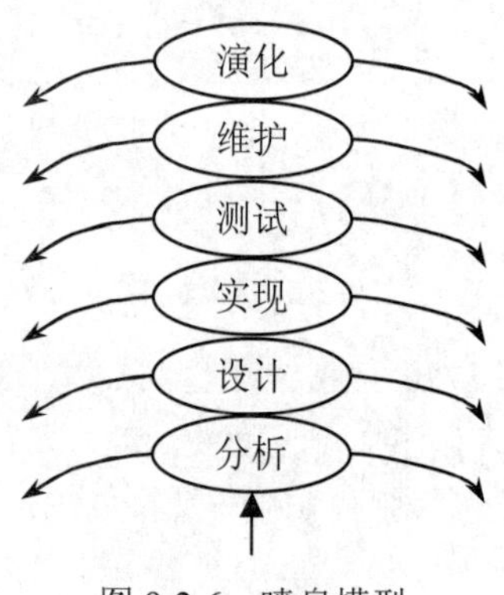

图 9-2-6　喷泉模型

喷泉模型的软件开发过程是自下而上的，开发周期的各阶段特点是相互迭代且无间隙。相互迭代是指开发活动要重复多次；无间隙是指各阶段间没有明显边界，如分析和设计活动之间没有明显的界限。

5. 构件组装模型

构件组装模型融合了螺旋模型的许多特征，其在本质上是演化和迭代。构件组装模型的思路是预先开发软件构件（类），根据需要构造应用程序。

### 9.2.2 软件开发方法

**软件开发方法**是一个使用已定义的技术集及符号表示，来进行软件生产的过程。

软件开发模型和软件开发方法不是同一类事物，开发模型是软件开发流程（包含需求、设计、编码、测试等多阶段），不同流程有不同的处理方式；而软件开发方法则是方法学，针对实现。实际应用中，两者边界并不清晰。

1. 结构化方法

结构化方法属于**面向数据流**的开发方法，方法的特点是软件功能的分解和抽象。结构化开发方法由**结构化分析、结构化设计、结构化程序设计**构成。

（1）结构化分析：以数据流为中心进行软件分析、设计。

（2）结构化设计：将数据流图（结构化分析的结构）转换为结构图（软件体系结构）。

（3）结构化程序设计：详细设计中，模块功能设计和处理过程设计为主。

结构化程序设计则规定程序只有**顺序、选择、循环** 3 种结构。

（1）顺序结构：执行程序语句，依据语句出现的先后顺序。

（2）选择结构：执行程序时遇到了分支，此时需要根据条件判断，选择其中一个分支执行。

（3）循环结构：反复执行某些语句，直到循环条件被打破。

结构化开发方法遵循的原则有自顶向下、逐步细化、模块化等原则。该方法特别适合处理数据类的项目。

（1）自顶向下：程序设计时先进行总体、全局的设计，后进行细节、局部设计。

（2）逐步细化：完成的总目标，不断分解细化成中间目标，直至实现的过程。

（3）模块化：将总目标分解成子目标，子目标再分解成更细目标，分解若干次后，最后分为若干具体的小目标，则每一个小目标称为**模块**。

2. 面向数据结构的方法

面向数据结构的方法是根据数据结构得出程序结构。典型方法有 Jackson、Warnier 方法。软考考试中只考过 Jackson 方法。

Jackson 方法分为 JSP、JSD 两种。

（1）JSP（Jackson Structure Programming）。JSP 是早期 Jackson 方法，JSP 过程是构建数据结构，推导程序结构，得到解决问题的软件过程描述。JSP 只适合小规模软件开发。

（2）JSD（Jackson System Development）。JSD 是 JSP 的扩展，是以活动（事件）为中心，将一系列活动按顺序组合构成进程，把系统模型看成进程模型，该模型的一系列进程靠通信进行联系。

3. 原型方法

原型方法认为需求无法预先准确定义，可能需要反复修改，所以需要迅速构建一个用户可见的原型系统。然后不断改进，直至得到最后产品。这类方法适合需求不明确的情况。

4. 面向对象方法

面向对象方法（Object Oriented Method），简称 OO（Object Oriented）方法，该方法把事务、

概念、规则都看成对象。对象将整合数据、方法，使得模块高聚合低耦合，极大地支持了软件复用。

（1）UML。面向对象的方法用 UML 统一了面向对象方法的语义表示、符号表示、建模过程。

（2）RUP。统一软件开发过程（Rational Unified Process，RUP）是一个面向对象且基于网络的程序开发方法论。迭代模型是 RUP 推荐的周期模型。

RUP 可看作一个在线的指导者，为所有方面和层次的程序开发提供指导方针、模板、实例支持。RUP 把开发中面向过程的内容（如定义的阶段、技术和实践）和开发的组件（如代码、文档、手册等）整合在一个统一的框架内。

迭代模型的软件生命周期分解为 4 个时间顺序阶段：**初始阶段、细化阶段、构建阶段**和**交付阶段**。在每个阶段结尾进行一次评估，评估通过则项目可进入下一个阶段。

5. 敏捷软件开发

敏捷软件开发是一种软件开发方法。敏捷软件开发的特点如下：

- 快速迭代：通过短周期的迭代交付，不断完善产品。
- 快速尝试：避免过于漫长的需求分析，而应该快速尝试。
- 快速改进：迭代后，应根据客户反馈进行快速改进。
- 充分交流：团队间无缝交流，可考虑每天短时间的站立会议等。
- 简化流程：拒绝形式化，使用简单、易用的工具。

敏捷的开发方法有很多。主要有以下几种：

（1）极限编程（Extreme Programming，XP）。XP 是一个轻量级、灵巧、严谨的软件开发方法。极限编程具有 4 大价值观、5 个原则、12 个最佳实践，具体见表 9-2-2。

表 9-2-2　极限编程的 4 大价值观、5 个原则、12 个最佳实践

| 极限编程的原则 | 具体内容 |
|---|---|
| 4 大价值观 | 沟通、反馈、勇气、简单性 |
| 5 个原则 | 简单假设、快速反馈、逐步修改、鼓励更改、优质工作 |
| 12 个最佳实践 | 计划游戏：快速制订计划，随着细节的不断完善，计划随变化更新 |
| | 小型发布：系统设计尽早交付，这样可控制工作量与风险，以及尽早得到用户反馈 |
| | 系统隐喻：用打隐喻方式描述系统运行、新功能等 |
| | 简单设计：设计尽可能简单，去掉不必要的复杂功能 |
| | 测试先行：先写单元测试代码，再开发 |
| | 重构：不改变系统行为，重新调整内部结构，减少复杂性和冗余度，满足新需求 |
| | 结对编程：解决低质量代码的问题，但改变编码速度不明显 |
| | 集体代码所有权：任何成员，任何时候都可以修改任何代码 |
| | 持续集成：按日、按小时提供可运行的软件版本 |
| | 每周工作 40 小时 |
| | 现场客户：开发现场要有全权客户把握需求、回答问题、功能验收 |
| | 编码标准：严格编码规范，减少文档量 |

（2）水晶法。水晶方法体系和 XP 一样都认为需要以人为中心，但考虑到很难遵循强规则、复杂规则约束，则认为不同项目需要一套不同的方法论、约定、策略。该方法探索使用最少约束，而能保证成功的方法。

（3）争球（Scrum）。Scrum 原义是橄榄球的术语"争球"，是一种敏捷开发方法，属于迭代增量软件开发。该方法假设开发软件就像开发新产品，无法确定成熟流程，开发过程需要创意、研发、试错，因此没有一种固定流程可确保项目成功。

Scrum 把软件开发团队比作橄榄球队，可以明确最高目标；熟悉开发所需的最佳技术；高度自主，紧密合作解决各种问题；确保每天、每阶段都向目标明确地推进。

Scrum 的迭代周期通常为 30 天，开发团队尽力在一个迭代周期交付开发成果，团队每天用 15 分钟开会检查成员计划与进度，了解困难，决定第二天的任务。

### 9.2.3 软件过程改进

软件过程改进（Software Process Improvement，SPI）帮助软件企业改进软件过程所实施的计划、制订、实施等活动。软件过程改进实施对象是软件企业的**软件过程**，可看作**软件产品的生产过程**，这个过程包括软件维护等维护过程。

软件能力成熟度模型（Capability Maturity Model for Software，全称为 SW-CMM，CMM）就是结合了**质量管理**和**软件工程**的双重经验而制订的一套针对软件生产过程的规范。

CMM 将成熟度划分为 5 个等级，如图 9-2-7 所示。

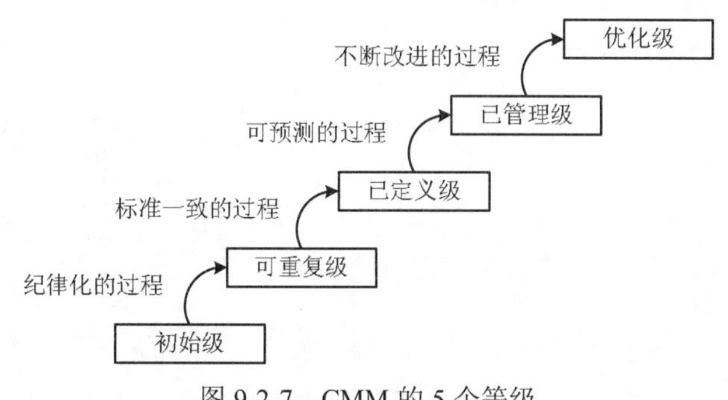


图 9-2-7　CMM 的 5 个等级

能力成熟度模型集成（Capability Maturity Model Integration，CMMI）是 CMM 模型的最新版本。

CMMI 采用统一的 24 个过程域，采用 CMM 的阶段表示法和 EIA/IS731 连续式表示法，前者侧重描述组织能力成熟度，后者侧重描述过程能力成熟度。两种表示法等级描述见表 9-2-3 和表 9-2-4。

表 9-2-3　阶段式表示的等级

| 成熟度等级 | 定义 | 过程域 |
|---|---|---|
| 完成级（初始级） | 项目的完成是偶然的，同类项目无法保证仍然可以完成。项目实施与完成，依赖于具体的实施人员 | 无 |

续表

| 成熟度等级 | 定义 | 过程域 |
| --- | --- | --- |
| 已管理级 | 项目实施遵守既定的计划与流程，有资源准备，权责到人。项目实施的整个流程有监测与控制，并配合上级单位对项目及项目流程进行审查。项目实施人员有对应的培训。通过一系列的管理手段排除了完成项目的随机性，保证所有项目实施都会成功 | 需求管理、项目计划、项目监控、供应商合同管理、度量与分析、过程与产品质量保证、配置管理 |
| 已定义级 | 项目实施使用了一整套的管理措施，用于确保项目圆满完成；企业可以根据自身特点，将已有的标准流程、管理体系，变成实际的制度，这样就能成功实施同类、不同类的各个项目 | 技术解决方案、需求开发、产品集成、确认、验证、组织过程焦点、组织过程定义、组织培训、集成项目管理、风险管理、决策分析与解决、集成团队、集成组织环境 |
| 量化管理级 | 项目管理形成了一种制度，而且实现了数字化管理。管理流程实现了量化与数字化。从而提高管理精度，降低项目实施在质量上的波动 | 组织过程性能、量化项目管理 |
| 优化级 | 项目管理达到了最高境界。企业管理不仅是信息化与数字化，还能够主动地改善流程，运用新技术，实现流程的改进和优化 | 组织改革与实施、原因分析与决策 |

表 9-2-4　连续式表示的等级

| 连续式分组等级 | 定义 |
| --- | --- |
| CL0（未完成） | 过程域未执行、一个或多个目标未完成 |
| CL1（已执行） | 将可标识输入转换成可标识输出产品，用来实现过程域特定目标 |
| CL2（已管理） | 已管理的过程制度化。项目实施遵循文档化的计划和过程，项目成员有足够的资源使用，所有工作、任务都被监控、控制、评审 |
| CL3（已定义级） | 已定义的过程制度化。过程按标准进行裁剪，收集过程资产和过程度量，便于将来的过程改进 |
| CL4（定量管理） | 量化管理的过程制度化。利用质量保证、测量手段进行过程域改进和控制，管理准则是建立、使用过程执行和质量的定量目标 |
| CL5（优化的） | 使用量化手段改变、优化过程域 |

## 9.3　软件项目管理

软件项目管理引入项目管理思想，管理软件项目的成本、进度、质量、风险，确保项目顺利完成。

### 9.3.1　软件项目管理基础

**项目管理**是应用各种知识、技能、手段、技术到项目活动中，用来满足项目要求。

1. 项目的特点

项目具有以下特点：

（1）**临时性**：有明确的开始时间和结束时间。

（2）**独特性**：世上没有两个完全相同的项目。

（3）**渐进明细性**：前期只能粗略定义，然后逐渐明朗、精确，这意味着变更不可避免，而且要控制变更。

2. 软件项目管理对象

软件项目管理的对象是人员、产品、过程、项目。

（1）人员（People）：包含项目管理人员、高级管理人员、开发人员、客户、最终用户。

（2）产品（Product）：软件产品范围包括项目环境、目标、功能和性能。

（3）过程（Process）：项目管理的过程是指为了得到预先指定的结果而要执行的一系列相关的行动和活动。软件过程提供了适合当前团队开发当前软件的过程模型。

（4）项目（Project）：项目管理中的项目是为达到特定目的，利用特定资源，在规定时间，为特定的人提供特定的产品、服务、成果而进行的一次性工作。软件项目管理则是一种有计划、可控的，管理复杂性的方式。

Reel 提供的 5 个软件项目方法有：明确目标及过程、保持项目成员动力、跟踪进度、做出明智决策、事后分析。

3. 软件项目组织

软件项目组织原则：尽早落实责任，减少交流接口，责权均衡。

软件项目的组织形式可分为按项目划分模式、按职能划分模式、矩阵模式。

程序设计小组的组织方式：主程序员小组、民主制小组、层次式小组。

### 9.3.2 软件项目成本管理

项目成本是指为完成项目目标而付出的费用和耗费的资源。传统项目成本管理的过程有规划成本管理、成本估算、成本预算、成本控制。

1. 成本估算方法

软件项目估算就是利用一些方法和技术估算开发软件的成本、时间、资源。

2. 估算模型

估算模型基于经验的总结，常见的估算模型有 COCOMO、Putnam 估算模型。

（1）COCOMO 估算模型。COCOMO 估算模型是一种较精确、易使用的成本估算模型。COCOMO 模型已经演化为更全面的估算模型，即 COCOMOⅡ估算模型。该模型规模估算点可以有：**对象点、功能点、代码行**。

（2）Putnam 模型。Putnam 属于动态多变量模型，模型假定生命周期的工作量有特定分布。

### 9.3.3 软件项目进度管理

传统的项目进度管理又叫项目时间管理，是所有为管理项目按时完成所需的各个过程。

1. 甘特图

甘特图中的活动列在纵轴，日期在横轴；水平线段代表任务，线段长度表示预期的持续时间。甘特图的图例如图 9-3-1 所示。

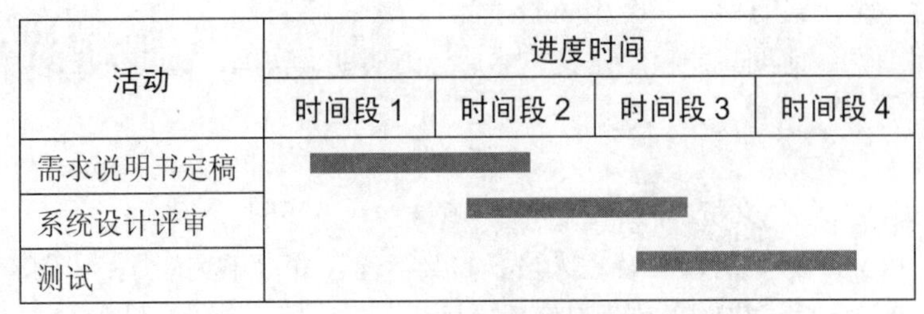


图 9-3-1　甘特图图例

2. PERT 图

PERT 图是一种**箭线图**，和流程图类似，它描绘出项目包含的各种活动的先后次序，标明每项活动的时间或相关的成本。

### 9.3.4　软件项目质量管理

**质量**是一组固有特性满足要求的特征全体。**质量管理**是指在为达到期待的质量水平，而进行的指挥和控制组织的协调活动。

1. 软件质量

**软件质量**是软件满足规定或潜在用户需求的能力。软件质量可以分为设计质量、程序质量。

- 设计质量：软件规格说明书符合用户需求。
- 程序质量：程序能按软件规格说明书规定运行。

软件质量关注 3 个点：软件满足用户需求；应满足可理解、可维护等隐形需求；软件开发应遵循标准的开发准则。

2. 质量管理过程

传统项目质量管理主要包括**规划质量管理**、**质量保证**和**质量控制** 3 个过程。

（1）规划质量管理主要是制订质量计划。

（2）质量保证用于有计划、系统的质量活动，确保项目中的所有过程满足项目干系人的期望。

软件质量保证相关的任务有：标准的实施、应用技术方法、进行正式技术评审、选择测试软件、控制变更、度量、保存和报告记录。

（3）质量控制监控具体项目结果以确定其是否符合相关质量标准，制订有效方案，以消除产生质量问题的原因。

**测试和评审**是重要的质量控制方法。

**正式技术评审**是一种软件质量保障活动。用于发现逻辑、功能、实现等错误；证实评审过的软件确实满足需求；保证软件表示符合预定义；确定一致的软件开发方式；目的是降低项目管理难度。

3. 质量分类

软件质量分为外部质量（开发过程外）、内部质量（开发中）和使用质量（用户角度来看）3部分。

（1）外部质量：是基于外部视角的软件产品特征的总和。

（2）内部质量：是基于内部视角的软件产品特征的总和。

（3）使用质量：基于用户观点的质量。使用质量的获得依赖于必需的外部质量，而外部质量的获得则依赖于取得必需的内部质量。

4. 质量模型框架

根据ISO/IEC 9126标准（被ISO/IEC 25010:2011取代）和GB/T 16260标准给出的软件质量模型框架，软件质量可以分为6个主要特性和若干子特性。质量模型如图9-3-2所示。

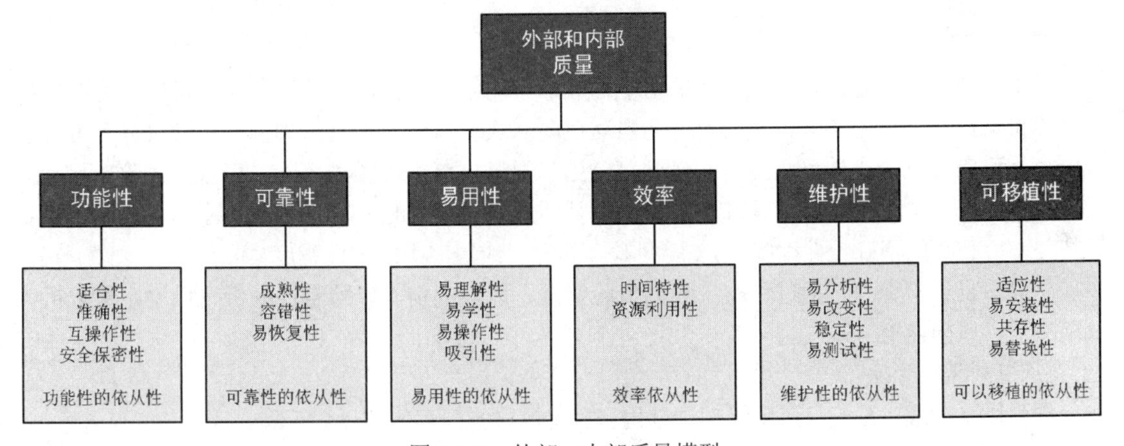


图9-3-2　外部、内部质量模型

使用质量的属性分为4个特性：有效性、生产率、安全性和满意度。模型如图9-3-3所示，简称“有效生产，安全满意”。

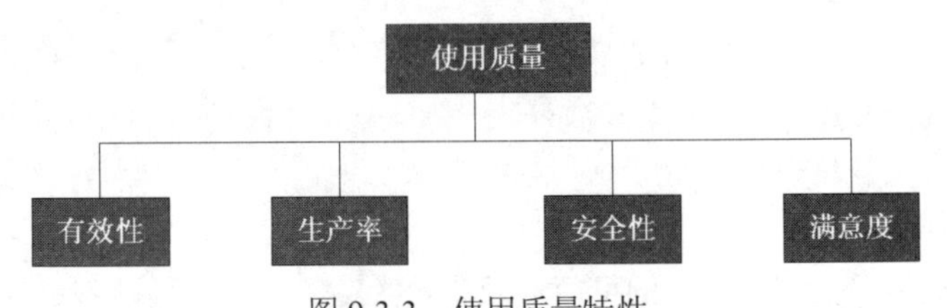


图9-3-3　使用质量特性

Mc Call软件质量模型也是一种质量模型，模型分为产品运行、产品修正和产品转移3大质量特性，包含11个质量子特性，模型如图9-3-4所示。

5. 容错

容错就是当系统发生故障时也能提供服务。容错的主要手段就是**冗余**。

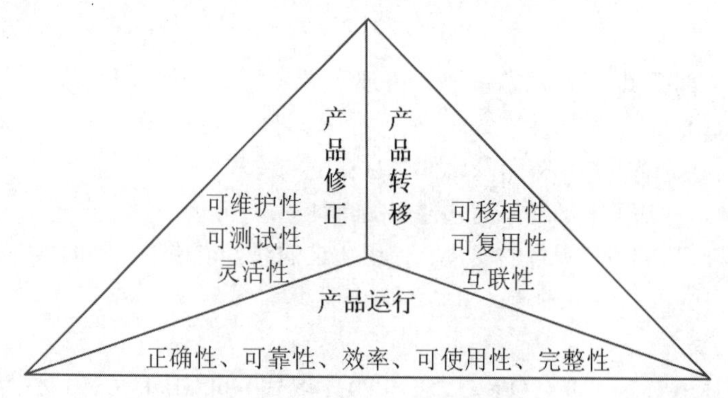

图 9-3-4 Mc Call 软件质量模型

### 9.3.5 软件项目风险管理

风险是指某一特定危险情况发生的可能性和后果的组合。按风险后果，风险可以分为**纯粹风险**和**投机风险**。按风险来源，风险可分为**自然风险**和**人为风险**。按可管理性，风险可分为**可管理风险**和**不可管理风险**。按可预测性，风险可分为**已知风险、不可预测风险、可预测风险**。风险因素包括进度风险（保证进度的不确定性程度）、成本风险（成本的不确定性程度）、性能风险（满足用户需求、使用的不确定性程度）、支持风险（维护、纠错的不确定性程度）。

一般项目风险管理包括过程有：**规划风险管理、风险识别、风险定性分析、风险定量分析、风险应对、风险监控**。

1. 规划风险管理

**规划风险管理**就是制订风险管理计划用来确定风险管理相关的计划工作。

2. 风险识别

**风险识别**是确定风险的来源、产生的条件、描述其风险特征、确定哪些风险事件可能影响本项目，并将其特性记载成文。识别风险的常用方法有建立风险条目检查表。

风险识别的主要内容有：

（1）预测、识别并确定项目有哪些潜在的风险。

（2）识别引起这些风险的主要因素。

（3）评估风险可能引起的后果。

3. 风险定性与定量分析

定性风险分析是指对已识别风险的**可能性**及**影响大小**的评估过程，该过程按风险对项目目标潜在影响的轻重缓急进行**优先级排序**，并为定量风险分析奠定基础。

定量风险分析是指对定性风险分析过程中，作为项目需求存在的重大影响而排序在先的风险进行分析，并就风险分配一个数值。

风险优先级通常是根据风险曝光设定，风险曝光度是评定整体安全性风险的指标。公式如下：

风险曝光度=风险概率×风险损失

**注意**：风险损失，也看做因风险而增加的成本。所以风险曝光度值越大，风险级别就越高。

4. 风险应对

风险应对是针对项目目标，制订一系列措施降低风险，提高有利机会。

5. 风险监控

风险监控是在整个项目中实施风险应对计划、跟踪已识别风险、监督残余风险、识别新风险，以及评估风险。

### 9.3.6 软件项目沟通管理

项目沟通管理包括规划、收集发布、存储检索、管理控制和最终处置各类干系人意见的各个过程。

### 9.3.7 软件项目配置管理

配置管理是一套方法或者一组软件，可用于管理软件开发期间产生的资产（代码、文档、数据等内容），并记录和控制变更，使得更改合理、有序、完整、一致，并可追溯历史。

## 9.4 软件项目度量

### 9.4.1 软件度量

软件度量是对软件项目、产品、开发过程进行定义、分析的持续性数据量化的过程。

软件度量可以有多种，例如面向规模的度量、面向功能的度量、生产率度量、质量度量、技术度量等。

### 9.4.2 软件复杂性度量

软件复杂性度量是评价软件理解和处理的难易程度。软件复杂性度量的参数有难度、规模、结构、智能度等。

## 9.5 系统分析与需求分析

### 9.5.1 系统分析

系统分析就是问题求解，主要工作是研究系统可以划分为哪些组成部分，研究各组成部分的联系与交互；让项目组全面概括地、主要从业务层面了解所要开发的项目。

系统分析的过程如下：

第 1 步：构建当前系统的“物理模型”。

第 2 步：抽象出当前系统的“逻辑模型”。

第 3 步：分析得到目标系统的“逻辑模型”。

第 4 步：具体化逻辑模型得到目标系统的“物理模型”。

### 9.5.2 需求分析

**需求分析**是弄清楚即将开发的系统**“做什么”**的问题。需求分析主要确定功能需求、性能需求、数据需求、环境需求、界面需求、可靠性需求等。

需求工程就是不断重复的需求获取与定义、编写文档记录、需求演化与验证的过程，具体包含需求获取、需求分析、系统建模、需求归纳总结、需求验证、需求管理等步骤。

软件需求分析阶段的输出包括数据流图、实体联系图、数据字典等。

## 9.6 系统设计

**系统设计**是搞清楚系统**“怎么做”**的问题，系统设计是把软件需求变成软件表示的过程。

### 9.6.1 系统设计分类

系统设计可以分为概要设计和详细设计。

（1）**概要设计**：是把软件需求转换成软件系统结构及数据结构。例如，将系统划分为多个模块的组成，并确定模块之间的联系。

概要设计主要工作有：设计软件系统总体结构、数据结构设计、数据库设计、编写概要设计文档、评审。

（2）**详细设计**：细化概要设计，设计算法与更详细的数据结构。

详细设计主要工作有：每个模块内详细算法设计、模块内数据结构设计、确定数据库物理结构、代码设计、界面与输入/输出设计、编写详细设计文档、评审。

### 9.6.2 结构化分析

结构化开发方法是一种**面向数据流**的开发方法，基本思想是软件功能的分解和抽象。该方法由**结构化分析、结构化设计、结构化程序设计**构成。

结构化分析方法往往使用自顶向下的思路，采用分解和抽象的原则进行分析。结构化分析方法的结果由分层数据流图、数据字典、加工逻辑说明、补充说明组成。

**数据流图**（Data Flow Diagram，DFD）用于描述数据流的输入到输出的变换。数据流图的基本元素有 4 种，具体见表 9-6-1。

表 9-6-1　数据流图的基本元素

| 图示 | 名称 | 特点 |
| --- | --- | --- |
| ⟶ | 数据流 | 数据流表示加工数据流动方向，由一组固定结构的数据组成。一般箭头上方标明了其含义的名字 |
| ▢ 或者 ◯ | 加工 | 表示数据输入到输出的变换，加工应有名字和编号 |

续表

| 图示 | 名称 | 特点 |
| --- | --- | --- |
| 或者 | 数据存储文件 | 表示存储的数据，每个文件都有名字。流向文件的数据流表示写文件，流出的表示读文件 |
|  | 外部实体 | 指的是软件系统之外的人员或组织 |

DFD 表示多数据流关系的符号。DFD 中，一个加工可能存在多个输入或者输出数据流，则可以用标记符号表示这些数据流间的关系。各类符号参见表 9-6-2。

表 9-6-2　表示多数据流关系的符号

| 符号 | 含义 | 说明 |
| --- | --- | --- |
| +（加号） | 或 | A、B、C、+<br>输入A，得B或者C，或者得BC<br>A、B、C、+<br>输入A或B，就得C |
| *（星号） | 与 | A、B、C、*<br>输入A，得B与C，两者同时有<br>A、B、C、*<br>输入A和B，才有C |
| ⊕（异或） | 互斥 | A、B、C、⊕<br>输入A，可得B或C，但B和C不能同时得到 |

### 9.6.3　结构化设计

结构化设计（Structure Design，SD）是一种面向数据流的设计方法。是以结构化分析的成果为基础，逐步精细并模块化的过程。

1. 结构化设计步骤

结构图（Structure Chart）：描述软件体系结构的工具，指出软件系统的模块构成及模块间的调用关系。

结构化设计可分以下几步：

（1）建立初始结构图：将系统分解成若干子模块，子模块再分解，直到不需要为止。

（2）改进结构图：改进不合理设计。

（3）生成设计文档：完成设计规格说明文档，文档特别要说明每个模块的功能、接口等。

（4）设计评审：评审设计的结果和文档。

2. 抽象与模块化

软件设计采用的基本原则有**抽象**、**模块化**、**信息隐蔽性**与**模块独立性**等。

**（1）抽象**就是忽视一个主题中与当前目标无关的方面，便于更加专注当前目标。在软件设计中，抽象手段可以分为**过程抽象**和**数据抽象**。

- **过程抽象（功能抽象）**：把一个明确定义功能的操作当作一个整体看待。函数可以看成过程抽象的结果。
- **数据抽象**：分离和抽象某种类型的数据对象，只向外界提供关键必要的信息，隐藏实现内部表现形式和存储细节。数据类型可以看成数据抽象的结果。

**（2）模块化**：**模块**是指执行某一特定任务的数据结构和程序代码。**模块化**是将一个待开发的软件分解成若干个模块，每个模块可独立地开发、测试、最后组装成完整的软件。

**攻克要塞软考团队提醒**：软件的分解不能过度，过分分解将导致模块独立性变差，模块接口更加复杂、开发工作总量大幅增加。

（3）**信息隐蔽性**与**模块独立性**。

**信息隐蔽性**：设计模块和确定时，模块内的信息，对于不需要这些信息的其他模块来说，是不能访问的。

**模块独立性**：将每个程序的成分隐蔽或封装在单一的模块中，设计模块时应尽可能少地显露其内部的处理信息。

**内聚**是一个模块内部各个元素彼此结合的紧密程度的度量。一个模块内部各个元素之间的联系越紧密，则它的内聚性就越高，相对地，它与其他模块之间的耦合性就会降低，而模块独立性就越强。

模块的独立性和耦合性种类如图 9-6-1 所示。模块设计目标是**高内聚，低耦合。**

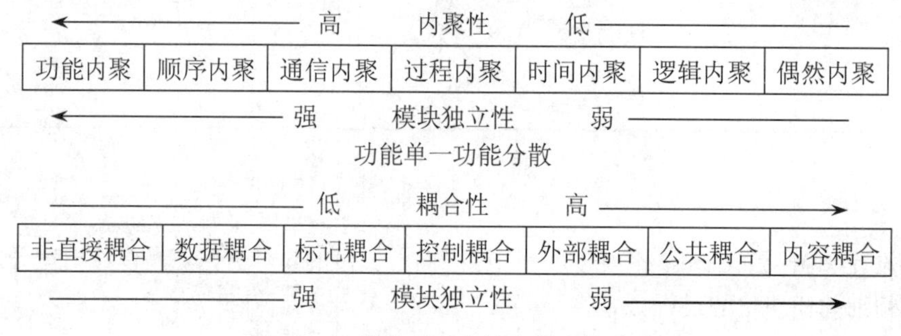


图 9-6-1 模块的独立性和耦合性种类

内聚性按强度从低到高有 7 种类型，见表 9-6-3。

**表 9-6-3 模块的内聚类型**

| 内聚类型 | 描述 |
| --- | --- |
| 偶然内聚（最弱） | 又称巧合内聚，模块的各成分之间毫无关系 |
| 逻辑内聚 | 逻辑上相关的功能被放在同一模块中。如一个模块读取各种不同类型外设的输入 |
| 时间内聚 | 模块完成的功能必须在同一时间内执行（如系统初始化），但这些功能只是因为时间因素关联在一起 |

续表

| 内聚类型 | 描述 |
| --- | --- |
| 过程内聚 | 模块内部的处理成分是相关的，而且这些处理必须以特定的次序执行 |
| 通信内聚 | 模块的所有元素都操作同一个数据集或生成同一个数据集 |
| 顺序内聚 | 模块的各个成分和同一个功能密切相关，而且一个成分的输出作为另一个成分的输入 |
| 功能内聚（最强） | 模块的所有成分对于完成单一的功能都是必需的，则称为功能内聚 |

**攻克要塞软考团队提醒：**内聚性参考记忆口诀为**“偶逻时过通顺功”**。

**耦合**是各模块间结合紧密度的一种度量。耦合性由低到高有7种类型，见表9-6-4。

表9-6-4　模块的耦合类型

| 耦合类型 | 描述 |
| --- | --- |
| 非直接耦合（最低） | 模块之间没有直接关系，模块之间的联系完全通过主模块的控制和调用来实现 |
| 数据耦合 | 模块访问，通过简单数据参数来交换输入、输出信息 |
| 标记耦合 | 一个数据结构的一部分借助于模块接口被传递 |
| 控制耦合 | 一个模块通过传送开关、标识、名字等控制信息明显地控制选择另一个模块的功能 |
| 外部耦合 | 一组模块都访问同一全局简单变量而不是同一全局数据结构，而且不是通过参数表传递该全局变量的信息 |
| 公共耦合 | 多个模块访问同一个全局数据区 |
| 内容耦合（最高） | 如果发生下列情形，两个模块间就发生了内容耦合：<br>（1）一个模块直接访问另一个模块的内部数据。<br>（2）一个模块不通过正常入口转到另一模块内部。<br>（3）两个模块有一部分程序代码重叠（只可能出现在汇编语言中）。<br>（4）一个模块有多个入口 |

**攻克要塞软考团队提醒：**耦合性参考记忆口诀为**“非数标控外公内”**。

### 9.6.4 Web应用系统分析与设计

WebApp（基于Web的系统和应用）集成了数据库和业务应用，旨在向最终用户发布一组复杂的内容和功能。

WebApp的需求模型主要有内容模型、交互模型、功能模型、导航模型、配置模型。

WebApp的设计包括架构设计、构件设计、内容设计、导航设计、美学设计、界面设计等。

### 9.6.5 用户界面设计

Theo Mandel给出了界面设计的3条黄金准则：方便用户操纵控制、减轻用户的记忆负担、保持界面一致。

## 9.7 软件测试

本节包含软件测试基础、单元测试、集成测试、确认测试、系统测试、验收测试、白盒测试、黑盒测试、灰盒测试、静态测试、动态测试等知识。

### 9.7.1 软件测试基础

**软件测试**是指使用人工或自动的方式测试某系统的过程，目的在于检验它是否满足规定需求或者搞清楚预期与实际结果的差别。**软件测试是为了发现软件中的错误，但不能证明软件是正确的，100%没有错误。**

**测试用例（Test Case）**是对特定软件产品进行测试的任务描述，是测试方案、技术、方法的集合。测试用例内容包括测试目标、测试步骤、输入数据、测试脚本、测试环境、预期结果等，最终形成文档。**高效的软件测试是指以较少的测试用例发现尽可能多的错误。**

软件测试根据不同开发模型引申出对应的**测试模型**，主要有V模型、W模型、H模型、X模型、前置测试模型。

### 9.7.2 单元测试、集成测试、确认测试、系统测试、验收测试

软件测试从软件开发过程的角度可以划分为**单元测试、集成测试、确认测试、系统测试、验收测试**。

1. 单元测试

单元测试按设计好的最小测试单元进行。单元测试又称模块测试，在模块编写并编译完成后进行。

单元测试的内容有：程序执行主要路径、边界条件、模块接口、内部数据结构、出错条件及出错处理路径。

2. 集成测试

集成测试将经过单元测试的单元模块完整地组合起来，再主要测试组合后整体和模块间的功能是否完整，模块接口的连接是否成功、能否正确地传递数据等。

3. 确认测试

确认测试又称有效性测试，主要验证软件的性能、功能等是否满足用户需求。根据用户的参与方式，确认测试可以分为α测试和β测试：

- α测试：邀请用户代表，在开发场地进行。
- β测试：最终用户在实际使用环境下进行的测试。

4. 系统测试

系统测试是对包含软硬件、人员的系统整体进行的测试，分析系统是否符合软件规格说明书要求，可以找出系统分析和设计的错误。系统测试包含以下几类测试：

（1）恢复测试：在硬件故障恢复后，证实系统能否继续正常工作。

（2）安全性测试：检验并确定系统能否保证自身安全。

（3）压力测试：不是在常规条件下进行手动或自动测试，而是在非正常频率、数量、容量等方式执行系统。

（4）性能测试：检查运行系统是否满足性能要求。性能测试包括用户并发测试、响应时间测试、负载测试等。

（5）部署测试：软件在多平台、多操作系统下进行测试，包含安装检查。

（6）软件兼容性测试：检查软件之间能否正常协作，进行正确的交互及共享信息。**系统测试时，往往需要进行兼容性测试**。

5. 验收测试

验收测试在用户拿到软件的时候进行。根据需求及规格说明书进行测试，判断软件是否符合预期。

### 9.7.3 白盒测试、黑盒测试、灰盒测试

软件测试从是否关心软件内部结构和具体实现的角度划分为**白盒测试、黑盒测试、灰盒测试**。

1. 白盒测试

白盒测试又称结构测试，依据程序内部结构设计测试用例，测试程序的路径和过程是否符合设计要求。所有可用的方法按覆盖程度从弱到强排序为：**语句覆盖、判定覆盖、条件覆盖、判定/条件覆盖、条件组合覆盖、路径覆盖**。

（1）语句覆盖：选择足够多的测试数据，使得被测试程序中的每条语句至少被执行一次。

（2）判定覆盖：选择足够多的测试数据，使得被测试程序中的每个判定语句的判定结果（“真”或者“假”）至少出现一次。

（3）条件覆盖：选择一组测试数据，使得被测试程序中的每个判定表达式中的每个条件可能值都能至少满足一次。

（4）判定/条件覆盖：选择足够多的测试数据，使得被测试程序中的每个判定语句的判定结果（“真”或者“假”）至少出现一次且每个判定表达式中的每个条件可能值都能至少满足一次。

（5）条件组合覆盖：选择足够多的测试数据，使得被测试程序中的每个判定表达式中的可能的条件组合都至少出现一次。

（6）路径覆盖：被测程序中所有可能路径至少被执行一次。

2. 黑盒测试

**黑盒测试**把被测试的对象看成一个黑盒，测试时完全不用考虑对象程序的内部结构、处理过程，利用软件接口进行测试。黑盒测试利用需求规格说明书，来检查被测程序的功能是否满足要求。

黑盒测试常用技术见表 9-7-1。

表 9-7-1 黑盒测试常用技术

| 分类 | 特点 |
| --- | --- |
| 等价类划分 | 将所有可能的输入数据，划分为若干等价类，然后从每个等价类中选取少量代表性数据作为测试用例。<br>等价类分为有效等价类（合理、有意义的数据集）、无效等价类（不合理、无意义的数据集） |

续表

| 分类 | 特点 |
| --- | --- |
| 边界值分析 | 选择等价类的边界。选取原则：<br>（1）选取范围边界及刚超越边界的值作为测试输入。<br>（2）选择最大和最小个数，最小个数-1，最大个数+1。<br>（3）输入/输出是有序集合，则选取第一个和最后一个元素测试 |
| 错误推测 | 基于经验、直接列举所有可能出现的错误，再有针对性地设计用例 |
| 因果图 | 由于等价类划分和边界值分析只考虑输入条件，不用考虑输入条件的联系；而使用因果图能描述多条件组合的测试用例，并生成判定表。利用因果图导出测试用例步骤：<br>（1）分析规格说明书找原因（输入条件或等价类）和结果（输出条件）。<br>（2）找出因果关系，并画出因果图。<br>（3）在因果图的基础上加上约束条件。<br>（4）将因果图转换为判定表。<br>（5）根据判定表得出测试用例 |

3. 灰盒测试

灰盒测试是介于白盒测试与黑盒测试之间的测试，既关注输出对于输入的正确性，又关注程序内部，但关注程度不如白盒测试那样详细，而需要观察一些表象、事件及标志来判断程序内部的运行状态。

### 9.7.4 静态测试、动态测试

软件测试从是否执行程序的角度划分为静态测试、动态测试。

**静态测试**指被测试程序不在机器上运行，而采用人工检测和计算机辅助静态分析的手段对程序进行检测，包含各阶段的评审、代码检查、程序分析、软件质量度量等。

**动态测试**指通过运行程序发现错误，包含白盒测试、黑盒测试、灰盒测试；单元测试、集成测试、确认测试、验收测试、系统测试、回归测试；自动化测试、人工测试；α测试、β测试等。



## 9.8 系统维护

系统维护可以分为硬件维护、软件维护、数据维护。

1. 硬件维护

硬件维护包含定期的设备养护和突发的设备故障维修。

2. 软件维护

**软件维护**就是软件交付使用之后，为了改正错误或满足新需要而修改软件的过程。依据软件本身的特点，软件具有的可维护性主要由**可理解性、可测试性、可修改性**3个因素决定。

软件的维护从性质上分为**纠错性（更正性）维护**、**适应性维护**、**预防性维护**和**完善性维护**。

（1）纠错性维护是指改正在系统开发阶段已发生而系统测试阶段尚未发现的错误。例如，系统漏洞补丁。

（2）适应性维护是指为了使软件适应信息技术变化和管理需求变化而进行的修改。例如，由于业务变化，业务员代码长度由现有的5位变为8位，增加了3位。

（3）预防性维护是为了改进应用软件的可靠性和可维护性，以适应未来的软/硬件环境的变化而主动增加的预防性的新功能，以使应用系统适应各类变化而不被淘汰。例如，网吧老板为适应将来网速的需要，将带宽从2Mb/s提高到100Mb/s。

（4）完善性维护是为扩充功能和改善性能而进行的修改，主要是指对已有的软件系统增加一些在系统分析和设计阶段中没有规定的功能与性能特征，这方面的维护占整个维护工作的50%～60%。例如，为方便用户使用和查找问题，系统提供联机帮助。

3. 数据维护

数据维护的主要工作是维护数据库的完整性、安全性，维护数据库中数据、数据字典及相关文件，进行代码维护。

## 9.9 软件体系结构

软件体系结构又称软件架构（Software Architecture），是一系列抽象模式或者系统草图，用于全面指导软件系统的设计。软件架构描述的对象就是组成系统的抽象组件。软件架构明确了各个组件之间的连接和通信。实现阶段中，抽象组件变成实际的组件比如类、对象；并且组件间的连接通过接口实现。

常见的软件架构有2层客户机/服务器（Client/Server，C/S）架构、3层C/S架构、浏览器/服务器（Browser/Server，B/S）架构。

# 第10章 面向对象

本章考点知识结构图如图10-0-1所示。

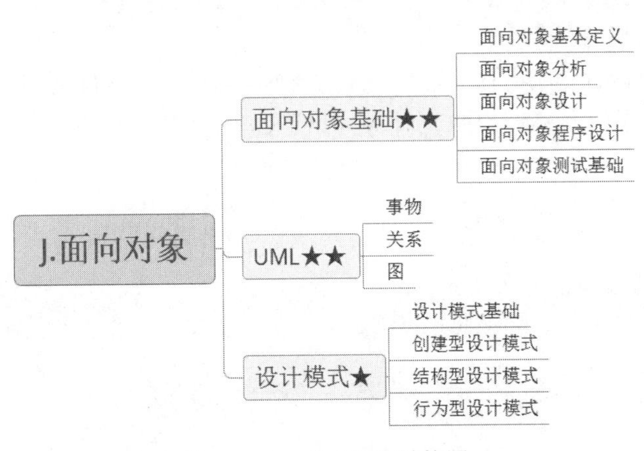


图10-0-1　考点知识结构图

## 10.1 面向对象基础

**面向对象（Object Oriented，OO）**是一种将面向对象的思想应用于软件开发中，指导开发活动的方法。

### 10.1.1 面向对象基本定义

面向对象=对象+分类+继承+通过消息的通信。

1. 核心概念

（1）对象。对象，简单地说就是要研究的自然界的任何事物，如一本书、一条流水生产线等。对象可以是有形的实体、抽象的规则、计划或事件等。**对象是由一组数据和容许的数据操作封装而成。**

程序设计者看对象，就是一个程序模块；用户看对象，是一组满足用户需求的行为。

一个对象通常由**对象名、属性和方法** 3 部分组成。例如，现实世界中音箱的颜色、音量等就是其**属性**，它们的具体值表示了音箱的**状态**。其中，音量、低音等属性只能靠其提供的操作来改变，我们不需要关心里面电路的具体实现。

（2）类。**类就是对象的模板**。类是对具有**相同操作方法和一组相同数据元素的对象**的行为和属性的抽象与总结。类是在对象之上的抽象，对象则是类的具体化，是类的实例。

面向对象的程序设计语言用类库替代了传统的函数库，程序设计语言的类库越丰富，则该程序设计语言越成熟。面向对象的软件工程则把多个相关的类构成一个组件。

**类之间存在特殊和一般的关系，特殊类称为子类，一般类称为父类**。比如，汽车和凯迪拉克汽车是一般和特殊的关系，汽车类是父类，凯迪拉克汽车是子类。

（3）消息和方法。**消息是对象之间进行通信的机制**。发送给某对象的消息中，包含了接收对象需要进行的操作信息。消息包含的内容至少有接收消息的对象名、发送给该对象的消息名等基本信息，通常有参数说明，参数就是指变量名。

**方法**是指类操作的实现，方法包含方法名、参数等信息。

2. 面向对象的主要特征

（1）继承性。**继承性**是子类自动共享父类的数据和方法的一种机制。

如果不采用继承的方式，定义语文老师类和数学老师类，则需要为每个类定义属性和方法，具体如图 10-1-1 所示。

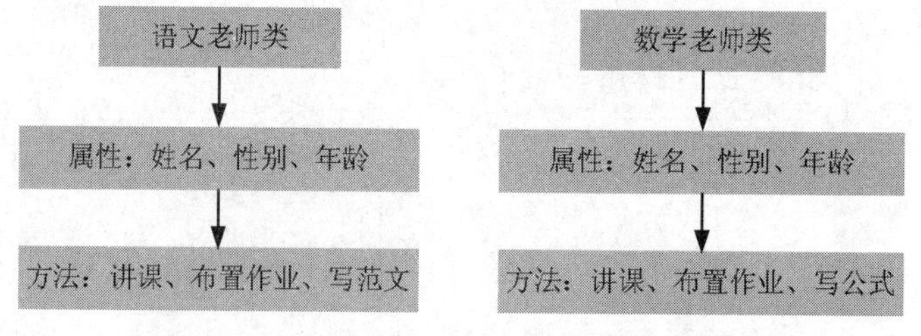


图 10-1-1　单独定义语文老师类和数学老师类

而使用继承的方法，则可以把相同的属性和方法统一放在一个父类中定义。针对多个类别的老师，可以定义一个老师类，统一定义老师们共有的属性和方法。具体如图 10-1-2 所示。这样，各类老师通过继承，就能得到老师类的属性和方法。

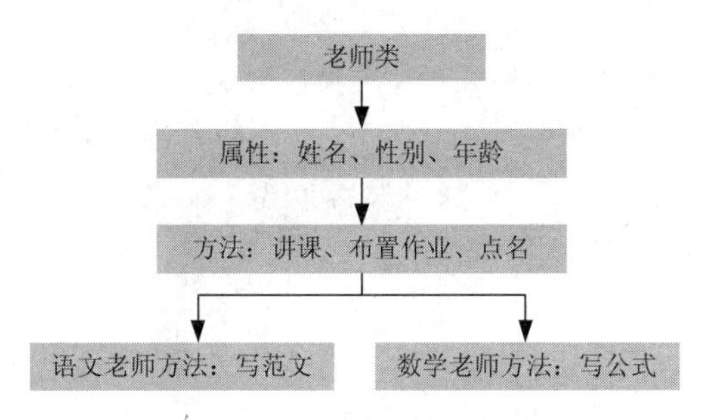


图 10-1-2　定义一个老师类

在定义和实现一个类时，可以在一个已存在类的基础上进行，把该已经存在类的内容作为自己的内容，并加入若干新内容。

**单重继承：**子类只继承**一个父类**的数据结构和方法。

**多重继承：**子类继承了**多个父类**的数据结构和方法。多重继承可能会造成混淆，出现**二义性的成员**。

（2）多态性。**多态性**是指相同的操作、函数或过程可作用于多种不同类型的对象上，并获得不同的结果。不同的对象收到同一个消息可以产生不同的结果，这种现象称为多态性。

**重载**就是一个类拥有多个同名不同参数的函数的方法。

多态分类形式见表 10-1-1。

表 10-1-1　多态分类形式

| 多态分类 | 子类 | 特点 |
|---|---|---|
| 通用多态 | 参数多态 | 最纯的多态，采用参数化模板，利用不同类型参数，让同一个结构有多种类型 |
| | 包含多态 | 子类型化，即一个类型是另一个类型的子类型。<br>子类说明是一个新类继承了父类，而子类型则是强调了新类具有父类一样的行为，这个行为不一定是继承而来 |
| 特定多态 | 强制多态 | 不同类型的数据进行混合运算时，编译程序一般都强制多态。比如 int 和 double 进行运算时，系统强制把 int 转换为 double 类型，然后变为 double 和 double 运算 |
| | 过载多态 | 过载（Overloading）又称为重载，同名操作符或者函数名，在不同的上下文中有不同的含义。<br>大多数操作符都是过载多态 |

（3）封装性。**封装**是一种信息隐蔽技术，它体现在类的说明，是对象的一种重要特性。封装使数据和加工该数据的方法变为一个整体以实现独立性很强的模块，使得用户只能见到对象的外部特性，看不到内部特性。封装的目的是分开对象的设计者和使用者，使用者无需知道行为的具体实现，只需要利用对象设计者提供的消息就可以访问该对象。

（4）绑定。绑定就是函数调用和响应调用所需代码结合的过程。绑定可以分为静态绑定和动态绑定。

- 静态绑定：在程序编译时，函数调用就结合了响应调用所需的代码。
- 动态绑定：在程序执行（非编译期）时，根据实际需要，动态调用不同子类的代码。

（5）接口与抽象类。**抽象类**是不能实例化的**类**，但是其中的方法可以包含具体实现代码。**接口**是一组方法声明的**集合**，其中应仅包含方法的声明，不能有任何实现代码。普通类只有具体实现；抽象类是具体实现和规范抽象方法都有；接口则只有规范。

抽象类表示“是一个（IS-A）关系的抽象”，比如比尔是一个人；接口表示“能（CAN-DO）关系的抽象”，比如比尔能编程。

### 10.1.2　面向对象分析

**面向对象分析**（Object Oriented Analysis，OOA）是理解需求中的问题，确定功能、性能要求，进行模块化处理。在分析阶段，架构师主要**关注系统的行为**，即关注系统应该做什么。

面向对象分析包含的活动有：寻找并确定对象、组织对象（将对象抽象成类，并确定类的结构）、确定对象的相互作用、确定对象的操作。

### 10.1.3　面向对象设计

**面向对象设计**（Object Oriented Design，OOD）属于设计分析模型的结果进一步规范化，便于之后的面向对象程序设计。

### 10.1.4　面向对象程序设计

**面向对象程序设计**（Object Oriented Programming，OOP）就是利用面向对象程序设计语言进行程序设计。

**实例化**是指在面向对象程序设计中，用类创建对象的过程。

### 10.1.5　面向对象测试基础

面向对象测试是采用面向对象开发相对应的测试技术，与其他测试没有本质不同。面向对象测试包括 4 个测试层次，从低层到高层分别是算法层、类层、模板层和系统层。

## 10.2　UML

统一建模语言（Unified Modeling Language，UML）是一个通用的可视化建模语言。UML 包含 3 类基本要素，分别是事物（元素）、关系和图。

### 10.2.1　事物

事物（Things）是 UML 最基本的构成元素。UML 中将各种事物构造块归纳成了以下 4 类。

（1）结构事物（Structure Thing）：**UML 的静态部分**，用于描述概念或物理元素。主要结构事物见表 10-2-1。

表 10-2-1　主要结构事物

| 事物名 | 定义 | 图形 |
| --- | --- | --- |
| 类 | 一组具有相同属性、相同操作、相同关系和相同语义的对象的抽象 | Order（类名）<br>orderDate<br>destArea<br>price（属性）<br>paymentType<br>dispatch()（操作）<br>close() |
| 对象 | 类的一个实例 | 图形A：图形 |
| 接口 | 用于服务通告，接口可分为两种：<br>（1）供给接口：能提供什么服务；<br>（2）需求接口：需要什么服务 | 供给接口<br>需求接口 |
| 用例 | 某类用户的一次连贯的操作，用以完成某个特定的目的 | 用例1 |
| 协作 | 协作就是一个“用例”的实现 | |
| 构件 | 构件是系统设计的一个模块化部分，它隐藏了内部的实现，对外提供了一组外部接口 | 构件名称 |
| 节点 | 带有至少一个处理器、内存以及其他设备的元素，比如服务器、工作站等 | 节点名 |

（2）行为事物（Behavior Thing）：**UML 的动态部分**，描述一种跨越时间、空间的行为。行为事物包括交互、状态机、活动等。

（3）分组事物（Grouping Thing）：大量类的分组。UML 中包（Package）可以用来分组。包图形如图 10-2-1 所示。

（4）注释事物（Annotation Thing）：注释图形如图 10-2-2 所示。

图 10-2-1　包　　　　图 10-2-2　注释

### 10.2.2　关系

任何事物都不应该是独立存在的，总存在一定的关系，UML 的关系（例如依赖、关联、泛化、实现等）就把事物紧密联系在一起。UML 关系就是用来描述事物之间的关系。常见的 UML 关系见表 10-2-2。

表 10-2-2 常见的 UML 关系

| 名称 | 子集 | 举例 | 图形 |
|---|---|---|---|
| 关联 | 关联 | 两个类之间存在某种语义上的联系，执行者与用例的关系。例如：一个人为一家公司工作，人和公司有某种关联 | —————— |
| | 聚合 | 整体与部分的关系。例如：狼与狼群的关系 | ——◇ |
| | 组合 | “整体”离开“部分”将无法独立存在的关系。例如：车轮与车的关系，车离开车轮就无法开动了 | ——◆ |
| 泛化 | | 一般事物与该事物中特殊种类之间的关系。例如：猫科与老虎的继承关系 | ——▷ |
| 实现 | | 规定接口和实现接口的类或组件之间的关系 | - - - -▷ |
| 依赖 | | 例如：人依赖食物。可以分为包含、扩展等关系 | - - - -> |

单一的关系很多很复杂，且不太直观，这里给出图 10-2-3，帮助大家记忆。

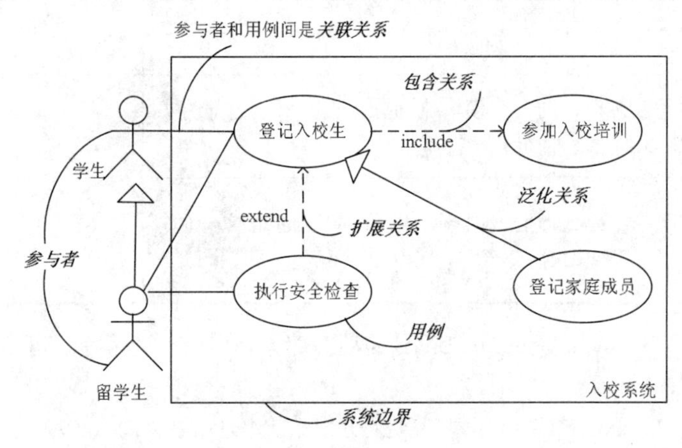


图 10-2-3 UML 各元素关系助记图

### 10.2.3 图

图（Diagrams）是事物和关系的可视化表示。UML 中事物和关系构成了 UML 的图。在 UML 2.0 中总共定义了 13 种图。图 10-2-4 从使用的角度将 UML 的 13 种图分为结构图（又称静态模型）和行为图（又称动态模型）两大类。

**攻克要塞软考团队提醒：**有些资料将用例图看成静态图，但鉴于用例图规范命名都是动宾结构等因素，建议归入动态图。

程序员考试中，并不考查各类图的具体图示，所以不用记忆。但为了方便读者理解定义，本书还是列出了各类图的图示内容。

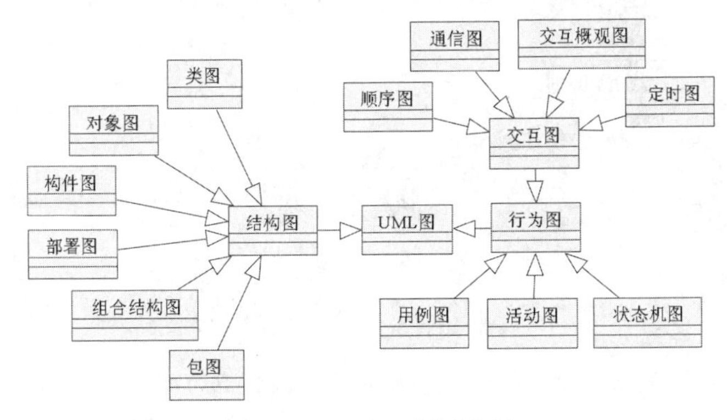


图 10-2-4　UML 图形分类

（1）类图：描述类、类的特性以及类之间的关系。常用于系统词汇建模、逻辑数据库模式建模、简单协作建模。

类图可以只有类名，可以只有方法没有属性，但不能只有属性没有方法。

具体类图如图 10-2-5 所示，该图描述了一个电子商务系统的一部分，表示客户、收货人、订单、订单项目、交货单、商贩、产品这些类及其关系。

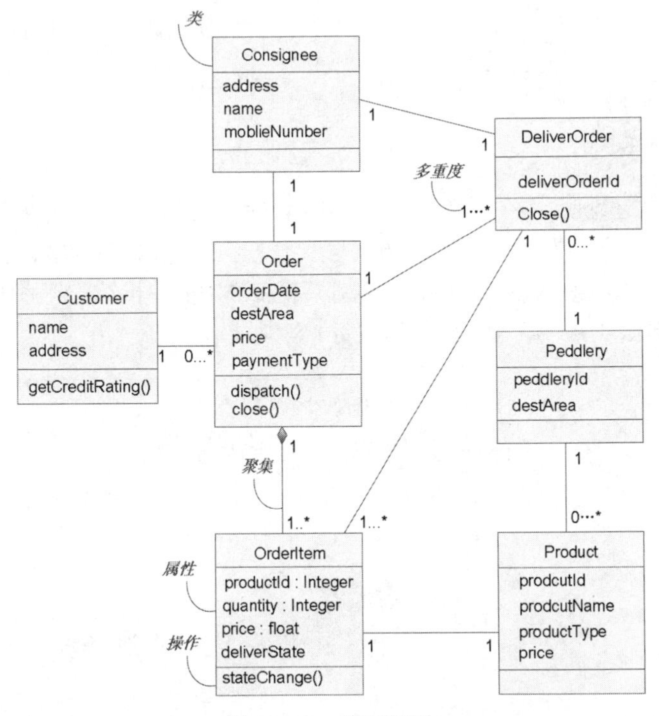


图 10-2-5　类图图例

（2）对象图：**对象是类的实例**，而对象图描述一个时间点上各个对象的快照。对象图和类图看起来是十分相近的。具体对象图如图 10-2-6 所示。

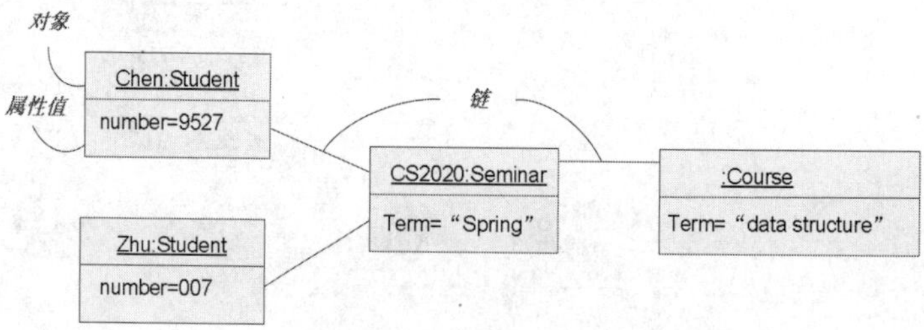

图 10-2-6　对象图图例

- 对象名：由于对象是一个类的实例，格式是“对象名：类名”，这两个部分是可选的，但如果是包含了类名，则必须加上“：”；另外，为了和类名区分，还必须加上下划线。
- 属性：由于对象是一个具体的事物，所有的属性值都已经确定，因此通常会在属性的后面列出其值。

（3）包图：对语义联系紧密的事物进行分组。在 UML 中，包是用一个带标签的文件夹符号来表示的，可以只标明包名，也可以标明包中的内容。具体如图 10-2-7 所示，该图表示某个订单系统的局部模型。

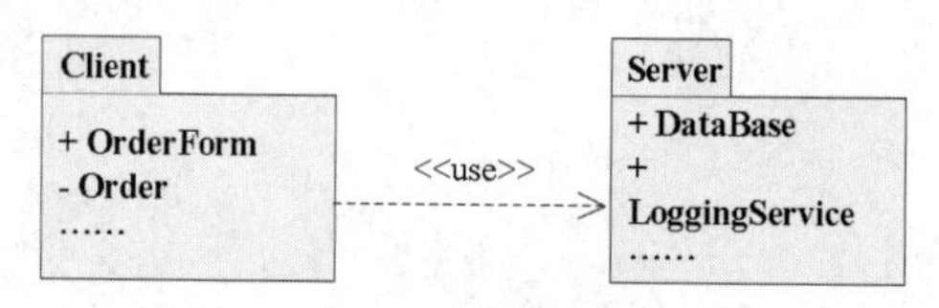


图 10-2-7　包图图例

（4）用例图：描述用例、参与者及其关系。用例图利用图形描述系统与外部系统及用户的交互，用图形描述谁将使用系统，用户期望用什么方式与系统交互。常用于系统语境建模、系统需求建模。

用例图实例如图 10-2-8 所示，该图描述攻克要塞工作室的围棋馆管理系统，描述了预订座位、排队等候、安排座位、结账（现金、银行卡支付）等功能。

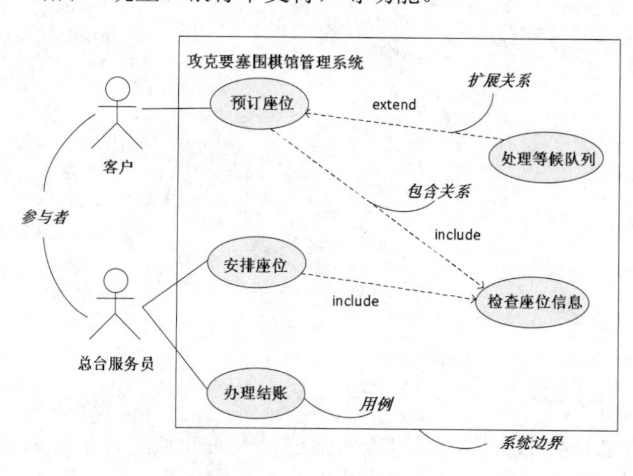


图 10-2-8　用例图图例

（5）构件图：描述一组构件间的依赖与连接。通俗地说，构件是一个模块化元素，隐藏了内部的实现，对外提供一组外部接口。

具体构件图如图 10-2-9 所示，该图是简单图书馆管理系统的构件局部。

（6）组合结构图：又称复合结构图，用于显示分类器（类、构件、用例等）的内部结构。

具体组合结构图如图 10-2-10 所示，该图描述了船的内部构造，包含螺旋桨和发动机。螺旋桨和发动机之间通过传动轴连接。

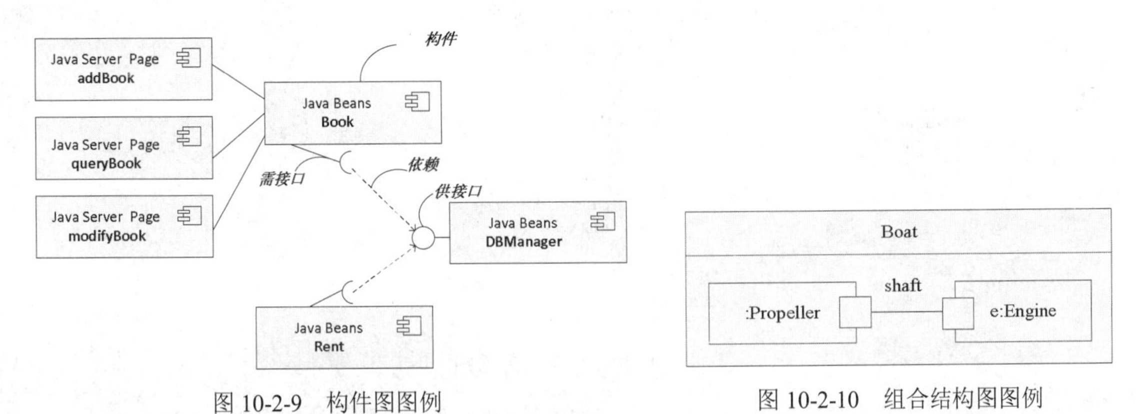


图 10-2-9　构件图图例　　　　图 10-2-10　组合结构图图例

（7）顺序图：又称序列图，描述对象之间的交互（消息的发送与接收），重点在于强调顺序，反映对象间的消息发送与接收。

具体顺序图如图 10-2-11 所示，该图将一个订单分拆到多个送货单中。

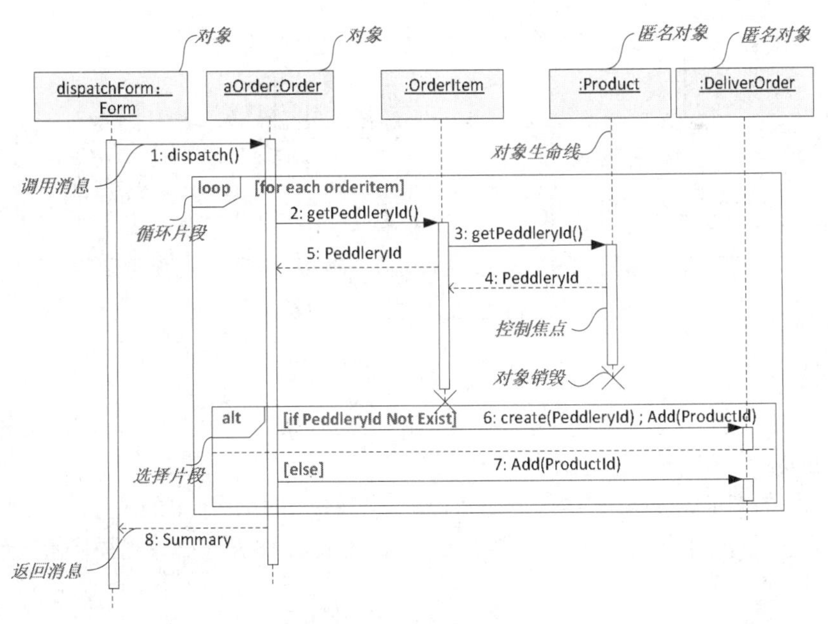


图 10-2-11　顺序图图例

（8）通信图：描述对象之间的交互，重点在于连接。通信图和顺序图语义相通，关注点不同，可相互转换。

具体如图 10-2-12 所示，该图仍然是将一个订单分拆到多个送货单。

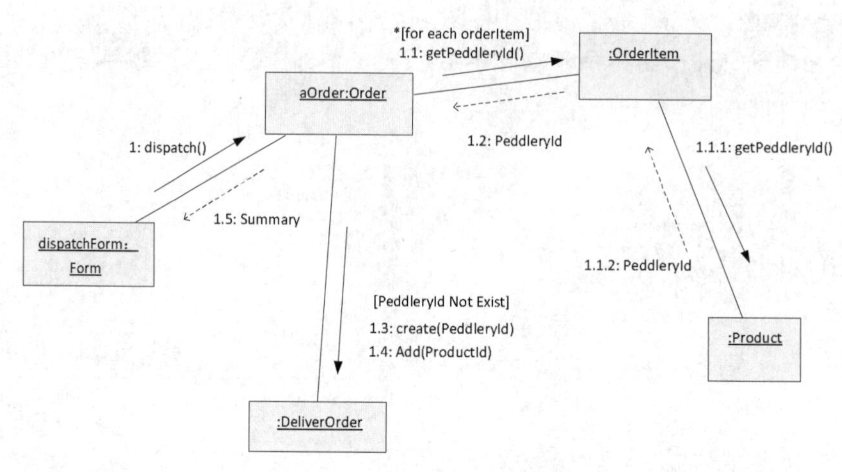


图 10-2-12　通信图图例

（9）定时图：描述对象之间的交互，重点在于给出消息经过不同对象的具体时间。

（10）交互概观图：属于一种顺序图与活动图的混合。

（11）部署图：描述在各个节点上的部署，展示系统中软、硬件之间的物理关系。具体部署图的例子如图 10-2-13 所示，该图描述了某 IC 卡系统的部署图。

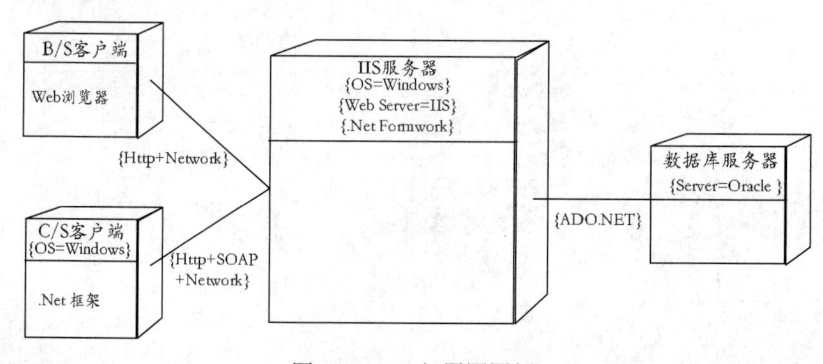


图 10-2-13　部署图图例

（12）活动图：描述过程行为与并行行为。活动图是 UML 对复杂用例的业务处理流程进一步建模的最佳工具。

具体活动图的例子如图 10-2-14 所示，该图描述了网站上用户下单的过程。

（13）状态机图：描述对象状态的转移。具体如图 10-2-15 所示，该图描述考试系统中各过程状态的迁移。

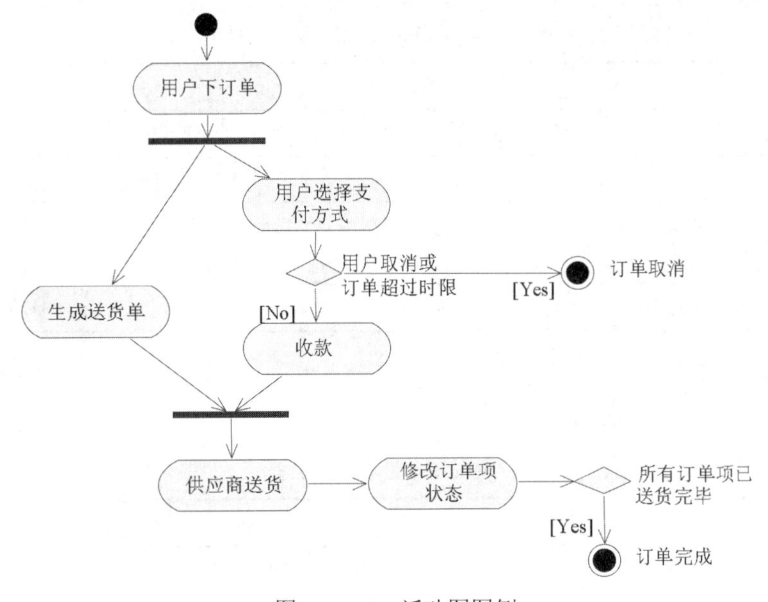


图 10-2-14 活动图图例

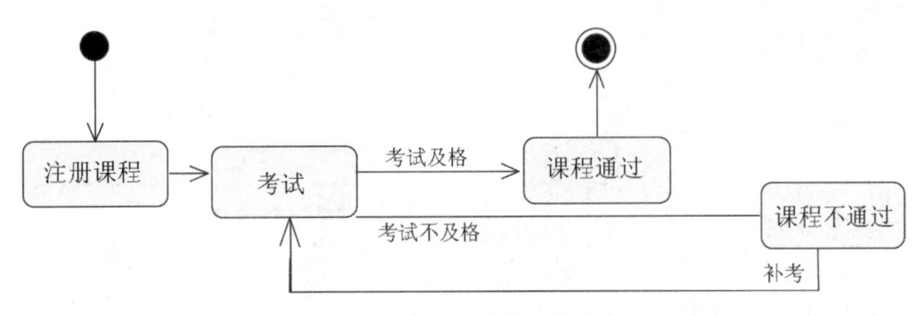


图 10-2-15 状态机图图例

## 10.3 设计模式



设计模式是一套反复使用的、经过分类的代码设计的经验总结。一个设计模式就是一个已被验证且不错的实践解决方案，这种方案已经被成功应用，解决了在某种特定情境中重复发生的某个问题。

设计模式的本质是面向对象设计原则的实际运用，充分理解了类的封装性、继承性和多态性以及类的关联关系和组合关系。

设计模式的目的就是保证代码可重用、易理解、高可靠。设计模式的优点是简化并加快了软件设计、方便开发人员间的通信、降低了风险、有助于转向到面向对象技术。

设计模式中，常考各类模式的特点，应用场景等知识。

### 10.3.1 设计模式基础

设计模式的基本要素见表 10-3-1。

表 10-3-1　设计模式的基本要素

| 要素名 | 特点 |
|---|---|
| 模式名 | 模式要是一个有意义的名称，简洁描述模式的本质 |
| 问题 | 描述特定的问题，确定在何时使用模式，解释了设计问题和问题存在的前因后果 |
| 解决方案 | 解决方案包括设计的组成成分与职责、相互关系及协作方式。描述静态关系和动态规则，如何得到所需结果 |
| 效果 | 应用模式后的效果、系统状态或配置、使用模式带来的后果和应权衡的问题等 |

依据模式的用途来分类，也就是按完成什么工作来分类，设计模式可以分为创建型、结构型和行为型，具体分类见表 10-3-2。

表 10-3-2　设计模式分类

| 模式名 | 描述 | 包含的子类 |
|---|---|---|
| 创建型 | 描述如何创建、组合、表示对象，分离对象的创建和对象的使用 | 工厂方法模式（Factory Method Pattern） |
| | | 抽象工厂模式（Abstract Factory Pattern）<br>建造者模式（Builder Pattern）<br>单例模式（Singleton Pattern）<br>原型模式（Prototype Pattern） |
| 结构型 | 考虑如何组合类和对象成为更大的结构，一般使用继承将一个或者多个类、对象进行组合、封装。例如，采用多重继承的方法，将两个类组合成一个类 | 适配器模式（Adapter Pattern） |
| | | 桥接模式（Bridge Pattern）<br>组合模式（Composite Pattern）<br>装饰模式（Decorator Pattern）<br>外观模式（Facade Pattern）<br>享元模式（Flyweight Pattern）<br>代理模式（Proxy Pattern） |
| 行为型 | 描述对象的职责及如何分配职责，处理对象间的交互 | 模板模式（Template Pattern）<br>解释器模式（Interpreter Pattern） |
| | | 责任链模式（Chain of Responsibility Pattern）<br>命令模式（Command Pattern）<br>迭代器模式（Iterator Pattern）<br>中介者模式（Mediator Pattern）<br>备忘录模式（Memento Pattern）<br>观察者模式（Observer Pattern）<br>状态模式（State Pattern）<br>策略模式（Strategy Pattern）<br>访问者模式（Visitor Pattern） |

根据模式作用于类还是作用于对象来划分，可以分为类模式和对象模式。

（1）类模式：该模式用于处理类与子类之间的关系。这种关系通过继承建立，编译时就已经确定是静态的。属于类模式的有工厂模式、适配器模式、模板模式、解释器模式。

（2）对象模式：该模式用于处理类与类之间的关系。这种关系通过组合或聚合实现，是动态的。除了类模式的 4 种，其他都属于对象模式。

面向对象软件开发需要遵循的原则见表 10-3-3。

表 10-3-3　面向对象软件开发需要遵循的原则

| 原则名称 | 定义 | 备注 |
| --- | --- | --- |
| 开放封闭原则 | 软件实体（类、函数等）应当在不修改原有代码的基础上，新增功能 | 模块设计总存在无法避免的变化，设计人员应该猜测最可能的变化，然后构造抽象隔离同类变化 |
| 依赖倒转原则 | 高层模块不应该依赖于低层模块，二者都应该依赖于抽象；要针对接口编程，不要针对实现编程。抽象就是声明做什么（What），而不是告知怎么做（How） | 抽象不应该依赖细节，细节应该依赖抽象。例如内存是针对接口设计的，不依赖品牌等细节，所以不会出现内存坏了要替换现有主板的情况 |
| 里氏替换原则 | 继承必须确保父类所拥有的性质在子类中仍然成立。若对每个类型 S 的对象 s1，都存在一个类型 T 的对象 t2，在程序 P 中，使用 s1 替换 t2 后，程序 P 行为功能不变，则 S 是 T 的子类型 | 子类型一定能够替换父类型，而软件功能不受影响 |

### 10.3.2　创建型设计模式

创建型设计模式描述如何创建、组合、表示对象，分离对象的创建和对象的使用。

1. 工厂方法模式（Factory Method Pattern）

工厂方法模式定义了一个接口用于创建对象，该模式由子类决定实例化哪个工厂类。该模式把类的实例化推迟到了子类。

2. 抽象工厂模式（Abstract Factory Pattern）

工厂方法模式涉及的是同一类产品生产，比如键盘厂只生产键盘，鼠标厂只生产鼠标等。但现实中，工厂往往是生产一族产品的，比如计算机外设工厂既能生产键盘，又能生产鼠标。如果生产一族产品采用工厂模式，就要建设多个工厂，显然代价过高，因此为了描述这种现实情况，就引入了抽象工厂模式。

工厂方法模式只生产一类产品，而抽象工厂模式可生产相关联的多类产品，因此**抽象工厂模式可看成工厂方法模式的升级版**。该模式提供了一个接口用于创建一组相关或相互依赖的对象；该模式由子类选择决定具体的实例化类。

3. 建造者模式（Builder Pattern）

建造者模式，又称为生成器模式，该模式分离一个复杂对象的构造与表示。该模式将一个复杂对象分解为多个简单对象，然后逐步构建出复杂对象。该模式中，产品组成结构不变；但每个部分可以灵活选择。

4. 单例模式（Singleton Pattern）

单例模式的一个类只有一个自身创建的实例，并提供该实例给所有其他对象。

5. 原型模式（Prototype Pattern）

原型模式指定一个已创建的实例作为原型，通过复制该原型来创建新对象。

### 10.3.3 结构型设计模式

结构型设计模式重点考虑如何组合类和对象成为更大的结构，该模式一般使用继承将一个或者多个类、对象进行组合、封装。

结构型设计模式分为结构型类模式和结构型对象模式。其中，结构型类模式采用继承机制组合接口或实现；结构型对象模式只描述了如何对一些对象进行组合，从而实现新功能，这种模式可以在运行时改变组合关系。

1. 适配器模式（Adapter Pattern）

适配器模式兼容不同接口，使其能协同工作。

2. 桥接模式（Bridge Pattern）

桥接模式用于分离抽象与实现。

3. 组合模式（Composite Pattern）

组合模式用于表示部分－整体（树型）关系。

4. 装饰模式（Decorator Pattern）

装饰模式使用组合关系创建装饰对象，可以不改变真实对象的类结构，又动态增加了额外的功能。

5. 外观模式（Facade Pattern）

外观模式为子系统中的一组接口提供一个一致的界面、一个高层接口。

6. 享元模式（Flyweight Pattern）

享元模式利用共享技术，复用大量的细粒度对象。

7. 代理模式（Proxy Pattern）

代理模式可以让其他对象用代理的方式控制访问本对象。

### 10.3.4 行为型设计模式

行为型设计模式描述对象的职责及如何分配职责，处理对象间的交互。

1. 模板模式（Template Pattern）

模板模式将算法的一些步骤延迟到子类中实现，使得子类可以在不改变该算法结构的情况下，重新定义该算法的某些特定步骤。

2. 解释器模式（Interpreter Pattern）

解释器模式依据某一语言及其文法表示，来定义一个解释器（表达式），通过该解释器使用该表示来解释语言中的句子。

3. 责任链模式（Chain of Responsibility Pattern）

多个对象有可能处理某一请求时，为避免冲突，将这些对象连成一条链，并沿着该链传递该请求，直到有一个对象处理它为止。

4. 命令模式（Command Pattern）

命令模式将一个请求封装为一个对象，这样，发出请求和执行请求就成为了独立的操作；可以进行请求的排队、撤销操作，记录请求日志。

5. 迭代器模式（Iterator Pattern）

迭代器模式提供一种方法来顺序访问聚合类（数据集合、列表等），而不暴露聚合类的内部细节。

6. 中介者模式（Mediator Pattern）

中介者模式利用一个中介对象，封装对象间的交互。

7. 备忘录模式（Memento Pattern）

备忘录模式又称快照模式。在不破坏封装性的前提下，捕获对象内部状态，并保存，以便以后可以恢复到该状态。

8. 观察者模式（Observer Pattern）

观察者模式针对的是对象间的一对多的依赖关系，当被依赖对象状态发生改变时，就会通知并更新所有依赖它的对象。

9. 状态模式（State Pattern）

状态模式中，把“判断逻辑”放入状态对象中，当状态对象的内部状态发生变化时，可以根据条件相应地改变其行为。而外界看来，更像是对象发生了改变。

10. 策略模式（Strategy Pattern）

策略模式一一封装各个算法，不同的算法可以相互替换，但并不影响客户的使用。

11. 访问者模式（Visitor Pattern）

访问者模式分离数据结构与数据操作，在不改变元素数据结构的情况下，进行添加元素操作。

# 第3天

# 深入学习

## 第11章　信息安全

本章考点知识结构图如图11-0-1所示。

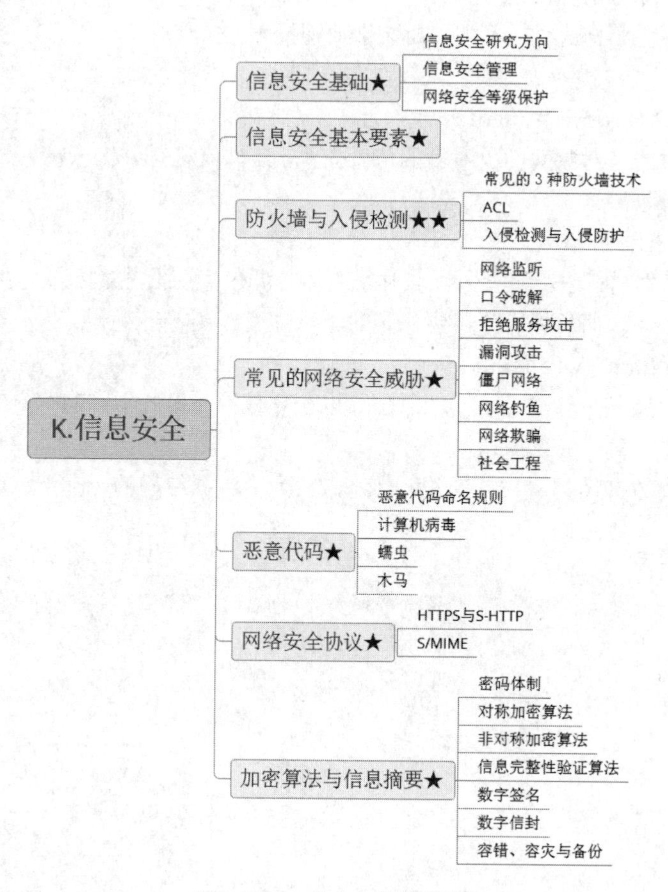


图11-0-1　考点知识结构图

## 11.1 信息安全基础

信息安全是保护信息系统的硬件、软件、数据，使之不因为偶然或恶意的侵犯而遭受破坏、更改和泄露；保证信息系统中信息的机密性、完整性、可用性、不可抵赖性、可控性等。

安全需求可分为物理安全、网络安全、系统安全和应用安全。

### 11.1.1 信息安全研究方向

目前信息安全的研究包含密码学、网络安全、信息系统安全、信息内容安全、信息对抗等方向。

网络空间是所有信息系统的集合，网络空间安全的核心是信息安全。网络空间安全学科是研究信息的获取、存储、传输、处理等领域中信息安全保障问题的一门学科。

### 11.1.2 信息安全管理

**信息安全管理**是维护信息安全的体制，是对信息安全保障进行指导、规范的一系列活动和过程。**信息安全管理体系**是组织在整体或特定范围内建立的信息安全方针和目标，以及所采用的方法和手段所构成的体系。该体系包含**密码管理、网络管理、设备管理、人员管理**。

（1）密码技术是保护信息安全的最有效手段，也是保护信息安全的最关键技术。目前我国密码管理相关的机构是国家密码管理局，全称是国家商用密码管理办公室。

（2）网络管理是对网络进行有效而安全的监控、检查。网络管理的任务就是检测和控制。OSI定义的网络管理功能有性能管理、配置管理、故障管理、安全管理、计费管理。

（3）设备安全管理包含设备的选型、安装、调试、安装与维护、登记与使用、存储管理等。

（4）人员管理应该全面提升管理人员的业务素质、职业道德、思想素质。网络安全管理人员首先应该通过安全意识、法律意识、管理技能等多方面的审查；之后要对所有相关人员进行适合的安全教育培训。

安全教育对象不仅仅包含网络管理员，还应该包含用户、管理者、工程实施人员、研发人员、运维人员等。

网络安全管理中，加强内防内控可采取“**五维化管理**”的策略，即终端准入控制、终端安全控制、桌面合规管理、终端泄密控制和终端审计。通过实施五维化管理可以提高内网安全防护能力和内网管理水平。



### 11.1.3 网络安全等级保护

**网络安全等级保护**是指对国家秘密信息、法人和其他组织及公民的专有信息以及公开信息和存储、传输、处理这些信息的信息系统分等级实行安全保护，对信息系统中使用的信息安全产品实行按等级管理，对信息系统中发生的信息安全事件分等级响应、处置。

等级保护中的安全等级划分，主要是根据**受侵害的客体**和**对客体的侵害程度**来划分的。

等级保护工作可以分为5个阶段，分别是**定级、备案、等级测评、安全整改、监督检查**。

其中，定级的流程可以分为5步，分别是**确定定级对象、用户初步定级、组织专家评审、行**

**业主管部门审核、公安机关备案审核。**

《计算机信息系统 安全保护等级划分准则》（GB17859－1999）规定了计算机系统安全保护能力的5个等级，分别是：用户自主保护级；系统审计保护级；安全标记保护级；结构化保护级；访问验证保护级，**这5级分别对应《可信计算机系统评估准则》（Trusted Computer System Evaluation Criteria，TCSEC）的C1、C2、B1、B2、B3级别。**

该准则重要条款如下：

**第一级 用户自主保护级**

本级的计算机信息系统可信计算基通过隔离用户与数据，使用户具备自主安全保护的能力。它具有多种形式的控制能力，对用户实施访问控制，即为用户提供可行的手段，保护用户和用户组信息，避免其他用户对数据的非法读写与破坏。

**第二级 系统审计保护级**

与用户自主保护级相比，本级的计算机信息系统可信计算基实施了粒度更细的自主访问控制，它通过登录规程、审计安全性相关事件和隔离资源，使用户对自己的行为负责。

**第三级 安全标记保护级**

本级的计算机信息系统可信计算基具有系统审计保护级所有功能。此外，还提供有关安全策略模型、数据标记以及主体对客体强制访问控制的非形式化描述；具有准确地标记输出 信息的能力；消除通过测试发现的任何错误。

**第四级 结构化保护级**

本级的计算机信息系统可信计算基建立于一个明确定义的形式化安全策略模型之上，**它要求将第三级系统中的自主和强制访问控制扩展到所有主体与客体**。此外，**还要考虑隐蔽通道**。本级的计算机信息系统可信计算基必须结构化为关键保护元素和非关键保护元素。计算机信息系统可信计算基的接口也必须明确定义，使其设计与实现能经受更充分的测试和更完整的复审。加强了鉴别机制；支持系统管理员和操作员的职能；提供可信设施管理；增强了配置管理控制。系统具有相当的抗渗透能力。

**第五级 访问验证保护级**

本级的计算机信息系统可信计算基满足访问监控器需求。访问监控器仲裁主体对客体的全部访问。访问监控器本身是抗篡改的；必须足够小，能够分析和测试。为了满足访问监控器需求，计算机信息系统可信计算基在其构造时，排除那些对实施安全策略来说并非必要的代码；在设计和实现时，从系统工程角度将其复杂性降低到最小程度。支持安全管理员职能；扩充审计机制，当发生与安全相关的事件时发出信号；提供系统恢复机制。系统具有很高的抗渗透能力。

**攻克要塞软考团队提醒：** 计算机信息系统可信计算基是计算机系统内保护装置的总体，包括硬件、固件、软件和负责执行安全策略的组合体。

## 11.2 信息安全基本要素

信息安全的基本要素主要包括以下5个方面：

（1）机密性（Confidentiality）：保证信息不泄露给未经授权的进程或实体，只供授权者使用。

（2）完整性（Integrity）：信息只能被得到允许的人修改，并且能够被判别该信息是否已被篡改过。同时一个系统也应该按其原来规定的功能运行，不被非授权者操纵。

（3）可用性（Availability）：只有授权者才可以在需要时访问该数据，而非授权者应被拒绝访问数据。

（4）可控性（Controllability）：可控制数据流向和行为。

（5）可审查性（Reviewability）：出现问题有据可循。

另外，有人将五要素进行了扩展，增加了可鉴别性、不可抵赖性、可靠性。

可鉴别性（Identifiability）：网络应对用户、进程、系统和信息等实体进行身份鉴别。

不可抵赖性（Non-Repudiation）：数据的发送方与接收方都无法对数据传输的事实进行抵赖。

可靠性（Reliability）：系统在规定的时间、环境下，持续完成规定功能的能力，就是系统无故障运行的概率。

## 11.3 防火墙与入侵检测

### 11.3.1 常见的 3 种防火墙技术

防火墙（Firewall）是网络关联的重要设备，用于控制网络之间的通信。外部网络用户的访问必须先经过安全策略过滤，而内部网络用户对外部网络的访问则无须过滤。现在的防火墙还具有隔离网络、提供代理服务、流量控制等功能。防火墙不具备漏洞扫描的功能。

防火墙工作层次越高，实现越复杂，对非法数据判断越准确，工作效率越低；反之，工作层次越低，实现越简单，工作效率越高，安全性越差。

常见的 3 种防火墙技术有包过滤防火墙、代理服务器式防火墙、基于状态检测的防火墙。

（1）包过滤防火墙。包过滤防火墙主要针对 OSI 模型中的网络层和传输层的信息进行分析。通常，包过滤防火墙用来控制 IP、UDP、TCP、ICMP 和其他协议。包过滤防火墙对通过防火墙的数据包进行检查，只有满足条件的数据包才能通过，对数据包的**检查内容**一般包括**源地址、目的地址和协议**。包过滤防火墙通过规则（如 ACL）来确定数据包是否能通过。配置了 ACL 的防火墙可以看成包过滤防火墙。

包过滤防火墙不能过滤更高层的网络协议信息，比如过滤 URL、过滤应用层服务、过滤病毒等。

（2）代理服务器式防火墙。这种方式隔离内外网的直接通信，由防火墙代替用户访问外网，并将数据转发给用户。代理服务器式防火墙对**第四层到第七层的数据**进行检查，与包过滤防火墙相比，需要更高的开销。用户经过建立会话状态并通过认证及授权后，才能访问到受保护的网络。压力较大的情况下，代理服务器式防火墙工作很慢。ISA 可以看成是代理服务器式防火墙。

（3）基于状态检测的防火墙。基于状态检测的防火墙检测每一个 TCP、UDP 之类的会话连接。基于状态的会话包含特定会话的源地址、目的地址、端口号、TCP 序列号信息以及与此会话相关的其他标志信息。基于状态检测的防火墙工作基于数据包、连接会话和一个基于状态的会话流表。

基于状态检测的防火墙的性能比包过滤防火墙和代理服务器式防火墙要高。思科 PIX 和 ASA 属于基于状态检测的防火墙。

### 11.3.2 ACL

访问控制列表（Access Control Lists，ACL）是目前使用最多的访问控制实现技术。访问控制列表是路由器接口的指令列表，用来控制端口进出的数据包。

### 11.3.3 入侵检测与入侵防护

1. 入侵检测

入侵检测（Intrusion Detection System，IDS）是从系统运行过程中产生的或系统所处理的各种数据中查找出威胁系统安全的因素，并可对威胁做出相应的处理，一般认为 **IDS 是被动防护**。入侵检测的软件或硬件称为入侵检测系统。入侵检测被认为是防火墙之后的第二道安全闸门，它在不影响网络性能的情况下对网络进行监测，从而提供对内部攻击、外部攻击和误操作的实时保护。

2. 入侵防护

入侵防护（Intrusion Prevention System，IPS）是一种可识别潜在的威胁并迅速地做出应对的网络安全防范办法。一般认为 **IPS 是主动防护**。

IPS 产品一般采用串联方式部署在网络中。IPS 也会采用**旁路阻断**（Side Prevent System，SPS）方式，这种方式是旁路监测，旁路注入报文阻断攻击。而 IDS 一般采用旁路方式部署。

## 11.4 常见的网络安全威胁

该节知识重点考查拒绝服务攻击、攻击分类等。

网络安全威胁与攻击是以网络为手段窃取网络上其他计算机的资源或特权，对其安全性或可用性进行破坏的行为。安全攻击依据攻击特征可以分为 4 类，具体见表 11-4-1。

表 11-4-1 安全攻击类型

| 类型 | 定义 | 攻击的安全要素 |
|---|---|---|
| 中断 | 攻击计算机或网络系统，使得其资源变得不可用或不能用 | 可用性 |
| 窃取 | 访问未授权的资源 | 机密性 |
| 篡改 | 截获并修改资源内容 | 完整性 |
| 伪造 | 伪造信息 | 真实性 |

攻击还可分为两类：

（1）**主动攻击**：涉及修改或创建数据，它包括重放、假冒、篡改与拒绝服务。

（2）**被动攻击**：只是窥探、窃取、分析数据，但不影响网络、服务器的正常工作。

### 11.4.1　网络监听

网络监听是一种监视网络状态、数据流程以及网络上信息传输的技术。黑客则可以通过侦听，发现有兴趣的信息，比如用户名、密码等。

### 11.4.2　口令破解

口令也叫密码，口令破解是指在不知道密钥的情况下，恢复出密文中隐藏的明文信息的过程。

### 11.4.3　拒绝服务攻击

（1）拒绝服务（Denial of Service，DoS）：利用大量合法的请求占用大量网络资源，以达到瘫痪网络的目的。例如，驻留在多个网络设备上的程序在短时间内同时产生大量的请求消息，冲击某Web服务器，导致该服务器不堪重负，无法正常响应其他合法用户的请求，这类形式的攻击就称为DoS攻击。

（2）分布式拒绝服务攻击（Distributed Denial of Service，DDoS）：很多DoS攻击源一起攻击某台服务器就形成了DDoS攻击。

防范DDoS和DoS的措施有：根据IP地址对特征数据包进行过滤，寻找数据流中的特征字符串，统计通信的数据量，IP逆向追踪，监测不正常的高流量，使用更高级别的身份认证。由于DDoS和DoS攻击并不植入病毒，因此安装防病毒软件无效。

（3）低速率拒绝服务攻击（Low-rate DoS，LDoS）：LDoS最大的特点是不需要维持高频率攻击，耗尽被攻击者所有可用资源，而是利用网络协议或应用服务机制（如TCP的拥塞控制机制）中的安全漏洞，在一个特定的、短暂时间内、突发地发送大量攻击性数据，从而降低被攻击方的服务能力。防范LDoS攻击的方法有：基于协议的防范、基于攻击流特征检测的防范。

### 11.4.4　漏洞攻击

漏洞是在硬件、软件、策略上的缺陷，攻击者利用缺陷在未授权的情况下访问或破坏系统。Exploit的英文意思就有“利用”，它在黑客眼里就是漏洞利用。

### 11.4.5　僵尸网络

僵尸网络（Botnet）是指采用一种或多种手段（主动攻击漏洞、邮件病毒、即时通信软件、恶意网站脚本、特洛伊木马）使大量主机感染bot程序（僵尸程序），从而在控制者和被感染主机之间所形成的一个可以一对多控制的网络。

### 11.4.6　网络钓鱼

网络钓鱼（Phishing）是通过大量发送声称来自于银行或其他知名机构的欺骗性垃圾邮件，意图引诱收信人给出敏感信息（如用户名、口令、信用卡详细信息等）的一种攻击方式。它是“社会工程攻击”的一种形式。

### 11.4.7 网络欺骗

网络欺骗就是使访问者相信信息系统存在有价值的、可利用的安全弱点，并具有一些可攻击窃取的资源，并将访问者引向这些错误的、实际无用的资源。常见的网络欺骗有 ARP 欺骗、DNS 欺骗、IP 欺骗、Web 欺骗、E-mail 欺骗。

### 11.4.8 社会工程

社会工程学是利用社会科学（心理学、语言学、欺诈学）并结合常识，将其有效地利用（如人性的弱点），最终获取机密信息的学科。

信息安全定义的社会工程是使用非计算机手段（如欺骗、欺诈、威胁、恐吓甚至实施物理上的盗窃）得到敏感信息的方法集合。

## 11.5 恶意代码

该节的重点知识为蠕虫病毒、木马特点等。

### 11.5.1 恶意代码命名规则

恶意代码的一般命名格式为：恶意代码前缀.恶意代码名称.恶意代码后缀。

恶意代码前缀是根据恶意代码特征起的名字，具有相同前缀的恶意代码通常具有相同或相似的特征。常见的前缀名见表 11-5-1。

表 11-5-1 常见的前缀名

| 前缀 | 含义 | 解释 | 例子 |
| --- | --- | --- | --- |
| Worm | 蠕虫病毒 | 通过网络或漏洞进行自主传播，向外发送带毒邮件或通过即时通信工具（QQ、MSN）发送带毒文件 | Worm.Sasser（震荡波）、熊猫烧香、红色代码、爱虫病毒 |
| Trojan | 木马 | 木马通常伪装成有用的程序诱骗用户主动激活，或利用系统漏洞侵入用户计算机。计算机感染特洛伊木马后的典型现象是有未知程序试图建立网络连接 | Trojan.Win32.PGPCoder.a（文件加密机）、Trojan.QQPSW |
| Backdoor | 后门 | 通过网络或者系统漏洞入侵计算机并隐藏起来，方便黑客远程控制 | Backdoor.Huigezi.ik（灰鸽子变种 IK）、Backdoor.IRCBot |
| Win32、PE、Win95、W32、W95 | 文件型病毒或系统病毒 | 感染可执行文件（如.exe、.com）、.dll 文件的病毒。<br>若与其他前缀连用，则表示病毒的运行平台 | Win32.CIH，<br>Backdoor.Win32.PcClient.al，表示运行在 32 位 Windows 平台上的后门 |

续表

| 前缀 | 含义 | 解释 | 例子 |
| --- | --- | --- | --- |
| Macro | 宏病毒 | 宏语言编写，感染办公软件（如Word、Excel），并且能通过宏自我复制的程序 | Macro.Melissa、Macro.Word、Macro.Word.Apr30 |
| Script、VBS、JS | 脚本病毒 | 使用脚本语言编写，通过网页传播、感染、破坏或调用特殊指令下载并运行病毒、木马文件 | Script.RedLof（红色结束符）、Vbs.valentin（情人节） |
| Harm | 恶意程序 | 直接对被攻击主机进行破坏 | Harm.Delfile（删除文件）、Harm.formatC.f（格式化C盘） |
| Joke | 恶作剧程序 | 不会对计算机和文件产生破坏，但可能会给用户带来恐慌和麻烦，如做控制鼠标 | Joke.CrayMourse（疯狂鼠标） |
| Dropper | 病毒种植程序病毒 | 这类病毒运行时会释放出一个或几个新的病毒到系统目录下，从而产生破坏 | Dropper.BingHe2.2C（冰河播种者） |

### 11.5.2 计算机病毒

计算机病毒是一段附着在其他程序上的、可以自我繁殖的、有一定破坏能力的程序代码。复制后的程序仍然具有感染和破坏的功能。

计算机病毒具有传染性、隐蔽性、潜伏性、破坏性、不可预见性、可触发性、非授权性等特点。

（1）传染性：传染性是指病毒进入计算机后，强行将自身的代码连接到其他程序或存储介质上，进行自我繁殖的特性。

（2）隐蔽性：隐蔽性是指病毒代码本身被设计得十分精简，病毒附在程序或者磁盘的比较隐蔽的地方，同时具有复制隐蔽性，不容易被区分出来。

（3）潜伏性：病毒感染系统后，不会立刻发作，会较长时间隐藏在系统中，只有特定条件触发后才会被启动。

（4）破坏性：病毒入侵系统，轻则占用资源，降低系统效率，重则导致数据流失、系统崩溃。

（5）不可预见性：只有病毒出现以后，才能被检测到。

（6）可触发性：只有病毒运行的触发条件被触发时，病毒才会被激活进行感染或者破坏。

（7）非授权性：病毒的运行对用户来说是未知的，病毒占用系统资源是未经系统授权的。

计算机病毒的生命周期一般包括潜伏、传播、触发、发作4个阶段。

### 11.5.3 蠕虫

蠕虫是一段可以借助程序自行传播的程序或代码。典型的蠕虫病毒有震网（Stuxnet）病毒，该病毒利用系统漏洞破坏工业基础设施，攻击工业控制系统。

### 11.5.4 木马

木马不会自我繁殖，也并不刻意地去感染其他文件，它通过伪装自己来吸引用户下载执行，向施种木马者提供打开被种主机的门户，使施种者可以任意毁坏、窃取被种者的文件，甚至远程操控被种主机。

## 11.6 网络安全协议

本节的 HTTPS、MIME 知识在历次考试中均考查过。

### 11.6.1 HTTPS 与 S-HTTP

超文本传输协议（Hypertext Transfer Protocol over Secure Socket Layer，HTTPS），是以安全为目标的 HTTP 通道，简单讲是 HTTP 的安全版。**它使用 SSL 来对信息内容进行加密**，使用 **TCP 的 443 端口**发送和接收报文。其使用语法与 HTTP 类似，使用“HTTPS:// + URL”形式。

安全超文本传输协议（Secure Hypertext Transfer Protocol，S-HTTP）是一种面向安全信息通信的协议，是 EIT 公司结合 HTTP 设计的一种消息安全通信协议。S-HTTP 可提供通信保密、身份识别、可信赖的信息传输服务及数字签名等。

### 11.6.2 S/MIME

S/MIME（Secure/Multipurpose Internet Mail Extension）使用了 RSA、SHA-1、MD5 等算法，是互联网 E-mail 格式标准 MIME 的安全版本。

S/MIME 用来支持邮件的加密。基于 MIME 标准，S/MIME 提供认证、完整性保护、鉴定及数据加密等服务。

## 11.7 加密算法与信息摘要



本节知识有一定难度，不过考查频次较低，主要考查对称加密、非对称加密、数字签名等。

### 11.7.1 密码体制

密码技术的基本思想是伪装信息。伪装就是对数据施加一种可逆的数学变换，伪装前的数据称为**明文**，伪装后的数据称为**密文**，伪装的过程称为**加密**（Encryption），去掉伪装恢复明文的过程称为**解密**（Decryption）。加密过程要在**加密密钥和加密算法**的控制下进行；解密过程要在**解密密钥和解密算法**的控制下进行。

通常，一个密码系统（简称密码体制）由以下 5 个部分组成，密码体制模型如图 11-7-1 所示。

（1）明文空间 M：全体明文的集合。

（2）密文空间 C：全体密文的集合。

（3）加密算法E：一组明文M到密文C的加密变换。

（4）解密算法D：一组密文C到明文M的加密变换。

（5）密钥空间K：包含加密密钥$K_e$和解密密钥$K_d$的全体密钥集合。

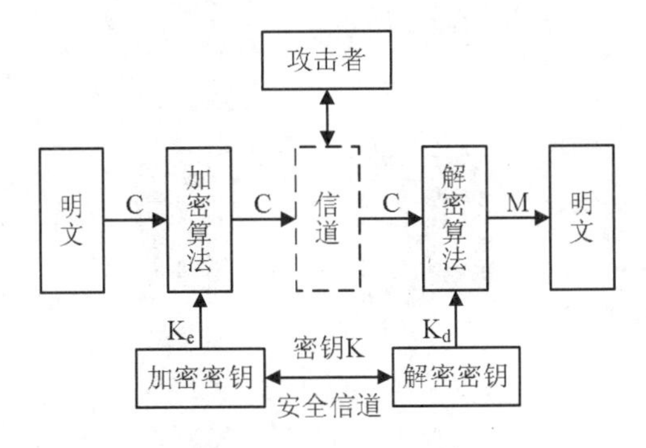


图 11-7-1　密码体制

- 加密过程：$C=E(M,K_e)$。
  使用加密算法E和密钥$K_e$，将明文M加密为密文C。
- 解密过程：$M=D(C,K_d)=D(E(M,K_e),K_d)$。
  使用解密算法D和密钥$K_d$，将密文C还原为明文M。

### 11.7.2　对称加密算法

加密密钥和解密密钥相同的算法，称为对称加密算法。对称加密算法相对非对称加密算法来说，加密的效率高，适合大量数据加密。常见的对称加密算法有DES、3DES、RC5、IDEA、RC4。

### 11.7.3　非对称加密算法

加密密钥和解密密钥不相同的算法，称为非对称加密算法，这种方式又称为公钥密码体制，解决了对称密钥算法的密钥分配与发送的问题。在非对称加密算法中，私钥用于解密和签名，公钥用于加密和认证。

RSA（Rivest Shamir Adleman）是典型的非对称加密算法，该算法基于大素数分解。RSA适合进行数字签名和密钥交换运算。

### 11.7.4　信息完整性验证算法

报文摘要算法（Message Digest Algorithms）使用特定算法对明文进行摘要，生成固定长度的密文。这类算法重点在于“摘要”，即对原始数据依据某种规则提取；摘要和原文具有联系性，即被“摘要”数据与原始数据一一对应，只要原始数据稍有改动，“摘要”的结果就不同。因此，这种方式可以验证原始数据是否被修改。

消息摘要算法采用“单向函数”，即只能从输入数据得到输出数据，无法从输出数据得到输入数据。常见报文摘要算法有安全散列标准SHA-1、MD5系列标准。

### 11.7.5 数字签名

**数字签名（Digital Signature）**的作用就是确保A发送给B的信息就是A本人发送的，并且没有篡改。数字签名和验证的过程如图11-7-2所示。

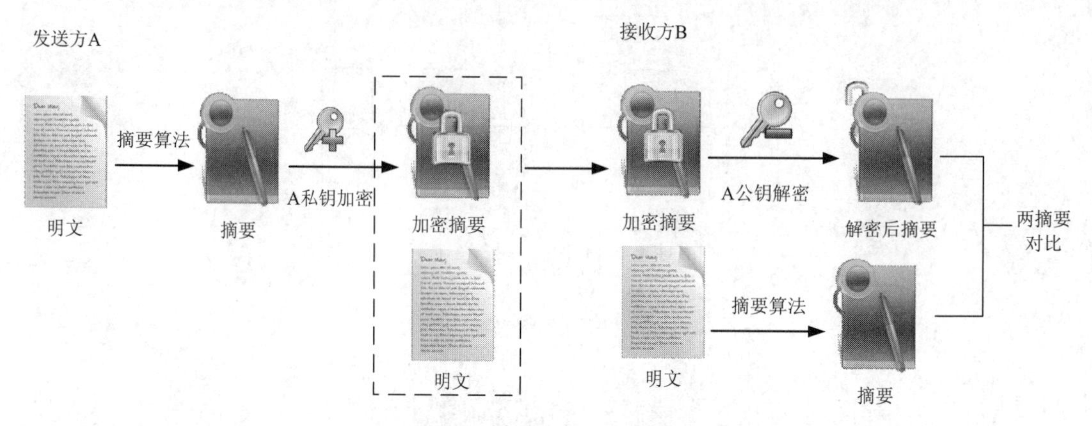


图11-7-2 数字签名和验证的过程

数字签名体制包括**施加签名**和**验证签名**两个方面。基本的数字签名过程如下：

（1）A使用"摘要"算法（如SHA-1、MD5等）对发送信息进行摘要。

（2）使用A的私钥对消息摘要进行加密运算，将加密摘要和原文一并发给B。

验证签名的基本过程如下：

（1）B接收到加密摘要和原文后，使用和A同样的"摘要"算法对原文再次摘要，生成新摘要。

（2）使用A公钥对加密摘要解密，还原成原摘要。

（3）两个摘要对比，一致则说明由A发出且没有经过任何篡改。

由此可见，数字签名功能有信息身份认证、信息完整性检查、信息发送不可否认性，但不提供原文信息加密，不能保证对方能收到消息，也不对接收方身份进行验证。数字签名最常用的实现方法建立在公钥密码体制和安全单向散列函数的基础之上。

### 11.7.6 数字信封

数字信封是通过非对称加密的手段分发对称密钥的方法。报文数据先使用一个随机产生的对称密钥加密，该密钥再用报文接收者的公钥进行加密，这称为报文的**数字信封**（Digital Envelope）。然后将加密后的报文和数字信封发给接收者。数字信封技术能够保证数据在传输过程中的安全性。

### 11.7.7 容错、容灾与备份

1. 容错技术

容错是提高系统出现部件问题时，能保证数据完整，持续提供服务的能力。容错技术通常是增加冗余资源来解决故障造成的影响。常用的容错技术有软件容错、硬件容错、数据容错。

2. 容灾

容灾系统是指在相隔较远的异地，建立两套以上功能相同的系统，各系统互相之间相互监视健康状态以便进行切换，当一处的系统因意外（如火灾、地震等）停止工作时，整个应用系统可以切换到另一处，使得该系统功能可以继续正常工作。

容灾的目的和实质是保持信息系统的业务持续性。

3. 备份与恢复

备份与恢复是一种数据安全策略，通过备份软件把数据备份到备用存储设备上；当原始数据丢失或遭到破坏的情况下，利用备份数据把原始数据恢复出来，使系统能够正常工作。

数据备份是容灾的基础，但并不能减少和防范计算机病毒。

# 第12章 信息化基础

本章考点知识结构图如图12-0-1所示。

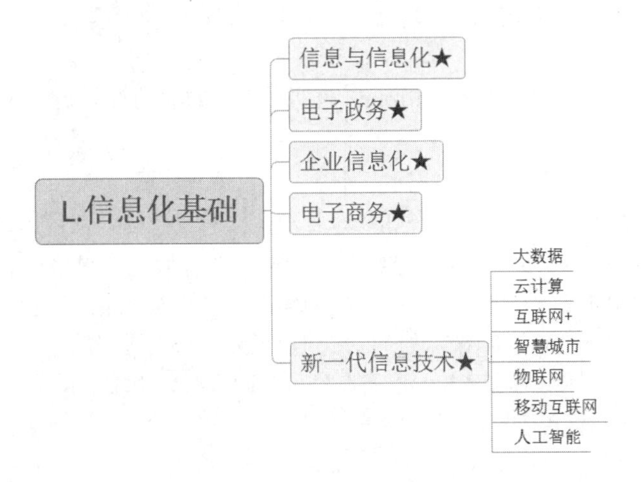


图12-0-1 考点知识结构图

## 12.1 信息与信息化

1. 信息的定义

关于信息，**诺伯特·维纳**（Norbert Wiener）给出的定义是："信息就是信息，既不是物质，也不是能量。"**克劳德·香农**（Claude Elwood Shannon）给出的定义是："信息就是不确定性的减少。"

信息反映了客观事物的运动状态和方式，客观事物中都蕴涵着信息。信息和数据不同，数据是信息的物理形式，可以用0、1的数字组合表达；信息是数据的内容，可以用声、图、文、像来表达。简单地说**信息是抽象的，数据是具体的**。

2. 信息化的定义

关于信息化，业内还没有严格的统一的定义，但常见的有以下 3 种：

（1）信息化就是**计算机**、**通信**和**网络技术**的现代化。

（2）信息化就是从物质生产占主导地位的社会向**信息产业**占主导地位的社会转变的发展过程。

（3）信息化就是从工业社会向**信息社会**演进的过程。

## 12.2 电子政务

电子政务实质上是对现有的政府形态的一种改造，即利用信息技术和其他相关技术来构造更适合信息时代的政府的组织结构和运行方式。

电子政务有以下几种表现形态：

（1）政府对政府，即 **G2G**，2 表示 to 的意思，G 即 Government。政府与政府之间的互动包括中央和地方政府组成部门之间的互动；政府的各个部门之间的互动；政府与公务员和其他政府工作人员之间的互动等。

（2）政府对企业，即 **G2B**，B 即 Business。政府面向企业的活动主要包括政府向企（事）业单位发布的各种方针。

（3）政府对居民，即 G2C，C 即 Citizen。政府对居民的活动实际上是政府面向居民所提供的服务。

（4）企业对政府，即 **B2G**。企业面向政府的活动包括企业应向政府缴纳的各种税款、按政府要求应该填报的各种统计信息和报表、参加政府各项工程的竞投标、向政府供应各种商品和服务，以及就政府如何创造良好的投资和经营环境、如何帮助企业发展等提出企业的意见和希望、反映企业在经营活动中遇到的困难、提出可供政府采纳的建议、向政府申请可能提供的援助等。

（5）居民对政府，即 **C2G**。居民对政府的活动除了包括个人应向政府缴纳的各种税款和费用，按政府要求应该填报的各种信息和表格，以及缴纳各种罚款外，更重要的是开辟居民参政、议政的渠道，使政府的各项工作得以不断改进和完善。

（6）政府到政府雇员，即 **G2E**，E 即 Employee。政府机构利用 Intranet 建立起有效的行政办公和员工管理体系，以提高政府工作效率和公务员管理水平。



## 12.3 企业信息化

企业信息化一定要建立在**企业战略规划**的基础之上，以企业战略规划为基础建立的**企业管理模式**是建立企业战略数据模型的依据。企业信息化就是**技术**和**业务**的融合。这个“融合”并不是简单地利用信息系统对手工的作业流程进行自动化，而是需要从**企业战略层面**、**业务运作层面**、**管理运作层面**这 3 个层面来实现。

企业信息化是指企业以**业务流程**的优化和重构为基础，在一定的深度和广度上利用**计算机技术**、**网络技术**和**数据库技术**，控制和集成化管理企业生产经营活动中的各种信息，实现企业内外部信息的共享和有效利用，以提高企业的经济效益和市场竞争力，这将涉及对**企业管理理念**的创新、**管理流程**的优化、管理团队的重组和管理手段的革新。

当一个企业的信息系统建成并正式投入运行后，该企业信息系统管理工作的主要任务是**对该系统进行运行管理和维护**，而企业信息系统项目在运维方面所花的时间和成本是比较高的。高效运维主要依靠管理和工具，以及合理的配合；实现整体监控和统一管理能实现运维的可视化。

实施**自动化运维**可将重复、乏味的工作交给程序去做，可以分担工作压力；能够很好地贯穿人、事、物、流程标准。实现运维自动化的前提是构建良好的运维体系。**智能化维护**能够针对风险作出预警和建议并分析定位风险原因和来源，感知和预判设备健康和业务运作情况。

**企业一体化管理系统**是指拥有多个企业管理模块的信息管理系统，不同模块具有不同的管理功能，如客户管理、采购管理、项目管理等。通过一体化的设计架构，可以实现企业数据共享。对于构建企业一体化的信息系统建设，应以企业业务、经营范围为核心而不是技术为核心来考虑建设。

## 12.4 电子商务

电子商务是指买卖双方利用现代开放的**因特网**，按照一定的标准所进行的各类商业活动。主要包括**网上购物**、**企业之间的网上交易**和**在线电子支付**等新型的商业运营模式。

电子商务的表现形式主要有如下 3 种：①企业对消费者，即 **B2C**，C 即 Customer；②企业对企业，即 **B2B**；③消费者对消费者，即 **C2C**。

## 12.5 新一代信息技术

新一代信息技术产业是随着人们日趋重视信息在经济领域的应用以及信息技术的突破，在以往微电子产业、通信产业、计算机网络技术和软件产业的基础上发展而来的，一方面具有传统信息产业应有的特征，另一方面又具有时代赋予的新的特点。

《国务院关于加快培育和发展战略性新兴产业的决定》中列出了七大国家战略性新兴产业体系，其中包括“新一代信息技术产业”。关于发展“新一代信息技术产业”的主要内容是，“加快建设宽带、泛在、融合、安全的信息网络基础设施，推动新一代移动通信、下一代互联网核心设备和智能终端的研发及产业化，加快推进三网融合，促进物联网、云计算的研发和示范应用。着力发展集成电路、新型显示、高端软件、高端服务器等核心基础产业。提升软件服务、网络增值服务等信息服务能力，加快重要基础设施智能化改造。大力发展数字虚拟等技术，促进文化创意产业发展”。

大数据、云计算、互联网+、智慧城市等属于新一代信息技术。

### 12.5.1 大数据

大数据（Big Data）指无法在一定时间范围内用常规软件工具进行捕捉、管理和处理的数据集合，是需要新处理模式才能具有更强的决策力、洞察发现力和流程优化能力的海量、高增长率和多样化的信息资产。

1. 大数据的特点

大数据的5V特点（IBM提出）：Volume（大量）、Velocity（高速）、Variety（多样）、Value（低价值密度）、Veracity（真实性）。

**攻克要塞软考团队提醒**：有些教程写的用4V，即不包含Veracity（真实性）来概括大数据特征。

2. 大数据的关键技术

大数据的关键技术有：

- 大数据存储管理技术：谷歌文件系统GFS、Apache开发的分布式文件系统Hadoop、非关系型数据库NoSQL（谷歌的BigTable、Apache Hadoop项目的HBase）。
- 大数据并行计算技术与平台：谷歌的MapReduce、Apache Hadoop Map/Reduce大数据计算软件平台。
- 大数据分析技术：对海量的结构化、半结构化数据进行高效的深度分析；对非结构化数据进行分析，将海量语音、图像、视频数据转为机器可识别的、有明确语义的信息。主要技术有人工神经网络、机器学习、人工智能系统。

### 12.5.2 云计算

云计算（Cloud Computing）通过建立网络服务器集群，将大量通过网络连接的软件和硬件资源进行统一管理和调度，构成一个计算资源池，从而使用户能够根据所需从中获得诸如在线软件服务、硬件租借、数据存储、计算分析等各种不同类型的服务，并按资源使用量进行付费。

1. 云计算虚拟化

云计算支持用户在任意位置、使用各种终端获取应用服务，所请求的资源来自云中不固定的提供者，应用运行的位置一对用户透明。云计算的这种特性就是**虚拟化**。**云计算的基础是面向服务的架构和虚拟化的系统部署**。

云计算的虚拟化特点有：

（1）旨在提高系统利用率，并通过动态调度实现弹性计算。

（2）可以将一台服务器虚拟成多台（分割式虚拟化），旨在提高资源利用率。

（3）构件、对象、数据和应用的虚拟化可以解决很多信息孤岛的整合问题。

**云计算模式**将企业主要的数据处理过程从个人计算机或服务器转移到大型的数据中心，将计算能力、存储能力当作服务来提供；但并不将所有客户的计算都集中在一台大型计算机上进行。

2. 云计算服务分类

云计算服务提供的资源层次可以分为IaaS、PaaS、SaaS。

（1）基础设施即服务（Infrastructure as a Service，IaaS）：通过Internet从完善的计算机基础设施获得服务。

（2）平台即服务（Platform as a Service，PaaS）：把服务器平台作为一种服务提供的商业模式。

（3）软件即服务（Software as a Service，SaaS）：通过Internet提供软件的模式，厂商将应用软件统一部署在自己的服务器上，客户可以根据自己的实际需求，通过互联网向厂商定购所需的应用软件服务，按定购的服务多少和时间长短向厂商支付费用，并通过互联网获得厂商提供的服务。

3．云存储

云存储是在云计算延伸和发展的一个新概念。云存储利用集群和分布式存储技术，将大量不同类、不同标准的存储设备集合起来协调工作；从而实现企业级数据存储、管理、业务访问、高效协同。

### 12.5.3 互联网+

通俗地说，“互联网+”就是“互联网+各个传统行业”，但这并不是简单的两者相加，而是利用信息通信技术以及互联网平台，让互联网与传统行业进行深度融合，创造新的发展生态。

“互联网+”有6大特征：①跨界融合；②创新驱动；③重塑结构；④尊重人性；⑤开放生态；⑥连接一切。

### 12.5.4 智慧城市

智慧城市就是运用信息和通信技术手段感测、分析、整合城市运行核心系统的各项关键信息，从而对包括民生、环保、公共安全、实现城市服务、工商业活动在内的各种需求做出智能响应。智慧城市是以互联网、物联网、电信网、广电网、无线宽带网等网络组合为基础，以智慧技术高度集成、智慧产业高端发展、智慧服务高效便民为主要特征的城市发展新模式。

智慧城市建设参考模型包含具有依赖关系的5层以及3个支撑体系。

（1）具有依赖关系的5层有：物联感知层、通信网络层、计算与存储层、数据及服务支撑层、智慧应用层。

- 物联感知层：利用监控、传感器、GPS、信息采集等设备，对城市的基础设施、环境、交通、公共安全等信息进行识别、采集、监测。
- 通信网络层：基于电信网、广播电视网、城市专用网、无线网络（例如 WiFi）、移动 4G 为主要接入网，组成通信基础网络。
- 计算与存储层：包括软件资源、存储资源、计算资源。
- 数据及服务支撑层：借助面向服务的体系架构（SOA）、云计算、大数据等技术，通过数据与服务的融合，支持智慧应用层中的各类应用，提供各应用所需的服务、资源。
- 智慧应用层：各种行业、领域的应用，例如智慧交通、智慧园区、智慧社区等。

（2）3个支撑体系有：安全保障体系、建设和运营管理体系、标准规范体系。



### 12.5.5 物联网

物联网（Internet of Things），顾名思义就是“物物相联的互联网”。以互联网为基础，将数字化、智能化的物体接入其中，实现自组织互联，是互联网的延伸与扩展；通过嵌入到物体上的各种数字化标识、感应设备，如 RFID 标签、传感器、响应器等，使物体具有可识别、可感知、交互和响应的能力，并通过与 Internet 的集成实现物物相联，构成一个协同的网络信息系统。

物联网的发展离不开物流行业支持，而物流成为物联网最现实的应用之一。物流信息技术是指运用于物流各个环节中的信息技术。根据物流的功能及特点，物流信息技术包括条码技术、RFID 技术、EDI 技术、GPS 技术和 GIS 技术。

### 12.5.6 移动互联网

移动互联网就是将移动通信和互联网二者结合起来，成为一体。是指互联网的技术、平台、商业模式和应用与移动通信技术结合并实践的活动的总称。

移动互联网技术有：

（1）SOA（面向服务的体系结构）：SOA 是一个组件模型，是一种粗粒度、低耦合的服务架构，服务之间通过简单、精确定义结构进行通信，不涉及底层编程接口和通信模型。

（2）Web 2.0：Web 2.0 是相对于 Web 1.0 的新的时代。指的是一个利用 Web 平台，由用户主导而生成的内容互联网产品模式，为了区别传统的由网站雇员主导生成的内容而定义为第二代互联网，Web 2.0 是一个新的时代。

在 Web 2.0 模式下，可以不受时间和地域的限制分享、发布各种观点；在 Web 2.0 模式下，聚集的是对某个或者某些问题感兴趣的群体；平台对于用户来说是开放的，而且用户因为兴趣而保持比较高的忠诚度，他们会积极地参与其中。

（3）HTML5：互联网核心语言、超文本标记语言（HTML）的第五次重大修改。HTML5 的设计目的是在移动设备上支持多媒体。

（4）Android：一种基于 Linux 的自由及开放源代码的操作系统，主要使用于移动设备，如智能手机和平板电脑，由 Google 公司和开放手机联盟领导及开发。

（5）iOS：由苹果公司开发的移动操作系统。

### 12.5.7 人工智能

人工智能（Artificial Intelligence，AI）是研究、开发用于模拟、延伸和扩展人的智能的理论、方法、技术及应用系统的一门新的技术科学。人工智能是一门研究计算机模拟人的思维过程和智能行为（如学习、推理、思考、规划等）的学科。AI 不仅是基于大数据的系统，更是具有学习能力的系统。

典型的人工智能应用有人脸识别、语音识别、机器翻译、智能决策等。

# 第 13 章 知识产权相关法规



知识产权部分考点涉及《中华人民共和国著作权法》《中华人民共和国专利法》《中华人民共和国商标法》《计算机软件保护条例》等法律的重要条款。其中，重点考查《中华人民共和国著作权法》《计算机软件保护条例》两部法律法规。

本章考点知识结构图如图 13-0-1 所示。

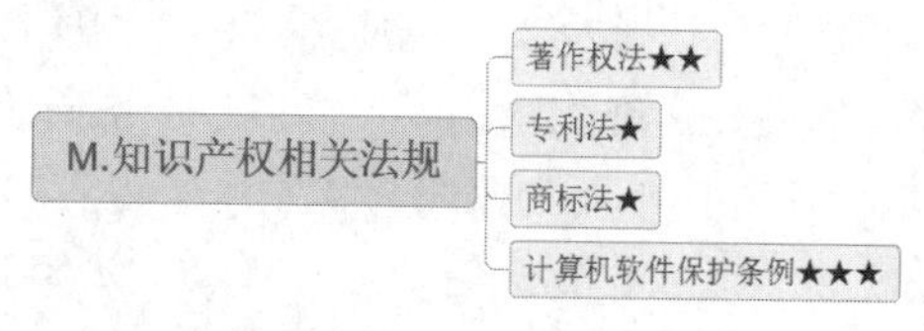


图 13-0-1 考点知识结构图

## 13.1 著作权法

《中华人民共和国著作权法》考查对法律条文的理解，所以在复习过程中，只需要理解条文而不需要背诵条文。《中华人民共和国著作权法》中曾被考查过的条款有：

**第三条** 本法所称的作品，包括以下列形式创作的文学、艺术和自然科学、社会科学、工程技术等作品：

（一）文字作品；

（二）口述作品；

（三）音乐、戏剧、曲艺、舞蹈、杂技艺术作品；

（四）美术、建筑作品；

（五）摄影作品；

（六）电影作品和以类似摄制电影的方法创作的作品；

（七）工程设计图、产品设计图、地图、示意图等图形作品和模型作品；

（八）计算机软件；

（九）法律、行政法规规定的其他作品。

**第十条** 著作权包括下列人身权和财产权：

（一）发表权，即决定作品是否公之于众的权利；

（二）署名权，即表明作者身份，在作品上署名的权利；

（三）修改权，即修改或者授权他人修改作品的权利；

（四）保护作品完整权，即保护作品不受歪曲、篡改的权利；

（五）复制权，即以印刷、复印、拓印、录音、录像、翻录、翻拍等方式将作品制作一份或者多份的权利；

（六）发行权，即以出售或者赠与方式向公众提供作品的原件或者复制件的权利；

（七）出租权，即有偿许可他人临时使用电影作品和以类似摄制电影的方法创作的作品、计算机软件的权利，计算机软件不是出租的主要标的的除外；

（八）展览权，即公开陈列美术作品、摄影作品的原件或者复制件的权利；

（九）表演权，即公开表演作品，以及用各种手段公开播送作品的表演的权利；

（十）放映权，即通过放映机、幻灯机等技术设备公开再现美术、摄影、电影和以类似摄制电影的方法创作的作品等的权利；

（十一）广播权，即以无线方式公开广播或者传播作品，以有线传播或者转播的方式向公众传播广播的作品，以及通过扩音器或者其他传送符号、声音、图像的类似工具向公众传播广播的作品的权利；

（十二）信息网络传播权，即以有线或者无线方式向公众提供作品，使公众可以在其个人选定的时间和地点获得作品的权利；

（十三）摄制权，即以摄制电影或者以类似摄制电影的方法将作品固定在载体上的权利；

（十四）改编权，即改变作品，创作出具有独创性的新作品的权利；

（十五）翻译权，即将作品从一种语言文字转换成另一种语言文字的权利；

（十六）汇编权，即将作品或者作品的片段通过选择或者编排，汇集成新作品的权利；

（十七）应当由著作权人享有的其他权利。

**第十三条** 两人以上合作创作的作品，著作权由合作作者共同享有。没有参加创作的人，不能成为合作作者。

合作作品可以分割使用的，作者对各自创作的部分可以单独享有著作权，但行使著作权时不得侵犯合作作品整体的著作权。

**第十六条** 公民为完成法人或者其他组织工作任务所创作的作品是**职务作品**，除本条第二款的规定以外，著作权由作者享有，但法人或者其他组织有权在其业务范围内优先使用。作品完成两年内，未经单位同意，作者不得许可第三人以与单位使用的相同方式使用该作品。

有下列情形之一的职务作品，作者享有署名权，著作权的其他权利由法人或者其他组织享有，法人或者其他组织可以给予作者奖励：

（一）主要是利用法人或者其他组织的物质技术条件创作，并由法人或者其他组织承担责任的工程设计图、产品设计图、地图、计算机软件等职务作品；

（二）法律、行政法规规定或者合同约定著作权由法人或者其他组织享有的职务作品。

**第十七条** 受委托创作的作品，著作权的归属由委托人和受托人通过合同约定。**合同未作明确约定或者没有订立合同的，著作权属于受托人。**

**第二十条** 作者的署名权、修改权、保护作品完整权的**保护期不受限制**。

**第二十一条** 公民的作品，其发表权、本法第十条第一款第（五）项至第（十七）项规定的权利的**保护期为作者终生及其死亡后五十年**，截止于作者死亡后第五十年的 12 月 31 日；如果是**合作作品，截止于最后死亡的作者死亡后第五十年的 12 月 31 日**。

法人或者其他组织的作品、著作权（署名权除外）由法人或者其他组织享有的职务作品，其发表权、本法第十条第一款第（五）项至第（十七）项规定的权利的保护期为五十年，截止于作品首次发表后第五十年的 12 月 31 日，但作品自创作完成后五十年内未发表的，本法不再保护。

**第二十二条** 在下列情况下使用作品，可以不经著作权人许可，不向其支付报酬，但应当指明作者姓名、作品名称，并且不得侵犯著作权人依照本法享有的其他权利：

（一）为个人学习、研究或者欣赏，使用他人已经发表的作品；

（二）为介绍、评论某一作品或者说明某一问题，在作品中适当引用他人已经发表的作品；

（三）为报道时事新闻，在报纸、期刊、广播电台、电视台等媒体中不可避免地再现或者引用已经发表的作品；

（四）报纸、期刊、广播电台、电视台等媒体刊登或者播放其他报纸、期刊、广播电台、电视台等媒体已经发表的关于政治、经济、宗教问题的时事性文章，但作者声明不许刊登、播放的除外；

（五）报纸、期刊、广播电台、电视台等媒体刊登或者播放在公众集会上发表的讲话，但作者声明不许刊登、播放的除外；

（六）为学校课堂教学或者科学研究，翻译或者少量复制已经发表的作品，供教学或者科研人员使用，但不得出版发行；

（七）国家机关为执行公务在合理范围内使用已经发表的作品；

（八）图书馆、档案馆、纪念馆、博物馆、美术馆等为陈列或者保存版本的需要，复制本馆收藏的作品；

（九）免费表演已经发表的作品，该表演未向公众收取费用，也未向表演者支付报酬；

（十）对设置或者陈列在室外公共场所的艺术作品进行临摹、绘画、摄影、录像；

（十一）将中国公民、法人或者其他组织已经发表的以汉语言文字创作的作品翻译成少数民族语言文字作品在国内出版发行；

（十二）将已经发表的作品改成盲文出版。

前款规定适用于对出版者、表演者、录音录像制作者、广播电台、电视台的权利的限制。

**第二十三条**　为实施九年制义务教育和国家教育规划而编写出版教科书，除作者事先声明不许使用的外，可以不经著作权人许可，在教科书中汇编已经发表的作品片段或者短小的文字作品、音乐作品或者单幅的美术作品、摄影作品，但应当按照规定支付报酬，指明作者姓名、作品名称，并且不得侵犯著作权人依照本法享有的其他权利。

前款规定适用于对出版者、表演者、录音录像制作者、广播电台、电视台的权利的限制。

## 13.2　专利法

《中华人民共和国专利法》中曾被考查过的条款有：

**第二条**　本法所称的发明创造是指发明、实用新型和外观设计。

**发明**，是指对产品、方法或者其改进所提出的新的技术方案。

**实用新型**，是指对产品的形状、构造或者其结合所提出的适于实用的新的技术方案。

**外观设计**，是指对产品的形状、图案或者其结合以及色彩与形状、图案的结合所作出的富有美感并适于工业应用的新设计。

**第三条**　**国务院**专利行政部门负责管理全国的专利工作；统一受理和审查专利申请，依法授予专利权。

**省、自治区、直辖市人民政府**管理专利工作的部门负责本行政区域内的专利管理工作。

**第六条**　执行本单位的任务或者主要是利用本单位的物质技术条件所完成的发明创造为职务发明创造。职务发明创造申请专利的权利属于该单位；申请被批准后，该单位为专利权人。

非职务发明创造，申请专利的权利属于发明人或者设计人；申请被批准后，该发明人或者设计人为专利权人。

利用本单位的物质技术条件所完成的发明创造，单位与发明人或者设计人订有合同，对申请专利的权利和专利权的归属作出约定的，从其约定。

**第八条**　两个以上单位或者个人合作完成的发明创造、一个单位或者个人接受其他单位或者个人委托所完成的发明创造，除另有协议的以外，申请专利的权利属于完成或者共同完成的单位或者个人；申请被批准后，申请的单位或者个人为专利权人。

**第九条　同样的发明创造只能授予一项专利权。**但是，同一申请人同日对同样的发明创造既申请实用新型专利又申请发明专利，先获得的实用新型专利权尚未终止，且申请人声明放弃该实用新型专利权的，可以授予发明专利权。

两个以上的申请人分别就同样的发明创造申请专利的，**专利权授予最先申请的人。**

**第十一条**　发明和实用新型专利权被授予后，除本法另有规定的以外，任何单位或者个人未经专利权人许可，都不得实施其专利，即**不得为生产经营目的制造、使用、许诺销售、销售、进口其专利产品**，或者使用其专利方法以及使用、许诺销售、销售、进口依照该专利方法直接获得的产品。

外观设计专利权被授予后，任何单位或者个人未经专利权人许可，都不得实施其专利，即**不得为生产经营目的制造、许诺销售、销售、进口其外观设计专利产品。**

**第二十八条**　国务院专利行政部门收到专利申请文件之日为申请日。如果申请文件是邮寄的，以寄出的邮戳日为申请日。

**第四十二条　发明专利权的期限为二十年，实用新型专利权和外观设计专利权的期限为十年，**均自申请日起计算。

## 13.3　商标法

《中华人民共和国商标法》中曾被考查过的条款有：

**第三条**　经商标局核准注册的商标为**注册商标**，包括商品商标、服务商标和集体商标、证明商标；商标注册人享有商标专用权，受法律保护。

本法所称**集体商标**，是指以团体、协会或者其他组织名义注册，供该组织成员在商事活动中使用，以表明使用者在该组织中的成员资格的标志。

本法所称**证明商标**，是指由对某种商品或者服务具有监督能力的组织所控制，而由该组织以外的单位或者个人使用于其商品或者服务，用以证明该商品或者服务的原产地、原料、制造方法、质量或者其他特定品质的标志。

**第五条**　两个以上的自然人、法人或者其他组织可以共同向商标局申请注册同一商标，共同享有和行使该商标专用权。

**第三十九条　注册商标的有效期为十年，**自核准注册之日起计算。

## 13.4　计算机软件保护条例

《计算机软件保护条例》和《中华人民共和国著作权法》是我国保护计算机软件著作权的基本法律文件。计算机软件著作权的**保护对象是指软件著作权权利人。**

《计算机软件保护条例》（2013 修订）的重要条款有：

**第二条**　本条例所称计算机软件（以下简称软件），是指**计算机程序及其有关文档。**

**第三条**　本条例下列用语的含义：（一）计算机程序，是指为了得到某种结果而可以由计算机等具有信息处理能力的装置执行的代码化指令序列，或者可以被自动转换成代码化指令序列的符号化指令序列或者符号化语句序列。同一计算机程序的源程序和目标程序为同一作品。（二）文档，是指用来描述程序的内容、组成、设计、功能规格、开发情况、测试结果及使用方法的文字资料和图表等，如程序设计说明书、流程图、用户手册等。（三）软件开发者，是指实际组织开发、直接进行开发，并对开发完成的软件承担责任的法人或者其他组织；或者依靠自己具有的条件独立完成软件开发，并对软件承担责任的自然人。（四）软件著作权人，是指依照本条例的规定，对软件享有著作权的自然人、法人或者其他组织。

**第四条**　受本条例保护的软件必须由开发者独立开发，并已固定在某种有形物体上。

**第八条**　软件著作权人享有下列各项权利：（一）发表权，即决定软件是否公之于众的权利；（二）署名权，即表明开发者身份，在软件上署名的权利；（三）修改权，即对软件进行增补、删节，或者改变指令、语句顺序的权利；（四）复制权，即将软件制作一份或者多份的权利；（五）发行权，即以出售或者赠与方式向公众提供软件的原件或者复制件的权利；（六）出租权，即有偿许可他人临时使用软件的权利，但是软件不是出租的主要标的的除外；（七）信息网络传播权，即以有线或者无线方式向公众提供软件，使公众可以在其个人选定的时间和地点获得软件的权利；（八）翻译权，即将原软件从一种自然语言文字转换成另一种自然语言文字的权利；（九）应当由软件著作权人享有的其他权利。软件著作权人可以许可他人行使其软件著作权，并有权获得报酬。软件著作权人可以全部或者部分转让其软件著作权，并有权获得报酬。

**第十一条**　接受他人委托开发的软件，其著作权的归属由委托人与受托人签订书面合同约定；无书面合同或者合同未作明确约定的，其著作权由受托人享有。

**第十三条**　自然人在法人或者其他组织中任职期间所开发的软件有下列情形之一的，**该软件著作权由该法人或者其他组织享有，该法人或者其他组织可以对开发软件的自然人进行奖励**：（一）针对本职工作中明确指定的开发目标所开发的软件；（二）开发的软件是从事本职工作活动所预见的结果或者自然的结果；（三）主要使用了法人或者其他组织的资金、专用设备、未公开的专门信息等物质技术条件所开发并由法人或者其他组织承担责任的软件。

**第十四条　软件著作权自软件开发完成之日起产生**。自然人的软件著作权，保护期为自然人终生及其死亡后50年，截止于自然人死亡后第50年的12月31日；软件是合作开发的，截止于最后死亡的自然人死亡后第50年的12月31日。法人或者其他组织的软件著作权，保护期为50年，截止于软件首次发表后第50年的12月31日，但软件自开发完成之日起50年内未发表的，本条例不再保护。



# 第14章　标准化

程序员考试近几年基本没有考查过这部分的知识，属于零星考点。本章考点知识结构图如图14-0-1所示。

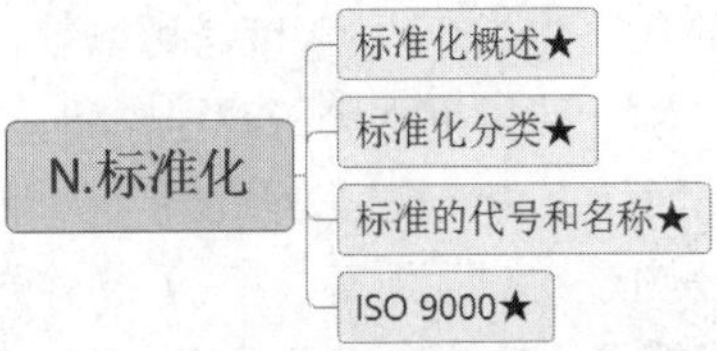

N.标准化
标准化概述★
标准化分类★
标准的代号和名称★
ISO 9000★

图 14-0-1　考点知识结构图

## 14.1　标准化概述

**"标准"**是对重复性事物和概念所做的统一规定，它以科学、技术和实践经验的综合为基础，经过有关方面协商一致，由主管机构批准，以特定的形式发布，作为共同遵守的准则和依据。

**标准化**是指在经济、技术、科学和管理等社会实践中，对重复性的事物和概念，通过制订、发布和实施标准达到统一，以获得最佳秩序和社会效益。

按照国务院授权，在国家质量监督检验检疫总局管理下，国家标准化管理委员会统一管理全国标准化工作。全国信息技术标准化技术委员会在国家标管委领导下，负责信息技术领域国家标准的规划和制订工作。

## 14.2　标准化分类

按使用范围分类，标准可分为以下几种。

（1）国际标准：ISO（国际标准化组织）、IEC（国际电工委员会）。

（2）国家标准：GB（中华人民共和国国家标准）、ANSI（美国国家标准）、BS（英国国家标准）、JIS（日本工业标准）。

（3）区域标准：PASC（太平洋地区标准会议）、CEN（欧洲标准委员会）、ASAC（亚洲标准咨询委员会）、ARSO（非洲地区标准化组织）。

（4）行业标准：GJB（中华人民共和国国家军用标准）、IEEE（美国电气和电子工程师学会标准）、DOD-STD（美国国防部标准）。



按标准的性质可以分为管理标准、技术标准、工作标准。

按照《中华人民共和国标准法》的规定，我国标准分为国家标准、地方标准、行业标准、企业标准。

根据法律约束性可以分为强制性标准、推荐性标准。

## 14.3　标准的代号和名称

（1）我国国家标准代号：强制性标准代号为 GB、推荐性标准代号为 GB/T、指导性标准代号为 GB/Z、实物标准代号为 GSB。

（2）行业标准代号：由汉语拼音大写字母组成（如电力行业为DL）。
（3）地方标准代号：由DB加上省级行政区划代码的前两位。
（4）企业标准代号：由Q加上企业代号组成。

## 14.4 ISO 9000

ISO 9000系列为项目管理工作提供了一个基础平台，是质量管理系统化、文件化、规范化的基础。

ISO 9000系列可帮助各种类型和规模的组织实施并运行有效的质量管理体系，能够帮助组织增进顾客满意度，包括ISO 9000、ISO 9001、ISO 9004、ISO 19011等标准。

# 第15章 数学基础

程序员考试中数学知识考查较为频繁，但是数学知识涉及面太广，只能挑部分常考的知识进行讲解。本章考点知识结构图如图15-0-1所示。

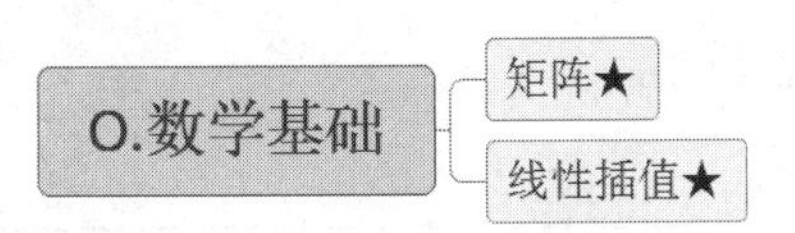


图15-0-1 考点知识结构图

## 15.1 矩阵

矩阵是由$m \times n$个数，即$a_{ij}$（$i$=1,2，…，$m$；$j$=1,2，…，$n$）排成的$m$行$n$列的表，即：

$$\boldsymbol{A}=\begin{bmatrix} a_{11} & a_{12} & \cdots & a_{1n} \\ a_{21} & a_{22} & \cdots & a_{2n} \\ \vdots & \vdots & & \vdots \\ a_{m1} & a_{m2} & \cdots & a_{mn} \end{bmatrix}，记为\boldsymbol{A}=(a_{ij})_{m\times n}。$$

其中，$a_{ij}$是矩阵$A$的$i$行$j$列元素；$m$=$n$时，矩阵又称方阵。

常见的矩阵形式见表15-1-1。

表15-1-1 常见的矩阵形式

| 矩阵名 | 特点 | 矩阵形式 |
|---|---|---|
| 0矩阵 | 矩阵所有元素都是0 | $0=\begin{bmatrix} 0 & 0 & \cdots & 0 \\ 0 & 0 & \cdots & 0 \\ \vdots & \vdots & \ddots & \vdots \\ 0 & 0 & \cdots & 0 \end{bmatrix}$ |

续表

| 矩阵名 | 特点 | 矩阵形式 |
| --- | --- | --- |
| 单位矩阵 | 从左上角到右下角的对角线（又称为主对角线）上的元素均为 1 | $\boldsymbol{E}_n=\begin{bmatrix}1 & 0 & \cdots & 0\\ 0 & 1 & \cdots & 0\\ \vdots & \vdots & \ddots & \vdots\\ 0 & 0 & \cdots & 1\end{bmatrix}$ |
| 对角矩阵 | 一个主对角线之外的元素皆为 0 的矩阵 | $\boldsymbol{A}=\begin{bmatrix}\lambda_1 & 0 & \cdots & 0\\ 0 & \lambda_2 & \cdots & 0\\ \vdots & \vdots & \ddots & \vdots\\ 0 & 0 & \cdots & \lambda_n\end{bmatrix}$ |
| 上三角矩阵 | 主对角线以下都是 0 的方阵称为上三角矩阵 | $\boldsymbol{A}_n=\begin{bmatrix}a_{11} & a_{12} & \cdots & a_{1n}\\ 0 & a_{22} & \cdots & a_{2n}\\ \vdots & \vdots & \ddots & \vdots\\ 0 & 0 & \cdots & a_{nn}\end{bmatrix}$ |
| 下三角矩阵 | 主对角线以上都是 0 的方阵称为下三角矩阵 | $\boldsymbol{A}_n=\begin{bmatrix}a_{11} & 0 & \cdots & 0\\ a_{21} & a_{22} & \cdots & 0\\ \vdots & \vdots & \ddots & \vdots\\ a_{n1} & a_{n2} & \cdots & a_{nn}\end{bmatrix}$ |

## 15.2 线性插值

线性插值是指插值函数为一次多项式的插值方式，其在插值节点上的插值误差为零。

定义：已知函数 $y=f(x)$ 定义在区间$[a,b]$上，在一系列点 $a\leqslant x_0<x_1\cdots<x_n\leqslant b$ 的值为 $y_0,y_1,\cdots,y_n$。

如果存在一个函数$\phi(x)$满足**插值条件**，即$\phi(x_i)=y_i$（$i$=0,1,2,⋯,$n$）。则称函数$\phi(x)$为 $f(x)$ **插值函数**。$x_0,x_1,\cdots,x_n$ 称为**插值节点**。构造插值函数$\phi(x)$的方法称为**插值方法**。

特别之处，如果插值函数$\phi(x)$是一个次数不超过 $n$ 的代数多项式

$$\phi_n(x)=a_nx^n+a_{n-1}x^{n-1}+\cdots+a_1x \quad (a_i\text{ 为实数})$$

则称为$\phi_n(x)$插值多项式，这种插值方法称为多项式插值方法。

【例 1】已知函数 $y=f(x)$ 在 $x_1$ 和 $x_2$ 处的值分别为 $y_1$ 和 $y_2$，其中，$x_2>x_1$ 且 $x_2-x_1$ 比较小（例如 0.01），则对于$(x_1,x_2)$区间内的任意 $x$ 值，可用线性插值公式__（　　）__近似地计算出 $f(x)$ 的值。

A．$y_1+(y_2-y_1)(x-x_1)/(x_2-x_1)$　　B．$x_1+(y_2-y_1)(x-x_1)/(x_2-x_1)$

C．$y_2+(y_2-y_1)(x_2-x_1)/(x-x_1)$　　D．$x_2+(x_2-x_1)(x-x_1)/(y_2-y_1)$

【例题分析】通过两个采样点$(x_1,y_1)$和$(x_2,y_2)$作直线$\phi_1(x_1)=y_1$，满足$\phi_1(x_2)=y_2$，又称**线性插值（或一次插值）**。

线性插值公式为$\phi_1(x)=y_1+\frac{y_2-y_1}{x_2-x_1}(x-x_1)$

【参考答案】A

# 第16章 Excel基础

Excel是微软开发的Office办公软件套件中的电子表格处理程序。在程序员考试中，经常考一些Office办公软件中的操作。由于这些操作性质的题数量不多而且是比较基础的概念题型，考生根据平常使用计算机的经验，基本可以作答，因此本书中不再讨论。而另一种类型的题目则是考查考生对Excel中常见的基本公式和函数的理解，因此本节主要讨论Excel中与公式和函数相关的内容。

本章考点知识结构图如图16-0-1所示。

图16-0-1 考点知识结构图

## 16.1 Excel基本概念

工作簿：指Excel中用来储存和处理工作数据的文件。它是Excel工作区中一个或多个工作表的集合，一个工作簿中默认情况下有3个工作表。

工作表：就是系统中实际用于显示和操作数据表的区域，工作表通常由工作表标签进行区别，如默认的Sheet1、Sheet2、Sheet3等。

单元格：工作表中行和列的交叉部分称为单元格，是存放数据的最小单元。单元格的地址表示形式为列标+行号。在Excel中，通常列名使用A、B、C、…字母表示，行号使用1、2、3、…数字来表示。

典型的单元格地址如A5，含义是A列第5行的单元格，如图16-1-1所示。

由于Excel工作簿中可以存放多个工作表，并且可以引用多个工作表的单元格数据。为了区分同一个工作簿中不同工作表的单元格，需要在地址前加工作表名称，如在Sheet2中A1单元格中，要用到Sheet1工作表中的A5单元格中的数据，可以用Sheet1！A5来调用，如图16-1-2所示。

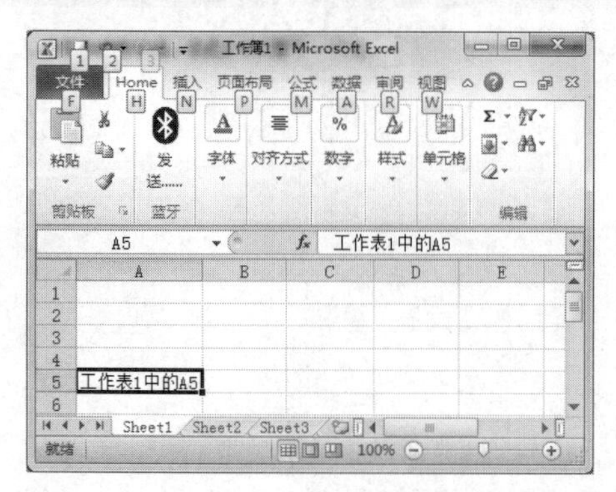


图 16-1-1　单元格地址 1

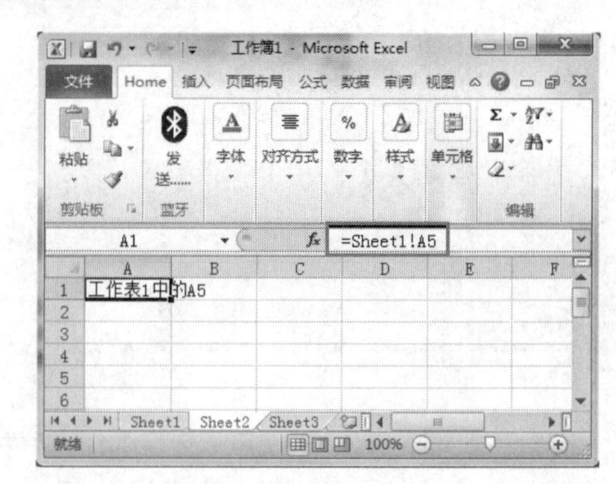


图 16-1-2 单元格地址 2

## 16.2　基本公式

Excel 的公式由运算符、数值、字符串、变量和函数组成。公式必须以等号“=”开始，后面可以接表达式和函数，并且可以用基本运算符连接起来。

Excel 中的运算符有多种，并且有不同的优先级，考试中一般的题型就是求出公式最终的值。Excel 中运算符优先级见表 16-2-1。

表 16-2-1　运算符优先级

| 运算符 | 运算功能 | 优先级 |
| --- | --- | --- |
| () | 括号 | 1 |
| - | 负号 | 2 |
| % | 算术运算符 | 3 |
| ^ | | 4 |
| *与/ | | 5 |
| +与- | | 6 |
| & | 文本运算符 | 7 |
| =、<、>、<=、>=、<> | 关系运算符 | 8 |

在 Excel 公式中，经常会用到使用引用运算符来简化引用描述。引用运算符的基本作用是可以将单元格区域合并起来进行计算。典型的引用运算符见表 16-2-2。

表 16-2-2　引用运算符

| 引用运算符符号 | 名称 | 解释 | 举例 |
| --- | --- | --- | --- |
| : | 区域运算符 | 格式：两个单元格用“:”连接。含义是引用两个单元格之间的所有单元格区域 | SUM(A1:A6)，求出从 A1 到 A6 范围内的所有单元格的和 |

续表

| 引用运算符符号 | 名称 | 解释 | 举例 |
|---|---|---|---|
| , | 联合运算符 | 将多个引用合并为一个引用 | SUM(A2,C6,A10)，求出 A2、C6，A10 三个单元格的和 |
| 空格 | 交叉运算符 | 对同时隶属于两个引用的单元格区域的引用 | SUM(C2:E7 B4:D6)，计算 C2:E7 与 B4:D6 的重叠区域所有数值的和 |

交叉运算符的交叉引用操作如图 16-2-1 所示。

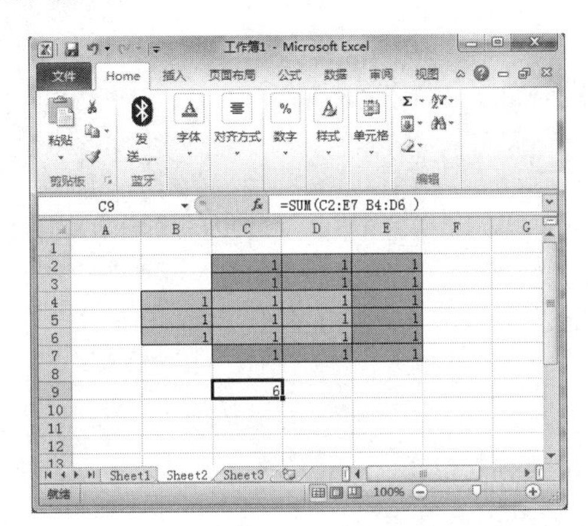


图 16-2-1 交叉引用

从图 16-2-1 中可以看出，C2:E7 与 B4:D6 的重叠区域是 C4:D6 一共 6 个单元格，因此使用公式=SUM(C2:E7 B4:D6）时，实际上就是对重叠区域 C4:D6 这 6 个单元格中的数据求和，结果是 6。

而若公式改为=SUM(C2:E7,B4:D6)，则表示联合引用，相当于先计算 C2:E7 这 18 个单元格的和，再与 B4:D6 这 9 个单元格的数据一起求和，结果就是 27。

Excel 中的四类运算符的优先级从高到低依次为：引用运算符>算术运算符>文本运算符>关系运算符，当优先级相同时，自左向右进行计算。

## 16.3 公式中单元格的引用

在 Excel 中，需要对大量数据进行计算时，数据之间的计算方式相同，但是每一行计算的数据都不同，此时为了简化操作，需要用到公式的复制。在将公式复制到其他单元格时，不同的引用方式效果是完全不同的，因此需要掌握 Excel 中的单元格引用的 3 种方式。

### 16.3.1 相对引用

当公式在复制或填入到新位置时，公式不变，单元格地址随着位置的不同而变化，它是 Excel 默认的引用方式。

如图 16-3-1 所示，在计算总分时，只需要在 F2 单元格中输入公式“=SUM(C2:E2)”即可。但是后续还有学号为 002 到 005 的学生多人，都需要计算总分，此时不需要一个个输入公式，而是可以使用相对引用，直接复制 F2 单元格中的公式即可。当把 F2 单元格的公式“=SUM(C2:E2)”复制到 F3 时，会自动变成“=SUM(C3:E3)”，如图 16-3-2 所示。因此相对引用可以极大地简化需要使用相同计算公式的计算。

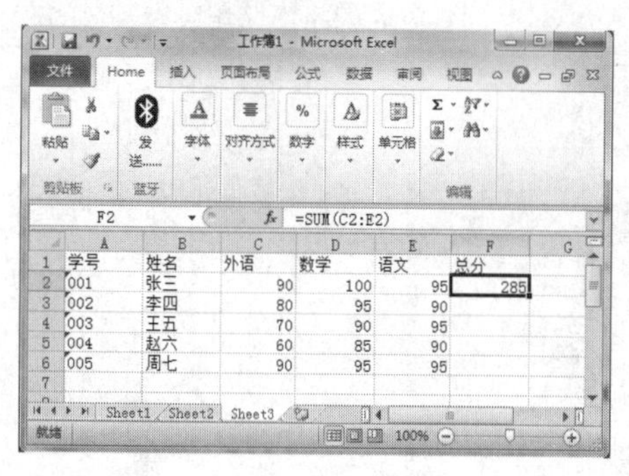


图 16-3-1　相对引用

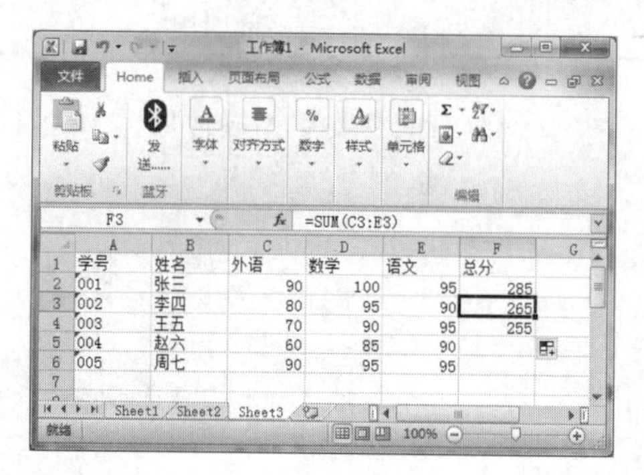


图 16-3-2　相对引用的公式复制

## 16.3.2　绝对引用

绝对引用指公式复制或填入到新位置时，单元格地址保持不变。设置时只需在行号和列号前加“$”符号。**“$”符号的作用就是锁定单元格。**

如图 16-3-3 所示，所有学生都可以在总分上增加一个固定难度基本分 10 分，这个值放在 G2 单元格中。因此在 F2 单元格中输入公式“=SUM(C2:E2)+G2”得到最终的总分。其他的学生计算时同样复制此公式后，由于 Excel 默认的是相对应用，此时 F3 单元格的公式会变为“=SUM(C3:E3)+G3”，而 G3 单元格并没有值，因此用 0 代替。所以 F3 单元格的值加的是 0，导致结果错误。这里就要用绝对应用，确保所有复制后的公式中，都是加 G2 单元格中的值。因此 F2 单元格的公式应该写成“=SUM(C2:E2)+$G$2”，复制之后，F3 单元格的公式变为“=SUM(C3:E3)+$G$2”，结果正确，如图 16-3-4 所示。

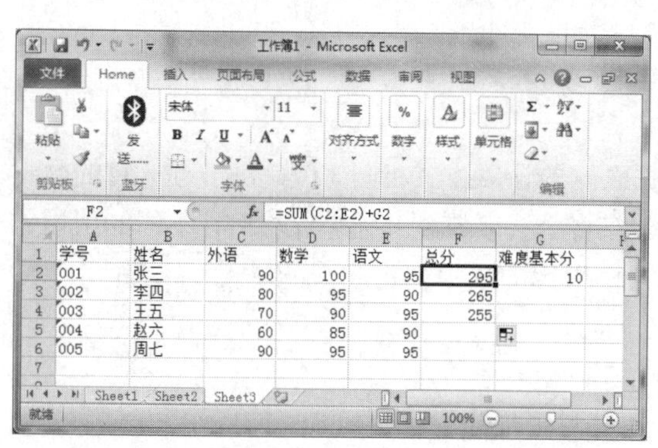


图 16-3-3　绝对引用

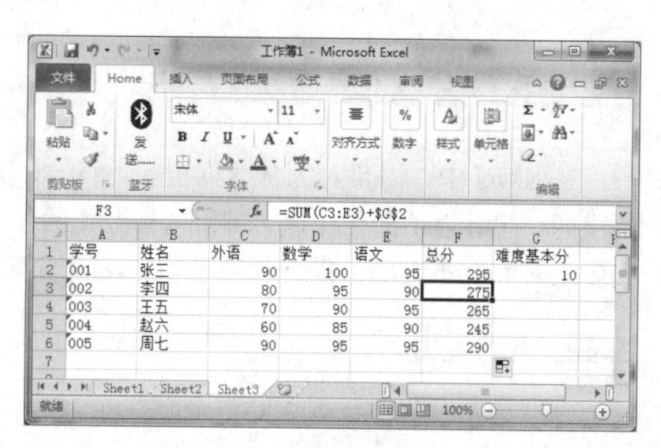


图 16-3-4　绝对引用公式复制

### 16.3.3 混合引用

指在一个单元格地址中，既有相对引用又有绝对引用，如$B1 或 B$1。$B1 是列不变，行变化；B$1 是列变化，行不变。

## 16.4 函数

函数是预先定义好的公式，它由函数名、括号及括号内的参数组成。其中参数可以是常量、单元格、单元格区域、公式及其他函数，多个参数之间用“,”分隔。在考试中，通常只需要我们计算出公式的最终结果，因此公式中有用到函数的时候，我们需要知道这个函数的作用是什么，具体是如何使用这些参数进行计算的就可以了。在公式中通常会使用一些系统提供的函数，考试中可能涉及的函数有：

1. 日期时间函数

（1）YEAR 函数。

功能：返回某日期对应的年份，返回值为 1900 到 9999 之间的整数。

格式：YEAR(serial_number)。

**【例 1】**YEAR(2019/4/1)=2019

（2）TODAY 函数。

功能：返回当前日期。此函数不需要参数。

格式：TODAY()

**【例 2】**TODAY()=2019/4/1

（3）MINUTE 函数。

功能：返回时间值中的分钟，即一个介于 0 到 59 之间的整数。

格式：MINUTE(serial_number)

**【例 3】**MINUTE(18:06:55)=6

（4）HOUR 函数。

功能：返回时间值的小时数。即一个介于 0 到 23 之间的整数。

格式：HOUR(serial_number)

**【例 4】**HOUR(18:06:55)=18

2. 逻辑函数

逻辑函数的作用就是将几个条件结合起来使用，扩大条件控制的灵活性。常用的逻辑函数主要有逻辑与、逻辑或和逻辑非。

考试中，Excel 考点可能会涉及的一个概念就是数字的逻辑值情况。如 0 值表示逻辑 FALSE，非零值表示逻辑 TRUE，如图 16-4-1 所示。而逻辑值结果为 True 的时候，Excel 会**转化为 1**。

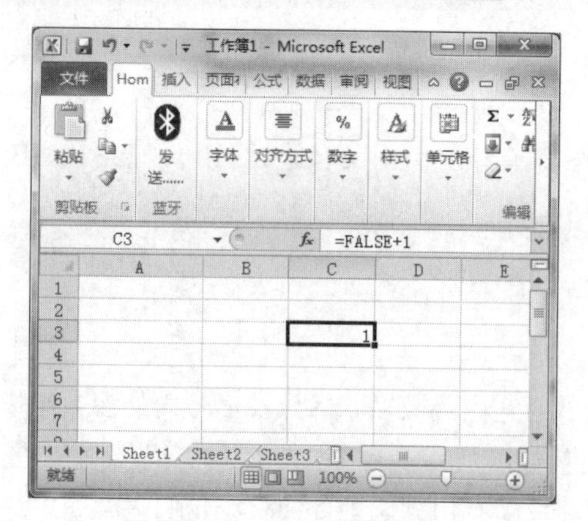


图 16-4-1　FALSE 的值是 0

（1）AND（与）函数。

功能：在其参数组中，所有参数逻辑值为 TRUE，即返回 TRUE。其他情况则返回 FALSE。

格式：AND(logical1,logical2,…)。

说明：AND 函数中最多可包含 255 个条件。参数的计算结果必须是逻辑值（如 TRUE 或 FALSE）。如果引用参数中包含文本或空白单元格，则这些值将被忽略。如果指定的单元格区域未包含逻辑值，则 AND 函数将返回错误值 #VALUE!。

**【例 5】**

AND 函数示例

| 表达式 | 解释 | 结果 |
| --- | --- | --- |
| =AND(1<A2, A2<100) | 如果单元格 A2 中的数字介于 1 和 100 之间，则显示 TRUE。否则，显示 FALSE | A2=5 时，结果为 TRUE |

AND 运算结果如图 16-4-2 所示。

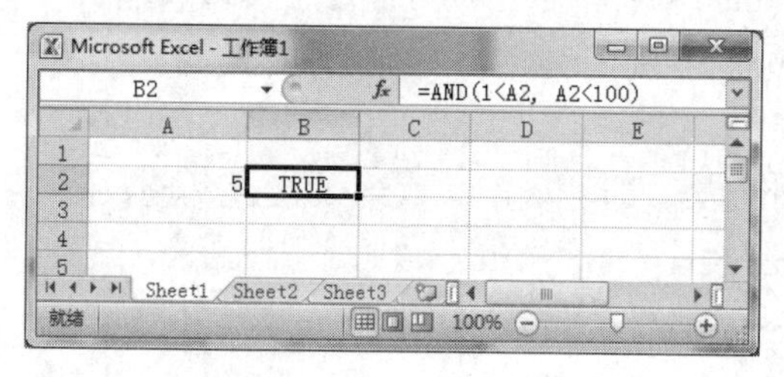


图 16-4-2　AND 运算

（2）OR（或）函数。

功能：在其参数组中，任何一个参数逻辑值为 TRUE，即返回 TRUE。其他情况则为 FALSE。

格式：OR(logical1,logical2,…)。

说明：logical1,logical2,…为需要进行检验的条件，结果分别为 TRUE 或 FALSE。

【例 6】

OR 函数示例

| 表达式 | 解释 | 结果 |
| --- | --- | --- |
| =OR(1<A2, A2<0) | 如果单元格 A2 中的数字不在 0 和 1 之间(包含 0 和 1)，则显示 TRUE。否则，显示 FALSE | A2=5 时，结果为 TRUE |

OR 运算结果如图 16-4-3 所示。

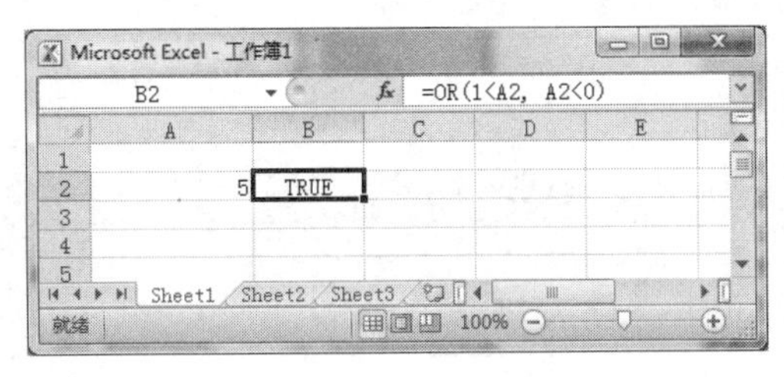


图 16-4-3 OR 运算

（3）逻辑非（NOT）。

功能：参数逻辑值为 TRUE，即返回 FALSE。若是 FALSE，则返回 TRUE。

格式：NOT(logical1)。

说明：logical1 为需要进行检验的条件，结果得到与参数相反的值。

【例 7】

逻辑非函数示例

| 表达式 | 解释 | 结果 |
| --- | --- | --- |
| =NOT(1<A2) | 如果单元格 A2 中的数字大于 1，则显示 FALSE。否则，显示 TRUE | A2=0 时，结果为 TRUE |

NOT 运算结果如图 16-4-4 所示。

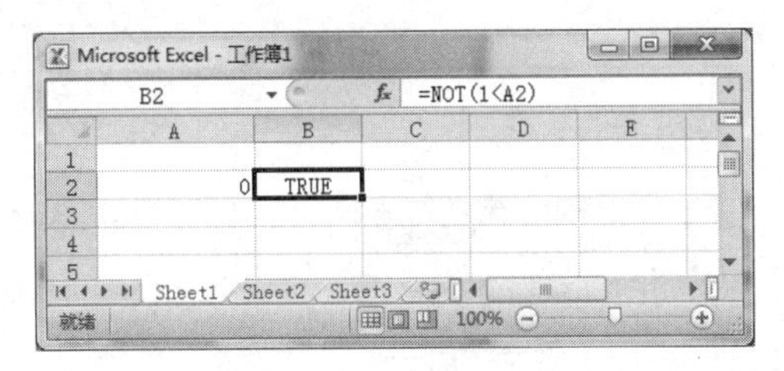


图 16-4-4 NOT 运算

3. 算术与统计函数

（1）MOD 函数。

功能：返回两数相除的余数。结果的符号与除数相同。

格式：MOD(number,divisor)。

【例 8】

MOD 函数示例

| 表达式 | 解释 | 结果 |
| --- | --- | --- |
| =MOD(5,3) | 计算 5 除以 3 的余数 | 2 |
| =MOD(5,-3) | 计算 5 除以-3 的余数，结果与 divisor 符号相同 | -1 |
| =MOD(-5,-3) | 计算-5 除以-3 的余数，结果与 divisor 符号相同 | -2 |

MOD 运算结果如图 16-4-5 所示。

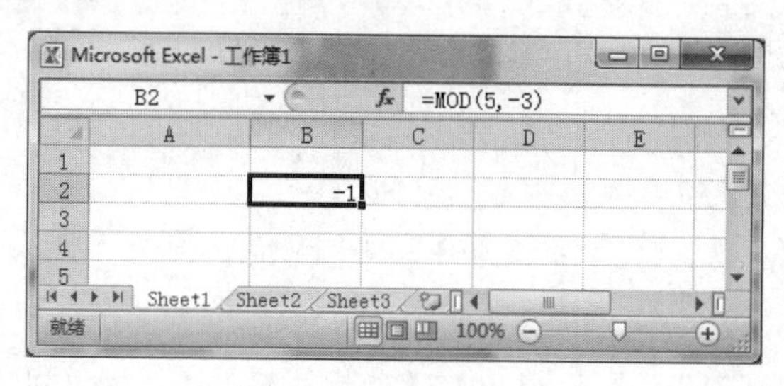


图 16-4-5　MOD 运算

类似的还有求和函数 sum()、求平均值的函数 average()等。这两个比较简单，这里不再讨论。

（2）MAX 函数。

功能：返回一组值中的最大值。

格式：MAX(number1,number2,…)。

【例 9】

MAX 函数示例

| 表达式 | 解释 | 结果 |
| --- | --- | --- |
| =MAX(1,5,A2) | 如果单元格 A2 中的数字大于 5，则显示 A2 单元格的值，如果小于 5，则显示 5 | A2=10 时，结果为 10 |

MAX 运算结果如图 16-4-6 所示。

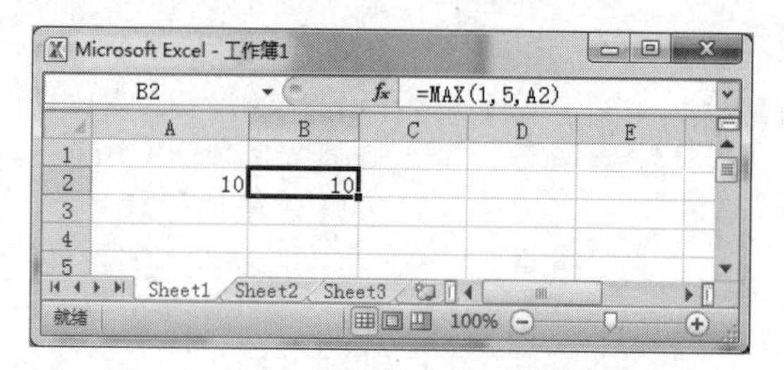


图 16-4-6　MAX 运算

类似的还有 MIN()函数，返回一组数中的最小值。

（3）RANK 函数。

功能：为指定单元的数据在其所在行或列数据区所处的位置排序。

格式：RANK(number,reference,order)。

说明：number 是被排序的值，reference 是排序的数据区域，order 是升序、降序选择，其中 order 取 0 值按降序排列，order 取 1 值按升序排列。

【例 10】

RANK 函数示例

| 表达式 | 解释 | 结果 |
|---|---|---|
| =RANK(5,A1:A10,1) | 如果单元格 A1:A10 中的数字序列是 1,2,…,10，则函数返回 5 | 5 |

RANK 运算结果如图 16-4-7 所示。

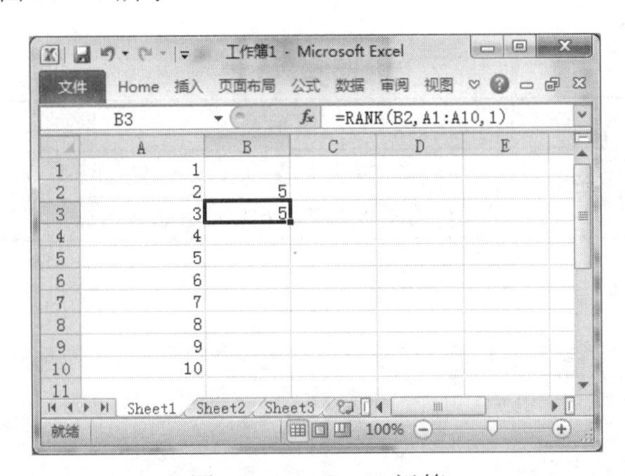


图 16-4-7　RANK 运算

（4）IF 函数。

功能：执行真假值判断，根据逻辑计算的真假值，返回不同结果。

格式：IF(logical_test,value_if_true,value_if_false)。

【例 11】

IF 函数示例

| 表达式 | 解释 | 结果 |
|---|---|---|
| =IF(AND(1<A2, A2<100), A2, "数值超出范围") | 如果单元格 A2 中的数字介于 1 和 100 之间，则显示该数字。否则，显示消息“数值超出范围” | A2=150 时，显示消息“数值超出范围”。<br>A2=50 时，显示数字为 50 |

IF 函数结果如图 16-4-8 所示。

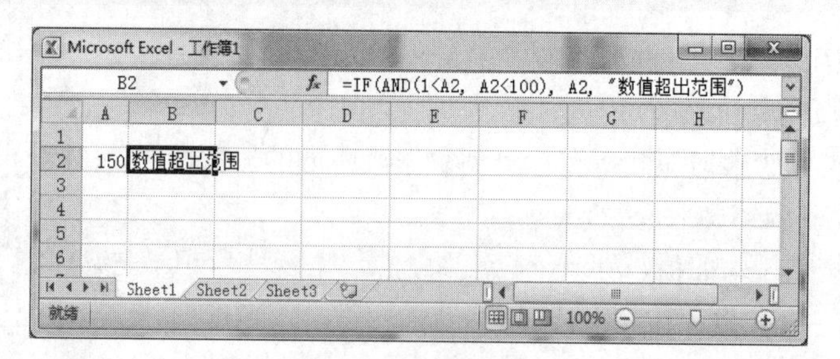


图 16-4-8 IF 运算

（5）SUMIF 函数。

功能：根据指定条件对若干单元格求和。

格式：SUMIF(range,criteria,sum_range)。

说明：range 表示用于条件判断的单元格区域。criteria 是数字、表达式、单元格引用、文本或函数形式的条件。sum_range 为实际求和的区域。

【例 12】

SUMIF 函数示例

| 表达式 | 解释 | 结果 |
|---|---|---|
| =SUMIF(A2:A6,"<3",F1:F6) | 在 A2:A6 区域中查找学号“<3”的行，然后将对应的 F1:F6 中对应的行相加 | 550 |

SUMIF 运算结果如图 16-4-9 所示。

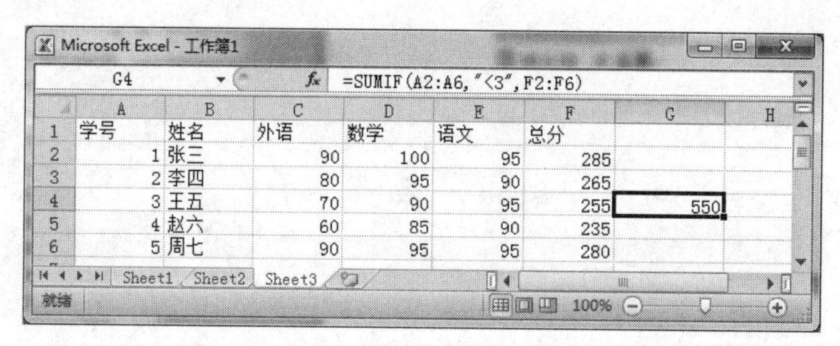


图 16-4-9 SUMIF 运算

（6）COUNT 函数。

功能：计算包含数字的单元格个数以及参数列表中数字的个数。该函数会忽略空单元格、逻辑值或者文本数。

格式：COUNT(value1,value2, …)

（7）COUNTIF 函数。

功能：统计满足某个条件的单元格的数量。

格式：COUNTIF(range,criteria)

说明：range 表示要检查的区域，criteria 表示条件判断。

（8）POWER 函数。

功能：返回数字乘幂的结果。

格式：POWER(number,power)

说明：number 为基数，power 为指数。

【例 13】

POWER 函数示例

| 表达式 | 解释 | 结果 |
|---|---|---|
| =POWER(MIN(-4,-1,1,4), 3) | POWER 是进行求某数的多少次方。MIN 是用于求给出的数当中的最小数 | -64 |

4. 文本函数

（1）REPLACE 函数。

功能：使用其他文本字符串并根据所指定的字符数替换某文本字符串中的部分文本。

格式：REPLACE(old_text,start_num,num_chars,new_text)。

【例 14】

REPLACE 函数示例

| 表达式 | 解释 | 结果 |
|---|---|---|
| =REPLACE("好好学习",3,2, "工作") | 将字符串“好好学习”中第 3 个字符开始，连续 2 个字符，也就是“学习”替换为“工作”，并返回整个字符串 | 好好工作 |

REPLACE 运算结果如图 16-4-10 所示。

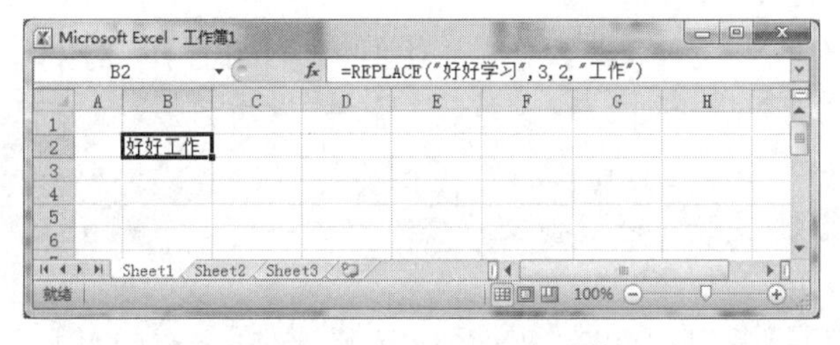


图 16-4-10　REPLACE 运算

（2）MID 函数。

功能：返回文本字符串中从指定位置开始的特定数目的字符。

格式：MID(text,start_num,num_chars)。

【例 15】

MID 函数示例

| 表达式 | 解释 | 结果 |
|---|---|---|
| =MID("好好学习",3,2) | 取字符串“好好学习”中第 3 个字符开始，连续 2 个字符的字符串 | 学习 |

MID 运算结果如图 16-4-11 所示。

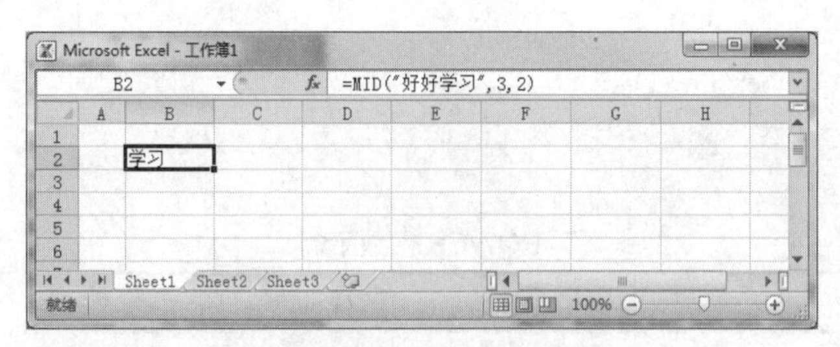


图 16-4-11　MID 运算

（3）TEXT 函数。

功能：将选定区域的格式，设置为指定的格式。

格式：(Value you want to format, "Format code you want to apply")

【例 16】

TEXT 函数示例

| 表达式 | 解释 | 结果 |
| --- | --- | --- |
| =TEXT(F1,"￥0.00") | 将单元格 F1 的值，按格式“￥0.00”进行调整 | F1 值为 56.323 时，结果为 56.32 |

（4）LEFT 函数。

功能：从文本字符串的第一个字符开始返回指定个数的字符。

格式：LEFT(text, [num_chars])

（5）LEFTB 函数。

功能：基于所指定的字节数返回文本字符串中的第一个或前几个字符。

格式：LEFTB(text, [num_bytes])

5. 随机函数

功能：返回一个 0 到 1 之间的随机小数。

格式：RAND()

在实际工作中经常需要用到随机数，如抽奖、分班等。用 RAND()函数来生成随机数，即每次返回值是不重复的。RAND()函数返回的随机数字的范围是大于 0 小于 1。因此，通常以它为基础来生成指定范围内的随机数字。生成指定范围内随机数公式如下：

随机数=A+RAND()*(B-A)。

其中，A 是数字范围最小值，B 是最大值。假如要生成大于 60 小于 100 的随机数字，由于(100-60)*RAND()返回结果是 0 到 40 之间的值，因此要生成 60～100 之间的随机数，需要加上范围的下限 60。结果就变成了 60 到 100 之间的随机数字。

有时需要的是随机的整数，因此 Excel 中提供了生成随机整数的 RANDBETWEEN()函数，这个函数的语法：=RANDBETWEEN(范围下限整数，范围上限整数)，结果返回包含上下限在内的整数。需特别注意的是，即使上限和下限不是整数也可以，甚至可以是负数。

【例17】

RAND()函数示例

| 逻辑表达式 | 解释 | 结果 |
|---|---|---|
| =RAND() | RAND()返回一个0～1之间的随机数 | 0～1之间的随机数 |

RAND()运算结果如图16-4-12所示。

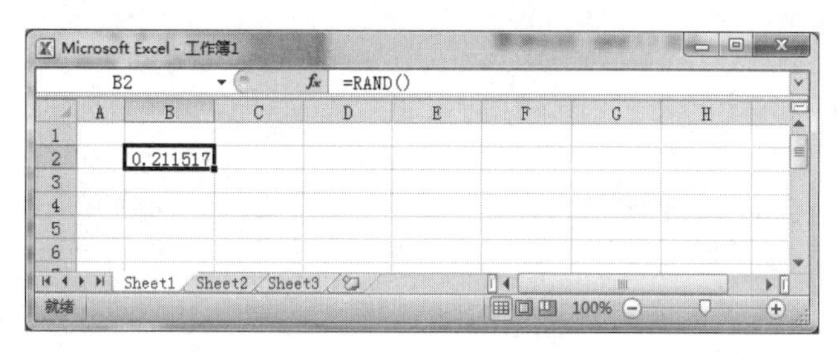


图16-4-12　RAND()运算

6. ROUND函数

功能：将参数中的number这个数字四舍五入为num_digits指定的位数。

格式：ROUND(number, num_digits)

【例18】

ROUND函数示例

| 表达式 | 解释 | 结果 |
|---|---|---|
| =ROUND(-1.475, 2) | 将 -1.475 四舍五入到两个小数位 | -1.48 |
| =ROUND(21.5, -1) | 将 21.5 四舍五入到小数点左侧一位 | 20 |

ROUND函数结果如图16-4-13所示。

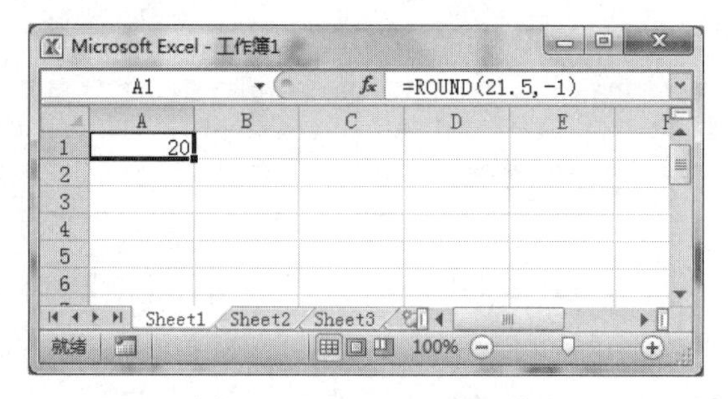


图16-4-13　ROUND函数

类似的函数在Excel中有很多，考试中除了上述常考的函数之外，偶尔也会考到其他的函数，限于篇幅，这里不再详细讨论其他函数，大家在复习的时候可以适当注意一些与计算相关的函数。

# 第 17 章　Windows 基础

Windows 操作系统是美国微软公司研发的一套操作系统。常见的系统版本有 Windows XP、Windows 7、Windows 10 和 Windows Server 服务器企业级操作系统等。本章考点知识结构图如图 17-0-1 所示。

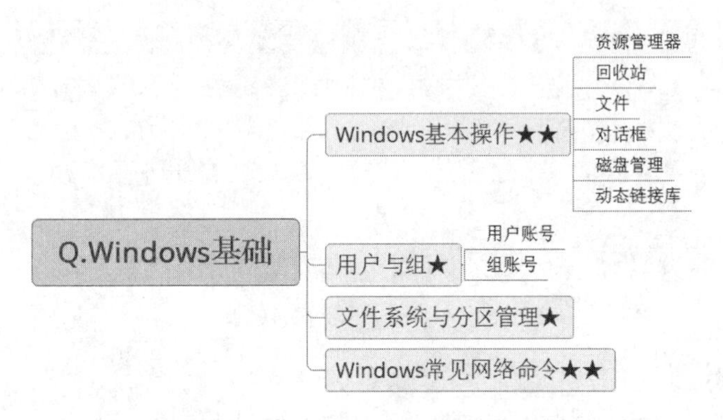


图 17-0-1　考点知识结构图

## 17.1　Windows 基本操作

### 17.1.1　资源管理器

Windows 中的基本文件管理操作是通过文件资源管理器进行的，它是系统提供的一个基本资源管理工具。可以用于管理系统中的所有资源，使用一种树型的文件系统结构，使用户能直观地处理系统中的文件和文件夹。

文件资源管理器的组成如图 17-1-1 所示。

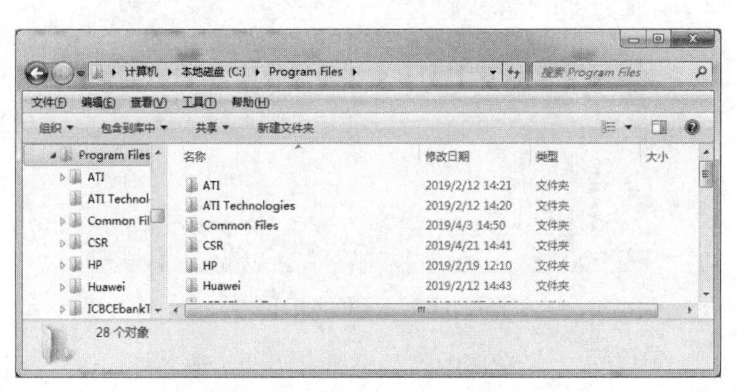

图 17-1-1　Windows 资源管理器

文件资源管理器分为左窗口和右窗口两个区域。新版本还支持预览区域。

（1）左窗口。左窗口主要显示各驱动器和各种文件夹列表，通常选中（单击文件夹）的文件夹被称为当前文件夹，此时其图标呈打开状态。

（2）右窗口。右窗口显示当前文件夹所包含的全部文件和子文件夹。在右窗口区域的显示方式可以通过单击显示方式改变，典型的显示方式有：大图标、小图标、列表、详细资料或缩略图。

资源管理器中的基本操作：

（1）创建文件夹。确定新建文件夹位置后，通过鼠标单击选取为当前文件夹，然后选择文件菜单或右击，在弹出的菜单中选择“新建”，进一步选择“文件夹”。

（2）移动与复制文件或文件夹。通过用剪贴板移动与复制，移动操作是先选定对象，右击鼠标，选择“剪切”，定位到目标位置之后，再次右击鼠标，在弹出的菜单中选择“粘贴”。复制操作是先选定对象，右击鼠标，选择“复制”，定位到目标位置之后，再次右击鼠标，在弹出的菜单中选择“粘贴”。

考试中可能涉及选定对象的各种方法，不仅仅在资源管理器中可以用到，在其他应用软件中通常也适用，如 Word 和 Excel 中。

- 连续选择：先单击第一个对象，再按住 Shift 键不放单击最后一个对象或拖动鼠标框选。
- 间隔选择：按住 Ctrl 键不放逐一单击。
- 选定全部：通常按 Ctrl+A 快捷键或者选编辑菜单中的全选。
- 取消选定：在空白区单击则取消所有选定；若取消某个选定，可按住 Ctrl 键不放单击要取消的对象。

### 17.1.2 回收站

所谓的回收站是硬盘上的一块特定存储区，主要用于存放被删除的文件或者文件夹，用户可以进一步删除或者还原。

- 逻辑删除：选中某个文件，再按 Delete 键可以将该文件删除，但需要时还能将该文件恢复。
- 永久删除：删除所有文件。右击回收站，在弹出的菜单中选“清空回收站”或打开回收站后选择“清空回收站”。用户选中某个文件，同时按下 Delete 和 Shift 组合键时，也可以永久删除此文件。永久删除的文件无法再从回收站恢复。
- 对象还原：打开回收站，选定需要还原的对象，右击后在弹出菜单中选择“还原”。

### 17.1.3 文件

文件是信息存取的单位。Windows 文件名的格式为“文件名.扩展名”。扩展名用于区别文件类型。相同文件夹里面的文件名不允许相同，且不区分大小写。

常见的文件扩展名及对应的文件类型见表 17-1-1。

在 Windows 系统中，可以通过设置文件或者文件夹的属性实现某些访问控制，基本设置方法是在资源管理器中找到需要设置的文件或者文件夹，右击该对象，在弹出的菜单中选择“属性”，然后在属性区域的“只读”属性进行勾选即可，如图 17-1-2 所示。

表 17-1-1　常见的文件扩展名及类型

| 扩展名 | 文件类型 | 扩展名 | 文件类型 |
| --- | --- | --- | --- |
| bat | 批处理文件 | avi/wmv/mp4 | 视频文件 |
| dll | 动态链接库文件 | mp3/aac | 音频文件 |
| bin | 二进制压缩文件 | mid、midi | 乐器数字接口文件 |
| sys | 系统文件 | bmp | 位图文件 |
| txt | 文本文件 | jpg、jpeg、png | 图片文件 |
| doc、docx | Word 文档 | htm、html | 网页文件 |
| ppt、ppsx | PPT 文档 | rar | 压缩文件 |
| xls、xlsx | Excel 文档 | psd | Photoshop 文件 |

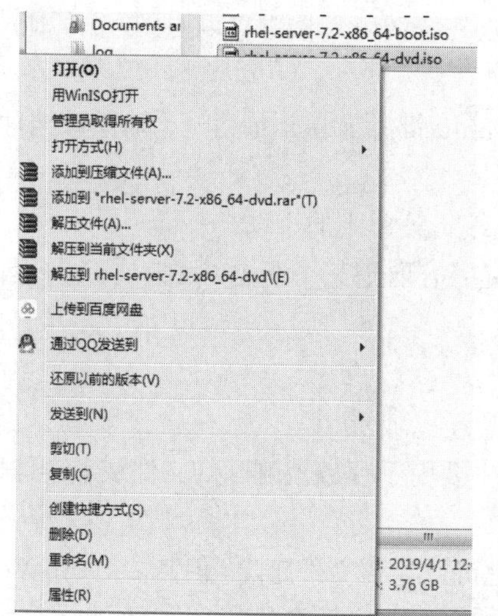

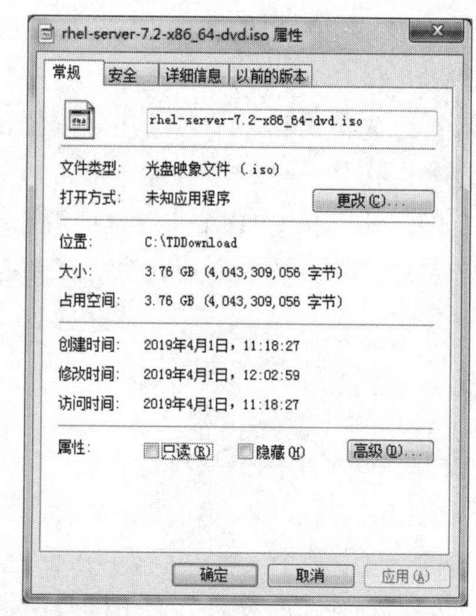


图 17-1-2　文件属性

通常，为了控制用户对文件的修改，可以将文件设置为只读属性，这种安全管理也就是常说的文件级安全管理。

### 17.1.4　对话框

在 Windows 系统中，各种展示信息的基础都是窗口，除了资源管理器这种常见的窗口之外，还有一种特殊的窗口就是对话框，该窗口大小通常是不能改变的，用于与用户交互信息，由于窗口的大小受限制，为了在有限的区域内显示足够的信息，通常通过多选项卡的方式展示。

如图 17-1-3 所示的对话框中，一共有 4 个选项卡，其中选定的选项卡“常规”被称为当前选项卡。属性中的“只读”前面的选择框被称为复选框，是一种可以与其他项同时选定的选择框。如果是圆形的选择框，则被称为“单选框”，表示在同一组中只能被选定其中的一个。

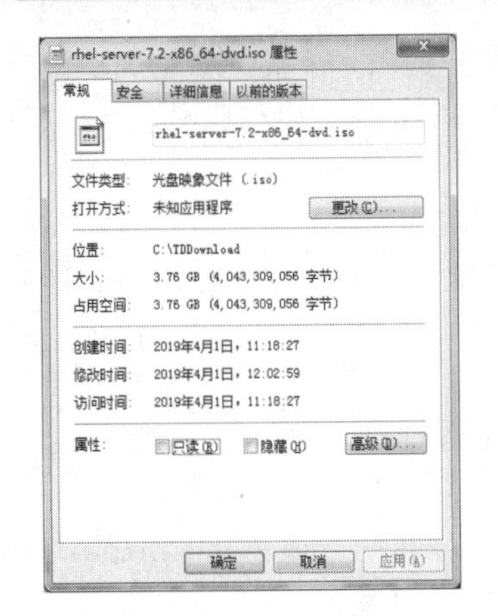


图 17-1-3　对话框

### 17.1.5　磁盘管理

Windows 操作系统可以对磁盘进行查看、格式化、分区、整理等操作。

Windows 磁盘碎片整理程序可以分析本地卷，重新组织磁盘上的碎片数据，合并卷上的可用空间成为连续的空闲空间。这样能提升系统访问和保存文件的效率。

### 17.1.6　动态链接库

在 Windows 系统中，微软通过动态链接库的方式实现了共享函数库的功能。这些库函数的扩展名是“.dll”“.ocx”（主要是 ActiveX）或者“.drv”。

Windows 系统中，许多程序被分割成了一些相对独立的动态链接库（Dynamic Link Library，DLL）文件，不需要是一个完整的文件。当执行这些程序时，就会调用对应的 DLL。

DLL 的方式可以降低应用程序对磁盘和内存空间的需求。在传统的非共享库模式中，代码可以简单地附加到调用的程序上。若系统中有两个或多个程序同时调用同一个子程序，就会出现多个程序段代码的情况，增加对系统资源的需求。而通过动态链接库的方式，不管几个程序在调用这段代码，在内存中都只有一个实例，节省系统资源。

## 17.2　用户与组

### 17.2.1　用户账号

在 Windows Server 2008 中，系统安装完之后会自动创建一些默认用户账号，常用的是 Administrator、Guest 及其他一些基本的账号。为了便于管理，系统管理员可以通过对不同的用户账号和组账号设置不同的权限，从而大大提高系统的访问安全性和管理的效率。

（1）Administrator 账号。Administrator 账号是服务器上 Administrators 组的成员，具有对服务器的完全控制权限，可以根据需要向其他用户分配权限，因此这个账号具有最高用户权限。

（2）Guest 账号。Guest 账号是 Guests 组的成员，一般是在这台计算机上没有实际账号的人使用。如果已禁用但还未删除某个用户的账号，那么该用户也可以使用 Guest 账号，具有非常低的默认用户权限。Guest 账号默认是禁用的，可以手动启用。

### 17.2.2 组账号

组账号是具有相同权限的用户账号的集合。组账号可以对组内的所有用户赋予相同的权利和权限。在安装运行 Windows Server 2008 操作系统时会自动创建一些内置的组，即默认本地组。具体的默认本地组如下：

（1）Administrators 组。Administrators 组的成员对服务器有完全控制权限，可以为用户指派用户权利和访问控制权限。

（2）Power Users 组。Power Users 组的成员可以创建本地组，并在已创建的本地组中添加或删除用户，还可以在 Power Users 组、Users 组和 Guests 组中添加或删除用户，因此具有有限的管理权限。该组权限仅限于 Administrators 组。

（3）Users 组。普通用户组，Users 组的成员可以运行应用程序，但是不能修改操作系统的设置。

（4）Guests 组。Guests 组的成员拥有一个在登录时创建的临时配置文件，注销时将删除该配置文件。“来宾账号”（默认为禁用）也是 Guests 组的默认成员，但是“来宾账号”的限制更多。

（5）Backup Operators 组。该组成员不管是否具有访问该计算机文件的权限，都可以运行系统的备份工具，对这些文件和文件夹进行备份和还原。

（6）IIS-users 组。这是 Internet 信息服务使用的内置组。

（7）Everyone 组。所有用户都属于该组，包括 Guest。

## 17.3 文件系统与分区管理

1. 文件管理

Windows 的文件系统采用树型目录结构。在树型目录结构中，根节点就是文件系统的根目录，所有的文件作为叶子节点，其他所有目录均作为树型结构上的节点。任何数据文件都可以找到唯一一条从根目录到自己的通路，从树根开始，将全部目录名与文件名用“/”连接起来构成该文件的绝对路径名，且每个文件的路径名都是唯一的，因此可以解决文件重名问题。但是在多级的文件系统中使用绝对路径比较麻烦，通常使用相对路径名。当系统访问当前目录下的文件时，就可以使用相对路径名以减少访问目录的次数，提高效率。

系统中常见的目录结构有 3 种：一级目录结构、二级目录结构和多级目录结构。

（1）一级目录的整个目录组织呈线型结构，整个系统中只建立一张目录表，系统为每个文件分配一个目录项表示即可。虽然一级目录结构简单，但是查找速度过慢，且不允许出现重名，因此较少使用。

（2）二级目录结构是由主文件目录（Master File Directory，MFD）和用户目录（User File Directory，UFD）组成的层次结构，可以有效地将多个用户隔离开，但是不便于多用户共享文件。

（3）多级目录结构，允许不同用户的文件可以具有相同的文件名，因此适合共享。

2. Windows 分区文件系统

Windows 系列操作系统中主要有以下几种最常用的文件系统：FAT16、FAT32、NTFS。其中

FAT16和FAT32均是文件配置表（File Allocation Table，FAT）方式的文件系统。

（1）FAT16。FAT16是使用较久的一种文件系统，其主要问题是大容量磁盘利用率低。因为在Windows中，磁盘文件的分配以簇为单位，而且一个簇只分配给一个文件使用，因此不管多么小的文件也要占用一个簇，剩余的簇空间就浪费了。

（2）FAT32。由于分区表容量的限制，FAT16分区被淘汰，微软在Windows 95及以后的版本中推出了一种新分区格式FAT32，采用32位的文件分配表，突破了FAT16分区2GB容量的限制。它的每个簇都固定为4KB，与FAT16相比，大大提高了磁盘的利用率。但是FAT32不能保持向下兼容。

（3）NTFS。最早的Windows NT操作系统推出了新的NTFS文件系统，使文件系统的安全性和稳定性大大提高，成为了Windows系统中的主要文件系统。Windows的很多服务和特性都依赖于NTFS文件系统，如活动目录就必须安装在NTFS中。NTFS文件系统的主要优势是能通过NTFS许可权限保护网络资源。

在Windows Server 2008下，网络资源的本地安全性就是通过NTFS许可权限实现的，它可以为每个文件或文件夹单独分配一个许可，从而提高访问的安全性。另一个显著特点是使用NTFS对单个文件和文件夹进行压缩，从而提高磁盘的利用率。

## 17.4 Windows常见网络命令

1. ipconfig

ipconfig是Windows网络中最常使用的命令，用于显示计算机中网络适配器的IP地址、子网掩码及默认网关等信息。

ipconfig命令格式及主要参数如下：

```
ipconfig [ /all | /flushdns| /displaydns | /registerdns ]
```

具体参数解释见表17-4-1。

表17-4-1 ipconfig基本参数表

| 参数 | 作用 | 备注 |
| --- | --- | --- |
| /all | 显示所有网络适配器的完整TCP/IP配置信息 | 尤其是查看MAC地址信息，DNS服务器等配置 |
| /flushdns | 清除本机的DNS解析缓存 | |
| /registerdns | 刷新所有DHCP的租期和重注册DNS名 | DHCP环境中的注册DNS |
| /displaydns | 显示本机的DNS解析缓存 | |

在Windows中可以选择“开始”→“运行”命令并输入CMD，进入Windows的命令解释器，然后输入各种Windows提供的命令；也可以执行“开始”→“运行”命令，直接输入相关命令。在实际应用中，为了完成一项工作往往会连续输入多个命令，最好直接进入命令解释器界面。

常见的命令显示效果如图17-4-1所示。

```
Ethernet adapter 无线网络连接:

        Connection-specific DNS Suffix  . :
        Description . . . . . . . . . . . : Intel(R) Wireless WiFi Link
4965AG
        Physical Address. . . . . . . . . : 00-1F-3B-CD-29-DD
        Dhcp Enabled. . . . . . . . . . . : Yes
        Autoconfiguration Enabled . . . . : Yes
        IP Address. . . . . . . . . . . . : 192.168.0.235
        Subnet Mask . . . . . . . . . . . : 255.255.255.0
        Default Gateway . . . . . . . . . : 192.168.0.1
        DHCP Server . . . . . . . . . . . : 192.168.0.1
        DNS Servers . . . . . . . . . . . : 202.103.96.112
                                            211.136.17.108
        Lease Obtained. . . . . . . . . . : 20xx年10月6日 10:59:50
        Lease Expires . . . . . . . . . . : 20xx年10月6日 11:29:50
```

图 17-4-1　ipconfig/all 显示效果图

从此命令中不仅可以知道本机的 IP 地址、子网掩码和默认网关，还可以看到系统提供的 DHCP 服务器地址和 DNS 服务器地址。从图中最后两项还可以看到 DHCP 服务器设置的租期是半个小时。

2. tracert

tracert 是 Windows 网络中 Trace Route 功能的缩写。基本工作原理是：通过向目标发送不同 IP 生存时间（TTL）值报文，在路径上的每个路由器转发数据包之前，将数据包上的 TTL 减 1。当数据包上的 TTL 减为 0 时，路由器返回给发送方一个超时信息。

tracert 命令格式及主要参数如下：

**tracert　[-d] [-4][-6]** *targetname*

其中各参数的含义如下：

- -d：禁止 tracert 将中间路由器的 IP 地址解析为名称，这样可加速显示 tracert 的结果。
- -4：指定 IPv4 协议。
- -6：指定 IPv6 协议。
- targetname：指定目标，可以是 IP 地址或计算机名。

【例 1】tracert 应用实例。为了提高其回显的速度，可以使用-d 选项，tracert 不会对每个 IP 地址都查询 DNS。命令显示如下：

```
C:\Documents and Settings\Administrator>tracert  -d  61.187.55.33
Tracing route to 61.187.55.33 over a maximum of 30 hops
  1    <1 ms<1 ms<1 ms   172.28.27.254
  2     1 ms<1 ms<1 ms10.0.1.1
  3     3 ms     3 ms     3 ms   61.187.55.33
Trace complete.
```

3. arp

arp 命令允许显示 ARP 表，删除表中的条目，或者将静态条目添加到表中。

4. route

route 命令主要用于手动配置静态路由并显示路由信息表。

5. netstat

netstat 是一个监控 TCP/IP 网络的工具，它可以显示路由表、实际的网络连接、每一个网络接口设备的状态信息，以及与 IP、TCP、UDP 和 ICMP 等协议相关的统计数据。一般用于检验本机各端口的网络连接情况。

6. nslookup

nslookup（name server lookup）是一个用于查询 Internet 域名信息或诊断 DNS 服务器问题的工具。

# 第4天 扩展实践

## 第18章 C语言基础

1970年贝尔实验室开发UNIX系统时，创造了B语言。C语言则是在B语言的基础上设计而来的。1983年美国国家标准协会（American National Standards Institute，ANSI）制定了一个C语言标准，并被接受为国际标准。1999年推出了C99标准，加入了C++部分特性并增加了库函数。2011年推出C11标准，增加了对C++的兼容能力。

Windows操作系统的大部分代码用C语言实现，同时C语言也是UNIX/Linux下的使用最广泛的编程语言。

编写C语言程序可以使用文本编辑器和C编译器。文本编辑器有Windows Notepad、vim/vi等。C编译器有Microsoft Visual C++、Turbo C、gcc等。

本章考点知识结构图如图18-0-1所示。

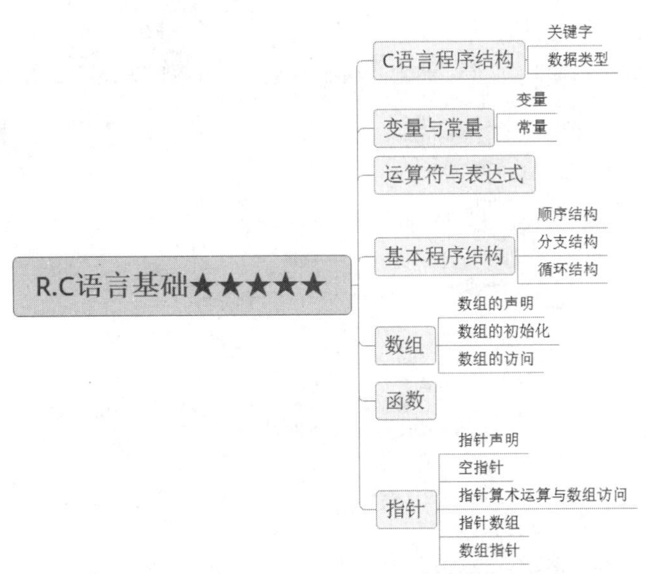


图18-0-1 考点知识结构图

## 18.1 C 语言程序结构

C 语言程序主要包括预处理器指令、函数、变量、语句&表达式、注释等部分。C 语言程序结构如图 18-1-1 所示。

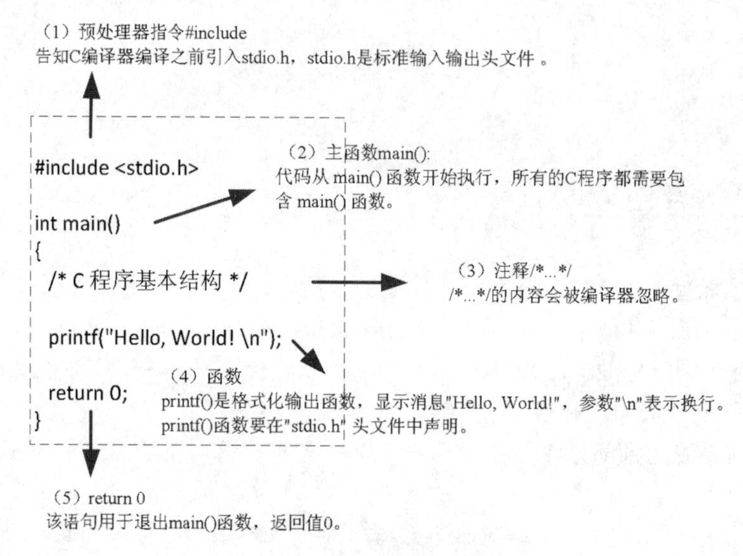


图 18-1-1 C 语言程序结构

C 语言程序文件的后缀为.c。

C 程序由各种令牌组成，令牌可以是关键字、标识符、字符串、运算符、常数、特殊字符。例如语句 printf("Hello, World! \n");包含了 5 个令牌的令牌，具体如图 18-1-2 所示。

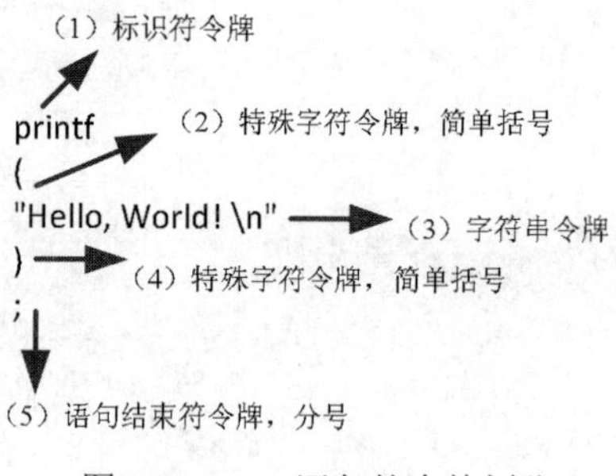


图 18-1-2 C 语句的令牌划分

### 18.1.1 关键字

C 语言中定义了一些保留字，这些保留字都有特定的功能。因此，不能作为常量名、变量名或其他标识符名。常见的 C 语言关键字见表 18-1-1。

表 18-1-1 常见的 C 语言关键字

| 分类 | 关键词 | 说明 | 分类 | 关键词 | 说明 |
|---|---|---|---|---|---|
| 声明变量或函数返回值类型 | char | 字符型 | 条件语句 | else | 条件语句否定分支 |
| | double | 双精度浮点型 | | if | 条件语句和肯定分支 |
| | int | 整型 | 开关语句 | case | 开关语句分支 |
| | long | 长整型 | | switch | 判断选择 |
| | float | 单精度浮点型 | | default | 选择语句的默认分支 |
| | short | 短整型 | 循环语句 | break | 跳出当前循环 |
| | signed/unsigned | 有符号类型/无符号类型 | | continue | 跳出当前循环，进入下一轮循环 |
| 变量与常量类型定义 | const | 常量，值不能改变 | | do | 一种循环语句 |
| | enum | 枚举类型 | | for | 一种循环语句 |
| | register | 声明寄存器变量 | | while | 循环语句的循环条件 |
| | static | 声明静态变量 | 内存申请 | sizeof | 计算数据类型、变量所占字节数 |
| 结构体和共同体 | struct | 声明结构体类型 | 函数相关 | return | 函数返回语句 |
| | union | 声明共用体类型 | | void | 函数无返回值或无参数，声明无类型指针 |
| 别名 | typedef | 给数据类型取别名 | | | |

**注意**：C 语言中，变量和关键字都是区分大小写的。

### 18.1.2 数据类型

C 语言程序的数据类型可以分为基本数据类型、枚举数据类型、派生数据类型、void 数据类型，具体分类如图 18-1-3 所示。

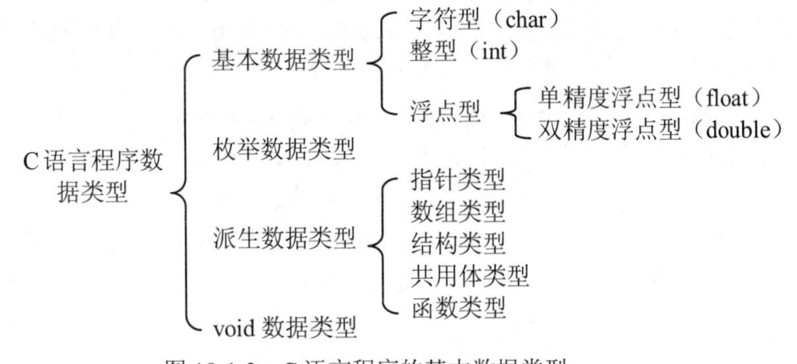


图 18-1-3 C 语言程序的基本数据类型

1. 基本数据类型

C 语言的基本数据类型包含整型、字符型、浮点型。每种基本数据类型标识、存储空间大小见表 18-1-2。

表 18-1-2　C 语言的基本数据类型

| 类型名 | 标识符 | 类型 | 字节 |
| --- | --- | --- | --- |
| 整型 | Int | 整型 | 2 或 4，与机器相关 |
| | unsignedint | 无符号整型 | 2 或 4，与机器相关 |
| | shortint(int 可省略) | 短整型 | 2 |
| | unsignedshort(int 可省略) | 无符号短整型 | 2 |
| | longint | 长整型 | 4 |
| | unsignedlongint | 无符号长整型 | 4 |
| 字符型 | char | 字符型 | 1 |
| 浮点型 | float | 单精度浮点型 | 4 |
| | double | 双精度浮点型 | 8 |

2. 枚举数据类型

枚举数据类型可以列出该类型数据所有可能的取值，并给每个值取一个名字。枚举类型的定义形式为：

```
enum 枚举类型名
{
    标识符 1[=整数型常量],
    标识符 2[=整数型常量],
    标识符 3[=整数型常量],
    ...
};
```

枚举型是枚举元素（枚举成员）的集合，枚举元素不是变量，而是一些具有命名的整型常量。元素之间用英文逗号“,”隔开；类型定义以英文分号“;”结束。

默认情况下，第一个枚举元素值为 0，后续枚举元素的值在前一个元素上加 1。

3. 派生数据类型

派生数据类型包括指针类型、数组类型、结构类型、共用体类型和函数类型。

4. void 数据类型

void 数据类型就是无类型。该类型主要作用有“注释”和限制程序。通常用于以下两个方面：

（1）函数返回为空。函数不返回值，例如 void fun1 (int s);

（2）函数参数为空。用于限定函数参数，例如 int fun2(void);

注意：有些 C 编辑器，例如 GNU 编辑器支持指针指向 void。void * 的指针代表对象的地址，而不是类型。但 ANSI 标准限定不能对 void 指针进行算法操作。

## 18.2　变量与常量

### 18.2.1　变量

**变量**就是程序执行中**可以变化的量**，变量常用于保存中间结果。变量的数据类型可以为整型、实型、字符型、字符数组等。

变量命名必须符合规范，标识符只能以字母和下划线开头，可以包含字母、数字 0～9、下划线，但不能使用 C 语言的关键字。变量的命名模式如下：

```
数据类型变量标识符,变量标识符, ... ;
```

其中，数据类型可以是 char、int、float、double 等；变量标识符之间用英文“,”隔开。1xy、sun:、while 等都不是有效的变量命名。

下面列出了一些有效变量声明（定义）：

```
int     i;    /*该语句含义就是在内存中，划一块区域存放整数并且命名为 i。*/
char    a, b;
float   x,y;
```

变量可以在声明的同时，指定一个初始值。

```
int     i=1, j;              //声明两个变量 i，j，其中，i 被赋予了初始值 1。
char    a='a', b;
double c=2.666;
```

### 18.2.2 常量

**常量**是在程序执行过程中**不会发生变化的量**，又称为**字面量**。常量可以是任何的基本数据类型，可以是整型、字符型、字符串型、实型等。

1. 整型常量

整数常量的前缀指定基数：0x 或 0X 表示十六进制，0 表示八进制，不带前缀则默认表示十进制。

整数常量可以带一个后缀，后缀是 U 和 L 的组合（大小写无关），U 表示无符号整数，L 表示长整数，U 和 L 的顺序任意。例如：321，0x43,586L，77UL。

2. 浮点常量

浮点常量有一般形式和指数形式两种表示方式。

一般形式表示：3.14159、0.0101 等。

指数形式表示：3.99E+2 表示 $3.99\times10^{2}$，3.99E-2 表示 $3.99\times10^{-2}$。

浮点常量默认为 double 型，如果其后缀接 F（或 f）则为 float 型。

3. 字符常量与字符串常量

**字符常量**括在单引号中，例如，'a'、'? '、'*'等。字符常量可以是一个普通的字符（例如 'y'）、一个转义序列（例如'\n'）等。

转义字符是 C 语言定义的特殊字符，改变了字符字面含义，实现换行、回车等功能。格式为反斜线“\”开头，后跟一个或几个字符。

常见的转义字符见表 18-2-1。

表 18-2-1 常见的转义字符

| 转义字符 | 意义 |
| --- | --- |
| \n | 回车换行 |
| \b | 退格 |

续表

| 转义字符 | 意义 |
|---|---|
| \r | 回车 |
| \\ | \字符 |
| \' | 单引号符 |
| \" | 双引号符 |

**字符串常量**是用一对双引号括起来的 0 个或者多个字符，例如，“function”“Ocean”等。

4. const 常量

const 前缀声明指定类型的常量。例如：

```
const int    LENGTH = 100;
const int    WIDTH    = 50;
```

如果变量被设置为 const 则该变量的值就不能被其他语句修改。

## 18.3 运算符与表达式

**运算符（操作符）**是一种告诉编译器执行数学或逻辑运算的符号，参与运算的数据称为**操作数**。**表达式**则是运算符和操作数组合的式子。

C 语言运算符及说明见表 18-3-1。

表 18-3-1 C 语言运算符及说明

<table>
<tr><th>运算符类别</th><th>运算符</th><th>说明或示例</th></tr>
<tr><td rowspan="2">算术运算符</td><td>+，-，*，/，%</td><td>加、减、乘、除，求余</td></tr>
<tr><td>++，--</td><td>自增运算符，整数值增加 1；自减运算符，整数值减少 1。例如，假设 A=9，B=1；则有 A++得到值 10；B--得到值 0</td></tr>
<tr><td>关系运算符</td><td>==、!=<br>>、<、<br>>=、<=</td><td>（1）假设 A=9，B=1：<br>则有表达式（A==B）的值为假；表达式（A!=B）的值为真。<br>表达式（A>B）的值为真；表达式（A<B）的值为假。<br>（2）假设 C=5，D=5：<br>则有表达式（A>=B）的值为真；表达式（A<=B）的值为真</td></tr>
<tr><td rowspan="3">逻辑运算符</td><td>&&</td><td>逻辑与运算符。如果 A 和 B 非 0，则（A && B）为真；A 和 B 有一个为 0，则（A && B）为假</td></tr>
<tr><td>||</td><td>逻辑或运算符。A 和 B 仅有一个为 0，则（A||B）为真；如果 A 和 B 都为 0，则（A||B）为假</td></tr>
<tr><td>!</td><td>逻辑非运算符。!0=1；!2=0</td></tr>
</table>

续表

| 运算符类别 | 运算符 | 说明或示例 |
| --- | --- | --- |
| 位操作运算符 | & | 按位与操作。假定字长为 8，A=61 二进制表达为 00111101；B=12 二进制表达为 00001100，则 A&B 运算如下：<br>00111101<br>& 00001100<br>00001100 |
| | \| | 按位或操作。假定 A=61，B=12，则 A&B 运算如下：<br>00111101<br>\| 00001100<br>00110001 |
| | ^ | 按位异或操作。假定 A=61，B=12，则 A^B 运算如下：<br>00111101<br>^ 00001100<br>00110001 |
| | ~ | 按位取反操作。假定 A=61 则~A 运算如下：<br>~ 00111101<br>11000010 |
| | << | 向左移位。假定 A=61 则 A<<2，表示向左移动 2 位，左边二进制位丢弃，右边空位补 0。具体运算结果：11110100 |
| | >> | 向右移位 |
| 赋值运算符 | 简单赋值（=） | C=A×B，把 A×B 的结果赋值给 C |
| | 复合算术赋值 (+=,-=,*=,/=,%=) | 加后赋值，减后赋值，乘后赋值，除后赋值，求模（求余）后赋值 |
| 三目运算符 | 结果=操作数 1?操作数 2:操作数 3 | 算式 c = a < b ? a:b ，表示如果 a<b，则 c 赋值为 a，否则 c 赋值为 b |
| 杂项运算符 | sizeof(变量) | 计算数组或者数据类型所占的字节数。sizeof(a) 返回变量 a 的大小 |
| | &变量 | 返回变量地址。例如，&a 给出变量 a 的实际地址 |
| | *变量 | 指向变量。例如，*a 指向变量 a |

## 18.4 基本程序结构

任何程序设计语言都包含顺序、分支、循环 3 种程序结构。

### 18.4.1 顺序结构

顺序结构由一系列程序语句组成，并依据语句的先后次序执行。

### 18.4.2 分支结构

C 语言分支结构有 if…else，switch 两种语句形式。

1. if…else

该语句的形式为：

```
if(表达式 1){
    语句 1；
…}
[else
{语句 1；
…}
]
```

其中，if 语句可以嵌套；if 语句中的 else 语句可选，在表达式为假时执行。[]里面的内容属于可选，可以省略。

2. switch

表达式有多种可能的情况，会导致多个分支时，可使用 switch 语句来处理。switch 语句的形式为：

```
switch(表达式)
{
    case 常量表达式 1:语句 1;
    case 常量表达式 2:语句 2;
    ...
    default:语句 n+1;
}
```

switch 语句先计算表达式的值，然后逐个比较 case 后的常量表达式。

（1）如果值等于某一个常量表达式，则执行该表达式后的语句。

（2）如果一直不等于，则执行 default 后的语句。

### 18.4.3 循环结构

循环结构允许反复执行一个语句或程序段，直到条件不成立。C 语言的循环结构有 while、do …while、for 三种语句形式。

1. while

while 语句的形式为：

```
while(表达式)
{
    循环体语句;
}
```

while 语句先执行表达式语句，表达式值为真（非 0），则执行循环体语句。重复该过程，直到表达式值为假（0）。

**while 语句存在一次都不执行循环体语句的情况。**

2. do …while

do …while 语句的形式为：

```
do
{
    循环体语句;
}while(表达式);
```

do ...while 语句先执行循环体语句，然后执行表达式语句，表达式值为真（非 0），则执行循环体语句；否则，终止循环。

**与 while 语句不同的是，do...while 语句至少执行一次循环体语句。**

3. for

for 语句的形式为：

```
for(初始化表达式;表达式;循环增量表达式)
{
    循环体语句;
}
```

for 语句使用 3 个表达式来控制循环。含义如下：

（1）在执行循环体语句之前，执行一次**初始化表达式**语句，进行变量初始化。

（2）执行**表达式**语句，结果为真（非 0），则执行循环体，否则终止循环。

（3）执行**循环增量**表达式，更新相关变量。其中，循环增量表达式常用运算符++、--。

（4）重复（2）和（3）。

**for 语句存在一次都不执行循环体语句的情况。**

【例 1】分别使用 while、do ...while、for 语句求 1～10 之和。

```
int total=0, i=1;
while(i<=10){
    total+= i++;
}
```

```
int total =0, i=1;
do{
    total+=i++;
}while(i<=10);
```

```
int total=0, i=1;
for(i=1;i<=10;i++){
    total += i;
}
```

4. 循环控制语句

循环控制语句用于改变代码的执行顺序，实现代码跳转。C 语言的循环控制语句有 break、continue、goto。

（1）break。break 语句的作用有两个，一是终止并跳出当前循环语句；二是跳出 switch 语句，结束 switch 语句执行。

（2）continue。continue 语句结束当前循环，重新开始下一轮新的循环。

（3）goto。goto 语句可以控制程序执行，转移到被标记的语句。**但这种会降低程序可读性、可控性，强烈不建议使用。**



## 18.5 数组

数组（Array）是一组固定大小、相同类型数据的集合。这些数据在内存中依次存放，之间没有间隙。数据往往被认为是一系列相同类型的变量。

### 18.5.1 数组的声明

C 语言的数组声明（定义），用于指定数组的元素类型及元素数量，但不是多个变量的一个个声明。

数组声明格式如下：

```
type arrayname[l];//声明一维数组
type arrayname[n][m];声明二维数组
```

type 是任意有效的 C 语言数据类型；arrayname 表示声明的数组名；l、n、m 为整数常量。

【例 1】数组声明实例。

```
char a[10];          /* 声明字符型数组 a，有 10 个元素 */
int b[6];            /* 声明整型数组 b，有 6 个元素 */
int cc[5][8] ;       /* 声明一个整型二维数组 cc，共有 5×8=40 个元素 */
```

### 18.5.2 数组的初始化

可以使用逐一赋值或者循环语句方式，进行数组的初始化。

（1）逐一初始化数组。

【例 1】int b[5] = {1, 2, 3, 7, 5};

大括号{ }之间数值的数目不能大于数组声明时数组的大小。

（2）使用循环语句初始化数组

【例 2】

```
int array [5][5];/*array 是一个二维整数数组 */
int i,j;
/* 初始化数组元素 */
for(i=0;i<5;i++){
    for(j=0;j<5;j++)
    {
        array [i][j]=i*j;
    }
}
```

**注意**：C 语言中，默认数组的第一个元素下标索引（下标）是 0。所以本例数组赋值从 array[0][0] 开始。

### 18.5.3 数组的访问

1. 数组名称加下标方式

数组元素可以通过数组名称加索引（下标）进行访问（又称引用）。

【例 1】

```
double s= b [9];
```

［例 1］的含义是把数组中第 10 个元素的值赋给变量 s。

2. 指针访问

数组元素还可以通过指针访问，**数组名就是数组在内存中的首地址**。

【例 2】

```
int a[3]={0,1,2};
int *p=a; /*p 指向数组 a 的首地址或者第一个元素*/
```

a 数组第 0、1、2 个元素内容，分别可以用指针*a、*(a+1)、*(a+2)访问得到。

## 18.6 函数

**函数**是一组执行一个或者多个特定任务的语句。每个 C 程序必须包含主函数 main()，可以包含多个自定义函数。

函数包含函数的声明（定义）、函数调用、函数形式参数和实际参数传递等重要知识，这些知识点已经在本书第 5 章的函数部分讲过了，这里不再详述。

函数可以分为两类：一种是已经定义随编译系统发布供调用的标准函数（又称为库函数）；另一种是用户自定义的函数。

常见的库函数有 printf 函数和 scanf 函数。

1. printf 函数

printf 函数称为格式化输出函数，该函数可以按用户指定的格式，把指定的数据显示到显示器屏幕上。该函数格式如下：

```
printf("格式控制字符串",输出字符);
```

格式控制字符串用于设置输出格式。格式控制字符串以%开头，后面是各种格式控制字符（说明数据类型、长度等），最后是普通字符（用于输出提示）。

常见的格式控制符见表 18-6-1。

表 18-6-1　常见的格式控制符

| 格式控制符 | 说明 |
| --- | --- |
| d | 以十进制形式输出整数 |
| o | 以八进制形式输出无符号整数 |
| x | 以十六进制形式输出无符号整数 |
| c | 输出单个字符 |
| s | 输出字符串 |
| \n | 回车 |

【例 1】printf 函数示例。

```
printf("%d", 100);          /*输出结果为 100*/
printf("%o",8);             /*输出结果为 10*/
printf("%x",16);            /*输出结果为 10*/
```

2. scanf 函数

scanf 函数称为格式化输入函数，用于键盘数据输入。

该函数格式如下：

```
scanf("格式字符串",地址表列);
```

格式字符串的作用与 printf 函数相同；地址表列则给出各个变量的地址，地址格式为“&+变量名”。

【例2】scanf函数示例。

```
int main(void)
{
    char c;
        printf("输入数据：\n");            //提示信息
        scanf("%c", &c);
            printf("输出数据：\n");        //提示信息
            printf("%c\n", c);             //输出变量c的值
    return 0;
}
```

## 18.7 指针

指针是C语言的特色，可以简洁而高效地实现复杂的数据结构，实现内存的动态分配。指针是C语言学习中的难点和重点。

内存中的每个字节都会存放着各种数据，并且都有一个编号称为**地址**。**指针**是一个变量，其值就是一个内存位置的地址。

指针使用中常用到&和*两个特殊的运算符，需要重点掌握。

（1）**&**：表示内存中的一个地址。往往用于取得某个变量的地址。

（2）*****：用于声明指针变量，也可用于获取内存地址中存放的数据。

### 18.7.1 指针声明

指针变量也需要在使用前进行声明（定义），声明的一般形式为：

```
type *varname;
```

其中，type表示指针的基类型，是C语言任何一种有效的数据类型；varname表示指针变量的名称；*用于指定varname变量是一个指针变量。

【例1】有效的指针变量声明。

```
int     *i;     /*声明一个整型指针*/
char    *c;     /*声明一个字符型指针*/
```

指针的值都是一个内存地址，为一个十六进制数。

### 18.7.2 空指针

C语言定义了一个空指针NULL。一个变量进行声明时，没有明确地址赋值，则可以为指针变量赋NULL值。可以避免程序异常。例如：

```
#include <stdio.h>
int main ()
{
    int   *ptr1= NULL;
        printf("ptr1 的地址是：%p\n", ptr    );
    return 0;
}
```

运行上述程序，结果如下：

```
ptr1 的地址是：0x0
```

C 语言中 NULL 的值为 0，而地址为 0 的内存区域为大部分操作系统的保留区域，程序不能访问。指针变量赋值 NULL 值，则表明该指针指向一个不可访问的内存位置。

**注意**：NULL 指针不需要释放。

### 18.7.3 指针算术运算与数组访问

C 语言的指针用于指向内存地址，实际上是一个数值，所以可以对指针执行算术运算。常用的指针运算有++，--，+，-，实质上就是±整数。指针运算仅适用于指向数组中某个元素的指针。

1. 指针运算与一维数组

【例 1】指针与数组关系及指针算术运算，假定 int 变量占 4 个字节的内存空间。

```
int a[5]={1,2,3,4,5};          //初始化整型数组 a，该数组共有 5 个元素
int *ptr;                      //定义 ptr 为指向整型变量的指针
ptr=a;                         //指针 ptr 指向数组 a 的首地址
```

或

```
ptr=&a[0];                     //指针 ptr 指向数组第一个元素的地址
```

［例 1］中的指针与数组关系及指针运算在内存中的变化如图 18-7-1 所示。

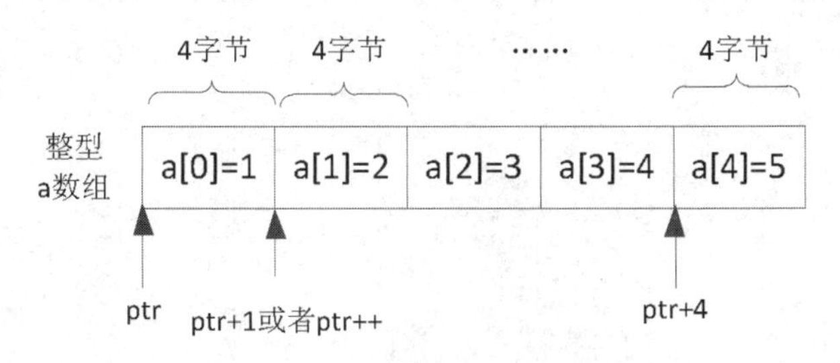


图 18-7-1 指针运算在内存中的变化

指针算术运算特点如下：

（1）指针加 1：指针则指向数组中下一个元素。

（2）指针减 1：指针则指向数组中前一个元素。

（3）指针在递增和递减时，增减的字节数取决于指针变量的数据类型。比如某机器 int 占 4 个字节，则 float 型指针加 2 时，指针的值会增加 8 个字节。

（4）数组名是常量指针，数组名的值不能改变，［例 1］中，使用 a++的方式是错误的。

2. 指针运算与二维数组

二维数组在内存中是按行线性存放。在 m×n 的二维数组中，元素 a[i][j]（i<m,j<n）地址=二维数组 a 首地址+(i×n+j)×sizeof(数组类型)。两者关系，用 C 程序表达如下：

```
(&a[0][0]+i×n+j)
```

### 18.7.4 指针数组

元素为指针类型的数组称为**指针数组**。指针数组常常作为二维数组的一种便捷替代。

【例 1】使用二维数组存储字符串。

```
#define ARRAY_LEN 100
#define STRLEN_MAX 256
char Strings[ARRAY_LEN][STRLEN_MAX] =
{ //唐代柳宗元《江雪》
"千山鸟飞绝",
"万径人踪灭",
"孤舟蓑笠翁",
"独钓寒江雪"
};
```

在［例 1］中，为了存储和处理字符串，二维数组的每行的空间大小必须为最大的 100。而存储一首诗的二维数组，仍然需要占据 25600 字节的空间。这种方式浪费较大。短字符串让行的大部分内容为空；另外有些行没有用到，也需要预留内存。

因此，可以指针数组，让指针指向对象（比如字符串）。这种方式下，只需给实际对象分配内存，可以避免浪费内存空间。

［例 1］中的二维数组可以改为指针数组的表示方式，具体改写如下：

```
#define ARRAY_LEN 100
char *StrPtr[ARRAY_LEN] =   // char 指针数组
{ //唐代柳宗元《江雪》
"千山鸟飞绝",
"万径人踪灭",
"孤舟蓑笠翁",
"独钓寒江雪"
};
```

### 18.7.5 数组指针

指向数组的指针简称为**数组指针**。如果要把一个多维数组传入函数，则对应的函数参数必须声明为数组指针。

数组指针声明如下：

```
int (* arrPtr)[5] = NULL;     // 一个指向有 5 个 int 元素的数组指针，该指针初始化值为 NULL
```



# 第 19 章 Java 语言

Java 是由 Sun 公司(后被 Oracle 收购)开发的面向对象程序设计语言，Java 可运行于 Windows、Linux 等多个平台之上。

本章考点知识结构图如图 19-0-1 所示。

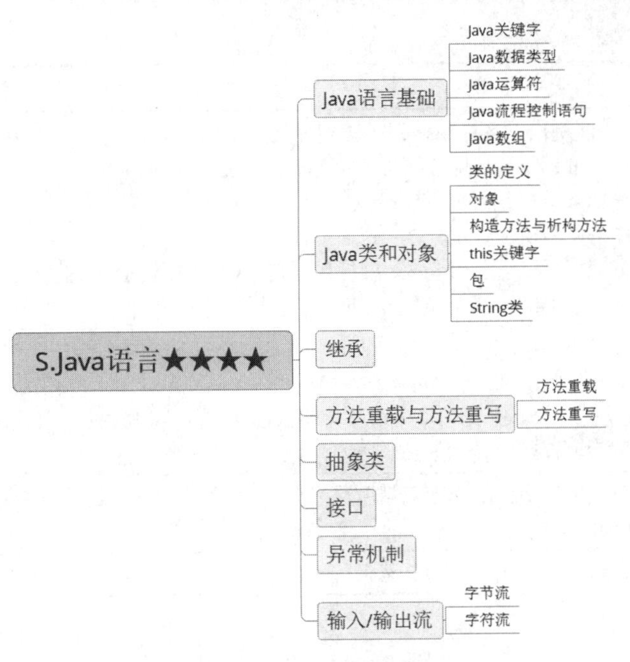


图 19-0-1　考点知识结构图

## 19.1　Java 语言基础

一个 Java 程序可以看成一系列对象的集合，而对象则通过调用彼此的方法来工作。

```
public class HelloWorld {
    public static void main(String[] args) {
        System.out.println("Hello World"); // 输出 Hello World
    }
}
```

**注意：和 C 语言一样，Java 也是大小写敏感，即区分大小写的。**

### 19.1.1　Java 关键字

Java 的关键字不能用于常量、变量和任何标识符的名称。常见的 Java 关键字见表 19-1-1。

表 19-1-1　常见的 Java 关键字

| 类别 | 关键字 |
|---|---|
| 访问控制 | private 私有模式；protected 保护模式；public 公共模式 |
| 类、方法和变量修饰符 | abstract 声明抽象，不能被实例化的类；class 类；<br>extends 继承、扩展；final 最终值，不可改变，不可扩展的类；<br>interface 接口，方法的集合；new 创建类的新实例；<br>static 静态，应用了 static 的实体在声明该实体的类的任何特定实例外部可用 |

续表

| 类别 | 关键字 |
| --- | --- |
| 程序控制语句 | break 跳出循环；case 开关语句分支；<br>continue 跳出当前循环，进入下一轮循环；<br>default 选择语句的默认分支；<br>if 条件语句和肯定分支；else 条件语句否定分支；<br>for 一种循环语句；do 一种循环语句；while 循环语句的循环条件；<br>return 函数返回语句；switch 判断选择 |
| 错误处理 | catch 捕捉异常；finally try/catch 语句块中处理一些后续的工作；<br>throw 抛出一个异常对象；<br>try 在 try/catch 语句块中，将可能出现异常的语句放在 try{}块中，如果出现设定的异常后，程序跳转到 catch 中继续执行 |
| 基本类型 | char 字符型；double 双精度浮点型；int 整型；boolean 布尔型；<br>float 单精度浮点型；long 长整型；short 短整型 |
| 变量引用 | super 父类；this 本类；void 无返回值 |

### 19.1.2 Java 数据类型

Java 包含基本数据类型和引用数据类型。Java 基本数据类型特点见表 19-1-2。

表 19-1-2 Java 基本数据类型特点

| 类别 | 标识符 | 默认值 | 位数 | 特点 |
| --- | --- | --- | --- | --- |
| 整型 | byte | 0 | 8 位 | 有符号的，用二进制补码表示的整数 |
| | short | 0 | 16 位 | 有符号的，用二进制补码表示的整数 |
| | int | 0 | 32 位 | 有符号的，用二进制补码表示的整数 |
| | long | 0L | 64 位 | 有符号的，用二进制补码表示的整数 |
| 浮点型 | float | 0.0f | 32 位 | 单精度浮点数 |
| | double | 0.0d | 64 位 | 双精度浮点型 |
| 布尔型 | boolean | false | 1 位 | 仅 true 和 false 两个取值 |
| 字符型 | char | 'u0000'（即 0） | 16 位 | 可存储任何字符 |

Java 引用数据类型包含数组、类、接口。

### 19.1.3 Java 运算符

Java 运算符包含算术运算符、赋值运算符、逻辑运算符、关系运算符、位运算符、条件运算符。

1. 算术运算符

算术运算符用于数值类型数据的算术运算。常用的算术运算符有：

（1）一元运算符：-（取反），++（先取值再自加 1），--（先取值再自减 1）。

（2）二元运算符：+（加），-（减），*（乘），/（除），%（取余）。

2. 赋值运算符

赋值运算符用于给变量或常量指定数值。

常用的赋值运算符有：+=（加赋值），-=（减赋值），*=（乘赋值），/=（除赋值），%=（取余赋值）。

3. 逻辑运算符

逻辑运算符用于将多个关系表达式构建为更复杂的逻辑表达式，结果为true或false。

常用的逻辑运算符有：&&（短路与），||（短路或），!（逻辑非），|（逻辑或），&（逻辑与）。

**注意：**

（1）&&和&都表示"与"，区别是&&只要第一个条件不满足，后面条件就不再判断。而&要对所有的条件都进行判断。

（2）||和|都表示"或"，区别是||只要满足第一个条件，后面的条件就不再判断，而|要对所有的条件进行判断。

4. 关系运算符

关系运算符又称为"比较运算符"，用于比较两个变量或常量的大小。运算结果为 boolean 型（具体值为true或者false）。

常用的关系运算符有：==，!=，>，<，>=，<=。

5. 位运算符

位运算符主要用来对操作数的每个二进制位进行运算。

常用的位运算符有：

（1）位逻辑运算符：&（与），|（或），~（非），^（异或）。

（2）位移运算符：>>（右移位运算符），<<（左移位运算符）。

（3）复合位赋值运算符：&=（按位与赋值），|=（按位或赋值），^=（按位异或赋值），-=（按位取反赋值），<<=（按位左移赋值），>>=（按位右移赋值）。

6. 条件运算符

和C语言一样，Java也有一个三元运算符（又称三目运算符）。条件运算符的一般语法结构为：

```
结果 =<布尔表达式>？<表达式 1>：<表达式 2>;
```

其中，当"布尔表达式"为真时，执行"表达式1"，否则就执行"表达式2"。

### 19.1.4 Java流程控制语句

Java中，每个语句必须使用分号作为结束符。和C语言一样，Java语言也有顺序结构、分支结构和循环结构。

1. 顺序结构

顺序结构由一系列程序语句组成，并依据语句的先后次序执行。

2. 分支结构

Java语言分支结构有if...else，switch两种语句形式。

（1）if…else。该语句的形式为：

```
if(表达式 1){
    语句 1;
    …}
     [else
    {语句 1;
…}]
```

其中，if语句可以嵌套；if语句中的else语句可选，在表达式为假时执行。[]里面的内容属于可选，可以省略。

（2）switch。switch语句的形式为：

```
switch(表达式)
{
    case 常量表达式 1:语句 1;
    case 常量表达式 2:语句 2;
    ...
    default:语句 n+1;
}
```

3. 循环结构

和C语言相似，Java语言的循环结构也有while、do …while、for三种语句形式。

（1）while。while语句的形式为：

```
while(表达式)
{
循环体语句;
}
```

while语句先执行表达式语句，表达式值为真（非0），则执行循环体语句。重复该过程，直到表达式值为假（0）。

（2）do …while。do …while语句的形式为：

```
do
{
    循环体语句;
}while(表达式);
```

do …while语句先执行循环体语句，然后执行表达式语句，表达式值为真（非0），则执行循环体语句；否则，终止循环。

（3）for。for语句的形式为：

```
for(初始化表达式;表达式;循环增量表达式)
{
循环体语句;
}
```

for语句使用3个表达式来控制循环。含义如下：

（1）在执行循环体语句之前，执行一次**初始化表达式**语句，进行变量初始化。

（2）执行**表达式**语句，结果为真（非0），则执行循环体，否则终止循环。

（3）执行**循环增量**表达式，更新相关变量。其中，循环增量表达式常用运算符++、--。

（4）重复（2）和（3）。

4. 循环控制语句

循环控制语句用于改变代码的执行顺序，实现代码跳转。常见的循环控制语句有 break、continue。

（1）break。break 语句的作用是终止并跳出当前循环语句；跳出 switch 语句，结束 switch 语句执行。

（2）continue。continue 语句是结束当前循环，重新开始下一轮新的循环。

### 19.1.5 Java 数组

数组是 Java 中最基本的一种数据结构，用于存储固定大小的同类元素。

1. 数组声明

Java 程序声明数组变量之后，才能使用数组。声明数组变量的语法如下：

```
数据类型数组名[];
或者
数据类型[] 数组名;
```

2. 创建数组

创建数组的语法如下：

```
数组名= new 数据类型[数组大小];
```

数组变量的声明和创建可合并为一条语句，如下所示：

```
数据类型[] 数组名= new 数据类型[数组大小];
```

**【例 1】**声明并创建一个数组。

```
public class A1{
	public static void main(String[] args) {
		double[] myArray = new double[5];
		myArray[0] = 5;
		myArray[1] = 4.6;
		myArray[2] = 3.1;
		myArray[3] = 1.2;
		myArray[4] = 8.6;
	}
}
```

## 19.2 Java 类和对象

Java 是一种面向对象的程序设计语言，支持类与对象等重要概念。

**类**表示客观世界一类群体的一些基本特征抽象，**对象**就是表示一个个具体的东西。简而言之，**类是对象的抽象，对象则是类的具体实现。**

类是描述了一组有相同特性（属性）和相同行为（方法）的一组对象的集合。

（1）属性：对象或实体所拥有的特征。比如，人的姓名、性别、年龄都可以看成人的共同属性。

（2）方法：对象执行的操作。比如，呼吸是对象“人”都具有的行为，也可以做为“人”类的一种方法。

### 19.2.1 类的定义

定义类的完整语法如下：

```
[public][abstract|final]class<class_name>[extends<class_name>][implements 接口名] {
    // 定义属性部分
    变量类型变量 1;
    变量类型变量 2;
    …
    变量类型变量 n;
    // 定义方法部分
    function1();
    function2();
    function3();
    …
}
```

注："[]" 表示可选；"|" 表示 "或"，但不能同时出现。

（1）public：访问控制修饰符，表示"共有"。Java 程序的主类，公共类，需要被其他程序使用的类必须是 public 类。

（2）abstract|final。

- abstract：定义为不能实例化（不能创建对象），常用于被继承的**抽象类**。
- final：定义为不能被继承的类，意味着里面的代码不再改变。String、System、Math 等类常用 final 修饰。

（3）class：声明类的关键字。

（4）class_name：类名。类名应该以下划线"_"或字母开头。

（5）extends：继承其他类。

（6）implements：实现某个接口。**接口是一个特殊的抽象类**，所有方法都是抽象的，没有具体的实现。**接口存在的意义就是被子类实现**。

（7）function()：表示成员方法名称。

定义一个类包含声明类、定义类属性、定义类方法 3 步。

1. 声明类

声明类就是编写类的最外层框架。

**【例 1】**声明一个名称为 Teacher 的类。

```
public class Teacher {
    // 类的主体
}
```

2. 定义类属性

类成员包含类属性（类数据）和类方法。定义类属性的过程就是声明（定义）多个变量来描述类的特征。声明变量的语法如下：

```
[public|private|protected][static][final]<数据类型><变量名>
```

（1）访问控制修饰符。

- public：所有类均可见。该修饰符访问限制最松。

- private：同一类可见。该修饰符访问限制最严。
- protected：同一包内的类和所有子类可见。该修饰符访问限制介于 public 和 private 之间。

（2）非访问控制修饰符。

- static：声明为静态变量。静态变量为类的所有对象所共有，即无论一个类创建了多少个对象，类只有一份静态变量的拷贝。
- final：声明为常量，值无法更改。

（3）初始化。可在声明变量时进行初始化，如果变量没有初始化，系统则会使用默认值。

**【例 2】** 声明 Teacher 类的变量。

```
public class Teacher{
    public String name;          //姓名
    private int age;             //年龄
}
```

3. 定义类方法

定义类方法可以定义类的行为，类方法可以看成具有独立功能的程序模块。类的各种功能、操作均由方法来实现，类属性则提供所需的数据。

方法的形式如下：

```
修饰符 返回值类型 方法名(参数列表){
    ...
        方法体
    ...
    return 返回值;
}
```

（1）修饰符：可选项，可以是 public、private、protected、static、final 等。

（2）返回值类型：方法返回值的数据类型。如果没有返回值，则使用关键字 void。有些资料中，将一个返回非 void 类型返回值的方法称为函数；一个返回 void 类型返回值的方法称为过程。

（3）方法名：方法的实际名称。

（4）参数列表：由多个参数类型与参数名构成，参数可以是实参，也可以是形参。方法可以不包含任何参数。

（5）方法体：具体语句，定义方法的功能。

图 19-2-1 定义了一个 max 方法，该方法用于比较两个整数，并返回较大整数的值。

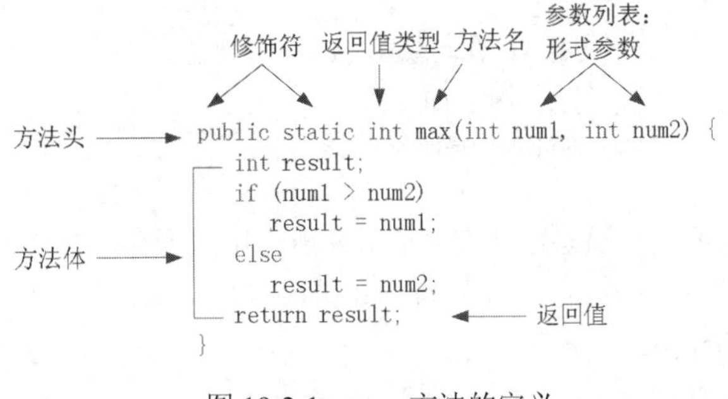


图 19-2-1　max 方法的定义

4. 方法调用

程序调用方法时，系统控制权转交给被调用的方法。被调用方法的返回语句执行后，系统控制权交还给程序。根据方法是否具有返回值，方法调用分为以下两种。

（1）方法具有返回值时，调用的方法会被当成一个值。

（2）方法没有返回值时，调用的方法会被当成一个完成特定功能的语句块。

方法调用时，经常会涉及形参与实参。**形参是定义方法时，参数列表中的参数；实参是调用方法时，方法所使用的参数。**

5. main()方法

运行 Java 程序，main()方法是第一个执行的方法。一个类只能有一个 main()方法，常用于对类进行单元测试。main()方法定义的固定格式如下：

```
public static void main(String[]  字符串数组参数名)
```

### 19.2.2 对象

实例化一个类，就是得到类的一个对象。Java 对象的生命周期包括创建、访问和清除 3 个部分。

1. 对象创建

可以使用 new 创建实例化对象，具体创建格式如下：

```
类名对象名 = new 类名();
```

每次执行 new 操作，就开辟了一个新的物理内存空间，从而创建了一个新的对象。

2. 访问对象的方法和属性

访问对象的属性和行为的语法格式如下：

```
对象名.属性(成员变量)                //访问对象的属性
对象名.成员方法名()                  //访问对象的方法
```

【例 1】定义 Teacher 类，创建该类的对象 teach，并赋值。

```
Teacher teach = new Teacher ();      //创建 Teacher 类的对象 teach
teach.Name = "丁仪";                 //调用 teach 对象的 Name 属性并赋值
teach.Age = 95;                      //调用 teach 对象的 Age 属性并赋值
```

如果要使用对象，则必须实例化。

【例 2】对象 teach 没有实例化，直接调用对象 teach 的属性或方法。

```
Teacher teach = NULL;                //创建 Teacher 类的对象 teach
teach.Name = "丁仪";                 //调用 teach 对象的 Name 属性并赋值
teach.Age = 95;                      //调用 teach 对象的 Age 属性并赋值
```

运行上述程序，系统会报错。错误提示如下：

```
Exception in thread "main" java.lang.NullPointerException
```

3. 对象清除

不再使用的对象，需要进行清除，从而释放对象所占用的内存。在 C++中，程序员需要手动通过 delete 语句释放对象占用的内存。而在 Java 系统中，能实现自动内存回收。这种方式称为垃圾回收（Garbage Collection，GC）机制。

### 19.2.3 构造方法与析构方法

1. 构造方法

构造方法是名称与类名相同，没有任何返回值（包括 void），可以有一个或多个参数的方法。构造方法结合 new 运算，初始化类的一个新对象，属于一种特殊的类的方法。new 运算之后，会自动调用构造方法。

构造方法的语法格式如下：

```
class class_name {
    public class_name()//无参构造方法
    {
        //构造方法体，默认构造方法方法体为空，参数为空
    }
    public class_name([paramList])// 有参数的构造方法
    {
        //构造方法体
    }
    …
    // 类主体
}
```

2. 析构方法

析构方法应用于对象生命周期结束时，比如对象方法调用完毕。析构方法用于销毁资源、释放内存等。析构方法与构造方法相反，构造方法用于实例化一个对象，析构方法用于清理一个对象。

Java 的 Object 类中有一个 protected 型的 finalize()方法，可以在该方法中实现析构方法。

### 19.2.4 this 关键字

this 关键字用于在任何实例方法内指向当前对象自己。

this 指针的作用如下：

（1）this：表示本对象自己。

（2）this.属性名：表示本对象的属性。

（3）this.方法名：表示本对象的方法。

### 19.2.5 包

包（Package）是一个类的集合。包提供了类的多层命名空间，可解决类的命名冲突、类文件管理等问题。

1. 定义包

Java 程序中，可以使用 package 语句定义包，并将 package 语句作为源文件的第一行。定义包的格式如下：

```
package 包名;
```

包名包含多个层次，则每个层次用“.”分割。例如，文件 Dog.java 内容如下：

```
package net.java.games;
public class Dog{
    ...
}
```

那么该文件的路径为：net/java/games/Dog.java。

2. 引入包

Java 程序中，使用不同包中的其他类，可以使用“包名.类名”的形式。格式如下：

```
包名.类名  对象名 = new  包名.类名();
```

例如：

```
java.util.Datadate=newjava.util.Data();
```

上述方式可能会让程序比较难以阅读，则还可以采用 import 导入指定包层次下的某个类或者全部类的简化方式。引入包之后的 Java 程序中，可以省略包名而直接使用类名。import 命令格式如下：

```
import  包名.类名;
```

例如：

```
importjava.io.Console;      //引入包 java.io 中的 Console 类
importjava.io.*;            //引入包 java.io 中的所有类
```

### 19.2.6 String 类

字符串是一个或者多个字符组成的序列。字符串在 Java 程序中属于对象。Java 程序中使用 String 创建、操作字符串。

1. 直接定义

创建字符串的直接定义方式如下：

```
String str = "Hello 攻克要塞！";
```

**注意**：字符串对象一旦被创建，其值不能再改变。对字符串对象的修改，实际上是得到一个新的字符串。

2. String 类定义

可使用 String 类提供的构造方法来创建字符串，String 类属于 java.lang 包。

String 类的构造方法有多种重载形式，每种形式都可以定义字符串。常用的形式如下：

（1）创建一个空字符序列。创建一个空字符序列，使用的 String 类的构造方法如下：

```
String();
```

（2）用字符串参数，初始化并创建一个 String 对象。该方式所使用的 String 类的构造方法如下：

```
String str1 = new String("Hello，攻克要塞！");
```

3. 字符串连接

可以使用“+”操作符来连接字符串。

例如：

字符串"Hello，" + " 攻克要塞" + "!"等同于字符串"Hello，攻克要塞!"。

## 19.3 继承

**继承**就是在已有的类（父类、超类）上扩展出新类（子类、派生类）。继承的特点如下：

（1）扩展出来的子类，包含了父类的**非 private 的方法与属性**。

（2）子类可以用自己的方式重新实现父类的方法。

（3）子类可以拥有自己的、新的方法和属性。

继承降低了代码的重复度，代码更加简洁，可维护性更高了。

子类继承父类的 Java 语法格式如下：

```
修饰符 class  子类名  extends  父类名{
//类的主体
}
```

【例 1】举例说明父类的定义与子类的继承。

（1）定义一个父类，名称为 Student。

```
public class Student {
    /*
    定义该类的方法
*/
public void study(){
        System.out.println("Student 类中的方法，学生类别是："+name);
    }
    //设定学生的类别
    public void setName(String name) {
        this.name = name;
    }

    public String getName(){
        return name;
    }
    private String name;
}
```

（2）定义一个子类，名称为 UNStudent，继承 Student 类的方法与属性。

```
public class UNStudent extends Student {
    }
```

（3）编写测试类 PeopleTest，在该类中创建子类 UNStudent 的对象，并调用继承过来的方法。

```
public class PeopleTest {
    public static void main(String[] args) {
        //创建 UNStudent 类的对象
        UNStudentuns=new UNStudent();
        //调用方法：这些方法是从父类 Student 中继承而来
       uns.setName("大学生");
       uns.study();
    }
}
```

（4）运行程序，输出的结果如下：

```
Student 类中的方法，学生类别是：大学生
```

## 19.4　方法重载与方法重写

### 19.4.1　方法重载

**方法重载（Overload）**允许**同一个类**中定义两个或两个以上方法名**相同的方法**，只要**形参列表不同**即可。方法的其他部分，如返回值类型、修饰符等，则与方法重载没有关系。

方法重载允许功能相似的方法取同一名称，避免了繁多的名称出现，提高了程序的可读性。

### 19.4.2　方法重写

**方法重写（Override）**：子类创建了一个与父类**名称、返回值类型、参数列表**均相同的方法，只有方法体的不同，实现不同于父类的功能。

当子类继承父类方法时，往往需要重写其方法。

## 19.5　抽象类

一个类中，有些方法并没有给出具体实现，而是由子类去实现。没有包含方法实现部分的类叫抽象类。

抽象类的定义如下：

```
abstract class 抽象类名 {
    [public]abstract 返回值类型抽象方法名(参数列表);
//抽象方法只存在于抽象类中，且没有方法体；抽象方法需要由继承抽象类的子类重写抽象方法，因此不能使用 private 声明。
}
```

抽象类的规则：

（1）抽象类、抽象方法需要使用关键字 abstract 进行声明。

（2）抽象类不能实例化，即不能 new 对象。

**【例 1】**抽象类定义实例。

```
public abstract class ABSShape {
    //抽象方法定义：继承的子类必须实现
        public abstract void draw();
        //可以定义已实现的方法
        public void setColor(int c){
            this.color=c;
        }
        public int getColor(){
            return this.color;
        }
        private int color;
}
```

## 19.6 接口

**接口是一个特殊的抽象类**，所有方法都是抽象的，没有具体的实现。**接口存在的意义就是被子类实现**。定义接口格式如下：

```
[public] interface 接口名 [extends 其他接口名] {
    [public] [static] [final] 类型常量名= value;      // 定义常量
    [public] [abstract] 返回值类型方法名(参数列表);      // 声明方法
}
```

接口规则：

（1）接口的变量，将隐式地声明为 public、static 和 final，即常量，所以必须初始化。

（2）接口不能被实例化。

实现接口格式如下：

```
public class 类名 [extends 需要继承的父类名] [implements 需要实现的接口名] {
    //实现主体
}
```

【例 1】接口的定义与实现。

定义一个接口 Person，该接口包含 tell 方法。

```
public interface Person ()
{
    public tell();    //接口没有方法的实现，需要用类来实现
    intage=16;
}
```

定义一个 Chinese 类，实现 Person 接口。

```
public class Chinese implements Person {
    public void tell()
    {
        System.out.println("早上好！");
    }
}
```

## 19.7 异常机制

Java 异常是指程序执行期间发生的，中断程序正常执行的事件。

Java 的异常类分为错误（Error）和异常（Exception）两种，Exception 又可以分为检查性异常、非检查性异常。

（1）检查性异常：编译器必须处理的，程序员无法预见的异常。最常见的检查性异常是用户错误或问题引起的，比如数据库访问异常、文件打开异常等。

（2）非检查性异常：因编写代码或设计不当导致的，编译器可以忽略的异常。比如，数组下标越界等。

（3）错误：不被程序捕获的异常。一般是指 Java 虚拟机（Java Virtual Machine，JVM）错误，比如堆栈溢出。这种错误，编译程序检查不出来。

try/catch 组合可以捕获异常，语法如下：

```
try
{
    //如果没有问题出现，执行的代码
    }catch(ExceptionName e1)
    {
    //出现异常后执行的代码
}
```

## 19.8　输入/输出流

流是一个输入或输出设备的抽象表示。Java 中所有数据都用流来进行输入/输出。流可以分为字节流和字符流。Java 流相关的类都封装在 java.io 包中。

### 19.8.1　字节流

InputStream、OutputStream 都是抽象类，分别是所有字节输入流类、输出流类的父类。因此需要使用它们的子类来创建一个流。常见的 InputStream、OutputStream 的子类见表 19-8-1。

表 19-8-1　常见的 InputStream、OutputStream 的子类

| InputStream 的子类 | 作用 | OutputStream 的子类 | 作用 |
| --- | --- | --- | --- |
| FileInputStream | 读文件数据 | FileOutputStream | 向文件中写数据 |
| ByteArrayInputStream | 读字节数组的数据 | ByteArrayOutputStream | 向字节数组中写数据 |

### 19.8.2　字符流

Java 的字节流不能直接操作 16 位的 Unicode 字符，因此需要使用字符流进行操作。字符流输入类、输出类的父类分别是 Reader 类、Writer 类。常见的 Reader、Writer 的子类见表 19-8-2。

表 19-8-2　常见的 Reader、Writer 的子类

| Reader 的子类 | 作用 | Writer 的子类 | 作用 |
| --- | --- | --- | --- |
| CharArrayReader | 读字符数组的字符 | CharArrayWriter | 向字符数组写数据 |
| StringReader | 读字符串的字符 | StringWriter | 向字符串写数据 |
| BufferedReader | 为其他字符输入流提供读缓冲区 | BufferedWriter | 为其他字符输出流提供写缓冲区 |

# 第 20 章 经典案例分析

当前的程序员考试下午案例题型可以分为程序流程图案例题、C 语言案例题、Java 语言案例题、C++语言案例题等。由于 C++案例题和 Java 案例题是二选一，而 C++案例题会复杂一些，建议考生选做 Java 题。

## 20.1 程序流程图案例

### 案例一

阅读以下说明和流程图，填写流程图中的空缺。

**【说明】**如果 n 位数（n≥2）是回文数（从左到右读与从右到左读所得结果一致），且前半部分的数字递增（非减）、后半部分的数字将递减（非增），则称该数为拱形回文数。例如，12235753221 就是一个拱形回文数。显然，拱形回文数中不含数字 0。

下面的流程图用于判断给定的 n 位数（各位数字依次存放在数组的各个元素 A[i]中，i=1，2，…，n）是不是拱形回文数。流程图中，变量 T 动态地存放当前位之前一位的数字。当 n 是奇数时，还需要特别注意中间一位数字的处理。

**【流程图】**

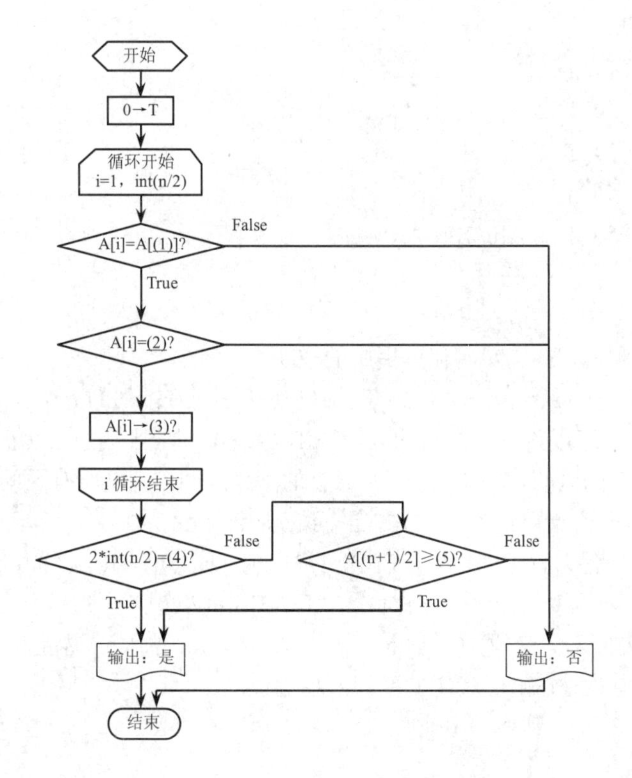

注 1："循环开始" 框内给出循环控制变量的初值、终值和增值（默认为 1），格式为：循环控制变量=初值，终值 [ ，增值 ]。

注 2：函数 int(x)为取 x 的整数部分，即不超过 x 的最大整数。

**【例题分析】**程序流程图的题目需要阅读题干说明，将说明与流程图一一对应，结果也就呼之欲出了。

初始将 T 赋值为 0，进入循环，i 初值为 1，终值为 n/2。在循环体内首先需要判断第 i 位的数字是否与第 n-i+1 位的数字相等。以说明中的"12235753221"为例，将第 1 位的"1"与第 12 位的"1"进行比较，看二者是否相等；再将第 2 位的"2"与第 11 位的"2"进行比较；……；以此类推。如果不满足要求则直接输出"否"，判断不属于拱形回文数。因此空（1）答案为"n-i+1"。

题目里第一个判断需要满足拱形回文数前半部分非递减，后半部分非递增的要求，也就需要是"A[i]≥T"。而这里空（1）已经得出 A[i]=A[n-i+1]，那么只要 A[i]≥T（前半部分非递减）后半部分非递增也就不言而喻了。同时根据说明，空（2）还要满足拱形回文数不包含数字 0 的条件。因此空（2）答案为："T&&A[i]>0 或 T&&A[i]!=0" 均可。

满足空（2）后将 A[i]赋值给 T，使得 T 始终保存前位之前一位的数字，之后再次循环。空（3）填"T"。

空（4）和空（5）是判断给定数字是奇数还是偶数的要求，如果是偶数则空（4）处填写"n"，如果是奇数，那么最中间的这个数字，就是(n+1)/2 要大于它前面一位的数字。可以用说明的例子"12235753221"做参照，这里第 6 位的"7"要大于第 5 位的"5"。空（5）的答案是"T 或 A[n/2] 或 A[(n-1)/2]" 均可。

**【参考答案】**（1）n-i+1

（2）T&&A[i]>0 或 T&&A[i]!=0

（3）T

（4）n

（5）T 或 A[n/2]或 A[(n-1)/2]

## 案例二

阅读以下说明和流程图，填写流程图中的空缺。

**【说明】**设$[a_1,b_1]$，$[a_2,b_2]$，…，$[a_n,b_n]$是数轴上从左到右排列的 n 个互不重叠的区间（$a_1<b_1<a_2<b_2<\cdots<a_n<b_n$）。以下流程图将一个新的区间[A,B](A<B)添加到上述区间集，形成新的从左到右排列的若干个互不重叠的区间（若 A、B 落在原有的两个区间，则以原有区间最左端点和最右端点为基准，形成新的区间），最后依次输出这些区间的端点。

例如，给定区间集：[1,2]，[4,6]，[8,10]，[13,15]，[17,20]，添加区间[5,14]后，依次输出 1，2，4，15，17，20，表示合并后的区间集：[1,2]，[4,15]，[17,20]。

该流程图采用的算法是：先在 $a_1$，$b_1$，$a_2$，$b_2$，…，$a_n$，$b_n$ 中扫描定位 A 点，再继续扫描定位 B 点，在扫描过程中随时输出已确定的区间的端点值。

【流程图】

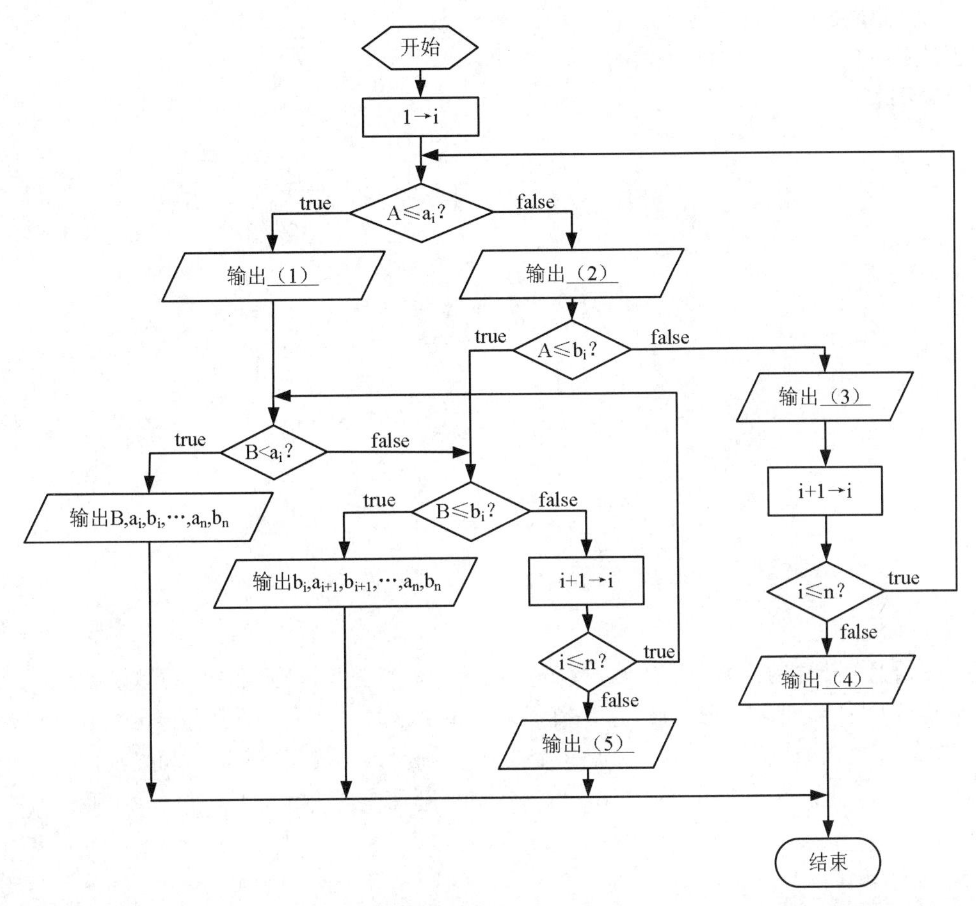


【例题分析】新的区间[A,B]要插入到原有区间中，首先判断 A 与 $a_i$ 的大小，输出较小值。如果 A 小于 $a_i$，那么空（1）填写"A,"，之后再判断 B 与 $a_i$ 的大小，如果 B 也小于 $a_i$ 那么最终的输出区间为[A,B]，[$a_i$,$b_i$]，……，[$a_n$,$b_n$]。若 B 是大于 $a_i$ 的，那么再判断 B 与 $B_i$ 的大小，此时若 B 小于 $B_i$，最终输出的是 A 与 $b_i$，区间为[A,$B_i$]，[$a_{i+1}$,$B_{i+1}$]，……，[$a_n$,$b_n$]。否则若 B 大于 $B_i$，要将 i 的值加 1，同时 i≤n，进行循环。直到 B 大于所有的 $b_i$ 值，最终输出的区间右端点是 B，空（5）填写"B"。

初始如果 A 大于 $a_i$，那么空（2）答案是"$a_i$,"。然后再将 A 与 $b_i$ 进行比较，如 A 也大于 $b_i$，空（3）输出"$b_i$,"，之后将 $_i$ 的值加 1，同时满足 i≤n，进行循环，直到判断 A 大于 $b_n$，说明 A 比所有 b 的值都要大，那么空（4）输出"A,B"，注意 B 是大于 A 的，我们要输出的是右端点的值。

【参考答案】（1）A,（","可以省略）（2）$a_i$,（3）$b_i$,（4）A,B（5）B

## 案例三

阅读以下说明和流程图，填写流程图中的空缺。

【说明】如果一个自然数 N 恰好等于它所有不同的真因子（即 N 的约数以及 1，但不包括 N）

之和 S，则称该数为“完美数”。例如 6=1+2+3，28=1+2+4+7+14，所以 6 和 28 都是完美数。显然，6 是第 1 个（即最小的）完美数。

下面流程图的功能是求 500 以内所有的完美数。

**【流程图】**

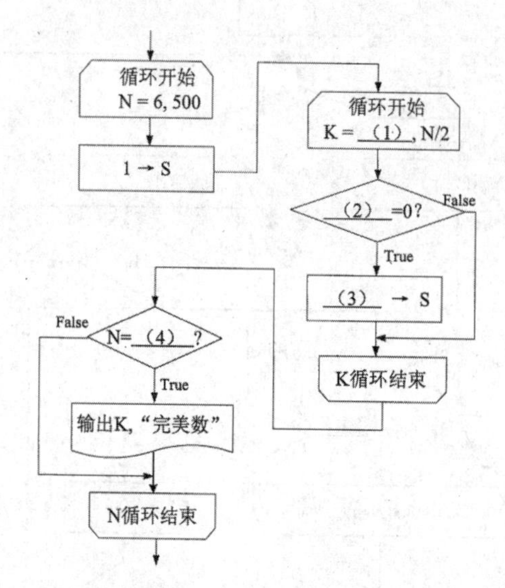


循环开始框中要注明：循环变量＝初始值，终值［，步长］，步长为 1 时可以缺省。

如果某自然数小于其所有真因子之和（例如 24<1+2+3+4+6+8+12），则称该自然数为亏数；如果某自然数大于其所有真因子之和（例如 8>1+2+4），则称该自然数为赢数；如果某自然数等于从 1 开始的若干个连续自然数之和（例如 10=1+2+3+4），则称该自然数为三角形数。据此定义，自然数 496 是___（5）___。

（5）备选答案：

A．亏数　　B．赢数　　C．完美数，非三角形数　　D．完美数和三角形数

**【试题分析】**这里有两个循环变量，i 为“6～500”的数字循环，k 则为这些数字的真因子的循环。因为 S 初值为 1，因此 K 不用从 1 开始，它的初值应为 2，空（1）填“2”。空（2）用来判断是否为真因子，即 N 与 K 进行取模运算结果是否为 0，空（2）填“N%K”。若为真因子，则将 S 加上 K 值的结果赋给 S，让 S 记录所有真因子之和。空（3）答案是“S+K”。最后如果 S 与 N 的值相等，则当前 i 对应的数字就是完美数。空（4）答案是“S”。

因为 496=1+2+4+8+16+31+62+124+248=496，同时 496=1+2+3+4+5+……+31=496，可以看出 496 既是完美数又是三角形数。

**【参考答案】**（1）2　（2）N%K　（3）S+K　（4）S　（5）D

## 案例四

阅读以下说明和流程图，填写流程图中的空缺。

**【说明】**设有二维整数数组（矩阵）A[1:m,1:n]，其每行元素从左至右是递增的，每列元素从

上到下是递增的。以下流程图旨在该矩阵中找出与给定整数 X 相等的数。如果找不到则输出“False”；只要找到一个（可能有多个）就输出“True”以及该元素的下标 i 和 j。

例如，在如下矩阵中查找整数 8，则输出为：True，4，1

2　4　6　9

4　5　9　10

6　7　10　12

8　9　11　13

流程图中采用的算法如下：从矩阵的右上角元素开始，按照一定的路线逐个取元素与给定整数 X 进行比较（必要时向左走一步或向下走一步取下一个元素），直到找到相等的数或超出矩阵范围（找不到）。

**【流程图】**

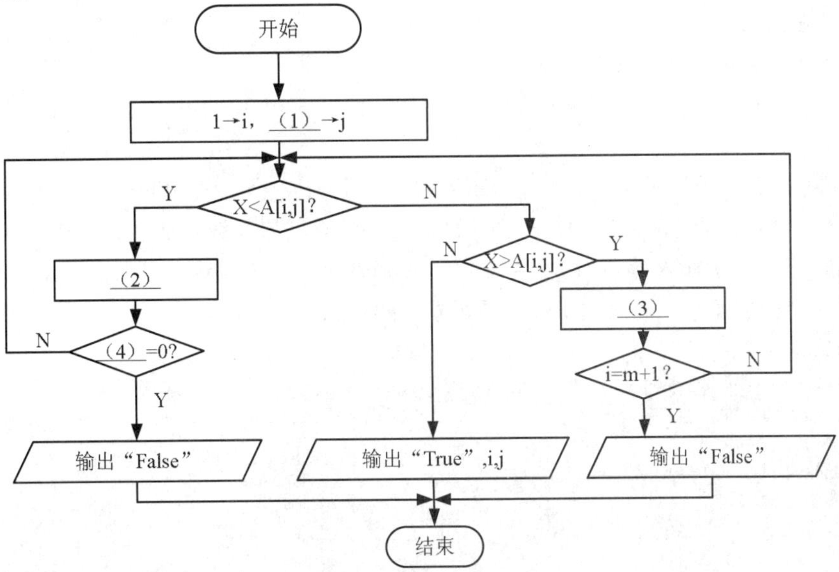

开始

1→i，（1）→j

X<A[i,j]?

Y　N

（2）

X>A[i,j]?

N　Y

（3）

N

（4）=0?

i=m+1?

Y　N

Y　Y

输出“False”

输出“True”,i,j

输出“False”

结束

**【问题】**该算法的时间复杂度是＿（5）＿。

（5）备选答案：A．O(1)　B．O(m+n)　C．O(m*n)　D．$O(m^2+n^2)$

**【例题分析】**根据说明，查找规则从矩阵的右上角元素坐标（1,n）开始，那么 i 初值是 1，j 初值为 n。空（1）填“n”。

如果 X 小于 A [i,j]，需要向左走一步，移动到 j-1 列上跟下一个元素进行比较，空（2）填“j-1→j ”。如果 X 大于 A [i,j]，需要向下走一步，即移动到 i+1 行，去取下一个元素比较。空（3）答案是“i+1→i”。当 i=m+1 时，行值越界，同理当 j=0 时，列值越界。越界代表没有找到与 X 相等的元素，返回结果为“False”。因此空（4）填“j”。

本题查找元素“8”的过程需要分别跟矩阵中的“9”“6”“9”“5”“7”“9”“8”比较，共比较了 7 次。该算法的时间复杂度就是比较次数，最多比较次数为 m+n-1，所以时间复杂度为 O(m+n)。

**【参考答案】**（1）n　（2）j-1→j　（3）i+1→i　（4）j　（5）B

## 20.2　C 语言案例

### 案例一

阅读以下说明和C代码，填写代码中的空（1）～（5）。

【说明】某市根据每天早上5点测得的雾霾指数（pm2.5值）决定是否对车辆进行限行。规则如下：

（1）限行时间为周内（即周一到周五），周六周日不限行。

（2）根据车牌号的尾号（最后1位数字）设置限行车辆（车牌号由英文字母和十进制数字构成，长度为6位，至少包含1位数字）。

（3）雾霾指数低于200时，不限行。

（4）雾霾指数在区间［200,400）时，周内每天限行两个尾号的汽车：周一限行1和6，周二限行2和7，周三限行3和8，周四限行4和9，周五限行5和0，即尾号除以5的余数相同者在同一天限行。

（5）雾霾指数大于等于400时，周内每天限行五个尾号的汽车：周一、周三和周五限行1，3，5，7，9，周二和周四限行0，2，4，6，8，即尾号除以2的余数相同者在同一天限行。

下列程序运行时，输入雾霾指数、星期（数字1表示星期一，数字2表示星期二，……，数字7表示星期日）和车牌号，输出该车牌号是否限行的信息。

**【C 代码】**

```
#include <stdio.h>
#define PM25_L1 200
#define PM25_L2 400
typedef enum {YES,NO} MARKTAG;
int isDigit（char ch）
{//判断 ch 是否为十进制数字字符，是则返回 1，否则返回 0
        return （ch>='0' &&ch<='9'）;
}
void prt_msg(char *msg, MARKTAG flag)
{
        if (flag == YES)
            printf("%s : traffic restrictions\n", msg);
        else
            printf("%s : free\n", msg);
}
int isMatched(int weekday, int t, int d) //判断是否符合限行规则，是则返回 1，否则返回 0
{ return (weekday%d == t%d);     }
void proc(int pm25, int weekday, char *licence)
{
        int i,lastd;
        if (weekday == 6 || weekday == 7 ||  （1）  )
            prt_msg(licence, NO);
```

```
            else {
                for( i=5; i>=0; i-- )
                    if (isDigit(licence[i])) {
                    lastd= （2） ; //获取车牌号的尾号
                    break;
                }
                if(pm25>= PM25_L2 ) {//限行 5 个尾号的汽车
                    if (isMatched( （3） ))
                        prt_msg(licence, YES);
                    else
                        prt_msg(licence, NO);
                    }
                    else { //限行 2 个尾号的汽车
                        if (isMatched( （4） ))
                            prt_msg(licence, YES);
                        else
                            prt_msg(licence, NO);
                        }
                }
}
int main()
{
        int weekday=0, pm25=0;
        char licence[7];
        scanf("%d %d %s", &pm25, &weekday, licence);
        //输入数据的有效性检测略，下面假设输入数据有效、正确
        proc( （5） );
        return 0;
}
```

**【例题分析】**根据说明要求周六、周日以及雾霾指数低于 200 时不限行，因此空（1）填写“pm25<200 或 pm<pm25_L1”均可。

其他情况下有车牌号限行，首先通过调用 isDigit 函数来判断尾号是否为数字字符，用变量 lastd（代表车牌号的尾号）来接收结果。这里需要特别注意的是 isDigit 函数接收的参数，即 licence[i]是字符型的，而变量 lastd 是整型的，无法直接赋值，需要执行“licence[i]-'0'”转换成整型数值。这个操作会将 i 和 0 的 ASCII 码值相减，得到的结果再进行赋值运算，因此空（2）填写“licence[i]-'0'”。

空（3）和空（4）调用 isMatched(int weekday, int t, int d)函数进行限行规则的判断，其中，形式参数 weekday 表示星期几，形式参数 t 表示车牌号尾号，形式参数 d 表示“每天限行两个尾号”还是“每天限行五个尾号”。所以需要填写的实际参数，空（3）是“weekday,lastd,2”。空（4）是“weekday,lastd,5”。

空（5）是在 main 函数内调用 proc 函数完成整个限行的操作，所以，需要传递的参数是“pm25,weekday,licence 或 pm25,weekday,&licence[0]”。

**【参考答案】**（1）pm25<200 或 pm<pm25_L1　　（2）licence[i]-'0'
（3）weekday,lastd,2　　（4）weekday,lastd,5
（5）pm25,weekday,licence 或 pm25,weekday,&licence[0]

## 案例二

阅读以下说明和 C 代码，填写代码中的空（1）～（5）。

【说明】下列程序运行时，对输入的表达式进行计算并输出计算结果。设表达式由两个整数和一个运算符（+或-）构成，整数和运算符之间以空格分隔，运算符可以出现在两个整数之前、之间或之后，整数不超过 4 位，输入的两个整数和运算符都用字符串表示。

例如，输入分别为“25+7”“+25 7”“25 7+”时，输出均为“25+7=32”。

【C 代码】

```
#include<stdio.h>
int str2int(char *s); //将数字字符串转换为整数
int isOperator(char *str); //判断字符串的开头字符是否为运算符
void cal(char op, char a[ ], char b[ ]); //将数字串转化为对应整数后进行 op 所要求的计算
void solve(char a[ ],char b[ ],char c[ ]);
int main ()
{
        char a[10],b[10], c[10];
        scanf("%s%s%s",a,b,c);
        //输入数据的有效性检测略，下面假设输入数据有效、正确
        solve(a,b,c);
        return 0;
}
int str2int(char *s)
{
        int val = 0;
        while (*s) {
            val = （1） + (*s - '0'); //将数字字符串转换为十进制整数
            （2） ; //令字符指针指向下一个数字字符
        }
        return val;
}
int isOperator(char *str)
{
        return (*str =='+'|| *str =='-');
}
void cal( char op, char a[ ], char b[ ])
{
        switch(op) {

        case '+':
            printf(" %s + %s = %d",a,b,str2int(a)+str2int(b));
            break;
        case '-':
            printf("%s - %s = %d ",a,b,str2int(a)-str2int(b));
            break;
        }
}
void solve(char a[ ],char b[ ],char c[ ])
{//解析输入的 3 个字符串，输出表达式及计算结果
        if (isOperator(a)) { //运算符在两个整数之前
        cal( （3） );
        }
```

```
        else if(isOperator(b)) { //运算符在两个整数之间
            cal(  (4)  );
        }
        else { //运算符在两个整数之后
            cal(  (5)  );
        }
}
```

【例题分析】在 str2int 函数中空（1）将数字字符串转换为十进制整数，用字符指针“s”指向数字字符串，此空填“val*10”。比如要表示“35”这个数字，首先执行 val=val*10+3，val 值变为 3；然后 s 自增 1，指向下一个数字字符，再执行 val=val*10+5，val 值变为 35。但此时需要注意，这里是将字符型数字赋值给整型数字，因此接收到的字符需要执行“*s - '0'”这个操作将数字字符的 ASCII 码值与 0 的 ASCII 码值相减，用得到的结果去赋值给 val。空（2）填“s++或++s 或 s+=1”或其他等价形式。

在 slove 函数中调用 isOperator 函数判断运算符的位置，然后由空（3）向 cal 函数传递参数，再进行运算符 op 要求的运算。这里第一个参数是运算符，剩下两个参数是数字。传递数字的时候参数可以直接写字符数组名，但是传递运算符则需要采用“*a”或“a[0]”的形式。因此，空（3）答案是“*a,b,c，其中*a 可以替换为 a[0]，b 可以替换为&b 或&b[0]，c 可以替换为&c 或&c[0]”。空（4）和空（5）同理，这里不再赘述。

【参考答案】（1）val*10

（2）s++或++s 或 s+=1 或其他等价形式

（3）*a,b,c 或 a[0]，&b，&c 或 a[0]，&b[0]，&c[0]

（4）*b,a,c 或 b[0]，&a，&c 或 b[0]，&a[0]，&c[0]

（5）*c,a,b 或 c[0]，&a，&b 或 c[0]，&a[0]，&b[0]

## 案例三

阅读以下说明和 C 代码，填写代码中的空（1）～（6）。

【说明】下列 C 代码在输入的 100 个英文单词中找出最小单词和最大单词。约定每个单词是仅由英文字母构成的字符串，且都不超过 20 个字符。单词的大小按照字典序定义。例如，单词“entry”大于“enter”“art”小于“article”“an”等于“An”。

【C 代码】

```
#include<stdio.h>
#define NUMBER 100
int isValid(const char*s1);              //若字符串 s1 仅包含英文字母则返回 1，否则返回 0
char toLower(char ch);//将大写字母转换为小写字母
int usr_strcmp(char*s1,char*s2);         //比较字符串 s1 和 s2，相等时返回 0,
                                         //s1 大则返回正整数，s1 小则返回负整数
void usr_strcpy(char*s1,const char*s2); //字符串 s2 拷贝给 s1
int main()
{
char word[32];
char maxWord[32]="",minWord[32]="";
int numWord=0;
```

```
    while(numWord<NUMBER){
        scanf("%s", (1) );                        //输入一个单词存入 word
        if(isValid(word)){
        if(0==numWord){usr_strcpy(minWord,word);usr_strcpy(maxWord,word);}
            numWord++;
            if( (2) >0)                           //调用 usr_strcmp 比较单词
                usr_strcpy(maxWord,word);         //用 maxWord 记下最大单词
            else
                if( (3) <0)                       //调用 usr_strcmp 比较单词
            usr_strcpy(minWord,word);             //用 minWord 记下最小单词
            }
        }
        printf("maxWord=%s minWord=%s\n",maxWord,minWord);
        return 0;
}
int isValid(const char*s)
{
        for(;*s;s++)
            if(!(*s>='a' &&*s<='z')&&!(*s>='A' &&*s<='Z'))
            return 0;
        return 1;
}

char toLower(char ch)
{
        //若 ch 为大写字母则返回其小写形式，否则直接返回原字符
        if(ch>='A'&&ch<='Z')
        ch= (4) +'a';
        return ch;
}

int usr_strcmp(char*s1,char*s2)
{
        //按字典顺序比较两个英文单词，若 s1 表示的单词大，则返回正整数，
        //若 s1 表示的单词小，则返回负整数；否则返回 0
        for(; (5) ;){
            if(toLower(*s1)==toLower(*s2)){s1++,s2++;}
            else
            break;
        }
        return(toLower(*s1)-toLower(*s2));
}

void usr_strcpy(char*s1,const char*s2)
{
        //将 s2 表示的字符串复制给 s1
        for(; (6) ;)
            *s1++=*s2++;
        *s1='\0';
}
```

**【例题分析】**字符数组 word、maxWord、minWord 分别用来接收输入的单词以及最大和最小单词，整形变量 numWord 用来进行单词计数。当单词数量不超过 100 个的时候，执行 while 循环里面的语句将输入的单词存入 word 数组里面，这里直接给出数组名即可。空（1）填写“word”。

初始的时候 maxWord、minWord 均为 word 中的单词。

程序调用 usr_strcmp 函数比较字符串 s1 和 s2，二者相等时返回 0，s1 大则返回正整数，s1 小则返回负整数。当空（2）的条件满足时，将存储 usr_strcpy 函数返回的最大单词。usr_strcpy 函数是将 s2 表示的字符串复制给 s1，这里给出的参数顺序是“maxWord,word”，说明 word 里的单词要比 maxWord 里面的大，因此空（2）填“usr_strcmp(word,maxWord)”。同理，if 里的条件小于 0 时，调用 usr_strcpy 函数记录最小单词，根据对应的参数可知空（3）应该填“usr_strcmp(word,minWord)”。之后输出最大和最小单词。

toLower 函数的作用是将大写字母转换成小写形式，需要通过对应单词的 ASCII 码去转换。比如大写字母 A 的 ASCII 码值为“65”，大写字母 B 的是“66”。小写字母 a 的 ASCII 码值为“97”，小写字母 b 的是“98”。那么就有“B-A=b-a=1”，B 的小写字母 b=B -A+a。因此空（4）填写“ch-'A'”。

空（5）两个字符串逐一比较的要求是彼此都还有尚未比较完毕的单词，这里填写“*s1&&*s2 或*s1!= '\0'&&*s2!='\0'。”空（6）for 循环终止条件是 s2 的所有单词都已经复制完毕，当复制工作没有完成时会一直执行 for 循环，这个空答案是“*s2 或*s2!= '\0'”或其他等价表示。

**【参考答案】**（1）word　　（2）usr_strcmp(word,maxWord)
（3）usr_strcmp(word,minWord)　　（4）ch-'A'
（5）*s1&&*s2 或*s1!='\0'&&*s2!='\0'或其他等价表示
（6）*s2 或*s2!='\0'或其他等价表示

## 20.3　Java 语言案例

### 案例一

阅读以下说明和 Java 代码，填写代码中的空（1）～（6）。

**【说明】**现如今可以使用现金（Cash）、移动支付、银行卡（Card）[信用卡（CreditCard）和储蓄卡（DebitCard）] 等多种支付方式（PaymentMethod）对物品（Item）账单（Bill）进行支付。下图是某支付系统的简略类图。

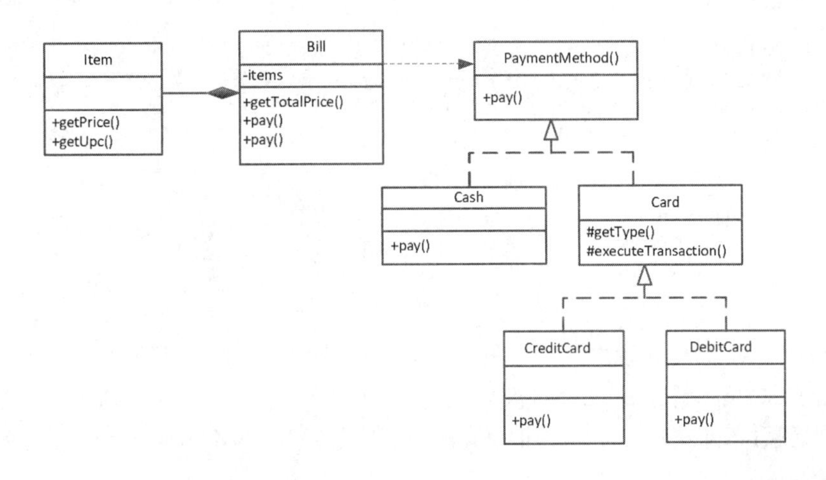

**【Java 代码】**

```
import java.util. ArrayList;
import java.util.List;
interface PaymentMethod {
    public  (1) ;
}
// Cash、DebitCard 和 Item 实现略，Item 中 getPrice( )获取当前物品对象的价格
abstract class Card  (2)  {
    private final String name, num;
    public Card(String name, String num) {this.name = name; this.num = num; }
    public String toString(){
        return String.format("%s card[name = %s, num = %s]", this.getType (), name, num);
    }
    public void pay(int cents) {
        System.out.println("Payed " + cents + " cents using " + toString( ));
        this.executeTransaction(cents);
    }
    protected abstract String getType( );
    protected abstract void executeTransaction(int cents);
}

class CreditCard  (3)  {
    public CreditCard(String name, String num) {  (4) ; }
    protected String getType( ) { return "CREDIT"; }
    protected void executeTransaction(int cents) {
        System.out.println(cents + " paid using Credit Card. ");
    }
}

class Bill {    //包含所有购买商品的账单
    private List<Item> items = new ArrayList<>();
    public void add(Item item) { items.add(item); }
    public intgetTotalPrice( ){/*计算所有 item 的总价格，代码略*/ }
    public void pay(PaymentMethodpaymentMethod){//用指定的支付方式完成支付
     (5) (getTotalPrice( ));
    }
}

public class PaymentSystem {
    public void pay( ) {
        Bill bill = new Bill( );
        Item item1 = new Item("1234",10); Item item2 = new Item( "5678",40);
        bill.add(item1); bill.add(item2); //将物品添加到账单中
        bill.pay(new CreditCard("LI SI", "98765432101")); //信用卡支付
    }

    public static void main(String[ ] args) {
         (6) = new PaymentSystem( );
        payment.pay( );
    }
}
```

**【例题分析】**对于 Java 程序设计类题目首先要严格分析类图，之后联系代码上下文去填空。空(1)是要填写接口里面的方法，从类图和后面的card类对该方法的重写可以判断此空填“void pay(int cents)”。要注意接口里面的方法默认为抽象方法，不写方法体，也不用加“abstract”关键字。

类 card 实现了接口 PaymentMethod，空（2）是“implements PaymentMethod”。

根据类图空（3）对应的类 CreditCard 继承自类 Card，此空答案是“extends Card”。此外类 CreditCard 里面有一个跟它同名的带参构造方法需要填写方法体。带参构造方法通过赋值完成该类的初始化，而类 CreditCard 中并没有成员变量，因此这里是考查如何使用父类的成员变量完成参数的传递，空（4）答案是“super(name,num)”。有的考生可能会考虑填写“super.name=name”和“super.num=num”，由于考试大都是填写一条语句，这里不推荐第二种方式。

在类图中类 Bill 跟类 PaymentMethod 是依赖关系，具体体现为类 Bill 会通过一个 PaymentMethod 的对象去调用类 PaymentMethod 的 pay 方法，空（5）填写“paymentMethod.pay”。空（6）是实例化一个 PaymentSystem 对象然后调用它的 pay 方法，对象名是“payment”。

**【参考答案】**（1）void pay(int cents)　　（2）implements PaymentMethod
（3）extends Card　　（4）super(name,num)
（5）paymentMethod.pay　　（6）PaymentSystem payment

## 案例二

阅读以下说明和 Java 代码，填写代码中的空（1）～（7）。

**【说明】**以下 Jave 代码实现一个简单客户关系管理系统（CRM）中通过工厂（CustomerFactory）对象来创建客户（Customer）对象的功能。客户分为创建成功的客户（RealCustomer）和空客户（NullCustomer）。空客户对象是当不满足特定条件时创建或获取的对象。类间关系如下图所示。

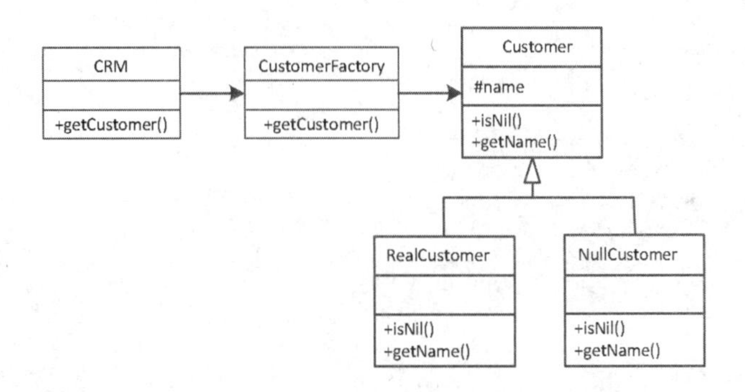


**【Java 代码】**

```
abstract class Customer{
    protected String name;
    （1） booleanisNil()
    （2） String getName();
}
class RealCustomer （3） Customer{
    public RealCustomer(String name){ this.name = name; }
    public String getName(){ return name; }
    public booleanisNil() { return false;}
}
class NullCustomer （4） Customer{
    public String getName(){return"Not Available in Customer Database";}
    public booleanisNil(){return true;}
```

```
}
class CustomerFactory{
    public String[]names = {"Rob","Joe","Julie"};
    public Customer getCustomer(String name){
            for(int i = 0; i<names.length; i++){
                if(names[i]._(5)_){
                    return new RealCustomer(name);
                }
            }
            return_(6)_;
    }
}
public class CRM{
    public void getCustomer(){
        CustomerFactory_(7)_;
        Customer customer1 = cf.getCustomer("Rob");
        Customer customer2 = cf.getCustomer("Bob");
        Customer customer3 = cf.getCustomer("Julie");
        Customer customer4 = cf.getCustomer("Laura");
        System.out.println("customer");
        System.out.println(customer1.getName());
        System.out.println(customer2.getName());
        System.out.println(customer3.getName());
        System.out.println(customer4.getName());
    }
    public static void main(String[] arge){
        CRM crm = new CRM();
        crm.getCustomer();
    }
}

/*程序输出为：
Customers
Rob
Not Available in Customer Database
Julie
Not Available in Customer Database
*/
```

**【例题分析】**抽象类 Customer 里的方法是抽象方法，可以通过它的两个子类判断出来。空（1）和空（2）都是“publicabstract”。

类 RealCustomer 和类 NullCustomer 是 Customer 的子类，它们之间是继承关系，空（3）、空（4）都填写“extends”。类 RealCustomer 的定义中，语句 this.name = name;使用了 this 关键词区分对象的属性和构造器参数。

类 CustomerFactory 调用类 Customer 的方法去获取具体的客户对象。空（5）的判断会根据传递过来的“name”参数对比是否属于数据库里面的客户姓名，对比的方法是 equals。如果属于，则创建新的“RealCustomer”对象；如果不属于，则创建新的“NullCustomer”对象。因此，空（5）填写字符串判断方法 equals(name)；空（6）填写 new NullCustomer()。

类 CRM 通过类 CustomerFactory 去创建客户对象，因此空(7)填写“cf=New CustomerFactory()”。

**【参考答案】**（1）publicabstract （2）publicabstract （3）extends （4）extends
（5）equals(name) （6）new NullCustomer() （7）cf=New CustomerFactory()

## 案例三

阅读以下说明和 Java 代码，填写代码中的空（1）～（8）。

【说明】以下 Java 代码实现两类交通工具（Flight 和 Train）的简单订票处理，类 Vehicle、Flight、Train 之间的关系如下图所示。

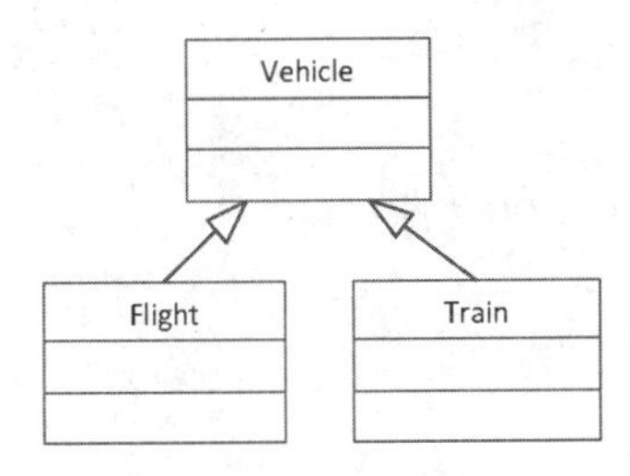


【Java 代码】

```
import java.util.ArrayList;
import java.util.List;

abstract class Vehicle {
      void book(int n) {  //订  n 张票
            if (getTicket()>=n) {
                  decreaseTicket(n);
            }else {
                  System.out.println("余票不足!! ");
            }
      }
      abstract int getTicket();
      abstract void decreaseTicket(int n);
};

class Flight  (1)  {
      private  (2)  tickets=216;    //Flight 的票数
      int getTicket(){
            return tickets;
      }
void decreaseTicket(int n){
            tickets=tickets -n;
            }
      }

class Train  (3)  {
      private (4) tickets=2016;  //Train 的票数
      int getTicket() {
            return tickets;
      }
      void decreaseticket(int n) {
            tickets = tickets - n;
      }
}

public class Test
```

```
{
    public static void main(String[] args) {
        System.out.println（"欢迎订票 !");
        ArrayList<Vehicle> v = new ArrayList<Vehicle>();
        v.add(new Flight());
        v.add(new Train());
        v.add(new Flight());
        v.add(new Train());
        v.add(new Train());

for (int i=0;i<v.size(); i++){
    ___(5)___(i+1); //订 i+1 张票
        System.out.println（"剩余票数：" +v.get(i).getTicket());
        }
    }
}
```

运行该程序时输出如下：

```
欢迎订票！
剩余票数：215
剩余票数：2014
剩余票数：___(6)___
剩余票数：___(7)___
剩余票数：___(8)___
```

**【例题分析】**类 Flight 和类 Train 都是继承自父类 Vehicle，因此空（1）和空（3）都填写“extends Vehicle”。

Java 定义类变量是将变量定义为静态变量，并且题目中 tickets 变量应该是整型变量，所以空（2）和空（4）都填写“static int”。对于“tickets”来说，不管是飞机票还是火车票的任何一个对象都需要对“tickets”进行操作，因此将变量“tickets”设置为静态变量存储在静态区，跟所有“tickets”对象共享。

类 Test 中定义了 ArrayList<Vehicle>集合对象“v”，使用 ArrayList<E>的“add(E e)”方法依次往链表集合最末端添加“Flight”“Train”“Flight”“Train”“Train”对象；get(int i)方法则是获取链表集合中索引位置为 i 的元素；size()则是获取链表集合的元素个数。

空（5）会根据循环变量“i”的值进行相应的订票操作，“i”取值“0～4”，分别对应集合里的 5 个对象。这里调用 book 方法进行订票，对应答案是“v.get(i).book”。

for 循环则是进行订票工作，每次循环定 i+1 张票，具体操作如下：

当“i=0”时，订 1 张飞机票，剩余 215 张飞机票；

当“i=1”时，订 2 张火车票，剩余 2014 张火车票；

当“i=2”时，订 3 张飞机票，剩余 212 张飞机票；

当“i=3”时，订 4 张火车票，剩余 2010 张火车票；

……；

以此类推可知，空（6）、（7）、（8）分别是“212”“2010”和“2005”。

**【参考答案】**（1）extends Vehicle　（2）static int　（3）extends Vehicle　（4）static int
（5）v.get(i).book　（6）212　（7）2010　（8）2005

# 第5天

# 模拟测试

## 程序员上午试卷

（考试时间　9:00～11:30　共 150 分钟）

**请按下述要求正确填写答题卡**

1. 在答题卡的指定位置上正确写入你的姓名和准考证号，并用正规 2B 铅笔在你写入的准考证号下填涂准考证号。
2. 本试卷的试题中共有 75 个空格，需要全部解答，每个空格 1 分，满分 75 分。
3. 每个空格对应一个序号，有 A、B、C、D 四个选项，请选择一个最恰当的选项作为解答，在答题卡相应序号下填涂该选项。
4. 解答前务必阅读例题和答题卡上的例题填涂样式及填涂注意事项。解答时用正规 2B 铅笔正确填涂选项，如需修改，请用橡皮擦干净，否则会导致不能正确评分。

**例题**

● 2019 年下半年全国计算机技术与软件专业技术资格考试日期是＿（88）＿月＿（89）＿日。

（88）A．9　　B．10　　C．11　　D．12

（89）A．9　　B．10　　C．11　　D．12

因为考试日期是“11 月 9 日”，故（88）选 C，（89）选 A，应在答题卡序号 88 下对 C 填涂，在序号 89 下对 A 填涂。

- ____（1）____是可以检错和纠错的校验码。

  （1）A．海明码　　B．原码　　C．反码　　D．补码

- 对于十进制数 511，至少需要____（2）____个二进制位表示该数（包括符号位）。

  （2）A．8　　B．9　　C．10　　D．11

- 对于十六进制数 6A，可用算式____（3）____计算与其对应的十进制数。

  （3）A．6*16+10　　B．6*10+10　　C．6*16-10　　D．6*10-10

- 与逻辑表达式 a+b 等价的是____（4）____。（+、·、-分别表示逻辑或、逻辑与、逻辑非运算）

  （4）A．$a\cdot(\overline{a}+\overline{b})$　　B．$a+\overline{a}\cdot b$　　C．$b\cdot(\overline{a}+\overline{b})$　　D．$\overline{a}\cdot b+a+\overline{b}$

- 采用模 2 除法进行校验码计算的是____（5）____。

  （5）A．CRC 码　　B．ASCII 码　　C．BCD 码　　D．海明码

- 某计算机内存空间按字节编址，起始地址为 A000H，终止地址为 BFFFH 的内存区域容量为____（6）____KB。

  （6）A．8　　B．13　　C．1024　　D．8192

- 在计算机的存储系统中，____（7）____属于外存储器。

  （7）A．光盘　　B．寄存器　　C．高速缓存　　D．主存

- CPU 中可用来暂存运算结果的是____（8）____。

  （8）A．算逻运算单元　　B．累加器　　C．数据总线　　D．状态寄存器

- 在字长为 8 位、16 位、32 位或 64 位的计算机中，字长为____（9）____位的计算机数据运算精度最高。

  （9）A．8　　B．16　　C．32　　D．64

- 以下存储器中，需要周期性刷新的是____（10）____。

  （10）A．DRAM　　B．SRAM　　C．FLASH　　D．$E^2$PROM

- 数据结构主要研究数据的____（11）____。

  （11）A．逻辑结构　　B．存储结构
  　　C．逻辑结构和存储结构　　D．逻辑结构和存储结构及其运算的实现

- 根据权值集合{0.30,0.25,0.25,0.12,0.08}构造的哈夫曼树中，每个权值对应哈夫曼树中的一个叶节点，____（12）____。

  （12）A．根节点到所有叶节点的路径长度相同
  　　B．根节点到权值 0.30 和 0.25 所表示的叶节点路径长度相同
  　　C．根节点到权值 0.30 所表示的叶节点路径最长
  　　D．根节点到权值 0.25 所表示的两个叶节点路径长度不同

- 具有 n（n>0）个顶点的无向图最多含有____（13）____条边。

  （13）A．n(n-1)　　B．n(n+1)/2　　C．n(n-1)/2　　D．n(n+1)

- 如果根的层次为 1，具有 61 个节点的完全二叉树的高度为____（14）____。

  （14）A．5　　B．6　　C．7　　D．8

- 从未排序的序列中依次取出一个元素与已排序序列中的元素进行比较，然后将其放在已排序序列的合适位置上，该排序方法称为____（15）____。

（15）A．插入排序　　B．选择排序　　C．希尔排序　　D．归并排序

- 对于给定的关键字序列{47,34,13,12,52,38,33,27,5}，若用链地址法（拉链法）解决冲突来构造哈希表，且哈希函数为 H(key)=key%11，则＿（16）＿。

（16）A．哈希地址为 1 的链表最长　　B．哈希地址 6 的链表最长
　　C．34 和 12 在同一个链表中　　D．13 和 33 在同一个链表中

- 已知有序数组 a 的前 20000 个元素是随机整数，现需查找某个整数是否在该数组中。以下方法中，＿（17）＿的查找效率最高。

（17）A．二分查找法　B．顺序查找法　　C．逆序查找法　　D．哈希查找法

- 假设以 S 和 X 分别表示入栈和出栈操作，并且初始和终止时栈都为空，那么＿（18）＿不是合法的操作序列。

（18）A．SSXXXSSXSX　　B．SSSXXXSSXX
　　C．SSXSSXSXXX　　D．SXSXSXSXSX

- 为支持函数调用及返回，常采用称为＿（19）＿的数据结构。

（19）A．队列　　B．堆栈　　C．多维数组　　D．顺序表

- 对下图所示的二叉树进行中序遍历（左子树，根节点，右子树）的结果是＿（20）＿。

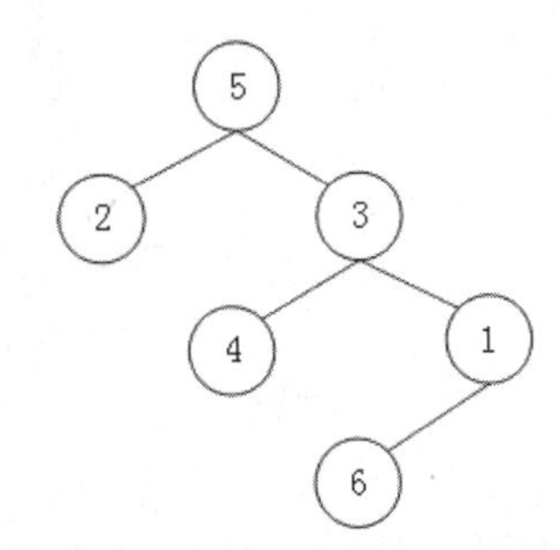


（20）A．5 2 3 4 6 1　　B．2 5 3 4 1 6　　C．2 4 6 5 3 1　　D．2 5 4 3 6 1

- “从减少成本和缩短研发周期考虑，为使系统能运行在不同的微处理器平台上，要求能针对硬件变化进行结构与功能上的配置”属于嵌入式操作系统的＿（21）＿特点。

（21）A．可定制　　B．实时性　　C．可靠性　　D．易移植性

- 在操作系统的进程管理中，若某资源的信号量 S 的初值为 2，当前值为-1，则表示系统中有＿（22）＿个正在等待该资源的进程。

（22）A．0　　B．1　　C．2　　D．3

- 已知有 n 个进程共享一个互斥段，如果最多允许 m 个进程（m<n）同时进入互斥段，则信号量的变化范围是＿（23）＿。

（23）A．-m～1　　B．-m～0　　C．-(n-m)～m　　D．-(m-1)～n

- 假设某计算机系统中进程的三态模型如下图所示，那么图中的 a、b、c、d 处应分别填写＿（24）＿。

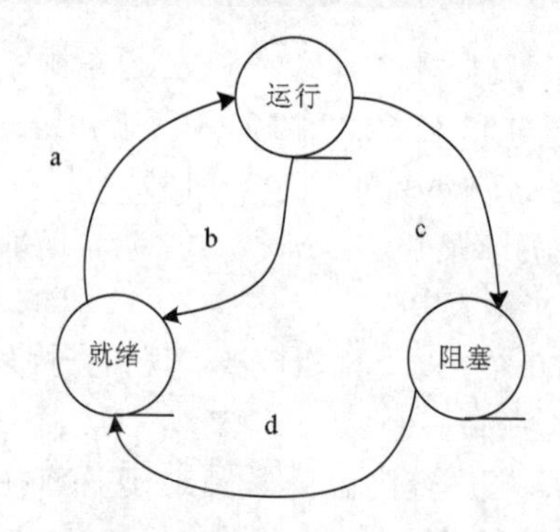


（24）A．作业调度、时间片到、等待某事件、等待的某事件发生了

B．进程调度、时间片到、等待某事件、等待的某事件发生了

C．作业调度、等待某事件、等待的某事件发生了、时间片到

D．进程调度、等待某事件、等待的某事件发生了、时间片到

- 在页式存储管理方案中，如果地址长度为 32 位，并且地址结构的划分如下图所示，则系统中页面总数与页面大小分别为___（25）___。

| 20 位 | 12 位 |
|---|---|
| 页号 | 页内地址 |

（25）A．4K，1024K　B．1M，4K　C．1K，1024K　D．1M，1K

- 在磁盘移臂调度算法中，___（26）___算法在返程时不响应进程访问磁盘的请求。

（26）A．先来先服务　B．电梯调度　C．单向扫描　D．最短寻道时间优先

- 下列语言中，___（27）___是一种通用的编程语言。

（27）A．HTML　B．SQL　C．Java　D．Verilog

- 若某算术表达式用二叉树表示如下，则该算术表达式的中缀式为___（28）___，其后缀式为___（29）___。

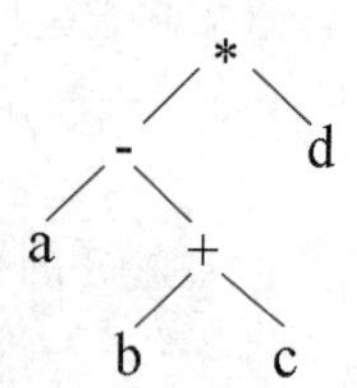


（28）A．a-b+c*d　B．a-(b+c)*d　C．(a-(b+c))*d　D．a-(b+c*d)

（29）A．abc+-d*　B．abcd*+-　C．ab-c+d*　D．abcd+*-

- 表示“以字符 a 开头且仅由字符 a、b 构成的所有字符串”的正规式为___（30）___。

（30）A．a*b*　B．(a|b)*a　C．a(a|b)*　D．(ab)*

- 函数 f()、g()的定义如下图所示，调用函数 f 时传递给形参 x 的值为 5，若采用传值（call by value）的方式调用 g(a)，则函数 f 的返回值为___（31）___；若采用传引用（call by reference）的方式调用 g(a)，则函数 f 的返回值为___（32）___。

f(int x)

```
int a=2*x-1;
g(a);
return a+x;
```

g(int &y)

```
int x;
x=y-1;y=x+y;
return y;
```

（31）A．14　　B．16　　C．17　　D．22

（32）A．15　　B．18　　C．22　　D．24

● 给定关系R(A，B，C，D)和关系S(A，C，D，E，F)，对其进行自然连接运算R⋈S后的属性列为＿（33）＿个。

（33）A．5　　B．6　　C．8　　D．9

● 某企业职工关系EMP(E_no,E_name,DEPT,E_addr,E_tel)中的属性分别表示职工号、姓名、部门、地址和电话；经费关系FUNDS(E_no,E_limit,E_used)中的属性分别表示职工号、总经费金额和已花费金额。若要查询部门为“开发部”且职工号为“03015”的职工姓名及其经费余额，则相应的SQL语句应为：

SELECT＿（34）＿

FROM＿（35）＿

WHERE＿（36）＿

（34）A．EMP.E_no,E_limit-E_used　　B．EMP.E_name,E_used-E_limit

C．EMP.E_no,E_used-E_limit　　D．EMP.E_name,E_limit-E_used

（35）A．EMP　　B．FUNDS　　C．EMP,FUNDS　　D．IN[EMP,FUNDS]

（36）A．DEPT='开发部' OR EMP.E_no=FUNDS.E_no OR EMPE.E_no='03015'

B．DEPT='开发部' AND EMP.E_no=FUNDS.E_no AND EMPE.E_no='03015'

C．DEPT='开发部' OR EMP.E_no=FUNDS.E_no AND EMPE.E_no='03015'

D．DEPT='开发部' AND EMP.E_no=FUNDS.E_no OR EMPE.E_no='03015'

● 设有关系R、S、T如下图所示，其中，关系T是＿（37）＿运算的结果。

关系R

| A | B | C |
|---|---|---|
| a | b | c |
| d | a | f |
| c | b | d |
| a | b | p |
| d | a | m |

关系S

| A | B | C |
|---|---|---|
| a | b | i |
| d | a | f |
| d | a | p |
| c | b | d |

关系T

| A | B | C |
|---|---|---|
| a | b | i |
| d | a | p |

（37）A．S∪R　　B．S-R　　C．S∩R　　D．S×R

● 在TCP/IP传输层的段中，采用＿（38）＿来区分不同的应用进程。

（38）A．端口号　　B．IP地址　　C．协议类型　　D．MAC 地址

● 在检测网络故障时使用的ping命令是基于＿（39）＿协议实现的。

（39）A．SNMP（简单网络管理协议）　　B．FTP（文件传输协议）

C．IGMP（互联网组管理协议）　　D．ICMP（互联网控制管理协议）

- 某主机的 IP 地址为 10.100.100.01/20，其子网掩码是＿＿（40）＿＿。

（40）A．255.255.248.0 B．255.255.252.0 C．255.255.240.0 D．255.255.255.0

- Cookies 的作用是＿＿（41）＿＿。

（41）A．保存浏览网站的历史记录 B．提供浏览器视频播放插件
C．保存访问站点的缓存数据 D．服务器存储在用户本地终端的数据

- 在 TCP/IP 体系结构中，＿＿（42）＿＿协议可将 IP 地址转化为 MAC 地址；＿＿（43）＿＿协议属于应用层协议。

（42）A．RARP B．ARP C．ICMP D．TCP
（43）A．UDP B．IP C．ARP D．DNS

- 以下文件扩展名中，＿＿（44）＿＿不是视频文件格式。

（44）A．MPEG B．AVI C．mp3 D．RM

- 人耳能听得到的音频信号的频率范围是 20Hz～20kHz，包括：语音、音乐、其他声音，其中语音频率范围通常为＿＿（45）＿＿。

（45）A．小于 20Hz B．300Hz～3400Hz C．300Hz～20kHz D．高于 20kHz

- 使用图像扫描仪以 300DPI 的分辨率扫描一幅 3 英寸×3 英寸的图片，可以得到＿＿（46）＿＿内存像素的数字图像。

（46）A．100×100 B．300×300 C．600×600 D．900×900

- 在显存中，表示黑白像的像素点最少需＿＿（47）＿＿个二进制位。

（47）A．1 B．2 C．8 D．16

- 评价一个计算机系统时，通常主要使用＿＿（48）＿＿来衡量系统的可靠性。

（48）A．平均响应时间 B．平均失效时间（MTBF）
C．平均修复时间 D．数据处理速率

- 结构化程序中的基本结构不包括＿＿（49）＿＿。

（49）A．嵌套 B．顺序 C．循环 D．选择

- 常见的软件开发模型有瀑布模型、演化模型、螺旋模型、喷泉模型等。其中，＿＿（50）＿＿适用于需求明确或很少变更的项目，＿＿（51）＿＿主要用来描述面向对象的软件开发过程。

（50）A．瀑布模型 B．演化模型 C．螺旋模型 D．喷泉模型
（51）A．瀑布模型 B．演化模型 C．螺旋模型 D．喷泉模型

- 在了解程序内部结构和流程后，通常采用＿＿（52）＿＿验证程序内部逻辑是否符合设计要求，此时可使用＿＿（53）＿＿技术设计测试案例。

（52）A．黑盒技术 B．白盒测试 C．等价类划分 D．边界值分析
（53）A．等价类划分 B．边界值分析 C．因果图 D．逻辑覆盖

- 软件测试中的 α 测试由用户在软件开发者指导下完成，这种测试属于＿＿（54）＿＿阶段的测试活动。

（54）A．单元测试 B．集成测试 C．系统测试 D．确认测试

- 判定表和判定树常用于描述数据流图的＿＿（55）＿＿。

（55）A．数据存储 B．外部实体 C．加工逻辑 D．循环操作

- 用＿＿（56）＿＿来描述算法时，可以采用类似于程序设计语言的语法结构，也易于转换为程序。

（56）A．自然语言 B．流程图 C．N-S 盒图 D．伪代码

- 在面向对象的系统中，对象是运行时的基本实体，对象之间通过传递___(57)___进行通信。___(58)___是对象的抽象，对象是其具体实例。

  (57) A. 对象　　B. 封装　　C. 类　　D. 消息

  (58) A. 对象　　B. 封装　　C. 类　　D. 消息

- 在UML中，行为事物是模型中的动态部分，采用动词描述跨越时间和空间的行为。___(59)___不属于行为事物。

  (59) A. 交互　　B. 状态机　　C. 关联　　D. 活动

- 在UML中，___(60)___描述对象之间的交互（消息的发送与接收），重点在于强调顺序，反映对象间的消息发送与接收。

  (60) A. 用例图　　B. 活动图　　C. 序列图　　D. 通信图

- 创建型设计模式中，___(61)___模式是保证一个类仅有一个实例，并提供一个访问它的全局访问点。

  (61) A. 工厂　　B. 构建器　　C. 原型　　D. 单例

- DDoS攻击的目的是___(62)___。

  (62) A. 窃取账号　　B. 远程控制其他计算机

  C. 篡改网络上传输的信息　　D. 影响网络提供正常的服务

- 为增强访问网页的安全性，可以采用___(63)___协议。

  (63) A. Telnet　　B. POP3　　C. HTTPS　　D. DNS

- 当一个企业的信息系统建成并正式投入运行后，该企业信息系统管理工作的主要任务是___(64)___。

  (64) A. 对该系统进行运行管理和维护　　B. 修改完善该系统的功能

  C. 继续研制还没有完成前功能　　D. 对该系统提出新的业务需求和功能需求

- 根据《计算机软件保护条例》的规定，著作权法保护的计算机软件是指___(65)___。

  (65) A. 程序及其相关文档　　B. 处理过程及开发平台

  C. 开发软件所用的算法　　D. 开发软件所用的操作方法

- Excel学生成绩表如下表所示，若要计算表中每个学生计算机文化和英语课的平均成绩，那么，可通过在D3单元格中填写___(66)___，并___(67)___拖动填充柄至D10单元格，则可自动算出这些学生的平均成绩。

| 学号 | A | B | C | D |
|---|---|---|---|---|
| 1 | 学生成绩表 | | | |
| 2 | 姓名 | 计算机文化 | 英语 | 平均成绩 |
| 3 | 朱小梅 | 80 | 76 | |
| 4 | 于洋 | 85 | 72 | |
| 5 | 赵玲玲 | 90 | 82 | |
| 6 | 冯刚 | 91 | 79 | |
| 7 | 郑丽 | 86 | 78 | |
| 8 | 孟晓珊 | 82 | 76 | |
| 9 | 杨子健 | 96 | 86 | |
| 10 | 廖东 | 93 | 80 | |

（66）A．=AVG(B3+C3)　　B．=AVERAGE(B3+C3)
　　C．=AVG(B3/C3)　　D．=AVERAGE(B3:C3)

（67）A．向垂直方向　　B．向水平方向
　　C．按住 Shift 键向垂直方向　　D．按住 Shift 键向水平方向

- 网络用户能进行 QQ 聊天，但在浏览器地址栏中输入 www.ceiaec.org 却不能正常访问该页面，此时应检查＿（68）＿。

（68）A．网络物理连接是否正常　　B．DNS 服务器是否正常工作
　　C．默认网关设置是否正确　　D．IP 地址设置是否正确

- 在 Windows 资源管理中，如果选中了某个文件，再按 Delete 键可以将该文件删除，但需要时还能将该文件恢复。若用户同时按下 Delete 和＿（69）＿组合键，则可以删除此文件且无法从“回收站”恢复。

（69）A．Ctrl　　B．Shift　　C．Alt　　D．Alt 和 Ctrl

- 甲乙两人同时从同一地点出发向相反方向沿同一条环形公路匀速行走，甲将用 3 小时走完一圈，乙将用 2 小时走完一圈，则他们将在出发后＿（70）＿小时第一次相遇。

（70）A．1.1　　B．1.2　　C．1.3　　D．1.4

- ＿（71）＿ means the conducting of business communication and transaction over network and through computers.

（71）A．E-mail　　B．E-Government　　C．E-text　　D．E-Commerce

- ＿（72）＿ means that a program written for one computer system can be compiled and run on another system with little or no modification.

（72）A．Portability　　B．Reliability　　C．Availability　　D．Reusability

- Data items are added or deleted from the list only at the top of the ＿（73）＿.

（73）A．queue　　B．stack　　C．tree　　D．linear list

- Because objects ＿（74）＿ data and implementation, the user of an object can view the object as a black box that provides services.

（74）A．encapsulate　　B．inherit　　C．connect　　D．refer

- Information＿（75）＿means protecting information and information systems from unauthorized access, use, disclosure, disruption, modification, or destruction.

（75）A．integrity　　B．availability　　C．security　　D．consistency

# 程序员下午试卷

（考试时间　14:00～16:30　共 150 分钟）

**请按下述要求正确填写答题纸**

1. 本试卷共五道必答题，满分 75 分。
2. 在答题纸的指定位置填写你所在的省、自治区、直辖市、计划单列市的名称。
3. 在答题纸的指定位置填写准考证号、出生年月日和姓名。
4. 答题纸上除填写上述内容外只能写解答。
5. 解答时字迹务必清楚，字迹不清时，将不评分。

**例题**

2019 年上半年全国计算机技术与软件专业技术资格考试日期是＿（1）＿月＿（2）＿日。

因为正确的解答是“5 月 25 日”，故在答题纸的对应栏内写上“5”和“25”（参看下表）。

| 例题 | 解答栏 |
| --- | --- |
| （1） | 5 |
| （2） | 25 |

**试题一（共 15 分）**

阅读以下说明和流程图，填写空（1）～（5）。

**【说明】**下面的流程图旨在统计指定关键词在某一篇文章中出现的次数。

设这篇文章由字符 A(0)，…，A(n-1)组成，指定关键词由字符 B(0)，…，B(m-1)组成，其中 n>m≥1。注意，关键词的各次出现不允许有交叉重叠。例如，在“aaaa”中只出现两次“aa”。

该流程图采用的算法是：在字符串 A 中，从左到右寻找与字符串 B 相匹配的并且没有交叉重叠的所有子串。流程图中，i 为字符串 A 中当前正在进行比较的动态子串首字符的下标，j 为字符串 B 的下标，k 为指定关键词出现的次数。

**【流程图】**

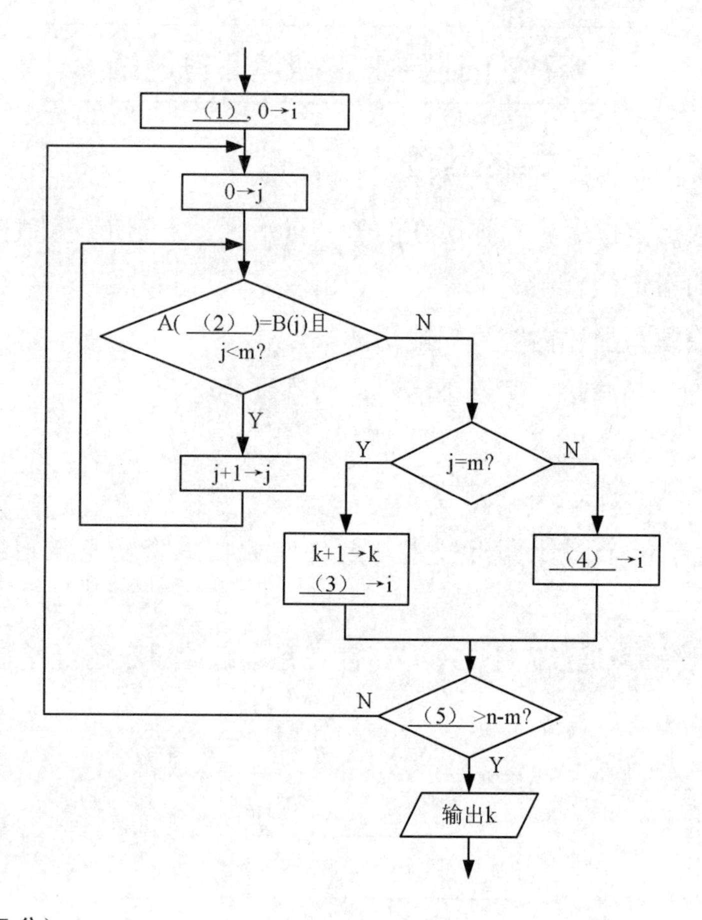




**试题二（共 15 分）**

阅读以下问题说明、C 程序和 C 函数，回答相应问题。

**【问题 1】**分析下面的 C 程序，指出错误代码（或运行异常代码）所在的行号。

**【C 程序】**

| 行号 | 代码 |
|---|---|
| 1 | #include <stdio.h> |
| 2 | #include <string.h> |
| 3 | int main() |
| 4 | { |
| 5 | char *p, arrChar[100] = "testing"; |
| 6 | arrChar = "test"; |
| 7 | p = "testing"; |
| 8 | *p = '0'; |
| 9 | p = arrChar + 1; |
| 10 | printf("%d\t%d\n",sizeof(arrChar),strlen(arrChar)); |
| 11 | printf("%d\t%d\n",sizeof(char *),strlen(p)); |
| 12 | return 0; |
| | } |

**【问题 2】**函数 inputArr(int a[], int n)的功能是输入一组整数（输入 0 或输入的整数个数达到 n 时结束）存入数组 a，并返回实际输入的整数个数。函数 inputArr 可以成功编译。但测试函数调用 inputArr 后，发现运行结果不正确。

请指出错误所在的代码行号，并在不增加和删除代码行的情况下进行修改，写出修改正确后的完整代码行，使之符合上述设计意图。

**【C 函数】**

| 行号 | 代码 |
|---|---|
| 1 | int inputArr(int a[], int n) { |
| 2 | int i, k = 0; |
| 3 | do { |
| 4 | scanf("%d", a[k]); |
| 5 | k++; |
| 6 | if ( k=n )    break; |
| 7 | }while ( a[k]==0 ); |
| 8 | return k; |
| 9 | } |

**试题三（共 15 分）**

阅读以下说明和 C 函数，填写空（1）～（5）。

**【说明】**函数 del_substr(S,T)的功能是从头至尾扫描字符串 S，删除其中与字符串 T 相同的所有子串，其处理过程为：首先从串 S 的第一个字符开始查找子串 T，若找到，则将后面的字符向前移动将子串 T 覆盖掉，然后继续查找子串 T，否则从串 S 的第二个字符开始查找，以此类推，重复该过程，直到串 S 的结尾为止。该函数中字符串的存储类型 SString 定义如下：

```
typedef struct{
        char *ch;              /*串空间的首地址*/
        int length;            /*串长*/
}SString;
```

【C 函数】

```
void del_substr(SString*S, SString T)
{
    int i, j;
    if(S->length<1||T.length<1||S->length<T.length)
        return;
        i=0;                                        /* i 为串 S 中字符的下标 */
    for(;;){
        j=0;                                        /* j 为串 T 中字符的下标 */
        while(i<S->length&&j<T.length){             /* 在串 S 中查找与 T 相同的子串 */
            if(S->ch[i]==T.ch[j]){
    i++; j++;
    }
        else{
            i=___(1)___;  j=0;                      /* i 值回退,为继续查找 T 做准备 */
        }
    }
    if(___(2)___){                                  /* 在 S 中找到与 T 相同的子串 */
        i=___(3)___;                                /* 计算 S 中子串 T 的起始下标 */
        for(k=i+T.length; k<S->length; k++)         /* 通过覆盖子串 T 进行删除 */
        S->ch[___(4)___]=S->ch[k];
        S->length=___(5)___;                        /* 更新 S 的长度*/
        }
        else break;                                 /* 串 S 中不存在子串 T */
    }
}
```

试题四（共 15 分）

阅读以下说明、C 函数和问题描述，回答相应问题。

【说明 1】函数 test_fl (int m,int n)对整数 m、n 进行某种运算后返回一个整数值。

【C 函数 1】

```
int test_fl(int m, int n)
{   int k;
    k=m>n?m:n;
    for(;(k%m!=0)||(k%n!=0);k++);
    return k;
}
```

【问题 1】

（1）请写出发生函数调用 test_fl(9,6)时，函数的返回值。

（2）请说明函数 test_fl 的功能。

【说明 2】设在某 C 系统中为每个字符分配 1 个字节，为每个指针分配 4 个字节，sizeof(x)计算为 x 分配的字节数。

函数 test_f2()用于测试并输出该 C 系统为某些数据分配的字节数。

【C 函数 2】

```
void test_f2()
{   char str[]="NewWorld";        char *p=str;        char i='\0';
```

```
void *ptr=malloc(50);

printf("%d\t",sizeof(str));          printf("%d\n",sizeof(p));
printf("%d\t",sizeof(i));            printf("%d\n",sizeof(ptr)),
}
```

【问题2】

请写出函数 test_f2()的运行结果。

【说明3】函数 test_f3(char s[])的功能是：将给定字符串 s 中的所有空格字符删除后形成的串保存在字符数组 tstr 中（串 s 的内容不变），并返回结果串的首地址。

【C 函数3】

```
char *test_f3 (const char s[])
{    char tstr[50]={'\0'};    unsigned int i,k=0;
     for(i=0;i<strlen(s);i++)
         if(s[i]!= ' ')tstr[k++]=s[i];
     return tstr;
}
```

【问题3】

函数 test_f3()对返回值的处理有缺陷，请指出该缺陷并说明修改方法。

**试题五（共15分）**

阅读以下说明和 Java 代码，填写空（1）～（7）。

【说明】现需要统计某企业员工的月平均工资，即该企业本月发给员工的工资总和除以员工人数。假设企业本月发给员工的工资总和为 sumSalary，该企业的员工总数为 employeeNumber，下面的程序代码计算该企业员工本月的平均工资，其中需要处理 employee Number 为 0 的情况。

【Java 代码】

```
import java.util.Scanner;

public class JavaMain {
    static float average(float x, int y) throws Exception{
        if (y ==0 ) throw new Exception(____(1)____);
    return x/y;
    }
    static void caculate() throws Exception{
        float sumSalary;
        int employeeNumber;
        Scanner sc = new Scanner(____(2)____);
        try{
            System.out.println("请输入当月工资总和与员工数：");
            sumSalary = sc.nextFloat();          //从标准输入获得工资总和
            employeeNumber = sc.nextInt();       //从标准输入获得员工数
            float k = average(sumSalary,employeeNumber);
            System.out.println("平均工资：" + k);
        }
        ____(3)____(Exception e){
            if(e.getMessage().equalsIgnoreCase("zero")){
            System.out.println("请重新输入当月工资总和与员工数：");
            sumSalary = sc.nextFloat();
            employeeNumber = sc.nextInt();
```

```
                float k = average(sumSalary,employeeNumber);
                System.out.println("平均工资：" + k);
            }
        }
    }

    public static void main(String[] args) {
        try {
            caculate();
        }
        __(4)__ (Exception e){
            if ( e.getMessage().equalsIgnoreCase("zero"))
            System.out.println("程序未正确计算平均工资！");
            }
        }
    }
```

【问题 1】程序运行时，若输入的员工工资总和为 6000，员工数为 5，则屏幕输出为：

```
请输入当月工资总和与员工数:
6000 5
__(5)__
```

【问题 2】若程序运行时，第一次输入的员工工资总和为 6000，员工数为 0，第二次输入的员工工资总和为 0，员工数为 0，则屏幕输出为：

```
请输入当月工资总和与员工数:
6000 0
__(6)__
0 0
__(7)__
```

# 程序员上午试卷解析与参考答案

试题（1）分析

海明码是利用奇偶性来检错和纠错的校验方法。

【参考答案】（1）A

试题（2）分析

n 位二进制位表示数的范围（包括符号位）为：$-(2^{n-1}-1)\sim 2^{n-1}-1$。10 位二进制位表示的数的范围为-511～511。

【参考答案】（2）C

试题（3）分析

6AH=(6*16+10)D。其中，H 表示十六进制数，D 表示十进制数值。

【参考答案】（3）A

试题（4）分析

列出真值表，具体如下：

| a | b | a+b | $a\cdot(\overline{a}+\overline{b})$ | $a+\overline{a}\cdot b$ | $b\cdot(\overline{a}+\overline{b})$ | $\overline{a}\cdot b+a+\overline{b}$ |
|---|---|---|---|---|---|---|
| 0 | 0 | 0 | 0 | 0 | 0 | 0 |
| 0 | 1 | 1 | 0 | 1 | 1 | 1 |
| 1 | 0 | 1 | 1 | 1 | 0 | 1 |
| 1 | 1 | 1 | 0 | 1 | 0 | 0 |

【参考答案】（4）B

试题（5）分析

循环冗余校验码（CRC）的计算中应用了模 2 除法。

【参考答案】（5）A

试题（6）分析

内存地址空间为：BFFF-0000A0000+1=2000H，则区域容量为：$2\times16^3=8\times2^{10}$=8KB。

【参考答案】（6）A

试题（7）分析

硬盘、磁盘、光盘、U 盘、DVD 等都属于外存。

【参考答案】（7）A

试题（8）分析

累加器在运算过程中暂时存放操作数和中间运算结果，不能用于长时间保存数据。

【参考答案】(8) B

试题（9）分析

字长是计算机运算部件一次能同时处理的二进制数据的位数，字长越长，数据的运算精度也就越高，处理能力就越强。

【参考答案】(9) D

试题（10）分析

DRAM 的信息会随时间逐渐消失，需要周期性刷新保证信息不丢失。

【参考答案】(10) A

试题（11）分析

数据结构主要研究数据的逻辑结构和存储结构及其运算的实现。数据的逻辑结构是描述数据间关系，存储结构是逻辑结构在计算机存储器中的表示。数据的运算是对数据的系列操作。

【参考答案】(11) D

试题（12）分析

依据题意，根据权值集合构造出的哈夫曼树如下图所示：

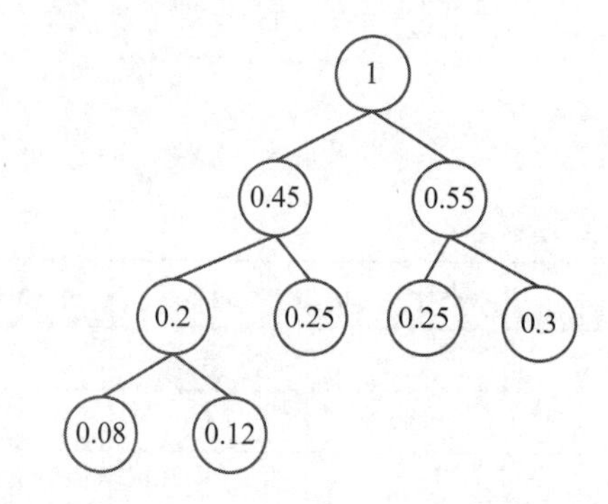


由此可见，根节点到权值 0.30 和 0.25 所表示的叶节点路径长度相同。

【参考答案】(12) B

试题（13）分析

具有 n 个节点的无向图边最多的图是无向完全图，含有 n 个顶点的无向完全图共有 n(n-1)/2 条边。

【参考答案】(13) C

试题（14）分析

完全二叉树的性质：n 个节点的完全二叉树，其深度为$\lfloor \log_2 n \rfloor+1$。如果根的层次为 1，具有 61 个节点的完全二叉树的高度为$\lfloor \log_2 61 \rfloor+1=6$。

【参考答案】(14) B

试题（15）分析

插入排序：将一个记录插入到有序序列中，从而得到一个新的记录数增 1 的有序序列。

【参考答案】(15) A

试题（16）分析

根据题中给出的散列函数 H(key)=key%11，对关键字序列计算其散列地址，如下：

H(47)=47%11=3 H(34)=34%11=1 H(13)=13%11=2 H(12)=12%11=1 H(52)=52%11=8

H(38)=38%11=5 H(33)=33%11=0 H(27)=27%11=5 H(5)=5%11=5

最后得到，34 和 12 都位于哈希地址为 1 的链表中。

【参考答案】（16）C

试题（17）分析

哈希查找法是使用给定数据构造哈希表，然后在哈希表上进行查找的一种算法。相对于二分查找、逆序查找、顺序查找等算法，哈希查找运算得更快，编程实现也相对容易。

【参考答案】（17）D

试题（18）分析

A 选项中，**SSXXX**SSXSX 的 **SSXXX** 部分，表示先入栈 2 个元素，然后出栈 3 元素。由于初始栈为空，因此，会导致错误，所以是不合法的操作序列。

【参考答案】（18）A

试题（19）分析

堆栈是 C 语言程序运行时一个必须的记录函数调用路径和参数的空间。

【参考答案】（19）B

试题（20）分析

中序遍历：先遍历左子树，然后遍历根节点，最后遍历右子树。

【参考答案】（20）D

试题（21）分析

可定制的特点就是能针对硬件变化进行结构与功能上的配置。

【参考答案】（21）A

试题（22）分析

公用信号量用于实现进程间的互斥。在本题中，信号量 S 的初值为 2，当前值为-1。说明有 3 个进程对信号量 S 执行 PV 操作中的 P 操作，其中，有 1 个正在等待该资源的进程。

【参考答案】（22）B

试题（23）分析

确定信号量的变化范围。

1）确定上限：最多允许 m 个进程同时进入互斥段，所以信号量的上限为 m，初值也应该设置为 m。

2）确定下限：由于可能出现 n 个进程申请该资源，但只能有 m 个进程申请到，所以可能出现 n-m 个进程等待互斥段资源的情况。所以，下限为-(n-m)。

【参考答案】（23）C

试题（24）分析

概念题，具体图参见本书 4.2 节内容。

【参考答案】（24）B

**试题（25）分析**

1）题目给出页号总数为 20 位，即 $2^{20}$=1M。

2）页内地址的宽度就是页面大小，题目给出页内地址为 12 位，则页面大小=$2^{12}$=4K。

**【参考答案】**（25）B

**试题（26）分析**

单向扫描调度算法：在移动臂到达最后一个柱面后，立即快速返回到 0 号柱面，返回时不为任何的访问者提供服务。

**【参考答案】**（26）C

**试题（27）分析**

通用的编程语言有 C、C++、Java、C#、PHP、Python 等。

**【参考答案】**（27）C

**试题（28）（29）分析**

中缀式即为算术表达式通常的四则运算模式。根据二叉树，得到本题的运算顺序为+、-、*，所以中缀式为(a-(b+c))*d。

后缀式（逆波兰式）是把运算符写在运算对象的后面，例如，把 a+b 写成 ab+，所以也称为后缀式。算术表达式“(a-(b+c))*d”的后缀式是“abc+-d*”。

**【参考答案】**（28）C （29）A

**试题（30）分析**

正规式 a*+b*表示的是若干个 a 后面跟若干个 b 的字符串；(a|b)*a 表示的是以 a 结尾的所有由 a、b 构成的字符串；(ab)*表示若干 ab 构成的字符串；a(a|b)*表示以字符 a 开头且仅由字符 a、b 构成的所有字符串。

**【参考答案】**（30）C

**试题（31）（32）分析**

**形参**是函数首部声明的参数；**实参**是函数调用时的参数。运行函数 f()时，形参参数 x 的值为 5，因此变量 a 的值为 9。

（1）传值调用方式：该方式进行参数传递时，先计算实参的值并传递给对应的形参，然后执行所调用的函数，函数执行时修改形参并不影响实参的值。本题中，执行函数 g()不影响实参 a，所以函数 f 的返回值为 9+5=14。

（2）引用调用方式：该方式被调用函数执行时，对形参的修改将反映在对应的实参变量中。执行函数 g()时，修改 y 就是修改 a。因此在 g()中，函数调用 g(a)结束后，a 的值变为了 17，函数 f 的返回值为 17+5=22。

**【参考答案】**（31）A （32）C

**试题（33）分析**

自然连接要求去掉重复的属性列。本题中两个关系属性列为（A，B，C，D）和（A，C，D，E，F）。去掉重复列为 A、C、D，还剩 A、B、C、D、E、F，共 6 列。

**【参考答案】**（33）B

试题（34）～（36）分析

1）查询职工姓名及其经费余额，所以 SQL 语句为：

SELECT EMP.E_name,E_limit - E_used

FORM EMP, FUNDS

2）条件限定为：部门是“开发部”且职工号为“03015”，所以 SQL 语句为：

WHERE DEPT='开发部' AND EMP.E_no=FUNDS.E_no AND EMPE.E_no='03015'

【参考答案】（34）D （35）C （36）B

试题（37）分析

∪表示并；∩表示交；×表示笛卡儿积。而 S-R 表示关系 S 与 R 的差，结果由属于 S 而不属于 R 的元组构成。关系 T 的元组，属于 S 而不属于 R，所以选择答案 B。

【参考答案】（37）B

试题（38）分析

在 TCP/IP 传输层的段中，采用端口号来识别同一台计算机中进行通信的不同应用程序，端口号也可以认为是程序地址。

【参考答案】（38）A

试题（39）分析

ICMP 协议使用 IP 数据报传送数据。ICMP 报文应用有 ping 命令（使用回送应答和回送请求报文）和 Traceroute 命令（使用时间超时报文和目的不可达报文）。

【参考答案】（39）D

试题（40）分析

主机地址 10.100.100.01/20 说明子网掩码的二进制形式有 20 个连续的二进制“1”，具体为：

11111111.11111111.11110000.00000000=255.255.240.0。

【参考答案】（40）C

试题（41）分析

Cookies 中文名称为小型文本文件，指某些网站为了辨别用户身份而存储在用户本地终端上的数据。

【参考答案】（41）D

试题（42）、（43）分析

ARP 协议可将 IP 地址转 MAC 地址，RARP 协议可将 MAC 地址转 IP 地址。DNS 协议是属于应用层的协议。

【参考答案】（42）B（43）D

试题（44）分析

.mp3 是音频文件的一种格式。

【参考答案】（44）C

试题（45）分析

人耳能听得到的音频信号的频率范围是 20Hz～20kHz，包括以下几种：

1）语音：人的说话声，频率范围是 300 Hz～3400Hz。

2）音乐：由乐器演奏的符号化声音，频率范围是 20Hz～20kHz。

3）其他声音：如风声、雨声、鸟鸣声、汽车鸣笛声等，往往成为效果声或噪声，频率范围是20Hz～20kHz。

**【参考答案】**（45）B

**试题（46）分析**

DPI 表示分辨率，属于打印机的常用单位，是指每英寸长度上的点数。

DPI 公式为：像素=英寸×DPI。

因此，300DPI 分辨率扫描的 3 英寸×3 英寸的图片，像素为 900×900。

**【参考答案】**（46）D

**试题（47）分析**

0 表黑，1 表白，所以表示黑白像的像素点最少需 1 位。

**【参考答案】**（47）A

**试题（48）分析**

平均失效间隔（Mean Time Between Failure，MTBF）指系统两次故障发生时间之间的时间段的平均值，该指标用来衡量系统可靠性。

**【参考答案】**（48）B

**试题（49）分析**

结构化程序中的基本结构包括顺序结构、循环结构和选择结构（分支结构）。

**【参考答案】**（49）A

**试题（50）（51）分析**

瀑布模型将软件生存周期分为制定开发计划、需求分析、软件设计、编码、测试和维护等阶段，前一阶段完成后才能进入到下一阶段。瀑布模型适用于需求明确或很少变更的项目。

喷泉模型是一种以用户需求为动力，以对象为驱动的模型，主要用于描述面向对象的软件开发过程。

**【参考答案】**（50）A　（51）D

**试题（52）（53）分析**

黑盒测试用于分析程序是否完成了规定的功能。白盒测试又称结构测试，依据程序内部结构设计测试用例，测试程序的路径和过程是否符合设计要求。题干中给出了“了解程序内部结构和流程”提示语句，说明题目答案应该选择白盒测试。

白盒测试采用逻辑覆盖法、基本路径测试等技术设计测试用例。

**【参考答案】**（52）B　（53）D

**试题（54）分析**

确认测试又称有效性测试，主要验证软件的性能、功能等是否满足用户需求。根据用户的参与方式，确认测试可以分为α测试和β测试。

**【参考答案】**（54）D

**试题（55）分析**

SA 方法中，使用判定表和判定树描述处理过程的处理逻辑；使用数据字典（DD）描述系统数据。

**【参考答案】**（55）C

**试题（56）分析**

**伪代码**（Pseudocode）是介于自然语言与计算机语言之间的符号，伪代码也是自上而下地编写。每一行或者几行表示一个基本处理。伪代码的优点是格式紧凑、易懂、便于编写程序源代码。伪代码描述算法时，可以采用类似于程序设计语言的语法结构，也易于转换为程序。

**【参考答案】**（56）D

**试题（57）（58）分析**

在面向对象的系统中，对象是运行时的基本实体，对象与对象之间通过消息进行通信。类是对对象的抽象，对象是其具体实例。

**【参考答案】**（57）D （58）C

**试题（59）分析**

行为事物属于UML的动态部分，描述一种跨越时间、空间的行为。行为事物包括交互、状态机、活动等。

**【参考答案】**（59）C

**试题（60）分析**

序列图描述对象之间的交互（消息的发送与接收），重点在于强调顺序，反映对象间的消息发送与接收。

**【参考答案】**（60）C

**试题（61）分析**

单例模式的一个类只有一个自身创建的实例，并提供该实例给所有其他对象。例如，打印机往往被设计成单例，这样可以避免多个作业同时输出到打印机中。

**【参考答案】**（61）D

**试题（62）分析**

分布式拒绝服务攻击（DDoS），又称洪水攻击，DoS的攻击方式有很多种，最基本的DoS攻击就是利用合理的服务请求来占用过多的服务资源，从而使合法用户无法得到服务的响应。

**【参考答案】**（62）D

**试题（63）分析**

HTTPS可以实现安全的网页浏览，Telnet用于远程控制，POP3属于电子邮件协议，DNS是域名解析协议。

**【参考答案】**（63）C

**试题（64）分析**

系统已经投入运行，之后的主要工作就是系统运行和维护。

**【参考答案】**（64）A

**试题（65）分析**

软件著作权的客体是指著作权法保护的计算机软件，包括计算机程序及其相关文档。

**【参考答案】**（65）A

**试题（66）（67）分析**

Excel中计算平均值的函数是AVERAGE，求单元格B3到C3的平均数，则D3单元格中填写

“=AVERAGE(B3:C3)”。

Excel 中可以进行快速的规律数据填充，避免重复输入。在 D3 单元格中填写“=AVERAGE（B3:C3）”之后，鼠标移到 D3 单元格的右下角，用户向垂平方向拖动填充柄至 D10 单元格，则可自动算出学号 1～10 的学生的平均成绩。

**【参考答案】**（66）D （67）A

**试题（68）分析**

网络用户能进行 QQ 聊天，说明网络物理连接正常、默认网关设置正确、IP 地址设置正确。而同时浏览器网站不正常，则需要考虑 DNS 服务器是否正常工作。

**【参考答案】**（68）B

**试题（69）分析**

按 Delete 键删除是把文件删除到回收站，彻底删除还需要手动清空回收站处理掉。Shift+Delete 删除是把文件删除但不经过回收站的，不需手动清空回收站，彻底删除。

**【参考答案】**（69）B

**试题（70）分析**

甲的速度是 1/3（圈/小时），乙的速度是 1/2（圈/小时）。两个人相向走完一圈，需要花费 1/(1/3+1/2)=1.2 小时。

**【参考答案】**（70）B

**试题（71）分析**

电子商务就是通过计算机在网上进行商务通信和交易。

**【参考答案】**（71）D

**试题（72）分析**

可移植性是指为一种计算机系统编写的程序不需要或几乎不需要修改就能在另一种计算机系统上编译和运行。

**【参考答案】**（72）A

**试题（73）分析**

在栈的顶部插入或删除表中的数据项。

**【参考答案】**（73）B

**试题（74）分析**

由于对象封装数据和方法，对象用户将对象视为提供服务的黑箱。

**【参考答案】**（74）A

**试题（75）分析**

数据的安全性是指保护信息和信息系统不受到未经授权的获取、使用、泄露、毁坏、更改或破坏。

**【参考答案】**（75）C

# 程序员下午试卷解析与参考答案

**试题一分析：**

由流程图最后的语句“输出 k”可以知道，k 为指定关键词出现的次数。而 k 开始的初值为 0，所以空（1）填 0→k。

由语句 0→i 和 0→j 可以知道，字符串 A 和 B 下标分别是 i 和 j，而且从 0 开始。第一个小循环的作用就是判断字符串“A(i)，A(i+1)，…，A(i+j-1)”和字符串 B 是否完全匹配。由此可见，j 为循环变量，控制字符串匹配的过程。当出现 j≥m 或者 A(i+j)≠b(j)的情况，小循环结束。因此空（2）填 i+j。注意如果（2）填 i，字符串 B 全部只和字符 A(i)进行匹配，这是不正确的。

小循环结束后，出现两种情况：

（1）j=m，说明找到关键字。因此 k 需要增 1，所以应有语句“k+1→k”。又由于题干要求关键词的各次出现不允许有交叉重叠，因此需要将 i 后移 m 位，空（3）填“i+m”。如果填 i+1，则关键词比较会从 A(i+1)开始，可能出现关键词的交叉重叠现象，这是不正确的。

（2）j≠m，说明匹配失败。说明字符串“A(i)，A(i+1)，…，A(i+j-1)”和字符串 B 不匹配，因此下次匹配需要从 A(i+1)开始。所以，空（4）答案是“i+1 ”。

空（5）答案是“i”，当 i>n-m 时说明全文都已经搜索完毕，不会执行任何循环了。

**试题一参考答案：**（1）0→k　（2）i+j　（3）i+m　（4）i+1　（5）i

**试题二分析：**

【问题 1】代码第 5 行，arrChar 是数组名，C 语言中不能对数组名赋值，因为数组名是一个常量指针，程序中的赋值是不被允许的。

代码第 7 行，C 语言中不能通过指针修改字符串常量。

【问题 2】代码第 4 行有误。在 C 语言中 scanf 函数要求在接收参数的时候使用“&”符号。

代码第 6 行有误，表示等式左右相等时，使用“= =”符号。

代码第 7 行，循环条件有误。根据题干要求，应该是“a[k-1]!=0”时才会进行循环。

**试题二参考答案：**

【问题 1】代码第 5 行和代码第 7 行。

【问题 2】

| 行号 | 代码 |
| --- | --- |
| 4 | scanf("%d", &a[k]); |
| 6 | if (k= = n) break; |
| 7 | }while ( a[k-1]!=0) ; |

**试题三分析：**

根据注释空（1）填“i-j+l”，表示当前已经有j个字符相同，则i回退到i-j+l的位置继续进行比较。如果在S中找到了与T相同的子串，就说明while循环中的“i＜S->length&&j＜T.length”条件不满足，那么空（2）只能是“j==T.length”的情况才能说明找到了一个子串。空（3）计算S中子串T的起始下标，答案是“i-j”。在S中找到子串后将后面的字符向前移动将子串T覆盖掉，空（4）答案是“k-T.length”。而覆盖掉子串后重新进行查找，则采用“S->length-T.length”来对字符串S进行更新。

**试题三参考答案：**（1）i-j+l　（2）j==T.length　（3）i-j　（4）k-T.length　（5）S->length-T.length

**试题四分析：**

【问题1】首先“k=m>n?m:n”的作用是进行m与n的比较，将较大的赋值给k。之后执行for循环终止条件是k%m=0&&k%n=0，对于输入的参数m=9，n=6来说循环结束的条件是k=18，由此可见，该函数的功能是求最小公倍数的。

【问题2】字符数组str存储“NewWorld”，调用printf函数输出的结果是9，要注意'\0'也要记为一位字符。“char*p=str”的作用是将字符数组str的首地址赋值给p，而调用printf函数输出的结果是p的长度，根据题干C语言系统每个指针分配4个字节的存储空间的要求p的长度是4，由此可知，指针变量ptr的长度也为4。根据题干要求，变量i的长度为1。

【问题3】字符数组tstr存储在系统的栈区，当函数运行结束后tstr的空间会被释放掉，这时使用语句return tstr会产生错误。为了避免这种错误可以采用动态内存分配的方式，如char *tstr = calloc(strlen(s),sizeof(char));这样不用这部分空间的时候，程序员可以用free函数释放掉，程序也不会产生错误。

**试题四参考答案：**

【问题1】

（1）18

（2）求最小公倍数

【问题2】

9　4

1　4

【问题3】

缺陷：字符数组tstr存储在系统的栈区，当函数运行结束后tstr的空间会被释放掉，这时使用语句return tstr会产生错误。

修改方法：可以使用动态分配内存的方式，如：

char *tstr = calloc(strlen(s),sizeof(char))

**试题五分析：**

处理异常的时候 try 后面需要紧跟 catch，因此空（3）和空（4）填“catch”。程序运行时，若输入的员工工资总和为 6000，员工数为 5，屏幕输出平均工资：1200.0。而当输入的员工数为 0 的时候，catch 会捕获到异常，执行处理异常的语句，屏幕就会输出“请重新输入当月工资总和与员工数：”，同理，当输入的月工资总和与员工数都为 0 的时候，屏幕输出“程序未正确计算平均工资！”。那么捕获到异常从而执行上述语句需要空（1）抛出一个值，根据 if 判断语句可知这里需要填写 e 为 zero 的情况，空（1）答案是“zero”。空（2）需要一个输入流对象作为 Scanner 对象的参数，可以通过“System.in”引入，这样可以从控制台读取输入的信息。

**试题五参考答案：**（1）"zero"　（2）System.in　（3）catch　（4）catch
（5）平均工资：1200.0　（6）请重新输入当月工资总和与员工数：
（7）程序未正确计算平均工资！

# 参考文献


[1] 张尧学，宋虹，张高．计算机操作系统教程[M]．4 版．北京：清华大学出版社，2013．

[2] 全国计算机专业技术资格考试办公室．历次程序员考试试题．

[3] 严蔚敏，吴伟民．数据结构（C 语言版）[M]．北京：清华大学出版社，2007．

[4] 褚华，霍秋艳．软件设计师教程[M]．5 版．北京：清华大学出版社，2018．

[5] 白中英，戴志涛．计算机组成原理[M]．6 版．北京：科学出版社，2019．

[6] 王珊，萨师煊．数据库系统概论[M]．5 版．北京：高等教育出版社，2014．

[7] 谢希仁．计算机网络[M]．7 版．北京：电子工业出版社，2017．

[8] Erich Gamma，Richard Helm，Ralph Johnson et al．设计模式：可复用面向对象软件的基础[M]．李英军，马晓星，蔡敏，等译．北京：机械工业出版社，2004．

[9] 王生原，董渊，张素琴，等．编译原理[M]．3 版．北京：清华大学出版社，2015．

[10] 张淑平，覃桂敏.程序员教程[M]．5 版．北京：清华大学出版社，2018．

[11] Java 教程.[DB/OL]. https://www.runoob.com/java/java-tutorial.html.